火力发电工人实用技术问答丛书

汽轮机设备运行技术问答

第二版

本书编委会　编著

中国电力出版社
CHINA ELECTRIC POWER PRESS

内 容 提 要

本书为《火力发电工人实用技术问答丛书》之一，全书以问答形式，简明扼要地介绍了电力生产的基础知识、安全常识及汽轮机运行的基本知识。主要内容有汽轮机主要附属设备、热力网设备的运行与停运后的保护、汽轮机设备结构与工作原理、汽轮机的调节与保护、汽轮机的启动与停止、汽轮机的正常运行维护、汽轮机典型事故及处理、汽轮机的应力分析与寿命管理、汽轮机热力试验与调整等。

本书从汽轮机设备运行的实际出发，理论突出重点、实践注重技能。全书以实际运用为主，可供火力发电厂从事汽轮机运行工作的技术人员、运行人员学习参考，以及为考试、现场考问等提供题目；也可供相关专业大、中专学校的师生参考阅读。

图书在版编目(CIP)数据

汽轮机设备运行技术问答/《汽轮机设备运行技术问答》编委会编著．—2版．—北京：中国电力出版社，2015.10（2023.1重印）

（火力发电工人实用技术问答丛书）

ISBN 978-7-5123-7502-4

Ⅰ.①汽… Ⅱ.①汽… Ⅲ.①火电厂-汽轮机运行-问题解答 Ⅳ.①TM621.4-44

中国版本图书馆CIP数据核字(2015)第069887号

中国电力出版社出版、发行

（北京市东城区北京站西街19号 100005 http://www.cepp.sgcc.com.cn）

北京雁林吉兆印刷有限公司印刷

各地新华书店经售

*

2004年1月第一版

2015年10月第二版 2023年1月北京第二十次印刷

787毫米×1092毫米 16开本 33.25印张 738千字

印数49501—50500册 定价 **118.00** 元

前言

为了提高电力生产运行、检修人员和技术管理人员的技术素质和管理水平，适应现场岗位培训的需要，特别是为了能够使企业在电力系统实行“厂网分开，竞价上网”的市场竞争中立于不败之地，编写了《火力发电工人实用技术问答丛书》。

丛书结合近年来电力工业发展的新技术及地方电厂现状，根据《中华人民共和国职业技能鉴定规范（电力行业）》及《职业技能鉴定指导书》，本着紧密联系生产实际的原则编写而成。丛书采用问答形式，内容以操作技能为主，基本训练为重点，着重强调了基本操作技能的通用性和规范化。

本书为《汽轮机设备运行技术问答》分册。为了尽量反映新技术、新设备、新工艺、新材料、新经验和新方法，本书在第一版的基础上进行了修订。书中以600MW机组及其辅机为主，兼顾300MW和1000MW机组及其辅机的内容。全书内容丰富、覆盖面广，文字通俗易懂，是一套针对性较强的、有相当先进性和普遍适用性的工人技术培训参考书。

本书分三篇，共十四章。第一～四章由山西兴能发电有限责任公司左治华修编；第六～十、十一、十三、十四章由山西兴能发电有限责任公司程晓东修编；第五、第十二章由山西兴能发电有限责任公司卫永杰修编。全书由山西兴能发电有限责任公司副总工程师王国清统稿、主审。在此书出版之际，谨向在本书编写过程中提供过宝贵意见及帮助的专家致以衷心的感谢。

由于时间仓促和编著者的水平有限，书中难免有缺点和不妥之处，恳请读者批评指正。

编　者

2015年7月

目　录

第二篇 中 级 工

第七章　汽轮机的启动和停止及正常运行维护 …… 238

第一节　汽轮机的启动和停止 …… 238

火力发电工人
实用技术
问
答
丛书
汽轮机设备运行
技术问答(第二版)
汽轮机设备运行
技术问答(第二版)
汽轮机设备运行
技术问答(第二版)

初 级 工

第一篇

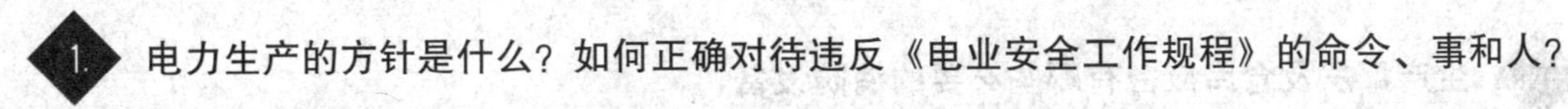

第一章 汽轮机设备运行基础知识

第一节　电力生产及安全常识

1. 电力生产的方针是什么？如何正确对待违反《电业安全工作规程》的命令、事和人？

答：电力生产的方针是：安全第一、预防为主、综合治理。

电力生产必须建立健全各级人员安全生产责任制；要充分发动群众、依靠群众；要发挥安全检察机构和群众性的安全组织的作用，严格监督《电业安全工作规程》（以下简称《安规》）的贯彻执行。各级领导人员不应发出违反《安规》的命令。工作人员接到违反《安规》的命令应拒绝执行。任何工作人员除自己严格执行《安规》外，有责任督促周围人员遵守《安规》。如发现有违反《安规》，并足以危及人身和设备安全时，应立即制止。对违反《安规》者，应认真分析，加强教育，分别情况，严肃处理。对造成严重事故者，应按情节轻重予以行政或刑事处分。

2. 发电企业实现安全生产目标的四级控制是指什么？

答：发电企业实现安全生产目标的四级控制是指：

（1）企业控制重伤和事故，不发生人身死亡和重大设备事故。

（2）车间控制轻伤和障碍，不发生重伤和事故。

（3）班组控制未遂和异常，不发生轻伤和障碍。

（4）个人控制失误和差错，不发生未遂和异常。

3. 事故分析的“四不放过”是指什么？

答：事故分析的“四不放过”是指：

（1）事故原因不清楚不放过。

（2）事故责任者和应受教育者没有受到教育不放过。

（3）没有采取防范措施不放过。

（4）事故责任者未受到处罚不放过。

4. 对生产厂房内外工作场所的井、坑、孔、洞或沟道有什么规定？

答：生产厂房内外工作场所的井、坑、孔、洞或沟道，必须覆以与地面齐平的坚固盖板。在检修工作中如需将盖板取下，必须设牢固的临时围栏，并设有明显的警告标志。临时打的孔、洞，施工结束后，必须恢复原状。

5. 对生产厂房内外工作场所的常用照明有什么规定?

答：生产厂房内外工作场所必须设有符合规定照度的照明。主控制室、重要表计、主要楼梯、通道等地点，必须设有事故照明。

工作地点应配有应急照明。高度低于 2.5m 的电缆夹层、隧道应采用安全电压供电。

6. 生产厂房及仓库应备有哪些必要的消防设备?

答：生产厂房及仓库应备有必要的消防设施和消防防护装备，如消防栓、水龙带、灭火器、砂箱、石棉布和其他消防工具及正压式消防空气呼吸器等。消防设施和防护装备应定期检查和试验，保证随时可用。严禁将消防工具移作他用；严禁放置杂物妨碍消防设施、工具的使用。

7. 工作人员都应学会哪些急救方法?

答：所有工作人员都应具备必要的安全救护知识，应学会紧急救护方法，特别要学会触电急救法、窒息急救法、心肺复苏法等，并熟悉有关烧伤、烫伤、外伤、气体中毒等急救常识。

发现有人触电，应立即切断电源，使触电人脱离电源，并进行急救。如在高空工作，抢救时，必须注意防止高空坠落的危险。

8. 对作业人员的工作服有什么规定?

答：作业人员的着装不应有可能被转动的机器绞住的部分和可能卡住的部分；进入生产现场必须穿着材质合格的工作服，衣服和袖口必须扣好；禁止戴围巾，穿着长衣服、裙子。工作服禁止使用尼龙、化纤或棉、化纤混纺的衣料制作，以防遇火燃烧加重烧伤程度。工作人员进入生产现场禁止穿拖鞋、凉鞋、高跟鞋；辫子、长发必须盘在工作帽内。作业时接触高温物体，从事酸、碱作业，或在易爆场所作业，作业人员必须穿戴专用的手套、防护工作服。接触带电设备工作，必须穿绝缘鞋。

9. 《安规》中对机器的转动部分有什么规定?

答：机器的转动部分必须装有防护罩或其他防护设备（如栅栏），露出的轴端必须设有护盖。机器设备断电隔离之前或在转动时，禁止从联轴器和齿轮上取下防护罩或其他防护设备。

10. 机器检修应做好哪些安全措施？

答：在机器完全停止以前，不准进行维修工作，维修中的机器应做好防止转动的安全措施，如切断电源（电动机的开关、刀闸或熔丝应拉开，开关操作电源的熔丝也应取下，DCS系统操作画面也应设置“禁止操作”），切断风源、水源、气源、汽源、油源，与系统隔离的有关闸板、阀门等应关闭，必要时应加装堵板，并上锁；上述闸板、阀门上挂“禁止操作，有人工作”警告牌，必要时还应采取可靠的制动措施。检修工作负责人在工作前，必须对上述安全措施进行检查，确认措施到位无误后，方可开始工作。

11. 《安规》中对清扫机器做了哪些规定？

答：禁止在运行中清扫、擦拭和润滑机器的旋转和移动部分，严禁将手伸入栅栏内。清拭运转中机器的固定部分时，严禁戴手套或将抹布缠在手上使用，只有在转动部分对工作人员没有危险时，方可允许用长嘴油壶或油枪往油盅和轴承里加油。

12. 生产现场禁止在哪些地方行走和坐立？

答：生产现场禁止在栏杆、管道、联轴器、安全罩上或运行中设备的轴承上行走和坐立，如必须在管道上坐立才能工作，必须做好安全措施。

13. 对高温管道、容器的保温有什么要求？

答：所有高温管道、容器等设备上都应有保温层，保温层应保证完整。当环境温度在25℃时，保温层表面的温度不宜超过50℃。

14. 应尽可能避免靠近和长时间停留的地方有哪些？

答：应避免靠近和长时间停留在可能受到烫伤的地方，如汽、水、燃油管道的法兰盘、阀门附近；煤粉系统和锅炉烟道的人孔及检查孔和防爆门、安全门附近；除氧器、热交换器、汽包的水位计及捞渣机等处。如因工作需要，必须长时间停留，应做好安全措施。

设备异常运行可能危及人身安全时，应停止设备运行。在停止运行前除必要的运行维护人员外，其他人员不准接近该设备或在该设备附近逗留。

15. 遇有电气设备着火时，应采取哪些措施？

答：遇有电气设备着火时，应立即将有关设备的电源切断，然后进行救火。对可能带电的电气设备及发电机、电动机等，应使用干式灭火器、二氧化碳灭火器或六氟丙烷灭火器灭火，对油开关、变压器（已隔绝电源）可使用干式灭火器、六氟丙烷灭火器等灭火，不能扑灭时再用泡沫式灭火器灭火，不得已时可用干砂灭火；地面上的绝缘油着火时，应用干砂灭火。

扑救可能产生有毒气体的火灾（如电缆着火等）时，扑救人员应使用正压式空气呼吸器。

16.《安规》中对在金属容器内的工作有什么规定？

答：在金属容器内和狭窄场所工作时，必须使用24V以下的电气工具，或选用Ⅱ类手持式电动工具，必须设专人不间断地监护，监护人可以随时切断电动工具的电源。电源连接器和控制箱等应放在金属容器外面的宽敞、干燥场所。

17. 对在容器内进行工作的人员有什么要求？

答：凡在容器、槽箱内进行工作的人员，应根据具体工作性质，事先学习必须注意的事项（如使用电气工具应注意的事项，气体中毒、窒息急救法等），工作人员不得少于2人，其中1人在外面监护。在可能发生有害气体的情况下，工作人员不得少于3人，其中2人在外面监护。监护人应站在能看到或听到容器内工作人员的地方，以便随时进行监护。监护人不准同时担任其他工作。发生问题应防止不当施救。在容器、槽箱内工作，如需站在梯子上工作时，工作人员应使用安全带，安全带的一端拴在外面牢固的地方。在容器内衬胶、涂漆、刷环氧玻璃钢时，对此类物质有过敏的人员不准参加。

18. 对焊接工作人员有什么要求？

答：对焊接工作人员的要求是：必须具有相应资质。焊接锅炉承压部件、管道及承压容器等设备的焊工，必须按照DL 612—1996《电力工业锅炉压力容器监察规程》中焊工考试部分的要求，经考试合格，并持有合格证，方允许工作。焊工应戴防尘（电焊尘）口罩，穿帆布工作服、工作鞋，戴工作帽、手套，上衣不应扎在裤子里。

19. 使用行灯应注意哪些事项？

答：（1）行灯电压不应超过36V，在周围均是金属导体的场所和容器内工作时，不应超过24V，在潮湿的金属容器内、有爆炸危险的场所（如煤粉仓、沟道内）、脱硫烟道系统等处工作时，不应超过12V。行灯变压器的外壳应可靠接地，不准使用自耦变压器。

（2）行灯电源应由携带式或固定式的降压变压器供给，变压器不应放在金属容器或特别潮湿场所的内部。

（3）携带式行灯变压器的高压侧应带插头，低压侧带插座，并采用两种不能互相插入的插头。

（4）行灯变压器的外壳必须有良好的接地线，高压侧应使用三相插头。

20.《安规》中对大锤和手锤的使用有什么规定？

答：大锤和手锤的锤头应完整，其表面应光滑微凸，不应有歪斜、缺口、凹入及裂纹等

缺陷。大锤及手锤的柄应用整根的硬木制成，且头部用楔栓固定。楔栓宜采用金属楔，楔子长度不应大于安装孔的 2/3。锤把上不应有油污。严禁戴手套或用单手抡大锤，使用大锤时，周围不准有人靠近。

21. 在检修热交换器前应做好哪些工作？

答：只有经过相关主管领导批准和得到值长（或单元长）的许可后，才能进行热交换器的检修工作。

在检修前为了避免蒸汽或热水进入热交换器内，应将热交换器与其连接的管道、设备、疏水管和旁路管等可靠地隔断，所有被隔断的阀门应上锁，并挂上“禁止操作，有人工作”警告牌。检修工作负责人和运行人员应共同检查上述措施符合要求后，方可开始工作。

检修前，必须把热交换器内的蒸汽和水放掉，打开疏水阀和放空气阀，确认无误后方可工作。在松开法兰螺栓时应当特别小心，避免正对法兰站立，以防有残存的水汽冲出伤人。

22. 检修汽轮机前应做哪些工作？

答：汽轮机在开始检修之前，应用阀门与蒸汽母管、供热管道、抽汽系统等隔断，阀门应上锁，并挂上“禁止操作，有人工作”警告牌。还应将电动阀门的电源切断，并挂上“禁止合闸，有人工作”警告牌。疏水系统应可靠地隔绝。对气控阀门也应隔绝其控制装置的气源，并在进气气源阀门上挂“禁止操作，有人工作”警告牌。检修工作负责人应检查汽轮机前蒸汽管确无压力后，方可允许工作人员进行工作。

23. 在汽轮机运行中，哪些工作必须经过有关主管领导批准并得到值长同意才能进行？

答：（1）在汽轮机的调速系统或油系统上进行调整工作（如调整油压、校正调速系统连杆长度等），应尽可能在空负荷状态下进行。

（2）在内部有压力的状况下，紧阀门的盘根，或在水、油或蒸汽管道上装卡子，以消除轻微的泄漏。

（3）进行凝汽器的清洗工作。打开凝汽器端盖前应由工作负责人检查循环水进出水阀已关闭，同时胶球清洗系统已隔绝，挂上“禁止操作，有人工作”警告牌，并放尽凝汽器内存水。如为电动阀门，还应将电动机的电源切断，并挂上“禁止合闸，有人工作”警告牌。

（4）在特殊紧急情况下，对运行中的汽轮机承压部件、有压力的管道上进行焊接、捻缝、紧螺栓等工作时，必须采取安全可靠的措施，并经厂主管生产的领导批准，正确使用防烫伤护具，由专业人员操作，方可进行处理。

24. 揭开汽轮机大盖时必须遵守哪些事项？

答：（1）必须在一个负责人的指挥下进行吊大盖的工作。

（2）使用专用的揭盖起重工具，起吊前应进行检查。具体要求是：起吊重物前应由工作

负责人检查悬吊情况及所吊物件的捆绑情况，认为可靠后方准试行起吊。起吊重物稍一离地（或支持物），就应再检查悬吊及捆绑情况，认为可靠后方准继续起吊。在起吊过程中如发现绳扣不良或重物有倾倒危险，应立即停止起吊。

（3）检查大盖的起吊是否均衡时，以及在整个起吊时间内，严禁工作人员将头部或手伸入汽缸法兰接合面之间。

25. 什么是高处作业？

答：凡在离坠落基准面 2m 及以上的地点进行的工作，都应视作高处作业。

26. 对从事高处作业的人员有什么要求？

答：高处作业人员必须身体健康。患有精神病、癫痫病及经医师鉴定患有高血压、心脏病等不宜从事高处作业病症的人员，不准参加高处作业。凡发现工作人员有饮酒、精神不振时，禁止登高作业。

27. 什么情况下应使用安全带？

答：在坝顶、陡坡、屋顶、悬崖、杆塔、吊桥及其他危险边缘进行工作，临空一面应装设安全网或防护栏杆，否则，工作人员须使用安全带。在没有脚手架或者在没有栏杆的脚手架上工作，高度超过 1.5m 时，必须使用安全带，或采取其他可靠的安全措施。

28. 安全带在使用前应做哪些检查和试验？

答：安全带在使用前应进行检查，并应定期（每隔 6 个月）按批次进行静荷载试验；试验荷载为 225kg，试验时间为 5min，试验后检查是否有变形、破裂等情况，并做好记录。不合格的安全带应及时处理。悬挂安全带冲击试验时，用 80kg 荷载做自由落体试验，若不破断，该批安全带可继续使用。对抽试过的样带，必须更换安全绳后才能继续使用。

29. 安全带的使用和保管有哪些规定？

答：（1）安全带应高挂低用，注意防止摆动碰撞。使用 3m 以上长绳应加缓冲器，自锁钩用吊绳例外。

（2）缓冲器、速差式装置和自锁钩可以串联使用。

（3）不准将绳打结使用，也不准将钩直接挂在安全绳上使用，应挂在连接环上用。

（4）安全带上的各种部件不得任意拆掉。更换新绳要注意加绳套。

（5）安全带使用两年后，按批量购入情况，抽验一次。围杆带做静负荷试验，以 2206N（225kgf）拉力拉 5min，无破断可继续使用。悬挂安全带冲击试验时，以 80kg 荷载做自由落体试验，若不破断，该批安全带可继续使用。对抽试过的样带，必须更换安全绳后才能继续使用。

（6）使用频繁的绳，要经常做外观检查，发现异常时，应立即更换新绳。带子使用期为3～5年，发现异常应提前报废。

30. 在什么情况下应停止露天高处作业?

答： 在6级及以上的大风和暴雨、打雷、大雾等恶劣天气，应停止露天高处作业。

31. 在《安规》中对梯子做了哪些规定?

答： 梯子的支柱应能承受工作人员携带工具攀登时的总质量。梯子的横木应嵌在支柱上，不准使用钉子钉成的梯子，梯阶的距离不应大于40cm。

32. 使用梯子有哪些规定?

答：（1）在梯子上工作时，梯子与地面的斜角度为60°左右。工作人员必须登在距梯顶不少于1m的梯蹬上工作。

（2）如梯子长度不够而需将两个梯子连接使用时，应用金属卡子接紧，或用铁丝绑接牢固。

（3）工作前应把梯子安置稳固，不可使其动摇或倾斜过度。在水泥或光滑坚硬的地面上使用梯子时，其下端应安置橡胶套或橡胶布，同时应用绳索将梯子下端与固定物缚住。

（4）在木板或泥地上使用梯子时，其下端须装有带尖头的金属物，同时用绳索将梯子下端与固定物缚住。

（5）靠在管子上使用的梯子，其上端应有挂钩或用绳索缚住。

（6）若已采用上述方法仍不能使梯子稳固，可派人扶着，但必须做好防止落物打伤下面人员的安全措施。

（7）人字梯应具有坚固的绞链和限制开度的拉链。

（8）严禁将梯子架设在不稳固的支持物上使用。

（9）在通道上使用梯子时，应设监护人或设置临时围栏；放在门前使用时，必须采取防止门突然开启的措施。

（10）人在梯子上时，禁止移动梯子。

（11）在转动部分附近使用梯子时，为了避免机械转动部分突然卷住工作人员的衣服，应在梯子与机械转动部分之间临时设置薄板或金属网防护。

（12）在梯子上工作时应使用工具袋，物件应用绳子传递，不准从梯上或梯下互相抛递。

（13）禁止在悬吊式的脚手架上搭放梯子进行工作。

33. 什么叫“两票三制”?

答： 两票即工作票、操作票。三制即交接班制度、巡回检查制度、设备定期试验切换制度。

34. 为什么要严格执行工作票制度？

答：在生产现场进行检修或安装工作时，为了能保证有安全的工作条件和设备的安全运行，防止发生事故，发电厂各部门及有关的施工基建单位，必须严格执行工作票制度。

35. 哪些人应负工作安全责任？

答：应负工作安全责任的人有：

(1) 工作票签发人。

(2) 工作票许可人。

(3) 工作负责人。

注：整台机组的检修工作，除各个班组应有工作负责人外，有关工作场所应指定一个工作领导人，领导全部检修工作，并对工作的安全负责。

36. 工作票签发人应对哪些事项负责？

答：工作票签发人应对以下事项负责：

(1) 工作是否必要和可能。

(2) 工作票上所填写的安全措施是否正确和完善。

(3) 经常到现场检查工作是否安全地进行。

37. 工作负责人应对哪些事项负责？

答：工作负责人应对如下事项负责：

(1) 正确和安全地组织工作。

(2) 对工作人员给予必要的指导。

(3) 随时检查工作人员在工作过程中是否遵守安全工作规程和安全措施。

38. 工作许可人应对哪些事项负责？

答：工作许可人应对如下事项负责：

(1) 检修设备与运行设备确已隔断。

(2) 安全措施确已完善和正确地执行。

(3) 对工作负责人正确说明哪些设备有压力、高温和有爆炸危险等。

39. 接收工作票有什么规定？

答：接收工作票的规定为：

(1) 计划工作需要办理第一种工作票的，应在工作开始前，提前一日将工作票送达值长处，临时工作或消缺工作可在工作开始前，直接送值长处。值班人员接到工作票后，单元长（或值班负责人）应及时审查工作票全部内容，必要时填好补充安全措施，确认无问题后，填写收到工作票时间，并在接票人处签名。

（2）审查发现问题，应向工作负责人询问清楚，如安全措施有错误或重要遗漏，应将该票退回，工作票签发人应重新签发工作票。

（3）值长或单元长签收工作票后，应在工作票登记簿上进行登记。

40. 什么情况下可不填写工作票？

答：在危急人身和设备安全的紧急情况下，经值长许可后，可以没有工作票即进行处置，但须由值长或单元长将采取的安全措施和没有工作票而必须进行工作的原因记在运行日志内。

41. 布置和执行工作票安全措施有什么规定？

答：布置和执行工作票安全措施的规定为：

（1）根据工作票计划开工时间、安全措施内容、机组启停计划和值长或单元长意见，由值长或单元长安排运行人员执行工作票所列安全措施。

（2）安全措施中如需由（电气）运行人员执行断开电源措施，（热机）运行人员应填写停电联系单，（电气）运行人员应根据联系单内容布置和执行断开电源措施。措施执行完毕，填好措施完成时间、执行人签名后，通知热机运行人员，并在联系单上记录受话的热机运行人员姓名。停电联系单保存在电气运行人员处备查，热机运行人员接到通知后应做好记录。对于集控运行的单元机组，运行人员填写电气倒闸操作票并经审查后即可执行。严禁口头联系或约时停、送电。

（3）现场措施执行完毕后，登记在工作票记录本中，并联系工作负责人办理开工手续。

42. 工作票中“运行人员补充安全措施”一栏，应主要填写什么内容？

答：工作票中“运行人员补充安全措施”一栏，应主要填写以下内容：

（1）由于运行方式或设备缺陷需要扩大隔断范围的措施。

（2）运行人员需要采取的保障检修现场人身安全和运行设备安全的措施。

（3）补充工作票签发人（或工作负责人）提出的安全措施。

（4）提示检修人员的安全注意事项。

（5）如无补充措施，应在该栏中填写“无补充”，不得空白。

43. 工作票许可开工有什么规定？

答：工作票许可开工的规定为：

（1）检修工作开始前，工作许可人会同工作负责人共同到现场对照工作票逐项检查，确

认所列安全措施完善和正确执行。工作许可人向工作负责人详细说明哪些设备带电、有电压、高温、爆炸和触电危险等，双方共同签字完成工作票许可手续。

（2）开工后，严禁运行或检修人员单方面变动安全措施。

44. 工作票延期有什么规定？

答：工作票延期的规定为：

（1）工作若不能按批准工期完成时，工作负责人必须提前 2h 向工作许可人申明理由，办理申请延期手续。

（2）延期手续只能办理一次，如需再延期，应重新签发新的工作票。

45. 工作结束前遇到哪些情况，应重新签发工作票，并重新进行许可工作的审查程序？

答：工作结束前如遇下列情况，应重新签发工作票，并重新进行许可工作的审查程序：

（1）部分检修的设备将加入运行时。

（2）值班人员发现检修人员严重违反《安规》或工作票内所填写的安全措施，制止检修人员工作并将工作票收回时。

（3）必须改变检修与运行设备的隔断方式或改变工作条件时。

46. 检修设备试运有哪些规定？

答：检修设备试运的规定为：

（1）检修后的设备应进行试运。

（2）检修设备试运工作应由工作负责人提出申请，经工作许可人同意并收回工作票，全体工作班成员撤离工作地点，由运行人员进行试运的相关工作。严禁不收回工作票，以口头方式联系试运设备。

（3）试运结束后仍然需要工作时，工作许可人和工作负责人应按“安全措施”执行栏重新履行工作许可手续后，方可恢复工作。

（4）如果试运后工作需要改变原工作票安全措施范围，应重新签发工作票。

47. 工作票终结有哪些规定？

答：工作票终结的规定为：

（1）工作结束后，工作负责人应全面检查并组织清扫整理工作现场，确认无问题后带领工作人员撤离现场。

（2）工作许可人和工作负责人共同到现场验收，检查设备状况，有无遗留物件，是否清洁等，然后在工作票上填写工作结束时间，双方签名，工作方告终结。

（3）运行值班人员拆除临时围栏，取下标示牌，恢复安全措施，汇报值长或单元长。

（4）对未恢复的安全措施，汇报值长或单元长，并做好记录，在工作票右上角加盖“已执行”章，工作票方告终结。

(5) 设备、系统变更后，工作负责人应将检修情况、设备变动情况及应注意的事项向运行人员进行交待，并在检修交待记录簿或设备变动记录簿上登记清楚后方可离去。

(6) 工作负责人应向工作票签发人汇报工作任务完成情况及存在的问题，并交回所持的一份工作票。

(7) 已执行的工作票应由各单位指定部门按编号顺序收存，至少保存3个月。

48. 火力发电厂的燃料主要有哪几种？

答：火力发电厂的燃料主要有煤、油和气三种。

49. 火力发电厂主要生产系统有哪些？

答：火力发电厂主要生产系统有汽水系统、燃烧系统和电气系统。

50. 火力发电厂按其所采用蒸汽的参数可分为哪几种？

答：火力发电厂按其所采用蒸汽的参数可分为低温低压发电厂、中温中压发电厂、高温高压发电厂、超高压发电厂、亚临界压力发电厂、超临界压力发电厂和超超临界压力发电厂。

51. 火力发电厂按生产产品的性质可分为哪几种？

答：火力发电厂按生产产品的性质可分为凝汽式发电厂、供热式发电厂和综合利用发电厂。

52. 火力发电厂的汽水系统由哪些设备组成？

答：火力发电厂的汽水系统由锅炉、汽轮机、凝汽器和给水泵等设备组成。

53. 什么是电力系统的负荷？分为哪几种？

答：电力系统中所有用户用电设备消耗功率的总和称为电力系统的负荷。

电力系统负荷可分为有功负荷和无功负荷两种。

54. 火力发电厂中的锅炉按水循环的方式可分为哪几种类型？

答：火力发电厂中的锅炉按水循环的方式可分为自然循环锅炉、强制循环锅炉和直流锅炉三种类型。

55. 火力发电厂的生产过程包括哪些主要系统、辅助系统和设施？

答：火力发电厂主要生产过程中的主要生产系统为汽水系统、燃烧系统和电气系统。此外，还有供水系统、化学水系统、输煤系统和热工自动化等各种辅助系统和设施。

56. 简述火力发电厂的生产过程。

答：火力发电厂的生产过程概括起来就是通过高温燃烧把燃料的化学能转变为热能，从而将水加热成具有一定压力、温度的蒸汽，然后利用蒸汽推动汽轮发电机把热能转变成电能。

57. 触电有哪几种情况？其伤害程度与哪些因素有关？

答：触电有三种情况，即单相触电，两相触电，跨步电压、接触电压和雷击触电。

触电的伤害程度与电流大小、电压高低、人体电阻、电流通过人体的途径、触电时间的长短和人的精神状态六种因素有关。

58. 燃烧必须具备哪三个条件？

答：燃烧必须具备三个条件：要有可燃物质，要有助燃物质，要有足够的温度和热量(或明火)。

59. 防火的基本方法有哪些？

答：防火的基本方法有：控制可燃物，隔绝空气，消除着火源和阻止火势、爆炸波的蔓延。

60. 灭火的基本方法有哪些？

答：灭火的基本方法有隔离法、窒息法、冷却法和抑制法。

61. 消防工作的方针是什么？

答：消防工作的方针是：以防为主，防消结合。

62. 电缆燃烧有什么特点？应如何扑救？

答：电缆燃烧的特点是烟大、火小、速度慢，火势自小到大发展很快。特别需要注意的是，塑料电缆、铝色纸电缆、充油电缆或沥青环氧树脂电缆等，燃烧时都会产生大量的浓烟和有毒气体。

电缆着火无论何种情况，均应立即切断电源。救火人员应戴防毒面具及绝缘手套，并穿绝缘靴。灭火时要防止空气流通，应用干粉灭火器、六氟丙烷灭火器、二氧化碳灭火器；也可用干沙和黄土进行覆盖灭火。如采用水灭火，使用喷雾水枪较有效。

63. 电动机着火应如何扑救？

答：电动机着火应迅速切断电源，并尽可能把电动机出入通风口关闭。凡是旋转电动机在灭火时要防止轴与轴承变形。灭火时使用二氧化碳或六氟丙烷灭火器，也可用蒸汽灭火。不得使用干粉、沙子、泥土灭火。

64. 为什么说火力发电厂潜在的火灾危险性很大？

答：主要是因为以下几点：

（1）火力发电厂生产中所消耗的燃料无论是煤、油或天然气，都是易燃物，燃料系统是容易发生着火事故的。

（2）火力发电厂主要设备中如汽轮机、变压器、油断路器等都有大量的油。油是易燃品，容易发生火灾事故。

（3）用于冷却发电机的氢气，运行中易外漏。当氢气和空气混合到一定比例时，遇明火即发生爆炸。氢爆炸事故性质是非常严重的。

（4）发电厂中使用的电缆数量很大，而电缆的绝缘材料又易燃烧。一旦电缆着火，往往可能扩大为火灾事故。

65. 电路由哪几部分组成？

答：电路是由电源、负载、导线和控制电器四部分组成。

66. 电流是如何形成的？它的方向是如何规定的？

答：电流是大量电荷在电场力的作用下有规则地定向运动的物理现象。导体中的电流是自由电子在电场力的作用下沿导体做定向流动，即电荷定向流动形成的。

电流是具有一定方向的。规定正电荷运动的方向为电流的方向。导体中电流的正方向同自由电子的流动方向相反。

67. 物体是怎样带电的？

答：物体带电是由于某种原因（如摩擦、电磁感应等）使物体失去或得到电子所形成的。得到电子的物体带负电，失去电子的物体带正电。

68. 什么叫开路和短路？短路有什么危害？

答：当电路中电源开关被拉开或熔丝熔断、导线折断、负载断开时叫做电路处于开路状态。

短路状态是指电路里任何地方不同电位的两点由于绝缘损坏等原因直接接通。

最严重的短路状态是靠近电源处。由于短路后的电流不通过负载电阻，所以电流很大，将会烧坏电路元件而发生事故。

69. 什么叫正弦交流电？

答：在电路中，电压、电流等物理量的大小和方向均随时间按照正弦规律变化，称为正弦交流电。

70. 试比较交流电与直流电的特点，并指出交流电的优点。

答：交流电的大小和方向均随时间按一定的规律做周期性变化，直流电的大小和方向均不随时间而变化，是一个固定值；在波形图上，正弦交流电是正弦函数曲线，而直流电是平行于时间轴的直线。

交流电的优点是：电压可以经变压器进行变换，输电时将电压升高，以减少输电线路上的功率损耗和电压损失；用电时将电压降低，可保证用电安全，并降低设备的绝缘要求。交流用电设备的造价较低。

71. 什么是变压器？

答：变压器是利用电磁感应原理制成的一种变换电压的电气设备。它主要用来把相同频率的交流电压升高或降低。

72. 为什么目前使用得最广泛的电动机是异步电动机？

答：因为异步电动机具有结构简单、价格低廉、工作可靠、维修方便的优点，所以在发电厂和工农业生产中得到最广泛的应用。

73. 什么是同步？什么是异步？

答：当转子的旋转速度与磁场的旋转速度相同时，叫同步。

当转子的旋转速度与磁场的旋转速度不相同时，叫异步。

74. 如何改变三相异步电动机的转子转向？

答：改变三相异步电动机转子转向的方法是：调换电源任意两相的接线即改变三相的相

序，从而改变了旋转磁场的旋转方向，同时也就改变了电动机的旋转方向。

75. 金属机壳上为什么要装接地线？

答：在金属机壳上安装保护地线，是一项安全用电的措施，它可以防止人体触电事故。当设备内的电线外层绝缘磨损，灯头开关等绝缘外壳破裂，以及电动机绕组漏电时，都会造成该设备的金属外壳带电。当外壳的电压超过安全电压时，人体触及后就会危及生命安全。如果在金属机壳上接入可靠的地线，就能使机壳与大地保持等电位，人体触及后就不会发生触电事故，从而保证人身安全。

76. 简述三相感应电动机的转动原理。

答：当三相定子绕组通过三相对称的交流电时，产生一个旋转的磁场。这个旋转磁场在定子内膛转动，其磁力线切割转子上的导线，在转子导线中感应出电流。由于定子磁场与转子电流相互作用产生电磁力矩，于是，定子旋转磁场就拖着具有载流导线的转子转动起来。

77. 什么叫相电压？什么叫线电压？

答：相电压是指发电机或变压器的每相绕组两端的电压，即相线与零线之间的电压。

线电压是指线路任意两相线之间的电压。

78. 什么叫相电流？什么叫线电流？

答：相电流是指每相绕组中的电流。

线电流是指相线中的电流。

79. 什么是电能？电能与电功率的关系是什么？

答：电能表示电场力在一段时间内所做的功。

电能等于电功率和通过时间的乘积，即

$$W = Pt \quad (\mathrm{J}) \tag{1-1}$$

80. 什么是电路中的功率？

答：电路中的功率就是单位时间内电场力所做的功，公式为

$$P = UI \quad (\mathrm{W}) \tag{1-2}$$

式中　P——电功率；

U——电压，是电场力移动单位正电荷所做的功；

I——电流，是单位时间内通过电阻的总电量。

81. 红、绿指示灯有哪些作用？

答：红、绿指示灯的作用是：

（1）指示电气设备的运行与停止状态。

（2）监视控制电路的电源是否正常。

（3）利用红灯监视跳闸回路是否正常，用绿灯监视合闸回路是否正常。

82. 转动机械轴承温度的极限值是多少？

答：转动机械轴承温度的极限值滚动轴承是 80℃，滑动轴承是 70℃。电动机滚动轴承是 100℃，滑动轴承是 80℃。

83. 转动机械轴承温度高的原因是什么？

答：转动机械轴承温度高的原因是：

（1）油位低，缺油或无油。

（2）油位过高，油量过多。

（3）油质不合格或变坏（油内有杂质）。

（4）冷却水不足或中断。

（5）油环不带油或不转动。

（6）轴承有缺陷或损坏。

84. 转动机械轴承温度高，应如何处理？

答：转动机械轴承温度高，应查明原因，采取相应的措施：

（1）油位低或油量不足时应适量加油，或补加适量润滑脂；油位过高或油量过多时，应将油放至正常油位，或取出适量润滑脂；如油环不动或不带油应及时处理好。

（2）油质不合格时应换合格的油，最好在停止运行后放掉不合格的油，并把油室清理干净后再添加新油；若转动机械不能停止应采取边放油、边加油的方法，直至合格为止。

（3）轴承有缺陷或损坏时，应立即检修。

（4）如冷却水不足或中断，应立即进行处理，并尽快恢复冷却水或疏通冷却水管路，使冷却水畅通。

（5）经处理后，轴承温度仍升高且超过允许值时，应停止运行进行处理。

85. 检查泵的电动机时应符合什么要求？

答：电动机接地线完好无损，连接牢固；地脚螺栓完好紧固；裸露的转动部分均应有防护罩，并且牢固可靠；振动符合标准。

86. 检查轴承应达到什么条件？

答：轴承的润滑油油量充足，油质良好，油位计连接牢固无泄漏现象，油面镜清洁，油位正常，轴承冷却水畅通无泄漏，水量正常，截门开关灵活并置于开启位置。

87. 什么叫燃料？燃料是由什么组成的？

答：燃料是指燃烧过程中能放出热量的物质。在工业上，常把加热到一定温度能与氧发生强烈反应并放出大量热量的碳化物和碳氢化合物总称为燃料。

所有燃料都是由可燃质、不可燃的无机物和水分组成的。燃料的可燃质包括碳、氢、硫三种元素。燃料中的不可燃的无机物，包括黏土及氧化硅、氧化铁、钙和镁的硫酸盐、硅酸盐、碳酸盐等（统称灰分），以及燃料中的水分和氧元素都是燃料中的杂质。

88. 为什么线路中要有熔丝？

答：熔丝是由电阻率较大而熔点较低的铅锑或铅锡合金制成的。熔丝有各种规格，每种规格都规定有额定电流，当发生过载或短路而使电路中的电流超过额定值后，串联在电路中的熔丝便熔断，切断电源与负载的通路，起到保险作用。所以熔丝必须按规格使用，不能以粗代细，更不能用铁丝和铜线代替，否则会造成重大事故。

89. 变压器在电力系统中的作用是什么？

答：变压器在电力系统中起着重要的作用。它将发电机的电压升高，通过输电线向远距离输送电能，减少损耗；又可将高电压降低分配到用户，保证用电安全。一般从电厂到用户，根据不同的要求，需要将电压变换多次，这都要靠变压器来完成。

90. 什么叫油的闪点、燃点、自燃点？

答：随着温度的升高，油的蒸发速度加快，油中的轻质馏分首先蒸发到空气中。当油气和空气的混合物与明火接触能够闪出火花时，称这种短暂的燃烧过程为闪燃，把发生闪燃的最低温度叫油的闪点。当油被加热到超过闪点温度，油蒸发出的油气和空气的混合物与明火接触立即燃烧，并能连续燃烧5s以上时，称这种引起燃烧的最低温度为油的燃点。当油的温度进一步升高，没遇到明火也会自动燃烧时，称此温度为油的自燃点。

91. 发现有人触电后应如何进行抢救？

答：迅速正确地进行现场急救是抢救触电人的关键。触电急救的关键是：

（1）脱离电源。

（2）对症抢救。当发现有人触电时首先要尽快断开电源。但救护人千万不能用手直接去拉触电人，以防发生救护人触电事故。触电人脱离电源后，救护人应对症抢救，并应立即通知医生前来抢救。

对症抢救有下列四种情况：

(1) 触电人神志清醒，但感到心慌，四肢发麻，全身无力；或曾一度昏迷但未失去知觉。在这种情况下，应将触电人抬到空气新鲜、通风良好的地方舒适地躺下，休息几小时，让他慢慢恢复正常。但要注意保温并作认真观察。

(2) 触电人呼吸停止时，采用口对口呼吸、摇臂压胸人工呼吸抢救。

(3) 触电人心跳停止时，采用胸外心脏按压人工呼吸法抢救。

(4) 触电人呼吸心跳都停止时，采用口对口呼吸与胸外心脏按压法配合抢救。

第二节　热力学及金属材料的基础知识

1. 什么叫工质？作为工质需要有什么特性？火力发电厂采用什么作工质？

答： 工质是热机中热能转变为机械能的一种媒介物质（如燃气、蒸汽等），依靠它在热机中的状态变化（如膨胀）才能获得功。

为了在工质膨胀中获得较多的功，工质应具有良好的膨胀性。在热机的不断工作中，为了方便工质流入与排出，还要求工质具有良好的流动性和热力性能稳定，其次还要求工质价廉、易取、无毒、无腐蚀性等。在物质的固、液、气三态中，气态物质是较为理想的工质，目前火力发电厂广泛采用水蒸气作为工质。

2. 什么叫工质的状态参数？常用的状态参数有哪些？基本状态参数是什么？

答： 描写工质状态特性的物理量称为状态参数。

常用的工质状态参数有温度、压力、比体积、焓、熵、内能等。

基本状态参数有温度、压力、比体积。

3. 什么叫温度？什么叫温标？常用的温标有哪几种？它们用什么符号表示？单位是什么？它们之间如何换算？

答： 温度就是衡量物体冷热程度的物理量，从分子运动论的观点来说，温度是表示分子运动的平均动能的大小。

对温度高低量度的标尺称为温标。常用的温标有摄氏温标和热力学温标。

(1) 摄氏温标。规定在标准大气压下纯水的冰点为0℃，沸点为100℃，在0℃与100℃之间分成100个格，每格为1℃，这种温标为摄氏温标，用℃表示单位符号，用 t 作为物理量符号。

(2) 热力学温标（绝对温标）。规定水的三相点（水的固、液、汽三相平衡的状态点）的温度为273.15K。绝对温标与摄氏温标每刻度的大小是相等的，但绝对温标的0K，则是摄氏温标的－273.15℃。绝对温标用K作为单位符号，用 T 作为物理量符号。

摄氏温标与绝对温标的关系为

$$t = T - 273.15 \quad (℃) 或 T = t + 273.15 \quad (K) \tag{1-3}$$

4. 什么叫压力？压力的单位有哪几种表示方法？

答：垂直作用于物体单位面积上的力称为压力，用符号 p 表示，即

$$p = \frac{F}{A} \quad (Pa) \tag{1-4}$$

式中 F——垂直作用于器壁上的合力，N；

A——承受作用力的面积，m^2。

压力的单位有：

（1）法定计量单位制中表示压力采用 N/m^2，称为帕斯卡，符号是 Pa，$1Pa = 1N/m^2$。在电力工业中，机组参数多采用兆帕（MPa），$1MPa = 10^6 N/m^2$。

（2）以液柱高度表示压力的单位有毫米水柱（mmH_2O）、毫米汞柱（mmHg），$1mmHg = 133N/m^2$，$1mmH_2O = 9.81N/m^2$。

（3）工程大气压的单位为 kgf/cm^2，常用 at 作代表符号，$1at = 98066.5N/m^2$；物理大气压的数值为 $1.0332kgf/cm^2$，符号是 atm，$1atm = 1.013 \times 10^5 N/m^2$。

5. 什么叫绝对压力？

答：以绝对真空为零点算起的压力称为绝对压力，用符号 p_a 表示。

6. 什么叫表压力？

答：以大气压力为零点算起的压力称为表压力，用符号 p_g 表示。表压力就是用表计测量所得的压力，大气压力用符号 p_{atm} 表示。

7. 绝对压力与表压力之间的关系是什么？

答：绝对压力与表压力之间的关系为：$p_a = p_g + p_{atm}$ 或 $p_g = p_a - p_{atm}$

8. 什么叫真空和真空度？如何表示？

答：工质的绝对压力小于当地大气压力时，称该处具有真空。大气压力与绝对压力的差值称真空值。用符号“p_v”表示。其关系式为：$p_v = p_{atm} - p_a$。

真空值与当地大气压力比值的百分数，称为真空度，即

$$真空度 = \frac{p_v}{p_{atm}} \times 100\% \tag{1-5}$$

完全真空时真空度为 100%，若工质的绝对压力与大气压力相等时，真空度即为零。

9. 什么叫比体积和密度？它们之间有什么关系？

答： 单位质量的物质所具有的体积称为比体积，用 v 表示，即

$$v = V/m \quad (\mathrm{m^3/kg}) \tag{1-6}$$

式中 m——物质的质量，kg；

V——物质所具有的体积，$\mathrm{m^3}$。

单位体积的物质所具有的质量，称为密度，用符号 ρ 表示，单位为 $\mathrm{kg/m^3}$。

比体积与密度的关系为 $\rho v- 1$，显然比体积和密度互为倒数，即比体积和密度不是相互独立的两个参数，而是同一个参数的两种不同的表示方法。

什么叫平衡状态？

答： 在无外界影响的条件下，气体的状态不随时间而变化的状态叫做平衡状态。只有当工质的状态是平衡状态时，才能用确定的状态参数值去描述。也就是说，当工质内部及工质与外界间达到热的平衡（无温差存在）及力的平衡（无压差存在）时，才能出现平衡状态。

什么叫标准状态？

答： 绝对压力为 1.01325×10^5Pa（1 个标准大气压）、温度为 0℃（273.15K）时的状态称为标准状态。

什么叫参数坐标图？

答： 以状态参数为直角坐标表示工质状态及其变化的图称参数坐标图。参数坐标图上的点表示工质的平衡状态，由许多点相连而组成的线表示工质的热力过程，如果工质在热力过程中所经过的每一个状态都是平衡状态，则此热力过程为平衡过程。只有平衡状态及平衡过程才能用参数坐标图上的点及线来表示。

什么叫功？它的单位是什么？如何换算？

答： 功是力所作用的物体在力的方向上的位移与作用力的乘积。功的大小由作用在物体上的作用力和沿力的作用方向移动的位移来决定。功不是状态参数，而是与过程有关的一个量。它的单位是 N·m（或 J），功的计算式为

$$W = Fs \quad (\mathrm{J}) \tag{1-7}$$

式中 F——作用力，N；

s——位移，m。

单位换算：1J＝1N·m，1kJ＝2.778×10^{-4}kW·h。

14. 什么叫功率？它的单位是什么？

答： 功率的定义是功与完成功所用的时间之比，也就是单位时间内所做的功，即

$$P = W/t \quad (\text{W}) \tag{1-8}$$

式中 W——功，J；

t——做功的时间，s。

功率的单位是瓦，1W=1J/s。

15. 什么叫能？

答： 物质做功的能力称为能。能的形式一般有动能、位能、光能、电能、热能等。热力学中应用的有动能、位能和热能等。

16. 什么叫动能？物体的动能与什么有关？如何表示？

答： 物体因为运动而具有做功的本领叫动能。

物体的动能与物体的质量和运动的速度有关，速度越大，动能就越大；质量越大，动能也越大，动能与物体的质量成正比，与其速度的平方成正比。

动能按式（1-9），计算，即

$$E_k = \frac{1}{2}mc^2 \quad (\text{kJ}) \tag{1-9}$$

式中 m——物体的质量，kg；

c——物体的速度，m/s。

17. 什么叫位能？物体的位能与什么有关？

答： 由于各物体间相互作用而具有的，由物体之间的相互位置决定的能称为位能，也叫势能。物体所处高度位置不同，受地球的吸引力不同而具有的能，称为重力位能。

重力位能由物质的重力（G）和它离地面的高度（h）而定。高度越大，重力位能越大；物体越重，位能越大。重力位能 $E_p=Gh$。

18. 什么叫热能？它和什么因素有关？

答： 物体内部大量分子不规则的运动称为热运动。这种热运动所具有的能量叫做热能，它是物体的内能。

热能与物体的温度有关，温度越高，分子运动的速度越快，具有的热能就越大。

19. 什么叫内能？

答： 工质内部分子运动所形成的内动能和克服分子相互之间作用力所形成的内位能的总

和称为内能。

u 表示 1kg 气体的内能，U 表示 $m$kg 气体的内能，即

$$U = mu \tag{1-10}$$

20. 什么叫内位能？什么叫内动能？它们由什么来决定？

答： 工质内部分子克服相互间存在的作用力而具备的位能，称为内位能，它与工质的比体积有关。

工质内部分子热运动所具有的动能叫内动能，它包括分子的移动动能、分子的转动动能和分子内部的振动动能等。从热运动的本质来看，工质温度越高，分子的热运动越激烈，所以内动能取决于工质的温度。

21. 什么叫机械能？

答： 物质有规律的运动称为机械运动。机械运动一般表现为宏观运动。物质机械运动所具有的能量叫做机械能。

22. 什么叫热量？

答： 物质之间由于温差的存在而导致能量发生转移，其转移能量的多少用热量来度量。因此物体吸收或放出的热能称为热量。

23. 什么叫热机？

答： 把热能转变为机械能的设备称热机，如汽轮机、内燃机、蒸汽机、燃气轮机等。

24. 什么叫比热容？影响比热容的主要因素有哪些？

答： 单位数量（质量或容积）的物质温度升高（或降低）1℃所吸收（或放出）的热量，称为该物质的单位热容量，简称为物质的比热容。比热容表示了单位数量的物质容纳或储存热量的能力。物质的质量比热容用符号表示为 c，单位为 kJ/（kg·℃）。

影响比热容的主要因素有温度和加热条件。一般说来，随温度的升高，物质比热容的数值也增大；定压加热的比热容大于定容加热的比热容。此外，分子中原子数目、物质性质、物质的压力等因素也会对比热容产生影响。

25. 什么叫热容量？它与比热容有什么不同？

答： 质量为 m 的物质，温度升高（或降低）1℃所吸收（或放出）的热量称为该物质的热容量。

热容量的大小等于物体质量与比热容的乘积，即 $C=mc$，热容与质量有关，比热容与质量无关。对于相同质量的物体，比热容大的热容量大；对于同一物质，质量大的热容量大。

26. 如何用定值比热容计算热量？

答：在低温范围内，可近似认为比热容不随温度的变化而改变，即比热容为某一常数，此时热量的计算式为

$$q=c(t_2-t_1)\quad (\mathrm{kJ/kg}) \tag{1-11}$$

27. 什么叫焓？为什么焓是状态参数？

答：在某一状态下单位质量工质比体积为 v，所受压力为 p，为反抗此压力，该工质必须具备 pv 的压力位能。单位质量工质的内能和压力位能之和称为比焓。

比焓的符号为 h，单位为 kJ/kg。其定义式为

$$h=u+pv \tag{1-12}$$

对 $m$kg 的工质，内能和压力位能之和称为焓，用 H 表示，单位为 kJ，即

$$H=mh=U+pV \tag{1-13}$$

由 $H=U+pV$ 可看出，工质的状态一定，则内能 U 及 pV 一定，焓也一定，即焓仅由状态所决定，所以焓也是状态参数。

28. 什么叫熵？

答：熵是工质的重要参数之一。在没有摩擦的平衡过程中，单位质量的工质吸收的热量 $\mathrm{d}q$（kJ/kg）与工质吸热时的绝对温度 T 的比值叫熵的增加量。其表达式为

$$\Delta s=\frac{\mathrm{d}q}{T} \tag{1-14}$$

式中　$\Delta s=s_2-s_1$，是熵的变化量。

熵的单位是 J/(kg·k)，若某可逆过程中工质的熵增加，即 $\Delta s>0$，则表示工质进行的是吸热过程。

若某可逆过程中工质的熵减少，即 $\Delta s<0$，则表示工质进行的是放热过程。

若某可逆过程中工质的熵不变，即 $\Delta s=0$，则表示工质是经历绝热过程。

29. 什么叫理想气体？什么叫实际气体？

答：气体分子间不存在引力，分子本身不占有体积的气体叫理想气体；反之，气体分子间存在着引力，分子本身占有体积的气体叫实际气体。

30. 火力发电厂中什么气体可看作理想气体？什么气体可看作实际气体？

答：在火力发电厂中，空气、燃气、烟气可以作为理想气体看待，因为它们远离液态，与理想气体的性质很接近。

在蒸汽动力设备中，作为工质的水蒸气，因其压力高，比体积小，即气体分子间的距离比较小，分子间的吸引力也相当大，离液态接近，所以水蒸气应作为实际气体看待。

31. 理想气体的状态方程式是什么？

答：当理想气体处于平衡状态时，在确定的状态参数 p、v、T 之间存在着一定的关系，即 1kg 理想气体状态方程式。表达式为

$$pv = RT$$

如果气体质量为 $m$kg，则气体状态方程式为

$$pV = mRT \tag{1-15}$$

式中 p——气体的绝对压力，N/m^2；

T——气体的绝对温度，K；

R——气体常数，J/(kg·K)；

V——气体的体积，m^3。

气体常数 R 与状态无关，但对不同的气体却有不同的气体常数。例如，空气的 R=287J/(kg·K)，氧气的 R=259.8J/(kg·K)。

32. 理想气体的基本定律有哪些？其内容是什么？

答：理想气体的三个基本定律是：①波义耳-马略特定律；②查理定律；③盖吕萨克定律。其具体内容为：

(1) 波义耳-马略特定律。当气体温度不变时，压力与比体积成反比变化。用公式表示为

$$p_1 v_1 = p_2 v_2$$

气体质量为 m 时

$$p_1 V_1 = p_2 V_2 (\text{其中 } V = mv) \tag{1-16}$$

(2) 查理定律。气体比体积不变时，压力与温度成正比变化。用公式表示为

$$\frac{p_1}{T_1} = \frac{p_2}{T_2} \tag{1-17}$$

(3) 盖吕萨克定律。气体压力不变时，比体积与温度成正比变化，对于质量为 m 的气体，压力不变时，体积与温度成正比变化。用公式表示为

$$\frac{v_1}{T_1} = \frac{v_2}{T_2} \quad \text{或} \quad \frac{V_1}{T_1} = \frac{V_2}{T_2} \tag{1-18}$$

33. 什么是热力学第一定律？它的表达式是怎样的？

答：热可以变为功，功可以变为热，一定量的热消失时，产生一定量的功；消耗一定量

的功时，必然出现与之对应的一定量的热。

热力学第一定律的表达式如下

$$Q = AW \tag{1-19}$$

式中，在工程单位制中 $A=\frac{1}{427}$kcal/（kgf·m）；在国际单位制中，功与热量的单位均为焦耳（J），则 $A=1$，即 $Q=W$。

34. 热力学第一定律的实质是什么？它说明什么问题？

答：热力学第一定律的实质是能量守恒与转换定律在热力学上的一种特定应用形式。它说明了热能与机械能互相转换的可能性及其数值关系。

35. 什么叫可逆过程？

答：当无摩擦存在时，一个过程正向进行之后再逆向进行，当工质恢复到初态时，外界同时恢复原状而不引起任何变化，这样的过程称为可逆过程。

36. 什么叫不可逆过程？

答：存在摩擦、涡流等能量损失使过程只能单方向进行，不可逆转的过程叫做不可逆过程。一切与热现象有关的实际过程都是不可逆过程。

37. 什么叫等容过程？等容过程中吸收的热量和所做的功如何计算？

答：容积（或比体积）保持不变的情况下进行的过程叫等容过程。

由理想气体状态方程 $pv = RT$，得 $\frac{p}{T} = \frac{R}{v} =$ 常数，即等容过程中压力与温度成正比。因 $\Delta v=0$，所以容积变化功 $w=0$，则 $q = \Delta u + w = \Delta u = u_2 - u_1$，也即等容过程中，所有加入的热量全部用于增加气体的内能。

38. 什么叫等温过程？等温过程中工质吸收的热量如何计算？

答：温度不变的情况下进行的热力过程叫做等温过程。

由理想气体状态方程 $pv = RT$，对一定的工质，$pv = RT =$ 常数，即等温过程中压力与比体积成反比。其吸收热量为

$$q = \Delta u + w \quad 或 \quad q = T(s_2 - s_1) \tag{1-20}$$

39. 什么叫等压过程？等压过程的功及热量如何计算？

答：工质的压力保持不变的过程称为等压过程，如锅炉中水的汽化过程，乏汽在凝汽器

中的凝结过程，空气预热器中空气的吸热过程都是在压力不变时进行的过程。

由理想气体状态方程 $pv = RT$，得 $\frac{T}{v} = \frac{p}{R} =$ 常数，即等压过程中温度与比体积成正比。

等压过程做的功为

$$w = p(v_2 - v_1) \tag{1-21}$$

等压过程工质吸收的热量为

$$\begin{aligned} q &= \Delta u + w = (u_2 - u_1) + p(v_2 - v_1) \\ &= (u_2 + p_2 v_2) - (u_1 + p_1 v_1) = h_2 - h_1 \end{aligned} \tag{1-22}$$

40. 什么叫绝热过程？绝热过程的功和内能如何计算？

答： 在与外界没有热量交换情况下所进行的过程称为绝热过程。如汽轮机为了减少散热损失，汽缸外侧包有绝热材料，而工质所进行的膨胀过程极快，在极短时间内来不及散热，其热量损失很小，可忽略不计，故常把工质在这些热机中的过程作为绝热过程处理。

因绝热过程 $q=0$，则 $q = \Delta u + w$，$w = -\Delta u$，即绝热过程中膨胀功来自内能的减少，而压缩功使内能增加。对于理想气体有

$$w = \frac{1}{\kappa - 1}(p_1 v_1 - p_2 v_2) \tag{1-23}$$

式中，κ 为绝热指数，与工质的原子个数有关。单原子气体 $\kappa = 1.67$，双原子气体 $\kappa = 1.4$，三原子气体 $\kappa = 1.28$。

41. 什么叫等熵过程？

答： 熵不变的热力过程称为等熵过程。可逆的绝热过程，即没有能量损失的绝热过程为等熵过程。在有能量损耗的不可逆过程中，虽然外界没有加入热量，但工质要吸收由于摩擦、扰动等损耗而转变成的热量，这部分热量使工质的熵是增加的，这时绝热过程不是等熵过程。汽轮机工质膨胀过程是个不可逆的绝热过程。

42. 简述热力学第二定律。

答： 热力学第二定律说明了能量传递和转化的方向、条件、程度。它有如下两种叙述方法：

（1）从能量传递角度来讲，热不可能自发地不付代价地，从低温物体传至高温物体。

（2）从能量转换角度来讲，不可能制造出从单一热源吸热，使之全部转化成为功而不留下任何其他变化的热力发动机。

43. 什么叫热力循环？

答： 工质从某一状态点开始，经过一系列的状态变化又回到原来这一状态点的封闭变化过程叫做热力循环，简称循环。

44. 什么叫循环的热效率？它说明什么问题？

答：工质每完成一个循环所做的净功 w 和工质在循环中从高温热源吸收的热量 q 的比值叫做循环的热效率，即

$$\eta = \frac{w}{q} \tag{1-24}$$

循环的热效率说明了循环中热转变为功的程度，η 越高，说明工质从热源吸收的热量中转变为功的部分就越多；反之，转变为功的部分越少。

45. 卡诺循环是由哪些过程组成的？其热效率如何计算？

答：卡诺循环是由两个可逆的定温过程和两个可逆的绝热过程所组成。因而，整个卡诺循环是个可逆过程，见图 1-1。

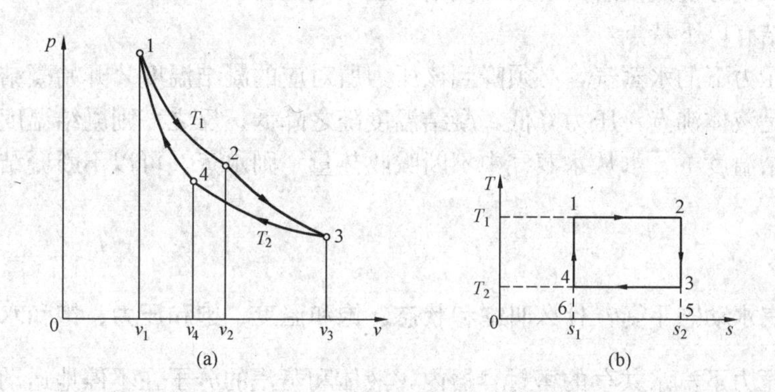

图 1-1 卡诺循环图

(a) 卡诺循环在 p-v 图上表示；(b) 卡诺循环在 T-s 图上表示

图中 1→2 过程为可逆的定温膨胀过程；2→3 过程为可逆的绝热膨胀做功过程；3→4 过程为可逆的定温压缩过程；4→1 过程为可逆的绝热压缩过程。

$q_1 = T_1(s_2 - s_1) = T_1\Delta s$（为工质从热源吸收的热量）

$q_2 = T_2(s_2 - s_1) = T_2\Delta s$（为工质向冷源放出的热量）

卡诺循环热效率计算式为

$$\eta = \frac{w}{q_1} = \frac{q_1 - q_2}{q_1} = 1 - \frac{q_2}{q_1} = 1 - \frac{T_2\Delta s}{T_1\Delta s} = 1 - \frac{T_2}{T_1} \tag{1-25}$$

卡诺循环能连续输出的净功是 T-s 图上的面积 12341，即净功 $w = q_1 - q_2$。

46. 由卡诺循环的热效率可得出哪些结论？

答：由 $\eta = 1 - T_2/T_1$ 可以得出以下几点结论：

（1）卡诺循环的热效率取决于热源温度 T_1 和冷源温度 T_2，而与工质性质无关，提高 T_1，降低 T_2，可以提高循环热效率。

（2）卡诺循环热效率只能小于 1，而不能等于 1，因为要使 $T_1 = \infty$（无穷大）或 $T_2 = 0$

（绝对零度）都是不可能的。也就是说，q_2损失只能减少，而无法避免。

（3）当$T_1 = T_2$时，卡诺循环的热效率为零。也就是说，在没有温差的体系中，无法实现热能转变为机械能的热力循环，或者说，只有一个热源装置而无冷却装置的热机是无法实现的。

47. 什么叫汽化？它分为哪几种形式？

答： 物质从液态变成汽态的过程叫汽化。

汽化分为蒸发和沸腾两种形式。液体表面在任何温度下进行的比较缓慢的汽化现象叫蒸发。液体表面和内部同时进行的剧烈的汽化现象叫沸腾。

48. 什么叫凝结？水蒸气凝结有哪些特点？

答： 物质从气态变成液态的现象叫凝结，也叫液化。

水蒸气凝结有以下特点：

（1）一定压力下的水蒸气，必须降到该压力所对应的凝结温度才开始凝结成液体。这个凝结温度也就是液体沸点，压力降低，凝结温度随之降低；反之，则凝结温度升高。

（2）在凝结温度下，水从水蒸气中不断吸收热量，则水蒸气可以不断凝结成水，并保持温度不变。

49. 什么叫汽水动态平衡？什么叫饱和状态、饱和温度、饱和压力、饱和水、饱和蒸汽？

答： 一定压力下汽水共存的密封容器内，液体和蒸汽的分子在不停地运动，有的跑出液面，有的返回液面，当从水中飞出分子数目等于因相互碰撞而返回水中的分子数时，这种状态称为汽水动态平衡。

处于动态平衡的汽、液共存的状态叫饱和状态。

在饱和状态时，液体和蒸汽的温度相同，这个温度称为饱和温度；液体和蒸汽的压力也相同，该压力称为饱和压力。

饱和状态的水称为饱和水；饱和状态下的蒸汽称为饱和蒸汽。

50. 为什么饱和压力随饱和温度升高而增高？

答： 温度升高，分子的平均动能增大，从水中飞出的分子数目越多，因而使汽侧分子密度增大。同时蒸汽分子的平均运动速度也随着增加，这样就使得蒸汽分子对器壁的碰撞增强，其结果使得压力增大，所以说，饱和压力随饱和温度升高而增高。

51. 什么叫湿饱和蒸汽、干饱和蒸汽、过热蒸汽？

答： 在水达到饱和温度后，如定压加热，则饱和水开始汽化，在水没有完全汽化之前，含有饱和水的蒸汽叫湿饱和蒸汽，简称湿蒸汽。湿饱和蒸汽继续在定压条件下加热，水完全汽化成蒸汽时的状态叫干饱和蒸汽。干饱和蒸汽继续定压加热，蒸汽温度上升而超过饱和温度时，就变成过热蒸汽。

52. 什么叫干度？什么叫湿度？

答：1kg 湿蒸汽中含有干蒸汽的质量百分数叫做干度，用符号 x 表示，即

$$x = 干蒸汽的质量 / 湿蒸汽的质量$$

干度是湿蒸汽的一个状态参数，它表示湿蒸汽的干燥程度；x 值越大，则蒸汽越干燥。

1kg 湿蒸汽中含有饱和水的质量百分数称为湿度，以符号（$1-x$）表示。

53. 什么叫临界点？水蒸气的临界参数为多少？

答：随着压力的增高，饱和水线与干饱和蒸汽线逐渐接近，当压力增加到某一数值时，两线相交，相交点即为临界点。临界点的各状态参数称为临界参数，对水蒸气来说，其临界压力 p_c＝22.129MPa，临界温度 t_c＝374.15℃，临界比体积 v_c＝0.003147m^3/kg。

54. 是否存在 400℃ 的液态水？

答：不存在。因为当水的温度高于临界温度时（即 $t > t_c = 374.15$℃时）都是过热蒸汽，所以不存在 400℃的液态水。

55. 水蒸气状态参数如何确定？

答：由于水蒸气属于实际气体，其状态参数按实际气体的状态方程计算非常复杂，而且温差较大不适应工程上实际计算的要求，因此，人们在实际研究和理论分析计算的基础上，将不同压力下水蒸气的比体积、温度、焓、熵等列成表或绘成图。利用查图、查表的方法确定其状态参数是工程上常用的方法。

56. 水蒸气等压形成过程在 *p-v* 图和 *T-s* 图上如何表示？

答：图 1-2（a）中，水蒸气等压形成一条平行于 v 轴的直线。

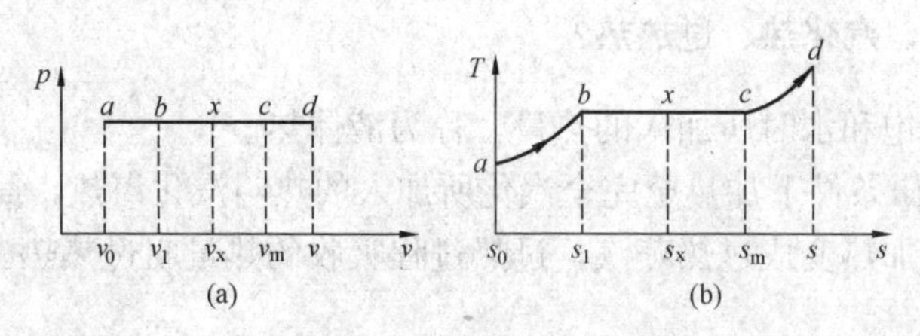

图 1-2　水蒸气等压形成过程

（a）p-v 图；（b）T-s 图

a-b 段—液体水；b-c 段—饱和蒸汽；c-d 段—过热蒸汽

在 T-s 图上，除饱和水等压加热成干饱和蒸汽阶段，既等压，又等温，是一条平行于 s 轴的直线外，其他两个阶段都随温度上升，近似于对数曲线。

57. 怎样使用水蒸气焓熵图？

答： 根据图 1-3 所示，图上的纵坐标表示水蒸气的焓值，横坐标表示熵值。图中有一条粗黑线将图分成上下两部分，粗黑线的上方是过热蒸汽区，粗黑线下方是湿饱和蒸汽区，粗黑线本身是干饱和蒸汽线，位于线上的各点代表不同状态下的干饱和蒸汽。

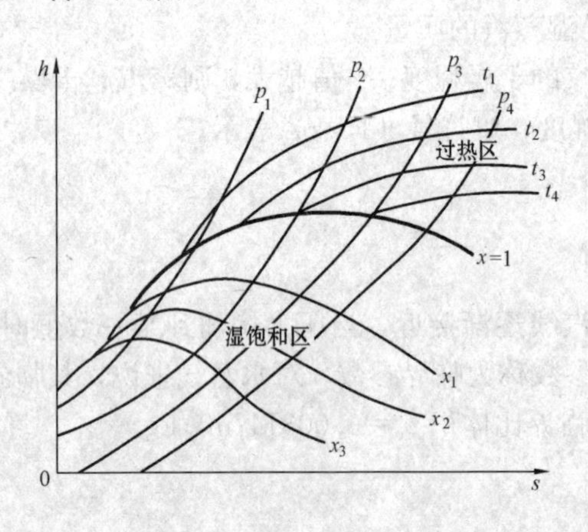

图 1-3　水蒸气的 h-s 图

在 h-s 图中除平行纵、横坐标的等熵线及等焓线外，还有下述几簇等值线：

（1）等压线。由图的左下角向右上角方延伸的一簇线，在湿饱和蒸汽区为直线，在过热蒸汽区为曲线。

（2）等温线。由于饱和温度取决于压力，因此在湿饱和蒸汽区内的等温线与等压线重合，在过热蒸汽区内的等温线是自干饱和蒸汽开始向右延伸的一簇曲线。

（3）等干度线。在湿饱和蒸汽区跟干饱和蒸汽线大致同向的一簇曲线。

（4）等比体积线。等比体积线和等压线相似，也是一簇自左下方向右上方延伸的曲线。

h-s 图上，每一点都代表一个状态，每一个状态都可以根据图上的曲线读出它的参数（h，s，t，p，x，v），并可以在图上作出需要分析的热力过程。

运用 h-s 图的方法是：

1）在过热区中，确定过热蒸汽状态参数时，应由两个参数确定，如已知 p 及 t，从而查出 v、h、s。

2）在湿蒸汽区中，确定湿蒸汽参数时，应知两个状态参数，例如已知 p 及 x，从而查出 t_s、h、s、v。

3）用等压线或等温线与上界线相交来确定干蒸汽状态参数。

58. 什么叫液体热、汽化热、过热热？

答： 把水加热到饱和水时所加入的热量，称为液体热。

1kg 饱和水在定压条件下加热至完全汽化所加入的热叫汽化潜热，简称汽化热。

干饱和蒸汽定压加热变成过热蒸汽，过热过程吸收的热量叫过热热。

59. 什么叫稳定流动、绝热流动？

答： 流动过程中工质各状态点参数不随时间而变动的流动称为稳定流动。

与外界没有热交换的流动称为绝热流动。

60. 稳定流动的能量方程是怎样表示的？

答： 如图 1-4 所示，开口系统中（考虑工质的进出），有

$$q=(h_2-h_1)+\frac{1}{2}(c_2^2-c_1^2)+g(z_2-z_1)+w_s \quad (1\text{-}26)$$

式中 h_2-h_1—— 工质焓的变化量，kJ/kg；

$\frac{1}{2}(c_2^2-c_1^2)$——工质宏观动能变化量，kJ/kg；

$g(z_2-z_1)$——工质宏观位能变化量，kJ/kg；

g——重力加速度，g=9.8m/s^2；

w_s——工质对外输出的轴功。

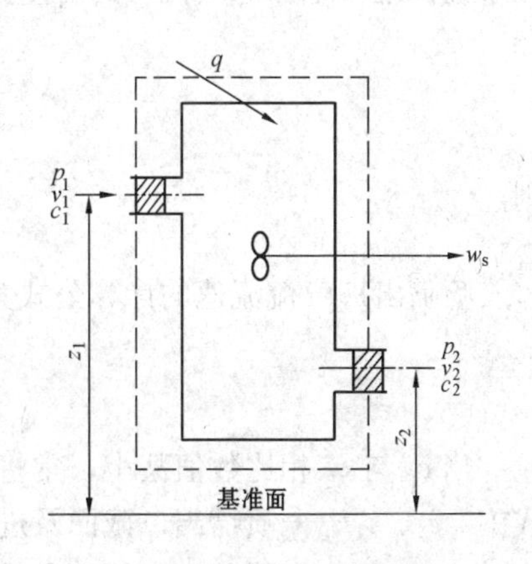

图 1-4　综合性热力设备图

61. 稳定流动能量方程在热力设备中如何应用？

答：（1）汽轮机、泵和风机。工质流经汽轮机、泵和风机时，其进出设备时的宏观动能差及位能差相对于轴功 w_s 可忽略不计，这时 $\frac{1}{2}(c_2^2-c_1^2)=0, g(z_2-z_1)=0$，$q=0$，其能量方程为

$$h_2-h_1+w_s=0 \quad (1\text{-}27)$$

（2）锅炉和各种换热器。工质流经锅炉、加热器、冷凝器等换热器时，与外界只有热量的交换而无功的转换，即 $w_s=0$。工质在流经这些设备时，速度变化很小，位置高度变化也不大，所以工质的宏观动能差、位能差与 q 相比是很小的，也可忽略不计，即 $\frac{1}{2}(c_2^2-c_1^2)=0, g(z_2-z_1)=0$，其能量方程式为

$$q=h_2-h_1 \quad (1\text{-}28)$$

62. 什么叫轴功？什么叫膨胀功？

答： 轴功即工质流经热机时，驱动热机主轴对外输出的功，以“w_s”表示。将（$q-\Delta u$）这部分数量的热能所转变成的功叫膨胀功，它是一种气体容积变化功，用符号 w 表示，对一般流动系统

$$w=q-\Delta u=(p_2v_2-p_1v_1)+\frac{1}{2}(c_2^2-c_1^2)+g(z_2-z_1) \quad (1\text{-}29)$$

63. 什么叫喷嘴？电厂中常用哪几种喷嘴？

答： 凡用来使气流降压增速的管道叫喷嘴。电厂中常用的喷嘴有渐缩喷嘴和缩放喷嘴两

种。渐缩喷嘴的截面是逐渐缩小的，而缩放喷嘴的截面先收缩后扩大。

喷嘴中气流流速和流量如何计算？

答：（1）流速的计算。气体在喷嘴中流动时，气流与外界没有功的交换，即 $w_s=0$；与外界热量交换数值相对极小，可忽略不计，即 $q=0$；宏观位能差也可忽略不计，因此气流在喷嘴内进行绝热稳定流动的能量方程式为

$$(h_2 - h_1)+\frac{1}{2}(c_2^2-c_1^2)=0$$

则

$$\frac{1}{2}(c_2^2-c_1^2)=h_2-h_1$$

喷嘴出口气流流速的计算公式为

$$c_2=\sqrt{2(h_1-h_2)+c_1^2} \tag{1-30}$$

当 c_1^2 与 c_2^2 相比数值甚小，常将 c_1^2 忽略不计，即 $c_1^2=0$，这时 $c_2=\sqrt{2\ (h_1-h_2)}$。

式中 c_2、c_1——喷嘴出口截面及进口截面上气流的流速；

h_2、h_1——喷嘴出口截面及进口截面气流的焓值。

（2）流量的计算。气体质量流量为

$$q_m=\frac{Ac}{v} \tag{1-31}$$

式中 A——喷嘴某一截面的面积，m^2；

v——气流流经喷嘴某一截面的比体积，m^3/kg；

c——气流流经喷嘴某一截面的流速，m/s；

q_m——气体的质量流量，kg/s。

当喷嘴入口速度为零时，气体流经喷嘴出口截面上的流量为

$$q_m=\frac{A_2c_2}{v_2}=\frac{A_2}{v_2}\times 1.414\sqrt{h_1-h_2} \tag{1-32}$$

什么叫节流？什么叫绝热节流？

答：工质在管内流动时，由于通道截面突然缩小，使工质流速突然增加，压力降低的现象称为节流。

节流过程中如果工质与外界没有热交换，则称为绝热节流。

什么叫朗肯循环？

答：以水蒸气为工质的火力发电厂中，让饱和蒸汽在锅炉的过热器中进一步吸热，然后过热蒸汽在汽轮机内进行绝热膨胀做功，汽轮机排汽在凝汽器中全部凝结成水，并以水泵代

替卡诺循环中的压缩机，使凝结水重又进入锅炉受热，这样组成的汽-水基本循环，称为朗肯循环。

67. 朗肯循环是通过哪些热力设备实施的？各设备的作用是什么？画出其热力设备系统图。

答：朗肯循环的主要设备是蒸汽锅炉、汽轮机、凝汽器和给水泵四个部分。如图1-5所示，为朗肯循环热力设备系统。

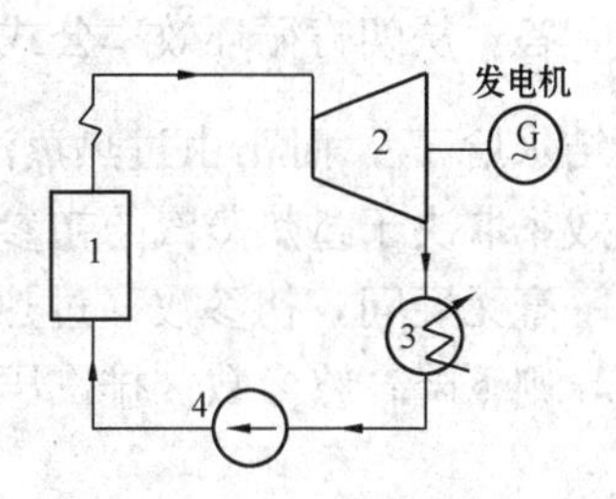

图1-5　朗肯循环热力设备系统图
1—锅炉；2—汽轮机；3—凝汽器；4—给水泵

(1) 锅炉。包括省煤器、炉膛、水冷壁和过热器，其作用是将给水定压加热，产生过热蒸汽，通过蒸汽管道，送入汽轮机。

(2) 汽轮机。蒸汽进入汽轮机绝热膨胀做功将热能转变为机械能。

(3) 凝汽器。作用是将汽轮机排汽定压下冷却，凝结成饱和水，即凝结水。

(4) 给水泵。作用是将凝结水在水泵中绝热压缩，提升压力后送回锅炉。

68. 朗肯循环的热效率如何计算？

答：朗肯循环的热效率公式为

$$\eta=\frac{w}{q_1}=\frac{q_1-q_2}{q_1} \tag{1-33}$$

式中　q_1——1kg蒸汽在锅炉中定压吸收的热量，kJ/kg；

　　　q_2——1kg蒸汽在凝汽器中定压放出热量，kJ/kg。

对朗肯循环1kg蒸汽在锅炉中定压吸收的热量为

$$q_1=h_1-h_{fw} \tag{1-34}$$

式中　h_1——过热蒸汽焓，kJ/kg；

　　　h_{fw}——给水焓，kJ/kg。

1kg排汽在冷凝器中定压放出热量为

$$q_2=h_2-h'_2 \tag{1-35}$$

式中　h_2——汽轮机排汽焓，kJ/kg；

　　　h'_2——凝结水焓，kJ/kg。

因水在水泵中绝热压缩时，其温度变化不大，所以h_{fw}可以认为等于凝结水焓h'_2，则循环所获功为

$$w=q_1-q_2=(h_1-h_{fw})-(h_2-h'_2)=h_1-h_2+h'_2-h_{fw}=h_1-h_2 \tag{1-36}$$

所以

$$\eta=\frac{w}{q_1}=\frac{h_1-h_2}{h_1-h_2'} \tag{1-37}$$

影响朗肯循环效率的因素有哪些？

答：从朗肯循环效率公式 $\eta=\frac{h_1-h_2}{h_1-h_2'}$ 可以看出，η 取决于过热蒸汽焓 h_1、排汽焓 h_2 及凝结水焓 h'_2；而 h_1 由过热蒸汽的初参数 p_1、t_1 决定。h_2 和 h'_2 都由参数 p_2 决定，所以朗肯循环效率取决于过热蒸汽的初参数 p_1、t_1 和终参数 p_2。

毫无疑问，初参数（过热蒸汽压力、温度）提高，其他条件不变，热效率将提高，反之，则下降；终参数（排汽压力）下降，初参数不变，则热效率提高，反之，则下降。

什么叫再热循环？

答：再热循环就是把汽轮机高压缸内已经做了部分功的蒸汽再引入到锅炉的再热器，重新加热，使蒸汽温度又提高到初温度，然后引回汽轮机中、低压缸内继续做功，最后的乏汽排入凝汽器的一种循环。

为什么要采用中间再热循环？

答：采用中间再热循环的目的有两个：

(1) 降低终湿度。由于大型机组初压 p_1 的提高，使排汽湿度增加，对汽轮机的末几级叶片侵蚀增大。虽然提高初温可以降低终湿度，但提高初温受金属材料耐温性能的限制，因此对终湿度改善较少。采用中间再热循环有利于终湿度的改善，使得终湿度降到允许的范围内，减轻湿蒸汽对叶片的冲蚀，提高低压部分的内效率。

(2) 提高热效率。采用中间再热循环，正确地选择再热压力后，循环效率可以提高 4%～5%。

什么是热电合供循环？其方式有几种？

答：在发电厂中利用汽轮机中做过功的蒸汽（抽汽或排汽）的热量供给热用户，可以避免或减少在凝汽器中的冷源损失，使发电厂的热效率提高，这种同时生产电能和热能的生产过程称为热电合供循环。热电合供循环中供热汽源有两种：一种是由背压式汽轮机排汽；另一种是由调整抽汽式汽轮机抽汽。

背压式汽轮机供热循环的应用及特点是什么？

答：如图 1-6 所示，在背压式汽轮机供热循环中，来自锅炉的新蒸汽（压力为 p_0）进入汽轮机做功后，在一定的背压下，其排汽不再进入凝汽器而直接送到热用户。背压的大小取决于热用户的需要，排汽为采暖供汽时，其排汽压力通常在 0.12～0.25MPa；排汽为工业用汽时，一般排汽压力为 0.4～0.8MPa，甚至可达 1.3～1.5MPa。

如图 1-7 所示，在背压式汽轮机供热循环中，由于汽轮机排汽压力很高，使每千克蒸汽在汽轮机内做功减小，由原来凝汽循环做功面积为 12′3′51，降为背压式供热循环做功面积 12351，减少的做功面积为 22′3′32。显然，背压越高，每千克做功量越少，循环热效率必然越低。但是热量利用系数却增大。热量利用系数用符号 K 表示，即

$$K=\frac{\text{已利用的热量}}{\text{工质从热源吸入的热量}}=\frac{w+q_2}{q_1} \tag{1-38}$$

式中 q_2——热用户利用的热量；

w——汽轮机做功相当的热量，在理想情况下，$K=1$，实际上由于管道散热、泄漏等损失，一般 $K=0.65$～0.7。

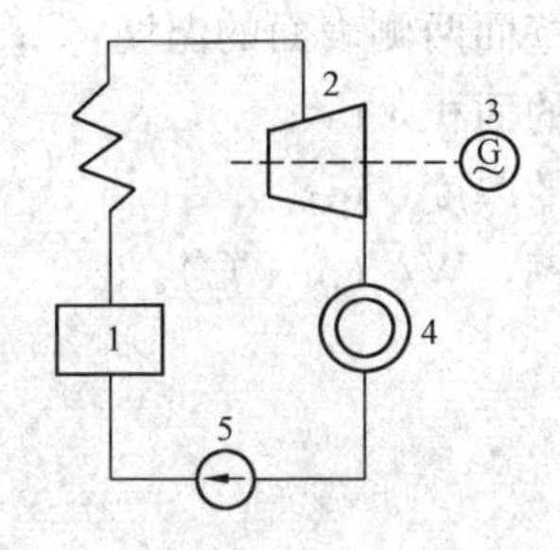

图 1-6　背压供热系统

1—锅炉；2—汽轮机；3—发电机；4—热用户；5—给水泵

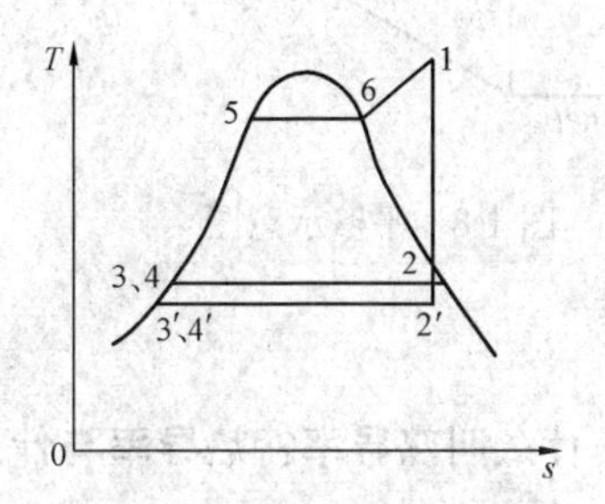

图 1-7　供热循环的 T-s 图

背压式机组的主要优点是没有凝汽器及相应辅助设备，而使其系统简单，投资低。但它的主要缺点是电负荷和热负荷之间互相制约，不能同时满足热负荷和电负荷的要求，电负荷取决于热负荷。只有热负荷增加，汽轮机流量增大，发出的电功率才能增加。当热用户用汽量减少时，进入汽轮机内的蒸汽量也减少，电功率减少。因此，发电量受到热用户的限制。这种供热方式不适于孤立电站，只有机组并入电网才能由其他机组多发电来保证满足用户对电负荷的需求。

74. 什么是热交换？热交换有哪些基本形式？

答：物体间的热量交换称为热交换。

热交换有三种基本形式，即导热、对流换热、辐射换热。

直接接触的物体各部分之间的热量传递现象叫导热。

在流体内，流体之间的热量传递主要由于流体的运动，使热流中的一部分热量传递给冷流体，这种热量传递方式叫做对流换热。

高温物体的部分热能变为辐射能，以电磁波的形式向外发射到接收物体后，辐射能再转变为热能，而被吸收。这种电磁波传递热量的方式叫做辐射换热。

75. 什么是稳定导热？

答：物体各点的温度不随时间而变化的导热叫做稳定导热。火力发电厂中大多数热力设备在稳定运行时其壁面间的传热都属于稳定导热。

76. 如何计算平壁壁面的导热量？

答：实验证明，单位时间内通过固体壁面的导热热量与两侧表面温度差和壁面面积成正比，与壁厚成反比（如图1-8所示）。考虑这些因素，可写出下列导热的计算式

$$Q=\lambda\frac{t_1-t_2}{\delta}A \tag{1-39}$$

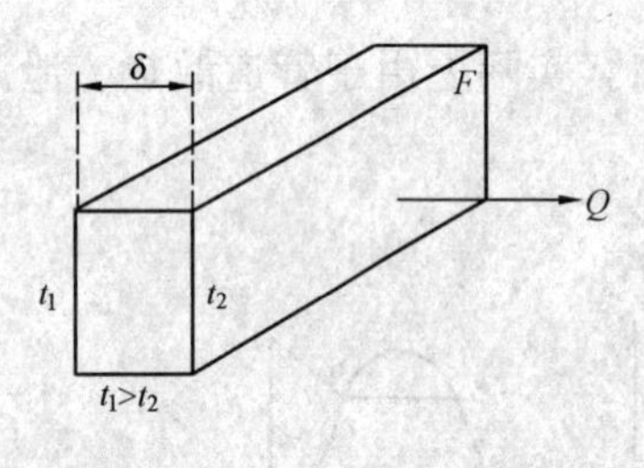

图1-8 平壁示意图

式中 Q——单位时间内由高温表面传给低温表面的热量，W；

t_1、t_2——平壁壁面两侧表面的温度,℃；

A——壁面的面积，m^2；

δ——平壁的厚度，m；

λ——热导率，W/（m·℃）。

77. 什么叫热导率？热导率与什么有关？

答：热导率是表明材料导热能力大小的一个物理量，它在数值上等于壁的两表面温差为1℃，壁厚等于1m时，在单位壁面积上每秒钟所传递的热量。

热导率与材料的种类、物质的结构、湿度有关，对同一种材料，热导率还和材料所处的温度有关。

78. 什么叫对流换热？举出在电厂中几个对流换热的实例。

答：流体流过固体壁面时，流体与壁面之间进行的热量传递过程叫对流换热。

在电厂中利用对流换热的设备较多，如蒸汽流过加热器管束时与管壁及管壁与管内凝结水之间的热交换；在凝汽器中，铜管内壁与冷却水及铜管外壁与汽轮机排汽之间发生的热交换。

79. 影响对流换热的因素有哪些？

答：影响对流换热的因素主要有五个方面：

（1）流体流动的动力。流体流动的动力有两种：一种是自由流动；另一种是强迫流动。强迫流动换热通常比自由流动换热更强烈。

（2）流体有无相变。一般来说对同一种流体有相变时的对流换热比无相变时更强烈。

（3）流体的流态。由于紊流时流体各部分之间流动剧烈混杂，因此紊流时，热交换比层

流时更强烈。

（4）几何因素影响。流体接触的固体表面的形状、大小及流体与固体之间的相对位置都影响对流换热。

（5）流体的物理性质。不同流体的密度、黏性、热导率、比热容、汽化潜热等都不同，它们影响着流体与固体壁面的热交换。

注：物质分固态、液态、气态三相，相变就是指其状态变化。

80. 焓熵图是根据什么绘制的？

答：焓熵图是根据饱和蒸汽表、未饱和水及过热蒸汽表中所列的数据绘制的。

81. 焓熵图是由什么线所组成？

答：焓熵图是由等焓线、等熵线、等压线、等容线、等温线、等干度线和干饱和蒸汽线组成。

82. 什么叫分容积？混合气体的总容积与各组成气体的分容积有何关系？

答：混合气体中各组成气体在混合气体的温度和混合气体总压力下所占有的容积，称为各组成气体的分容积。

混合气体的总容积等于组成混合气体的各组成气体的分容积之和。

83. 什么叫沸腾？沸腾有哪些特点？

答：在液体表面和液体内部同时进行的剧烈汽化现象叫沸腾。

沸腾的特点是：

（1）在一定的外部压力下，液体升高到一定温度时，才开始沸腾。这个温度叫沸点。

（2）沸腾时气体和液体同时存在且气体和液体温度相等，是该压力下所对应的饱和温度。

（3）整个沸腾阶段虽然吸热，但温度始终保持沸点温度。

84. 金属材料的使用性能是什么？

答：金属材料的使用性能是指金属材料在使用条件下所表现的性能，包括机械性能、物理性能和化学性能。

85. 按外力作用性质的不同，金属强度可分为哪几种？

答：按外力作用的性质不同，金属强度可分为抗拉强度、抗压强度、抗弯强度和抗扭强度四种。

86. 金属材料的工艺性能是指什么？

答：金属材料的工艺性能是指金属的铸造性、可锻性、焊接性和切削加工性。

87. 钢材在高温时的性能变化主要有什么？

答：钢材在高温时的性能变化主要有蠕变、持久断裂、应力松弛、热脆性、热疲劳，以及钢材在高温腐蚀介质中的氧化、腐蚀和失去组织稳定性。

88. 对高温工作下的紧固件材料突出的要求是什么？

答：对高温工作下的紧固件材料突出的要求是有较好的抗松弛性能，其次是应力集中敏感性、热脆性小和有良好的抗氧化性能。

89. 什么叫金属材料的机械性能？其包括哪些方面？

答：金属材料的机械性能是指金属材料在外力作用下表现出来的特性。其包括强度、硬度、弹性、塑性、冲击韧性、疲劳强度等方面。

90. 什么是金属强度？其包括哪些内容？

答：金属强度是指金属材料在外力作用下抵抗变形和破坏的能力。其内容包括抗拉强度、抗压强度、抗弯强度和抗扭强度等。

91. 简述金属材料的铸造性、可锻性、可焊性、切削加工性的含义。

答：金属材料的铸造性是指液态时的流动性、凝固时的收缩性、凝固后的化学成分不均匀性。

金属材料的可锻性是指承受压力加工的能力。

金属材料的可焊性是指是否易焊接。

金属材料的切削加工性是指是否易于切削加工。

92. 金属材料的物理性能包括什么？

答：金属材料的物理性能包括金属的密度（相对密度）、比热容、熔点、导电性、磁性、导热性、热膨胀性、抗氧化性、耐腐蚀性等。

93. 简述金属超温与过热的关系。

答：金属的超温与过热在概念上是相同的。所不同的是，超温是指在运行中由于种种原因使金属的管壁温度超过它允许的温度；而过热是指因为超温致使金属发生不同程度的损坏。也就是说，超温是过热的原因，过热是超温的结果。

94. 换热有哪几种基本形式？

答：换热有三种基本形式，即传导、对流和热辐射。

95. 什么是辐射力？

答：物体在单位时间内、单位面积上所发射出去的辐射能称为辐射力。

96. 管道外部加保温层的目的是什么？

答：管道外部加保温层的目的是：增加管道的热阻，减少热量的传递。

97. 影响传热的因素有哪些？

答：由传热方程式 $Q=KA\Delta t$ 可以看出，传热量是由三个方面的因素决定，即冷、热流体传热平均温差（Δt）、换热面积（A）和传热系数（K）。

98. 减少散热损失的方法有哪些？

答：减少散热损失的方法有：增加绝热层厚度以增大导热热阻；设法减小设备外表面与空气间总换热系数。

99. 物体的黑度与吸收系数有什么关系？

答：物体的黑度与吸收系数的关系是：某温度下的物体的黑度在数值上近似等于同温度下物体的吸收系数。

100. 影响辐射换热的因素有哪些？

答：影响辐射换热的因素有：

（1）黑度大小影响辐射能力及吸收率。

（2）温度高低影响辐射能力及传热量的大小。

（3）角系数由形状及位置而定，它影响有效辐射面积。

（4）物质不同，影响辐射传热，如气体与固体不同。

101. 增强传热的方法有哪些？

答：增强传热的方法有：

（1）提高传热平均温差。在相同的冷热流体进、出口温度下，逆流布置的平均温差最大，顺流布置的平均温差最小，其他布置介于两者之间。因此，在保证各受热面安全的情况下，都应力求采用逆流或接近逆流的布置。

（2）在一定的金属耗量下增加传热面积。管径越细，在一定的金属耗量下总面积就越大，采用较细的管径还有利于提高对流换热系数，但过分缩小管径会带来流动阻力增加的后果。

（3）提高传热系数。减少水垢等热阻，定期排污和冲洗，以保证给水品质合格。

102. 影响对流放热系数 α 的主要因素有哪些？

答：影响对流放热系数 α 的主要因素有：

（1）流体的流速。流速越高，α 值越大(但流速不宜过高，因流体阻力随流速的加快而增大)。

（2）流体的运动特性。流体的流动有层流与紊流之分，层流运动时，各层流间互不掺混；而紊流流动时，由于流体流点间剧烈混合使换热大大加强。强迫运动具有较高的流速，所以，对流放热系数比自由运动大。

（3）流体相对于管子的流动方向。一般横向冲刷比纵向冲刷的放热系数大。

（4）管径、管子的排列方式及管距。管径小，对流放热系数较高。叉排布置的对流放热系数比顺排布置的对流放热系数大，这是因为流体在叉排中流动时对管束的冲刷和扰动更强烈些。此外，流体的物理性质如黏度、密度、热导率、比热容等及管壁表面的粗糙度，都对对流放热系数有影响。

103. 影响凝结放热的因素有哪些？

答：影响凝结放热的因素有：

（1）蒸汽中含不凝结气体。当蒸汽中含有空气时，空气附在冷却面上，影响蒸汽的通过，造成很大的热阻，使蒸汽凝结放热显著削弱。

（2）蒸汽流动速度和方向。如果蒸汽流动方向与水膜流动方向相同，因摩擦作用的结果，会使水膜变薄而水膜热阻减小，凝结放热系数增大；反之，则凝结放热系数减小。但是如果蒸汽流速较高，由于摩擦力超过水膜向下流动的重力时，将会把水膜吹离冷却壁面，使水蒸气与冷却表面直接接触，凝结放热系数反而会大大增加。

（3）冷却表面情况。冷却面表面粗糙不平或不清洁时，会使凝结水膜向下流动阻力增加，从而增加了水膜厚度，热阻增大，使凝结放热系数减小。

（4）管子排列方式。管子排列方式有顺排、叉排、辐排等。当管子排数相同时，下排管子受上排管子凝结水膜下落的影响，顺排最大，叉排最小，辐排居中。所以，叉排时放热系数最大。

第三节　流体力学的基础知识

1. 什么叫流体?

答：通常将易流动的液体、气体统称为流体。

2. 流体主要有哪些物理性质?

答：流体的主要物理性质有：

（1）流体具有保持原有运动状态的物理性质，即流体的惯性。

（2）物体之间具有相互吸引力的物理性质，即流体的万有引力特性。

（3）流体的体积随着压力的增加而缩小的特性，即流体的压缩性。

（4）流体的体积随着温度的升高而增大的特性，即流体的膨胀性。

（5）流体运动时，流体内部产生摩擦力或黏滞阻力的特性，即流体的黏滞性。

3. 什么是流体的密度?

答：单位体积流体所具有的质量称为流体的密度，用符号 ρ 表示，即

$$\rho=\frac{m}{V} \tag{1-40}$$

式中　ρ——流体的密度，kg/m^3；

m——流体的质量，kg；

V——流体的体积，m^3。

4. 什么是理想流体?

答：不具有黏滞性的流体称为理想流体，这是自然界中并不存在的一种假想流体。

5. 什么是液体静压力? 其特性是什么?

答：液体处在平衡状态时，其中任何一点所受到的压力称为液体静压力（简称为静压力），以 p 表示。

液体静压力具有两个重要特性：

（1）静压力的方向总是与作用面相垂直，且指向作用面，即沿着作用面的内法线方向。

（2）液体静压力的大小与其作用面的方位无关。

6. 液体的静力学基本方程式是什么? 该方程式说明了什么问题?

答：液体的静力学基本方程式是

$$p = p_0 + \rho g h \tag{1-41}$$

式中　p——液体的静压力，N/m^2；

p_0——液体表面压力，N/m^2；

ρ——液体的密度，kg/m^3；

h——液体的高度，m。

该方程式说明了下列问题：

（1）静止液体中，任意一点的静压力值等于表面压力加上该点在液面下的深度与密度及重力加速度的乘积。

（2）静压力 p 的值随深度 h 按直线规律变化。

（3）相同种类、静止的连通液体中，深度相同各点的静压力值相等，故由静压力值相等的各点组成的面（称为等压面）必然是水平面。

（4）表面压力 p_0 均匀地传递到液体各质点。

7. 液体的运动要素是什么？

答：表征液体运动的物理量称为液体的运动要素，如运动速度、加速度、密度和动压力等。

8. 什么叫稳定流动和非稳定流动？

答：运动要素只随位置改变，而与时间无关的流态称为稳定流动或恒定流。将运动要素不仅随位置改变，也随时间改变的流态称为非稳定流动或非恒定流。

9. 什么是过流断面？

答：与流动边界内所有流线垂直的横断面称为过流断面（或称有效断面，简称断面）。

10. 什么叫断面平均流速？

答：假设过流断面 A 上各点的流体都以某一假想的同一速度 c 运动，且通过的实际流量为 Q，这一假想速度 c 就称为断面平均流速，简称为平均流速，即 $c = Q/A$。

11. 液体的连续方程式是什么？它的实质是什么？

答：连续方程式就是液体运动过程中遵守质量守恒规律的数学表达式，即

$$\frac{c_1}{c_2} = \frac{A_2}{A_1} \tag{1-42}$$

式中　c_1、c_2——两个断面上的平均流速；

A_1、A_2——液体两个断面的面积。

它表明，不可压缩流体在稳定流动状态下，沿流程体积流量保持不变（重力流量或质量

流量也保持不变)；各过流断面的平均流速与过流断面面积成反比。

12. 什么叫层流？什么叫紊流？

答：流体有层流和紊流两种流动状态。

层流是各流体微团彼此平等地分层流动，互不干扰与混杂。

紊流是各流体微团间强烈地混合与掺杂，不仅有沿着主流方向的运动，而且还有垂直于主流方向的运动。

13. 层流和紊流各有什么流动特点？在汽水系统上常遇到哪一种流动？

答：层流的流动特点：各层间液体互不混杂，液体质点的运动轨迹是直线或是有规则的平滑曲线。

紊流的流动特点：流体流动时，液体质点之间有强烈的互相混杂，各质点都呈现出杂乱无章的紊乱状态，运动轨迹不规则，除有沿流动方向的位移外，还有垂直于流动方向的位移。

在汽、水、风、烟等各种管道系统中的流动，绝大多数属于紊流运动。

14. 什么叫雷诺数？它的大小说明了什么问题？

答：雷诺数用符号 Re 表示，流体力学中常用它来判断流体流动的状态，即

$$Re = \frac{cd}{\nu} \tag{1-43}$$

式中 c——流体的流速，m/s；

d——管道内径，m；

ν——流体的运动黏度，m^2/s。

雷诺数大于 10000 时，表明流体状态是紊流；雷诺数小于 2320 时，表明流体流动状态是层流。在实际应用中只用下临界雷诺数，对于圆管中的流动，当 $Re<2300$ 时为层流；当 $Re>2300$ 时为紊流。

15. 流体在管道内流动的压力损失有哪两种类型？

答：流体在管道内流动的压力损失有两种：

(1) 沿程压力损失。液体在流动过程中用于克服沿程压力损失的能量称为沿程压力损失。

(2) 局部压力损失。液体在流动过程中用于克服局部阻力损失的能量称为局部压力损失。

16. 什么叫流量？什么叫平均流速？它与实际流速有什么区别？

答：液体流量是指单位时间内通过过流断面的液体数量。其数量用体积表示，称为体积

流量，单位为 m^3/s 或 m^3/h；其数量用质量表示，称为质量流量，单位为 kg/s 或 kg/h。

平均流速是指过流断面上各点流速的算术平均值。

实际流速与平均流速的区别：过流断面上各点的实际流速是不相同的，而平均流速在过流断面上是相等的（这是由于取算术平均值而得）。

写出沿程阻力损失、局部阻力损失和管道系统的总阻力损失公式，并说明公式中各项的含义。

答：（1）管道流动过程中单位质量液体的沿程阻力损失公式为

$$h_y = i\frac{l}{d_a}\times\frac{c^2}{2g} \tag{1-44}$$

式中 i——沿程阻力系数；

l——管道的长度，m；

d_a——管道的当量直径，m；

c——平均流速，m/s；

g——重力加速度，m/s^2。

（2）局部阻力损失公式为

$$h_j = \xi\frac{c^2}{2g} \tag{1-45}$$

式中 ξ——局部阻力系数。

（3）管道系统的总阻力损失公式为

$$h_w = \sum h_y + \sum h_j \tag{1-46}$$

式中 $\sum$——表示总和。

式（1-46）表明，由于工程上管道系统是由许多直管子组成，因此，整个管道的总流动阻力损失 h_w 应等于整个管道系统的总沿程阻力损失 $\sum h_y$ 与总的局部阻力损失 $\sum h_j$ 之和。

18. **什么是水击现象？有什么危害？如何防止水击现象的发生？**

答：在压力管路中，由于液体流速的急剧变化，从而造成管中的液体压力显著、反复、迅速地变化，对管道有一种“锤击”的特征，这种现象称为水击（或叫水锤）。

水击现象有正水击和负水击之分，它们的危害是：

（1）正水击时，管道中的压力升高，可以超过管中正常压力的几十倍至几百倍，以致管壁产生很大的应力。而压力的反复变化将引起管道和设备的振动，管道的应力交变变化，将造成管道、管件和设备的损坏。

（2）负水击时，管道中的压力降低，也会引起管道和设备振动。应力交递变化，对设备有不利的影响。同时，负水击时，如压力降得过低可能使管中产生不利的真空，在外界压力的作用下，会将管道挤扁。

为了防止水击现象的出现，可采取增加阀门起闭时间，尽量缩短管道的长度，在管道上装设安全阀门或空气室，以限制压力突然升高或压力降得太低。

19. 什么是流体的压缩性？

答：当温度保持不变，流体所承受的压力增大时，其体积缩小的特性称为流体的压缩性。

20. 什么是流体的膨胀性？

答：当流体压力不变时，流体体积随温度升高而增大的特性称为流体的膨胀性。

21. 什么是流体的黏滞性？

答：当流体运动时，在流体层间发生内摩擦力的特性称为流体的黏滞性。

22. 流体在管道内的流动阻力可分为哪两种？

答：流体在管道内的流动阻力可分为沿程阻力和局部阻力两种。

23. 水锤波传播的四个阶段是什么？

答：水锤波传播的四个阶段是压缩过程、压缩恢复过程、膨胀过程、膨胀恢复过程。

24. 什么是流体的动力黏度？

答：流体的动力黏度是指流体单位接触面积上的内摩擦力与垂直于运动方向上的速度变化率的比值。

25. 什么是流体的运动黏度？

答：流体的运动黏度是指动力黏度与同温、同压下流体密度的比值。

26. 减少汽水流动损失的方法大致有哪些？

答：减少汽水流动损失的方法大致有：

（1）尽量保持汽水管道系统阀门全开状态，减少不必要的阀门和节流元件。

（2）合理选择管道直径和进行管道布置。

（3）采取适当的技术措施，减少局部阻力。

（4）减少涡流损失。

27. 水锤产生的原因是什么？

答：水锤产生的内因是液体的惯性和压缩性，外因是外部扰动（如水泵的启停、阀门的开关等）。

28. 观测流体运动的两种重要参数是什么？

答：观测流体运动的两种重要参数是压力和流速。

29. 什么是流体的重力密度？

答：单位体积内所具有的重力称重力密度，其单位为 N/m^3。

30. 作用在流体上的力有哪几种？

答：作用在流体上的力有表面力和质量力两种。

第四节　热工仪表的基础知识

1. 什么叫热工检测和热工测量仪表？

答：在发电厂中，热力生产过程的各种热工参数（如压力、温度、流量、液位、振动等）的测量方法叫热工检测；用来测量热工参数的仪表叫热工测量仪表。

2. 热工仪表由哪几部分组成？

答：热工仪表由感受元件、中间元件、显示元件等组成。

感受元件也叫敏感元件，或叫一次仪表传感器，它直接与被测对象联系，感知被测参数的变化，并将感受到的被测参数的变化及时地转化成相应的可测信号输出。

中间元件是把感受元件输出的信号，根据显示元件的要求，不“失真”地传给显示元件。

显示元件是最终通过它向观察者反映被测参数变化的元件。

3. 热工仪表如何分类？

答：热工仪表一般可按以下几种方法分类：

（1）按被测参数分类，有温度、压力、流量、液位等测量仪表，成分分析仪表。

（2）按显示特点分类，有指示式、记录式、积算式、数字式及屏幕显示式仪表。

（3）按用途分类，有标准仪表、实验室用仪表和工程用仪表。

（4）按工作原理分类，有机械式、电气式、电子式、化学式、气动式和液动式仪表。

（5）按装设地点分类，有就地安装和盘用仪表。

（6）按使用方法分类，有固定式和携带式仪表。

4. 什么叫允许误差？什么叫精确度？

答： 根据仪表的工作要求，在国家标准中规定了各种仪表的最大误差，称允许误差。允许误差表示为

$$K=\frac{\text{仪表的最大允许绝对误差}}{\text{量程上限}-\text{量程下限}}\times 100\% \tag{1-47}$$

允许误差去掉百分量以后的绝对值（K 值）叫仪表的精确度，一般实用精确度的等级有 0.1、0.2、0.5、1.0、1.5、2.5、4.0 等。

5. 温度测量仪表分为哪几类？各有哪几种？

答： 温度测量仪表按其测量方法可分为两大类：

（1）接触式测温仪表。主要有膨胀式温度计、热电阻温度计和热电偶温度计等。

（2）非接触式测温仪表。主要有光学高温计、全辐射式高温计和光电高温计等。

6. 什么叫热电偶？

答： 在两种不同金属导体焊成的闭合回路中，若两焊接端的温度不同，就会产生热电动势，这种由两种金属导体组成的回路就称为热电偶。

7. 什么叫双金属温度计？它的测量原理怎样？

答： 双金属温度计是用来测量气体、液体和蒸汽的较低温度的工业仪表。它具有良好的耐振性，安装方便，容易读数，没有汞害。

双金属温度计用绕成螺旋弹簧状的双金属片作为感温元件，将其放在保护管内，一端固定在保护管底部（固定端），另一端连接在一细轴上（自由端），自由端装有指针，当温度变化时，感温元件的自由端带动指针一起转动，指针在刻度盘上指示出相应的被测温度。

8. 压力测量仪表分为哪几类？

答： 压力测量仪表可分为液柱式压力计、弹性式压力计、活塞式压力计和电气式压力计等。其中，液柱式压力计有 U 形管式压力计、单管式压力计和斜管式微压计。弹性式压力计有单圈弹簧管、多圈弹簧管、波纹膜片、膜盒、挠性膜片和波纹筒式压力计。

9. 流量测量仪表有哪几种？目前电厂中主要采用哪种来测量流量？

答：根据测量原理，常用的流量测量仪表（即流量计）有压差式、速度式和容积式三种。火力发电厂中主要采用压差式流量计来测量蒸汽、水和空气的流量。

10. 压差式流量计包括哪几部分？

答：压差式流量计包括节流装置、连接管路和压差计三部分。

11. 水位测量仪表有哪几种？

答：水位测量仪表主要有玻璃管水位计、压差型水位计和电极式水位计。

12. 压力表的量程是如何选择的？

答：为防止仪表损坏，压力表所测压力的最大值一般不超过仪表测量上限的 2/3；为保证测量的准确度，被测压力不得低于标尺上限的 1/3。当被测压力波动较大时，应使压力变化范围处在标尺上限的 1/3～1/2 处。

13. 使用百分表时应注意哪些要点？

答：使用百分表时应注意：

（1）使用前把表杆推动或拉动几次，看指针是否能回到原位置，不能复位的表，不许使用。

（2）在测量时，先将表架持在表架上，表架要稳。若表架不稳，则将表架用压板固定在机体上。在测量过程中，必须保持表架始终不产生位移。

（3）测量杆的中心应垂直于测点平面，若测量轴类，则测量杆中心应通过轴心。

（4）测量杆接触测点时，应使测量杆压入表内一小段行程，以保证测量杆的测头始终与测点接触。

（5）在测量中应注意大针的旋转方向和小针走动的格数。当测量杆向表内进入时，指针是顺时针旋转，表示被测点高出原位；反之，则表示被测点低于原位。

14. 什么叫继电器？它分为哪几类？

答：继电器是当输入量（激励量）的变化达到规定要求时，在电气输出电路中使被控量发生预定的阶跃变化的一种电器，它实际上是用小电流去控制大电流运作的一种“自动开关”。它具有控制系统（又称输入回路）和被控制系统（又称输出回路）之间的互动关系，是自动化控制回路中用得较多的一种元件。

根据输入信号不同，继电器可分为两大类：一类是非电量继电器，如压力继电器、温度

继电器等，其输入的是压力、温度信号等，输出的都是电量信号；另一类是电量继电器，它输入、输出的都是电量信号。

15. 自动调节系统由哪几部分组成？自动调节的品质指标有哪些？

答：自动调节系统是由调节对象、测量元件、变送器、调节器和执行器组成。

自动调节的品质指标有稳定性、准确性和快速性等。

16. 热工自动装置中“扰动”一词指的是什么？

答：热工自动装置中“扰动”一词指的是引起被调量变化的各种因素。

第二章 汽轮机附属设备运行的基础知识

第一节 汽轮机凝汽系统、抽气系统及冷却系统

1. 汽轮机的辅助设备主要有哪些？

答：汽轮机设备除了本体、保护调节及供油设备外，还有许多重要的辅助设备，主要有凝汽设备、回热加热设备、除氧器等。

2. 凝汽设备主要由哪些设备组成？

答：凝汽设备分为水冷凝汽设备和直接空冷凝汽设备两种。水冷凝汽设备主要由凝汽器、循环水泵、抽气器、凝结水泵等组成；直接空冷凝汽设备主要由蒸汽分配管、屋顶型空冷管束、变频式空冷风机、疏水和抽真空管、水环真空泵、凝结水泵等组成。

3. 凝汽设备的任务是什么？

答：凝汽设备的任务是：

（1）在汽轮机的排汽口建立并保持高度真空。

（2）把汽轮机的排汽凝结成水，再由凝结水泵送至除氧器，成为供给锅炉的给水。

此外，凝汽设备还有一定的真空除氧作用。

4. 凝汽器应满足哪些要求？

答：凝汽器应满足下列要求：

（1）凝汽器应具有较高的传热系数。从结构上讲，应有合理的管束布置，以保证良好的传热效果，使汽轮机在给定的工作条件下具有尽可能低的运行背压。

（2）凝结水的过冷度要小。

（3）凝汽器的汽阻、水阻要小。

（4）凝汽器的真空系统及凝汽器本体要具有高度的严密性，以防止空气漏入，影响传热效果及凝汽器真空。

（5）与空气一起被抽出来的未凝结蒸汽量尽可能小，以降低抽汽器耗功，通常要求被抽出的蒸汽、空气混合物中，蒸汽含量的质量比不大于2/3。

（6）凝结水的含氧量要小。凝结水含氧量过大将会引起管道腐蚀并恶化传热，一般高压

机组要求凝结水含氧量小于 0.03mg/L。

(7) 凝汽器的总体结构及布置方式应便于制造、运输、安装及维修。

5. 什么叫凝汽器的汽阻？汽阻过大有什么影响？大型汽轮机一般要求汽阻多大？

答：蒸汽空气混合物在凝汽器内由排汽口流向抽汽口时，因流动阻力其绝对压力要降低，通常把这一压力称为汽阻。

汽阻的存在会使凝汽器喉部（即排汽口）压力升高，凝结水过冷度及含氧量增加，引起热经济性降低和管子腐蚀。

对于大型机组，汽阻一般为 $2.7\times10^{-4}\sim4.0\times10^{-4}$MPa。

6. 什么叫凝汽器的热负荷？

答：凝汽器热负荷是指凝汽器内蒸汽和凝结水传给冷却水或空气的总热量（包括排汽、汽封漏汽、加热器疏水及蒸汽管道疏水等热量）。凝汽器的单位负荷是指单位面积所冷凝的蒸汽量，即进入凝汽器的蒸汽量与冷却面积的比值。

7. 什么叫循环水温升？温升的大小能说明什么问题？影响循环水温升的原因有哪些？

答：循环水温升是凝汽器冷却水出口温度与进口水温的差值。

循环水温升是凝汽器经济运行的一个重要指标。在一定的蒸汽流量下有一定的温升值，监视温升可供分析凝汽器冷却水量是否满足汽轮机排汽冷却的要求。另外，温升还可供分析凝汽器铜管是否堵塞、清洁等。

温升大的原因有：①蒸汽流量增加；②冷却水量减少；③铜管清洗后较干净。

温升小的原因有：①蒸汽流量减少；②冷却水量增加；③凝汽器铜管结垢污脏；④真空系统漏空气严重。

8. 什么叫凝结水的过冷度？过冷度大的原因有哪些？

答：在凝汽器压力下的饱和温度减去凝结水温度称为“过冷却度”，即凝结水温度 t_{co} 比排汽压力 p_{co} 对应的饱和温度 t_{cos} 低的数值称为凝结水的过冷度，用 δ 表示，即

$$\delta = t_{cos} - t_{co} \tag{2-1}$$

从理论上讲，凝结水温度应和凝汽器的排汽压力下的饱和温度相等，但实际上各种因素的影响使凝结水温度低于排汽压力下的饱和温度。

出现凝结水过冷的原因有：

(1) 凝汽器构造上存在缺陷，管束之间蒸汽没有足够的通往凝汽器下部的通道，使凝结水自上部管子流下，落到下部管子的上面再度冷却，而得不到汽流加热，所以当凝结水流至热水井中时造成过冷度大。

(2) 凝汽器水位高，以致部分铜管被凝结水淹没而产生过冷却。

（3）凝汽器汽侧漏空气或抽气设备运行不良，造成凝汽器内蒸汽分压力下降而引起过冷却。

（4）凝汽器冷却水量过多或水温过低。

（5）凝汽器铜管破裂，凝结水内漏入循环水（此时，凝结水水质严重恶化，如硬度超标等）。

（6）对于直接空冷凝汽器而言，凝结水过冷度大的主要原因是抽真空系统抽吸能力下降或严重漏空气，导致空冷系统内存在过多不凝结气体聚集而使凝结水过冷。

9. 凝结水过冷却有什么危害？

答：凝结水过冷却的危害是：

（1）凝结水过冷却，一方面使凝结水易吸收空气，结果使凝结水的含氧量增加；另一方面如果凝结水补水除碳不充分导致碳酸盐或重碳酸盐进入锅炉，分解产生的碳酸钠和CO_2将混入蒸汽，若凝结水过冷将使CO_2迅速溶解，形成碳酸，从而加快设备管道系统的锈蚀，降低了设备使用的安全性和可靠性。

（2）影响发电厂的热经济性，因为凝结水温度低，在除氧器加热就要多耗抽汽量，在没有给水回热的热力系统中，凝结水每冷却7℃，相当于发电厂的热经济性降低1%。

现代大型汽轮机一般要求凝结水过冷度不超过0.5～1℃。

10. 引起凝结水温度变化的原因有哪些？

答：引起凝结水温度变化的原因有：

（1）负荷变化，真空变化。

（2）循环水进水温度或大气温度（对直接空冷而言）变化。

（3）循环水量或空冷风机转速变化。

（4）加热器疏水回到热井或凝汽器补水的影响。

（5）凝汽器水位升高或铜管漏水。

11. 凝汽器铜管的清洗方法有哪几种？

答：凝汽器铜管的清洗方法通常有以下几种：

（1）机械清洗。机械清洗即用钢丝刷、毛刷等机械，用人工清洗水垢；缺点是：时间长，劳动强度大，此法已很少采用。

（2）酸洗。当凝汽器铜管结有硬垢，真空无法维持时应停机进行酸洗。用酸液溶解去除硬质水垢。去除水垢的同时还要采取适当措施防止铜管被腐蚀。

（3）通风干燥法。凝汽器有软垢污泥时，可采用通风干燥法处理，其原理是使管内微生物和软泥龟裂，再通水冲走。

（4）反冲洗法。凝汽器中的软垢还可以采用冷却水定期在铜管中反向流动的反冲洗法来清除。这种方法的缺点是要增加管道阀门的投资，系统较复杂。

（5）胶球连续清洗法。将相对密度接近水的胶球投入循环水中，利用胶球通过冷却水管，清洗铜管内松软的沉积物。这是一种较好的清洗方法，目前我国各电厂普遍采用。

（6）高压水泵法（15～20MPa）。高速水流击振冲洗法。

12. 简述凝汽器胶球清洗系统的组成和清洗过程。

答：胶球连续清洗装置所用胶球有硬胶球和软胶球两种，清洗原理也有区别。硬胶球的直径比铜管内径小 1～2mm，胶球随冷却水进入铜管后不规则地跳动，并与铜管内壁碰撞，加之水流的冲刷作用，将附着在管壁上的沉积物清除掉，达到清洗的目的。软胶球的直径比铜管大 1～2mm，质地柔软的海绵胶球随水进入铜管后，即被压缩变形与铜管壁全周接触，从而将管壁的污垢清除掉。

胶球自动清洗系统由胶球泵、装球室、收球网等组成。清洗时把海绵球加入装球室，启动胶球泵，胶球便在比循环水压力略高的压力水流带动下，经凝汽器的进水室进入铜管进行清洗。由于胶球输送管的出口朝下，所以胶球在循环水中分散均匀，使各铜管的进球率相差不大。胶球把铜管内壁抹擦一遍，流出铜管的管口时，自身的弹力作用使它恢复原状，并随水流到达收球网，被胶球泵入口负压吸入泵内，重复上述过程，反复清洗。

13. 凝汽器胶球清洗收球率低的原因有哪些？

答：凝汽器胶球清洗收球率低的原因是：

（1）活动式收球网与管壁不密合，引起“跑球”。

（2）固定式收球网下端弯头堵球，收球网污脏堵球。

（3）循环水压力低、水量小，胶球穿越铜管能量不足，堵在管口。

（4）凝汽器进口水室存在涡流、死角，胶球聚集在水室中。

（5）管板检修后涂保护层，使管口缩小，引起堵球。

（6）新球较硬或过大，不易通过铜管。

（7）胶球相对密度太小，停留在凝汽器水室及管道顶部，影响回收。胶球吸水后的相对密度应接近于冷却水的相对密度。

14. 怎样保证凝汽器胶球清洗的效果？

答：为保证胶球清洗的效果，应做好下列工作：

（1）凝汽器水室无死角，连接凝汽器水侧的空气管，放水管等要加装滤网，收球网内壁光滑不卡球，且装在循环水出水管的垂直管段上。

（2）凝汽器进口应装二次滤网，并保持清洁，防止杂物堵塞铜管和收球网。

（3）胶球的直径一般要比铜管内径大 1～2mm 或相等，这要通过试验确定。发现胶球磨损直径减小或失去弹性，应更换新球。

（4）投入系统循环的胶球数量应达到凝汽器冷却水一个流程铜管根数的 20%。

（5）每天定期清洗，并保证 1h 清洗时间。

（6）保证凝汽器冷却水进出口一定的压差，可采用开大清洗侧凝汽器出水阀以提高出口虹吸作用和提高凝汽器进口压力的办法。

15. 凝汽器进口二次滤网的作用是什么？二次滤网有哪几种形式？

答：虽然在循环水泵进口装设有拦污栅、回转式滤网等设备，但仍有许多杂物进入凝汽器，这些杂物容易堵塞管板、铜管，也会堵塞收球网。这样不仅降低了凝汽器的传热效果，而且有可能会使胶球清洗装置不能正常工作。为了使进入凝汽器的冷却水进一步得到过滤，在凝汽器循环水进口管上装设二次滤网。

对二次滤网的要求，既要过滤效果好，又要水流的阻力损失小。

二次滤网分内旋式和外旋式滤网两种。

外旋式滤网带蝶阀的旋涡式，改变水流方向，产生扰动，使杂物随水排出。

内旋式滤网的网芯由液压设备转动，上面的杂物被固定安置的刮板刮下，并随水流排入凝汽器循环水出水管。

比较这两种形式，内旋式二次滤网清洗、排污效果较好。

16. 改变凝汽器冷却水量的方法有哪几种？

答：改变凝汽器冷却水量的方法有：

（1）采用母管制供水的机组，根据负荷增减循环水泵运行的台数，或根据水泵容量大小进行切换使用。

（2）对于可调叶片的循环水泵，调整叶片角度。

（3）调节凝汽器循环水进口水阀或出口水阀，改变循环水量。

17. 引起凝汽器循环水出水压力变化的原因有哪些？

答：引起凝汽器循环水出水压力变化的原因有：

（1）循环水量变化或中断。

（2）出水管焊口或伸缩节漏空气。

（3）抽气器排气入循环水，排气量过大或排汽止回阀漏空气。

（4）排水渠或虹吸井水位变化。

（5）循环水进、出水阀开度变化。

（6）循环水出水管空气阀误开。

（7）凝汽器循环水管内聚集大量空气，虹吸作用破坏。

（8）热负荷大，出水温度过高，虹吸作用降低。

（9）凝汽器胶球清洗收球网投入或退出。

（10）凝汽器铜管堵塞严重。

18. 造成凝汽器循环水出水温度升高的原因有哪些？

答：造成凝汽器循环水出水温度升高的原因有：

（1）进水温度升高，出水温度相应升高。

（2）汽轮机负荷增加。

（3）凝汽器管板及铜管污脏堵塞。

（4）循环水量减少。

（5）循环水二次滤网堵塞。

（6）排汽量增加。

（7）真空下降。

19. 为什么循环水长时间中断时，要等到凝汽器温度低于50℃才能重新向凝汽器供水？

答：因为当循环水中断后，排汽温度将很快升高，凝汽器的拉筋、低压缸、铜管均做横向膨胀。此时若通入循环水，铜管首先受到冷却，而低压缸、凝汽器的拉筋却得不到冷却，这样铜管收缩，而拉筋不收缩，铜管会有很大的拉应力。这个拉应力能够将铜管的端部胀口拉松，造成凝汽器铜管泄漏。所以，循环水长时间中断要等到凝汽器温度低于50℃才能重新向凝汽器供水。

20. 什么是接触散热？

答：两种温度不同的物体相互接触时存在着热量的传递，在冷却塔中，当水温与不同温度的空气接触时，在它们之间就有热量传递，水的这种传热方式称为接触散热。

21. 为防止冷却塔结冰损坏，冷却水温的调整方法有哪些？

答：为防止冷却塔结冰损坏，冷却水温的调整方法有：

（1）采用热水旁路的方法。

（2）采用防冰环的方法。

（3）采用淋水填料分区运行的方式。

（4）在冷却塔的进风口悬挂挡风板。

22. 什么是冷却水塔的热水旁路调节法？

答：在通常运行期间，冷却塔内的全部循环水都分布在淋水填料上，然而在某些运行工况下，需将部分（或全部）热水经旁路直接送进冷却塔的集水池内，以提高集水池内池水的平均温度。这种方法称为热水旁路调节法。

23. 什么是冷却水塔的防冰环防冻法？

答：所谓防冰环就是在冷却塔配水系统的外围加了一个环形钢管，钢管下部开了圆孔喷洒热水，它安装在冷却塔的进风口位置，作为防止结冰的措施。

24. 冷却水塔防冰环的防冰原理是什么？

答：冷却水塔防冰环的防冰原理是：①防冰环喷洒的热水预热了进入冷却塔的空气，相当于改变了淋水填料运行的大气环境；②在冷却塔进风口处形成水帘，增加了空气的流动阻力，实际上限制了冷却塔的进风量。

25. 冷却塔冬季停运的保护措施有哪些？

答：冷却塔冬季停运的保护措施有：

（1）冷却塔在冬季运行期间，不宜以频繁启、停的方式进行“调峰”。

（2）冷却塔在冬季停运时，宜选在气温相对较高的时间进行操作，如中午等。

（3）因机组停运而需停塔时，停塔与停机宜同时操作，或先停塔后停机。

（4）冷却塔在冬季停运后，应将室外供水管道内水放尽或投入循环热水装置。

（5）冷却塔的集水池和循环水沟在冰冻季节应采取温水循环的保护措施。

26. 什么是空冷机组及空冷系统？

答：由于非常显著的节水效果和技术上的逐渐成熟，现在新建的大容量凝汽式汽轮机组，尤其是在我国富煤缺水的北方地区，绝大多数都采用直接空冷技术，即用空气作冷却介质直接冷却汽轮机排汽，使之冷却成凝结水而进行回收。所谓空冷电站，是指用空气作为冷源直接或间接来冷凝汽轮机组排汽的电站。采用空气冷却的机组，称为空冷机组。能完成这一任务的系统，称为空气冷却凝结系统，简称空冷系统。

27. 常用的空气冷却系统可分为哪几种？

答：常用的空气冷却系统根据蒸汽冷凝方式的不同，可分为：

（1）直接空气冷却系统。汽轮机的排汽直接进入翅片管换热器管，管外用空气冷却，这种系统称直接空气冷却系统。

（2）间接空气冷却系统 。又分为混合式空冷系统和表面式空冷系统。混合式空冷系统是将汽轮机排汽进入“喷射式混合凝汽器”内，与雾化后的冷却水相混合，利用冷却水的过冷度来吸收排汽的汽化潜热，使之冷却成水，这些提高温度后的冷却水有一小部分送入锅炉，绝大部分送入空气冷却器翅片管内，用空气对提高温度后的冷却水进行冷却。被冷却后的冷却水再次进入“喷射式混合凝汽器”内，形成一个闭路循环。这个过程是借助循环水中间介质来传递热量，故称间接空气冷却系统。

带表面式凝汽器的空气冷却系统是将汽轮机排汽排入表面式凝汽器冷却凝结，冷却水进入空气冷却塔的翅片管用空气冷却。

28. 简述混合式间接空气冷却（海勒 Heller）系统的组成及工作过程。其优缺点各是什么？

答：海勒系统由喷射式凝汽器、循环水泵、装有散热器的空气冷却水塔组成。

工作过程：海勒系统中的冷却水进入凝汽器直接与汽轮机乏汽混合并使其冷凝，受热后的冷却水80%左右由循环水泵送至空气冷却水塔散热器，经与空气换热冷却后再送入喷射式凝汽器冷却汽轮机乏汽。

海勒系统的优点是混合式凝汽器，体积小，汽轮机排汽管道短，保持了水冷的长处；缺点是设备多，系统复杂，冷却水量大，增加了水处理费用。

29. 简述表面凝汽式间接空气冷却（哈蒙 Hamon）系统的组成及工作过程。其优缺点各是什么？

答：表面凝汽式间接空气冷却系统由表面式凝汽器、循环水泵和干式冷却水塔组成。

工作过程：哈蒙系统中的冷却水为密闭式循环，汽轮机乏汽在表面式凝汽器中与循环冷却水换热，循环冷却水吸收乏汽热量后在干式冷却水塔中与空气换热，冷却后的循环冷却水又回到凝汽器吸收乏汽的热量。

哈蒙系统的优点是设备较少，系统简单，循环冷却水和凝结水分开可按不同的水质要求处理；缺点是经过两次表面式凝冷器换热，传热效果差，在同样的设计气温下汽轮机背压较高，经济性差。

30. 简述直接空冷系统的组成及工作原理。

答：直接空冷系统由空气冷却凝汽器、空气供应系统、凝汽器抽真空系统及空气冷却散热器清洗系统等组成。

工作原理：汽轮机低压缸排汽通过大直径的排汽管进入空气冷却凝汽器，轴流风机将冷却空气吸入，通过空气冷却散热器进行表面换热，将排汽冷却为凝结水。凝结水流回到排汽装置水箱，经凝结水泵升压送至回热系统循环使用。

31. 直接空冷系统空气冷却岛系统散热片顺、逆流布置有什么作用？

答：空气冷却岛系统顺流散热器管束是冷凝蒸汽的主要部分，逆流散热管束主要是为了将系统内空气和不凝结气体排出，防止运行中在管束内部的某些部位形成死区。另外，还可以避免凝结水过冷度太大或者冬季形成冻结的情况。

32. 简述空冷机组排汽装置的结构组成。

答：空冷机组排汽装置的组成为不锈钢膨胀节、抽汽管道、喉部、排汽流道、热井、死点座、支撑座、疏水扩容器、内置式除氧设备等。

33. 简述空冷机组排汽装置的主要功能。

答：将汽轮机低压缸排汽导入空冷凝汽器。将部分低压加热器布置在排汽装置上部，简化电站布置。对凝结水、补水进行除氧。接收空冷凝汽器的凝结水，凝结水在排汽装置内回热，可消除凝结水部分过冷度。接受汽轮机本体疏水、加热器疏水及其他疏水。布置并引出汽轮机中间抽汽管道，布置其他必须的管道。布置汽轮机旁路三级减温减压器，接纳汽轮机旁路蒸汽。

34. 空冷机组排汽装置是如何除氧的？

答：凝结水除氧装置布置在导流板下方，通过喷嘴雾化预除氧、填料层成膜中间除氧、分淋水幕精除氧三段除氧；补水除氧装置布置在导流板上方，通过喷嘴雾化除氧。除氧热源均为汽轮机排汽。

35. 什么是空冷尖峰冷却器？

答：近年来，空冷机组发展较快，但部分机组设计不完善，特别是空冷系统散热面积偏小，与汽轮机设计不匹配。导致空冷机组在夏季高温酷暑天气，背压较高，出力仅能达到额定值的80%～90%，严重制约空冷机组的经济运行及安全满发。尖峰冷却技术是通过实施空冷岛增容改造，将表面式汽水交换器放置在空冷排汽管道上，通入冷却水冷却部分汽轮机排汽，实现空冷机组降低机组运行背压，夏季满负荷运行，降低机组供电煤耗。根据有关资料，600MW机组在使用该技术后，额定运行工况下，背压每降低1kPa，供电煤耗即可降低0.8%。

36. 直接空冷系统的优缺点各是什么？

答：直接空冷系统的优点是：设备少，系统简单，基建投资较少，占地少，空气量调节灵活，防冻性能好，节水效果显著。

这种系统的缺点是：真空系统庞大，在系统出现泄漏时不易查找，风机噪声大，启动时形成真空需要的时间较长，受环境温度、风向和风速影响较大。

37. 带喷射式凝汽器的间接空冷系统的原理是什么？

答：带喷射式凝汽器的间接空冷系统的原理是：汽轮机的排汽进入混合式冷凝器内直接与喷射出的冷却水接触，排汽冷凝成凝结水并与冷却水混合，混合后的水除用凝结水泵将约2%送回给水系统外，其余的水用冷却循环泵送至冷却塔下部的冷却部件，由空气进行冷却，然后又回到混合式冷凝器，形成循环。

带表面式凝汽器的间接空冷系统的原理是什么？

答：带表面式凝汽器的间接空冷系统的原理是：汽轮机的排汽进入表面式凝汽器内，在凝汽器内的冷却过程与水冷系统相同，所不同的是冷却水在凝汽器与空气冷却塔之间进行闭式循环，循环中将排汽的热量从凝汽器中带出，在空气冷却塔中又传给空气。

39. 间接空冷系统的启动分为哪两步？

答： 间接空冷系统的启动分为两大步骤：

（1）启动循环泵、水轮机，将系统压力调整在正常范围内，建立冷却水系统的正常循环。

（2）根据气候及循环水温度情况逐步投运扇形散热器接带负荷，直至扇形段全部投入。

40. 如何做好间接空冷系统运行中的防冻工作？

答： 正常运行中防冻工作的要点是采取措施防止循环水的断流，合理调配进入冷却塔内的空气量；还可从以下几方面来达到：

（1）从电气、机械、控制系统着手，加强对水轮机及节流阀的维护工作，保证水轮机、节流阀能可靠地运行，以及节流阀在需要时可靠地自动投入。

（2）空冷系统的自动调节系统应保证能在各种状态下正确反映系统的运行状况，并做出相应的反应。在事故状态下，应能快速地把散热器内的水放掉。

（3）扇形段散热器系统中各截门应灵活、动作可靠，对其设备及控制系统应定期进行检查及试验。

（4）每个扇形段顶部的压力，应能方便地进行监视，以便能及早发现个别段工作的异常情况，便于故障的消除。

（5）百叶窗及其控制系统应保证机构完好，无卡涩，操作灵活，在任何状态下均能保证其达到全关状态。

（6）运行中应对凝汽器水位、空冷系统总压力、各扇形段的出口水温进行认真地监视和调整，保证其在正常范围内；对电源系统应进行认真的检查和维护，保证其供电的可靠。

（7）空冷系统及其机组的保护装置须可靠地投入。

41. 简述间接空冷系统的停运步骤。

答： 间接空冷系统停运的一般步骤为：随主机负荷下降，塔出水温度降至25℃以下时，逐渐关闭各扇形段的百叶窗，控制塔出口水温不低于25℃。环境温度低于5℃时，控制塔出口水温不低于35℃。在维持上述温度下，直至全关百叶窗，然后将停运扇形段的水排尽。

42. 冬季间接空冷系统停运后，如何保证汽水不再进入散热器内，防止冻坏设备？

答： 冬季间接空冷系统停运后，为保证汽水不再进入散热器内，防止冻坏设备的措施是：

（1）各扇形段百叶窗应全部关闭严密。

（2）在各扇形段停运时间内必须使散热器内的水全部放尽，排空阀应不见水。

（3）储水箱水位控制在最高水位以内。

（4）凝汽器补水阀应关闭严密。

（5）塔内应设置采暖设备，保证阀门室内不出现结冰现象。

43. 简述直接空冷凝汽器（ACC）的启动步骤。

答：直接空冷凝汽器的启动步骤为：

（1）汽轮机轴封投入后启动所有真空泵对整个系统抽真空。

（2）当系统真空达到 12kPa（a）时，空冷凝汽器就可以进汽了。

（3）根据环境温度决定投入运行的列数，缓慢开启汽轮机旁路，逐渐向凝汽器进汽。在开始进汽后背压通常会迅速升高，这是因为系统中还有很多空气（不凝结气体）。这时应该启动（或保持）所有的真空泵运行，直至系统中的空气被抽出。

（4）随着蒸汽的推动和抽真空的进行，空气慢慢被抽出系统，直到所有进汽列的管束下联箱凝结水温度大于 35℃，且凝结水的平均温度比环境温度大 5℃时，可以认为凝汽器内充满了蒸汽，不凝结气体已经排除。此时应保留一台真空泵运行，逐步停止其余泵列备用。

（5）在凝结水温度达到要求时，根据负荷情况启动风机，进入正常运行阶段。

44. 简述直接空冷凝汽器的停运步骤。

答：直接空冷凝汽器的停运步骤为：

（1）直接空冷凝汽器的汽源已经切断，也就是关闭进入凝汽器的所有阀门，包括低压旁路、高中压主汽阀、进入排汽装置的疏水阀等。

（2）停止所有空冷风机。

（3）解除连锁，停止所有真空泵。

（4）保持开启所有配汽管道上的蝶阀。

（5）通过真空破坏阀破坏真空。

45. 什么是直接空冷凝汽器的顺流管束和逆流管束？

答：顺流管束是指蒸汽与凝结水相对流动方向一致的管束。顺流管束是冷凝蒸汽的主要部分，可冷凝 75%～80%的蒸汽。

逆流管束是指蒸汽与凝结水相对流动方向相反的管束。在顺流管束中未被冷凝的蒸汽携带不凝气体进入逆流管束，蒸汽继续被冷凝，不凝气体则在逆流管束上部被水环真空泵抽吸并排除。

46. 直接空冷凝汽器为什么要设置逆流管束？

答：设置逆流管束主要是为了能够比较顺畅地将系统内的空气和不凝结气体排出，避免运行中在空冷凝汽器内的某些部位形成死区、冬季形成冻结的情况。

47. 直接空冷凝汽器冬季运行防冻的措施有哪些？

答：从工艺设计的角度来说，主要考虑防冻的措施有：

（1）设置逆流空冷凝汽器，防止凝结水在空冷凝汽器下部出现过冷进而冻结的可能性。另外，可使空气和不凝结气体比较顺畅地排出，不致形成“死区”变成冷点，使凝结水冻结而冻裂翅片管。

（2）采用变频调速控制。

（3）设置挡风墙。

（4）设置真空隔离阀。

（5）系统设有冬季运行保护模式程序，即根据凝结水温度、抽真空温度、环境温度来自动进入保护模式，避免空冷系统发生冻结。

48. 直接空冷凝汽器（ACC）有哪些防冻保护？各保护动作结果是什么？

答：直接空冷凝汽器的防冻保护有3个：

（1）凝结水过冷防冻保护。动作结果：背压设定点提高 3kPa（a），且多启动一台真空泵。

（2）抽真空过冷保护。动作结果：多启动一台真空泵。

（3）逆流风机回暖保护。动作结果：当环境温度低于 2℃时，所投各列的逆流风机逐列逐个反转（15Hz）一定的时间。

49. 直接空冷系统的风机采用变频调速的优点是什么？

答：空冷风机采用变频调速的优点是：

（1）能够比较方便快捷地适应气温的变化，使汽轮机运行处于相对稳定的状态。

（2）由于变频调速是无级调速，运行曲线光滑，调速快，因此，在冬季运行时，可以将运行背压调整在较低水平下运行而不至于使散热器冻结，从而提高机组在冬季运行的经济性。

（3）采用变频调速后，在夏季高温段，风机可以 110％转速运行，增大了空冷散热器的通风量，可以降低汽轮机的运行背压，提高发电量。

50. 空冷凝汽器表面为什么要进行水冲洗？

答：空冷凝汽器表面进行水冲洗是为了将沉积在空冷凝汽器翅片间的灰、泥垢清洗干净，保持空冷凝汽器良好的散热性能。清洗手段有压缩空气和高压水冲洗两种。从资料来看，高压水冲洗比压缩空气清洗效果好，故空冷凝汽器一般采用高压水冲洗。清洗用水为除盐水，水压为 6～8MPa，每年应冲洗空冷凝汽器外表面 3～4 次。

51. 什么是发电厂供水系统？

答：由水源、取水设备、供水设备和管道组成的系统叫做发电厂供水系统。

52. 发电厂供水系统分哪几种形式？

答：发电厂供水系统分两种形式：直流供水系统和循环（开式或闭式）供水系统。

53. 什么叫循环供水系统？

答：冷却水经凝汽器吸热后进入冷却设备冷却，被冷却的水由循环水泵再送入凝汽器，如此反复循环使用，此系统称为循环供水系统，也叫闭式供水系统。

54. 直流供水系统可分为哪几种供水系统？

答：直流供水系统可分为岸边水泵房直流供水系统、中继泵直流供水系统、水泵置于机房内的直流供水系统。

55. 循环供水系统根据冷却设备的不同可分为哪几种供水系统？

答：循环供水系统根据冷却设备的不同可分为冷却水池循环供水系统、喷水池循环供水系统和冷却塔循环供水系统。

56. 凝汽设备运行情况的好坏，主要表现在哪几个方面？

答：凝汽设备运行情况的好坏，主要表现在以下三个方面：

（1）能否保持或接近最有利真空。

（2）能否使凝结水的过冷度最小。

（3）能否保证凝结水的品质合格。

57. 凝汽器冷却水的作用是什么？

答：凝汽器冷却水的作用是：将排汽冷凝成水，吸收排汽凝结所释放的热量。

58. 启动抽气器及主抽气器的主要任务各是什么？

答：启动抽气器的主要任务是：在汽轮机启动前和启动过程中抽出汽轮机本体和凝汽器内的大量空气，迅速建立必要的真空，以便汽轮机进行启动，

主抽气器的主要任务是：在汽轮机正常运行中，将凝汽器内的不凝结气体抽出，以保持凝汽器的真空。

59. 电厂中使用的容积式真空泵有哪几种？

答：电厂中使用的容积式真空泵一般有液环式和离心式两种。

60. 液环泵的性能指标有哪些？

答： 液环泵的性能指标有容量、功率、抽气量、汽气混合物量及吸入压力。

61. 什么是液环泵的特性线？

答： 液环泵的容量、功率、抽气量、汽气混合物量及吸入压力等参数组成的相互关系曲线称为液环泵的特性线。

62. 什么是冷却塔？冷却塔的类型有哪些？

答： 冷却塔是通过空气与水接触，进行热质传递，把水冷却的设备。

冷却塔可以按下列各种方式分类：

（1）按空气与水接触的方式可分为湿式、干式和干湿式。

（2）按通风方式可分为自然通风和机械通风。

（3）按淋水填料方式可分为点滴式、薄膜式、点滴薄膜式和喷水式。

（4）按水和空气的流动方向可分为逆流式和横流式。

63. 自然通风冷却塔可分为哪两种形式？开放式冷却塔有哪些缺点？

答： 自然通风冷却塔可分为开放式和风筒式两种。

开放式冷却塔的缺点是冷却效果差、淋水密度小、占地面积大。

64. 简述风筒式冷却塔的优点。

答： 风筒式冷却塔是依靠自然通风来达到冷却目的的，其优点是运行费用低、故障少、易于维护，且因风筒较高，在运行中飘滴和雾气团对周围环境的影响小。

65. 什么是机械通风冷却塔？

答： 机械通风冷却塔没有高大的风筒，塔内空气流动不是靠塔内外空气密度差产生的抽力，而是靠通风机形成的。机械通风冷却塔具有冷却效果好，运行稳定的特点。

66. 冷却塔由哪些设备组成？

答： 冷却塔是由淋水填料、配水系统、通风设备、通风筒、空气分配装置、除水器、塔体、集水池等设备组成。以上各部件的不同组合就可组成不同类型的冷却塔。

67. 冷却塔配水系统有哪几种形式？

答： 冷却塔配水系统的形式有旋转式配水系统、槽式配水系统、管式配水系统和池式配水系统。

简述带蒸发冷却器的闭式循环冷却水系统的工作原理。

答：带蒸发冷却器的闭式循环冷却系统是将水冷与空冷、传热与传质过程融为一体且兼有两者之长的高效冷却设备，其工作原理是冷却介质通过蒸发冷却器把热量传给塔内管束外壁的水膜，水膜迅速蒸发带走热量，蒸发后的湿空气由蒸发冷却器上方的风机抽走，并从蒸发冷却器下部的百叶窗再进来新的冷空气，如此循环冷却。该冷却方式与换热器＋循环泵＋冷却塔的闭式循环供水系统比较，具有占面积小，一次投资省，安装维护方便，运行成本低，运行灵活，冬季运行可关闭喷淋系统或少开风机等，且操作稳定等优点。

闭式循环冷却水膨胀水箱的作用是什么？

答：闭式循环冷却水膨胀水箱的作用是为闭式循环水泵提供压头；此外，在闭式水量变化时起调节和缓冲的作用，以满足闭式水量的波动。

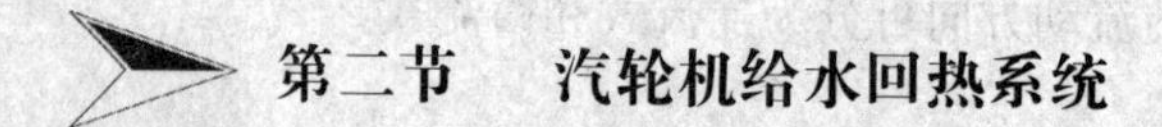

第二节　汽轮机给水回热系统

什么是给水的回热加热？

答：发电厂锅炉给水的回热加热是指从汽轮机某中间级抽一部分蒸汽，送到给水加热器中对锅炉给水进行加热，与之相应的热力循环和热力系统称为回热循环和回热系统。加热器是回热循环过程中加热锅炉给水的设备。

加热器有哪些种类？

答：加热器的类型有：

（1）按换热方式分为表面式加热器与混合式加热器两种形式。

（2）按装置方式分为立式加热器和卧式加热器两种。

（3）按水压分为低压加热器和高压加热器。位于凝汽器和除氧器之间主凝结水管道上的回热加热器，由于水侧主凝结水压力较低，因此称为低压加热器；加热给水泵出口后给水的称为高压加热器。

什么是表面式加热器？表面式加热器有什么优缺点？

答：加热蒸汽和被加热的给水不直接接触，其换热是通过管壁进行的加热器叫表面式加热器。

在这种加热器中，由于金属的传热阻力，被加热的给水不可能达到蒸汽压力下的饱和温度，使其热经济性比混合式加热器低。

其优点是：由它组成的回热系统简单，运行方便，监视工作量小，因而被电厂普遍采用。

4. 什么是混合式加热器？混合式加热器有什么优缺点？

答：加热蒸汽和被加热的水直接混合的加热器称混合式加热器。

其优点是：传热效果好，水的温度可达到加热蒸汽压力下的饱和温度（即端差为零），且结构简单、造价低廉；缺点是：每台加热器后均需设置给水泵，使厂用电消耗大，系统复杂，故混合式加热器主要作除氧器使用。

5. 简述管板-U 形管式加热器的结构。

答：表面式加热器常见的是管板-U 形管式，其结构如下：

由黄铜管或钢管组成的 U 形管束放在圆筒形的加热器外壳内，并以专门的骨架固定。管子胀（或焊）接在管板上，管板上部为水室端盖。端盖、管板与加热器外壳用法兰连接。被加热的水经连接短管进入水室一侧，经 U 形管束之后，从水室另一侧的管口流出。加热蒸汽从外壳上部管口进入加热器的汽侧。借导流板的作用，汽流曲折流动，与管子的外壁接触凝结放热加热管内的给水。为防止蒸汽进入加热器时冲刷损坏管束，在其进口处设置有护板。加热蒸汽的凝结水（疏水）汇集于加热器的底部，采用疏水器及时排出这些凝结水。外壳上还装有水位计来监视疏水水位。管板与管束连为一体，便于检修和清洗。此外，在外壳和水室盖上安装必要的法兰短管用来安装压力表、温度计、排气阀、疏水自动装置等。

6. 联箱-螺旋管型表面式加热器的结构原理是什么？

答：联箱-螺旋管（也叫盘香管）型表面式加热器，受热面由四组对称布置的螺旋管组组成，每组螺旋管又被联箱（集水管）内隔板隔为三层。给水流程为：进水总管→进水下联箱→下层螺旋管→出水下联箱→中层螺旋管→进水上联箱→上层螺旋管→出水上联箱→出水总管。

加热蒸汽由加热器中部的连接管送入，先在外壳内上升，而后顺着一系列水平的导流板曲折向下流动，冲刷螺旋管的外表面，加热管内的给水。

7. 管板-U 形管式高压加热器与联箱-螺旋管式高压加热器各有什么优缺点？

答：管板-U 形管式高压加热器的优点是：结构简单，焊口少，金属消耗量少；缺点是：加工技术要求高，制造难度大，运行中容易损坏。

联箱-螺旋管式高压加热器的优点是：螺旋管容易更换，不存在管板与薄壁管子连接严密性差的问题，运行可靠；缺点是：体积大，金属消耗量多，管壁厚，水流阻力大，因而传热效率较低，且管子损坏后堵管困难，检修劳动强度大。因而后者现在采用较少。

8. 加热器疏水装置的作用是什么？加热器疏水装置有哪几种形式？

答：加热器加热蒸汽放出热量后凝结成的水称为加热器的疏水。加热器疏水装置的作用是：可靠地将加热器内的疏水排出，同时防止蒸汽随之漏出。

加热器疏水装置的形式通常有疏水器和多级水封两种。

常用的疏水器有浮子式疏水器和疏水调节阀两种。

9. 简述浮子式疏水器的结构，并说明它的工作原理。

答：浮子式疏水器多用于低压加热器，其结构由浮子、浮子滑阀及它们之间的连杆组成。

它的工作原理是：当加热器内的水位升高时，浮子随之升高，经杠杆、连杆和滑阀杆的传动使滑阀上移，开启疏水阀排出疏水。当水位降低时，浮子也随着降低，滑阀重又下移关闭疏水阀，疏水不再继续流出。

10. 外置浮子式疏水器的系统是如何连接的？

答：低压加热器外置浮子式疏水器通常的连接方式为：浮子室接有与加热器相连的汽、水平衡管，使浮子根据加热器的水位变化而动作；滑阀控制部位与疏水进、出口相连。此外，为防止疏水器浮子及滑阀卡涩失灵，还接有旁路管，打开旁路阀后可不经过疏水器，直接进行疏水。

11. 疏水调节阀的调节原理是什么？

答：疏水调节阀常用于高压加热器的疏水。疏水调节阀内部机械部分为一滑阀，外部为电动执行机构。疏水调节阀的调节原理是：当高压加热器内水位变化时，装在加热器上的控制水位计发出水位变化信号，经过电子控制系统的动作，最后由电动执行机构操纵疏水调节阀的摇杆。摇杆动作时，心轴、杠杆转动，带动阀杆、滑阀移动，改变疏水流量，使高压加热器保持一定水位。

12. 多级水封疏水的原理是什么？

答：多级水封疏水的原理是：疏水采用逐级溢流，而加热器内的蒸汽被多级水封内的水柱封住不能外泄，如图 2-1 所示。

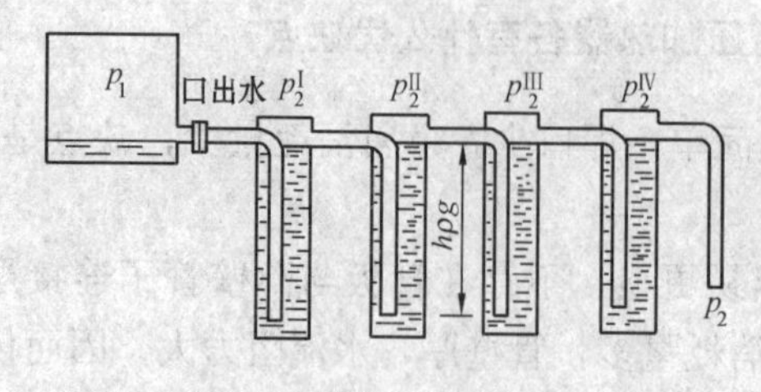

图 2-1　多级水封原理图

水封的水柱高度取决于加热器内的压力与外界压力之差（p_1-p_2）。如果水封管数目为 n，则水封的压力为 $nh\rho g$，因此当每级水封管高度 h 确定后，则多级水封的级数 n 可按式（2-2）确定，即

$$n=\frac{p_1-p_2}{h\rho g} \tag{2-2}$$

式中　p_1——加热器内的压力，kPa；

p_2——外界压力，kPa；

h——每级水封管高度，m；

ρ——水的密度，kg/m^3。

13. 使用多级水封管作为加热器疏水装置有什么优、缺点？

答：使用多级水封管作为加热器疏水装置的优点是：没有机械传动，因而无磨损、无卡涩；没有电气元件，因而不需调试，不耗电；结构简单、维护方便。

缺点是：停机后水封管内有残留积水，易造成金属锈蚀，因而影响再次启动时凝结水质量；占地面积大，需挖深坑放置水封，以及仅能在加热器间压力差不大的情况下使用。

14. 轴封加热器的作用是什么？

答：轴封加热器（也称轴封冷却器）的作用是：回收轴封漏汽，用以加热凝结水，从而减少轴封漏汽及热量损失，并改善车间的环境条件。随轴封漏汽进入的空气，常用连通管引到射水抽气器扩压管处，靠后者的负压来抽除；或设置专门的排汽风机，从而确保轴封加热器的微真空状态。这样，各轴封的第一腔室也保持微真空，轴封汽不会外泄。

15. 什么是表面式加热器的蒸汽冷却段？

答：加热器的蒸汽冷却器可单独设置（即外置式）或直接装在加热器内部（即内置式），内置式的蒸汽冷却器称为蒸汽冷却段。

究竟是外置还是内置，这要根据抽汽参数、蒸汽过热度的大小及给水加热温度等情况，经技术经济比较后决定。

16. 什么是疏水冷却器？采用疏水冷却器有什么好处？

答：疏水自流入下一级加热器之前，先经过换热器，用主凝结水将疏水适当冷却后再进入下一级加热器，这个换热器就是疏水冷却器。

一般来说疏水是对应抽汽压力下的饱和水，疏水自流入邻近较低压力的加热器中，会造成对低压抽汽的排挤，降低热经济性。而采用疏水冷却器后，减少了排挤低压抽汽所产生的损失，能提高热经济性。

疏水冷却器也分为外部单独设置和加热器内部设置两种，设在加热器内部的疏水冷却器称疏水冷却段。

现在 300MW 及以上汽轮机的三台高压加热器均设有疏水冷却段。

17. 大机组加热器设置蒸汽冷却器的目的是什么？

答：大机组加热器设置蒸汽冷却器的目的是：在结构上弥补表面式加热器由于端差的存

在而影响热经济性。将加热器出水的全部或一部分引入蒸汽冷却器，让该加热器的抽汽先经过这一设备，再进入加热器本身，这样就可以充分利用抽汽的过热度，使出水温度接近、等于甚至超过该级抽汽压力下的饱和温度，提高热经济性。在这个换热器中蒸汽并不凝结，只是以降低其过热度来放出一定的热量，用以加热给水。

由于抽汽的过热度不会很大，并且过热蒸汽的传热效果较差，因此一般只应用于过热度较大、对经济性要求较高、经技术经济比较认为是合理的地方。

现在 300MW 及以上汽轮机的三台高压加热器均设有蒸汽冷却段。

18. 加热器汽侧压力变化的原因是什么?

答：加热器汽侧压力变化的原因是：

（1）汽轮机负荷变化。

（2）凝结水或给水流量改变。

（3）进水温度变化。

（4）加热器钢管泄漏，疏水来不及排泄。

（5）加热器进汽阀或抽汽止回阀开度变化。

（6）运行方式变化，如某一个或几个加热器停运。

19. 引起加热器出口水温度变化的原因是什么?

答：引起加热器出口水温度变化的原因是：

（1）加热器进汽压力的变化。

（2）汽轮机负荷的变化。

（3）进水流量的变化。

（4）进水温度的变化。

（5）加热器钢管的表面结垢。

（6）加热器内聚积空气。

（7）加热器水位过高。

（8）加热器汽侧隔板不严，蒸汽短路。

（9）加热器水侧隔板损坏，给水短路。

（10）抽汽止回阀、进汽阀失灵或卡涩。

高、低压加热器随机启动有什么好处?

答：高、低压加热器随机启动的好处是：能使加热器均匀加热，可以防止钢管胀口漏水，防止法兰因热应力过大而造成变形。对于汽轮机来说，因连接加热器的抽汽管道是从汽缸下部接出的，加热器随机启动，相当于增加了汽缸的疏水点，能有效减小上下汽缸之间的温差。另外，还能减少机组并列后的操作。

21. 影响加热器正常运行的因素有哪些?

答：影响加热器正常运行的因素有：

（1）受热面结垢，严重时会造成加热器管子堵塞，使传热恶化。

（2）汽侧漏入空气。

（3）疏水器或疏水调整阀工作失常。

（4）内部结构不合理。

（5）铜管或钢管泄漏。

（6）加热器汽水分配不平衡。

（7）抽汽止回阀开度不足或卡涩。

22. 高、低压加热器汽侧为什么安装排空气阀?

答：因为加热器蒸汽侧在停运期间或运行过程中都容易积聚大量的空气，这些空气在铜管或钢管的表面形成空气膜，使热阻增大，严重地影响加热器的传热效果，从而降低了换热效率，因此必须装空气管连续或定时排走这部分空气。高压加热器空气管引到除氧器，可以回收部分热量；低压加热器空气管接到凝汽器，利用真空将低压加热器内积存的空气吸入凝汽器，最后经抽气器抽出。

23. 高、低压加热器运行时为什么要保持一定水位?

答：高、低压加热器在运行时都应保持一定水位，但不应太高，因为水位太高会淹没钢管，减少蒸汽和钢管的接触面积，影响热效率，严重时会造成汽轮机进水。如水位太低，则将有部分蒸汽经过疏水管进入下一级加热器，降低了下一级加热器的热效率。同时，汽水冲刷疏水管，会降低疏水管的使用寿命，因此对加热器水位应严格监视。

24. 加热器运行时要注意监视什么?

答：加热器运行时要注意监视：

（1）进、出加热器的水温。

（2）加热蒸汽的压力、温度及被加热水的流量。

（3）加热器汽侧疏水水位的高度。

（4）加热器的端差。

25. 低压加热器凝结水旁路阀的作用是什么?

答：低压加热器应设置主凝结水旁路阀，其作用是：当加热器发生故障或某一台加热器停运时，不致中断主凝结水。

26. 低压加热器投运前应检查哪些项目？

答： 低压加热器投运前应检查的项目有：

（1）检查各表计齐全投运，各电动阀送电并试验良好，有关保护试验正常投入。

（2）检查开启低压加热器进出水阀，关闭旁路阀。

（3）开启低压加热器抽汽管道止回阀前、后疏水阀。

（4）缓慢开启各低压加热器空气阀（由高至低逐级开大）。

（5）开启各低压加热器事故疏水及逐级疏水调整阀前后手动阀。

27. 如何投入低压加热器？

答： 投入低压加热器的步骤是：

（1）开启抽汽止回阀，逐渐开启进汽电动阀，控制加热器出口水温温升速度。

（2）加热器水位至 1/3 以上时，开启疏水阀，疏水逐级自流，经最低一级低压加热器至凝汽器或由疏水泵排入凝结水系统，关闭疏水至凝汽器阀门。

（3）关闭抽汽止回阀前、后疏水阀。

（4）加热器运行正常后，逐渐关小或全部关闭加热器空气阀。

（5）投入抽汽止回阀保护连锁。

（6）全面检查并注意各加热器温升情况。

28. 如何停运低压加热器？

答： 停运低压加热器的步骤是：

（1）关闭加热器空气阀。

（2）逐渐关闭进汽电动阀，关闭抽汽止回阀，停运低压加热器疏水泵。

（3）关闭加热器水位调整阀、疏水阀。

（4）开启低压加热器旁路阀，关闭进、出口水阀。

（5）开启抽汽止回阀前、后疏水阀。

29. 运行中低压加热器停运或投运时，应注意什么？

答： 运行中停运低压加热器时，必须注意除氧器运行情况及凝结水温度，严防除氧器失压、断水或水侧过负荷，同时停运两台及以上低压加热器时不能带满负荷运行。

低压加热器停运时的操作顺序为：①空气系统；②汽侧进汽（包括轴封系统相关的阀门调整）；③水侧系统；④汽侧疏水。

低压加热器投运时的操作顺序为：①水侧系统；②汽侧系统；③汽侧疏水；④空气系统（注意凝汽器真空）。

30. 高压加热器水室人孔门自密封装置的结构是什么？有什么优点？

答： 现在大容量机组的高压加热器水室人孔门均采用自密封装置代替法兰连接装置。自密封装置由密封座、密封环、均压四合圈等组成。

水室顶部有压板，通过双头螺栓与密封座相接。当装在双头螺栓压板一端的转动球面螺母时，就使密封座移动，密封座又通过密封环、垫圈压住嵌在水室槽内的均压四合圈上，这就起了初步的密封作用。当加热器投入运行，水室中充高压水后，密封座就自内向外紧紧压在均压四合圈上，完全达到了自密封的效果。压力越高，密封性能越好。

均压四合圈是由四块组成的一圆环装置。安装时，先将均压四合圈分四块放入水室槽内，然后中间再装止脱箍，以防止四合圈的脱落。

自密封装置的优点是：不仅可靠地解决了法兰连接容易引起的泄漏问题，而且使水室拆装简化，免去了紧松法兰螺栓的繁重劳动。

31. 高压加热器为什么要设置水侧保护装置？

答：当高压加热器发生故障时，为了不中断锅炉给水或防止高压水由抽汽管倒流入汽轮机，造成严重的水击事故，在高压加热器上设置自动旁路保护装置。当高压加热器发生内部故障或管子破裂时，能迅速切断进入加热器管束的给水，同时又能保证向锅炉供水。

32. 高压加热器一般有哪些保护装置？

答：高压加热器的保护装置一般有如下几个：水位高报警信号，危急疏水阀，给水自动旁路，进汽阀、抽汽止回阀联动关闭，汽侧安全阀等。

33. 什么是高压加热器给水自动旁路？

答：高压加热器给水自动旁路是：当高压加热器内部钢管破裂，水位迅速升高到某一数值时，高压加热器进、出水阀迅速关闭，切断高压加热器进水，同时让给水经旁路直接送往锅炉。这就是高压加热器给水自动旁路。对于大机组来说，这是一个十分重要的保护。

34. 高压加热器为什么要装设注水阀？

答：高压加热器装设注水阀的原因是：

（1）便于检查水侧是否泄漏。

（2）便于打开进水联成阀（或进、出水三通阀）。

（3）为了预热钢管减少热冲击。

35. 高压加热器水侧投入步骤是什么？

答：高压加热器水侧投入的步骤是：

（1）关闭高压加热器水侧放水阀，开启水侧空气阀，全开高压加热器头道注水阀，稍开二道注水阀，向高压加热器内部注水。

（2）高压加热器水侧空气排尽后关闭水侧空气阀。

（3）高压加热器水侧达全压后关闭高压加热器注水阀，检查高压加热器内部压力不应下降。

（4）检查加热器汽侧无水位。

（5）开启高压加热器进、出水阀。

（6）关闭给水大旁路阀，注意给水压力的变化。

（7）投入高压加热器保护开关。

36. 高压加热器汽侧的投运步骤是什么？

答：高压加热器汽侧投运的步骤是：

（1）随机启动或在负荷带40%以上时，投入高压加热器汽侧。

（2）开启进汽阀前疏水阀。

（3）稍开高压加热器进汽阀或进汽旁路阀进行暖管，注意进汽管道应无冲击。

（4）待汽侧空气排尽后，关闭汽侧空气阀。

（5）暖管结束后，关闭进汽阀前、后疏水阀。

（6）逐渐开大进汽阀，注意给水温升率不大于规定值。

（7）调节高压加热器水位，保持高压加热器水位在1/2～2/3之间。

（8）各高压加热器水位正常后，投入高压加热器保护开关（抽汽止回阀水控电磁阀，投入“自动”）。

（9）待水质合格后关闭高压加热器事故疏水阀，开启高压加热器至除氧器的调整阀。

（10）全开各高压加热器进汽阀，调节各高压加热器水位，维持正常。

（11）全面检查各加热器运行正常。

37. 加热器水侧设置安全阀的作用是什么？

答：加热器水侧设置安全阀的作用是防止在水侧进出口阀阀关闭的情况下加热器内的凝结水被蒸汽加热膨胀而超压损坏设备。

38. 高压加热器检修后如何投运（机组正常运行中）？

答：机组正常运行中，高压加热器检修后的投运步骤是：

（1）检修工作结束，工作票终结，水侧放水阀关闭。

（2）缓慢开启高压加热器注水阀向高压加热器内注水，检查钢管是否泄漏，并开启水侧排空气阀，空气排尽后关闭。

（3）开启高压加热器进、出口水阀强制杆，高压加热器联成阀缓慢开启，检查开启高压加热器进、出口电动阀，关闭高压加热器旁路阀，关闭注水阀。

（4）开启高压加热器事故疏水阀。

（5）开启抽汽止回阀前、后疏水阀，微开高压加热器进汽阀，维持温升速度在1～2℃/min左右，高压加热器暖体约15min。

(6) 高压加热器暖体结束后，由低到高逐渐开启高压加热器进汽阀，控制给水温升率不大于 2℃/min。关闭事故疏水阀，疏水逐级自流，经最低一级高压加热器进入除氧器，高压加热器正常后投入加热器水位保护。

(7) 其他操作同高压加热器正常启动。

39. 高压加热器如何停运？

答： 高压加热器的停运步骤为：

(1) 汇报、联系值长降 10% 的负荷（300MW 机组负荷降至 80%），切除高压加热器保护。

(2) 关闭高压加热器空气阀。

(3) 由高到低逐台关闭高压加热器进汽阀。调整水位，控制温降速度小于 2℃/min，待高压加热器出水温度稳定后再停下一台高压加热器，关闭高压加热器至除氧器疏水阀。

(4) 关闭各高压加热器抽汽止回阀，稍开抽汽止回阀前、后疏水阀，高压加热器汽侧隔离后，开启高压加热器汽侧排地沟阀。

(5) 如需停运高压加热器水侧，应先开电动旁路阀，再关高压加热器进、出口水阀。

(6) 开启水侧放水阀。

40. 高压加热器给水流量变化的原因有哪些？

答： 引起高压加热器给水流量变化的原因是：

(1) 汽轮机、锅炉负荷变化。

(2) 给水并联运行，高压加热器运行台数变化。

(3) 给水流量分配变化，邻机高压加热器进水阀开度变化。

(4) 给水管道破裂，大量跑水。

41. 高压加热器水位升高的原因有哪些？

答： 高压加热器水位升高的原因有：

(1) 钢管胀口松弛泄漏或加热器钢管泄漏。

(2) 疏水自动调整阀失灵，阀芯卡涩或脱落。

(3) 水位计失灵误显示。

42. 高压加热器水位升高应如何处理？

答： 高压加热器水位升高应做如下处理：

(1) 核对电接点水位计与就地水位计。

(2) 手动开大疏水调整阀，查明水位升高原因。

(3) 高压加热器水位高至高Ⅰ值报警时，自动开启高压加热器事故疏水电动阀，值班人员应严密监视高压加热器运行情况。

（4）高压加热器水位高至高Ⅱ值时，关闭高压加热器进汽电动阀，高压加热器保护应动作，给水走自动旁路，联关抽汽止回阀，自动切除高压加热器。如保护失灵，应按高压加热器紧急停运处理。

（5）开启有关抽汽止回阀前、后疏水阀。

（6）完成停运高压加热器的其他操作。

43. 什么情况下应紧急停运高压加热器？

答： 在下列情况下应紧急停运高压加热器：

（1）汽水管道及阀门爆破，危及人身及设备安全时。

（2）任一加热器水位升高，经处理无效时，或任一电触点水位计，就地水位计满水，保护不动作时。

（3）任一高压加热器电触点水位计和就地水位计同时失灵，无法监视水位时。

（4）明显听到高压加热器内部有爆炸声，高压加热器水位急剧上升。

44. 如何紧急停运高压加热器？

答： 紧急停运高压加热器的方法为：

（1）关闭有关高压加热器进汽阀及止回阀，并就地检查在关闭位置。

（2）将高压加热器保护打至“手动”位置，开启高压加热器旁路电动阀，关闭高压加热器进出口电动阀，必要时手摇电动阀直至关严。

（3）开启高压加热器事故疏水阀。

（4）关闭高压加热器至除氧器疏水阀。

（5）其他操作同正常停高压加热器操作。

45. 进入锅炉的给水为什么必须经过除氧？

答： 进入锅炉的给水必须经过除氧，这是因为，如果锅炉给水中含有氧气，将会使给水管道、锅炉设备及汽轮机通流部分遭受腐蚀，缩短设备的寿命。防止腐蚀最有效的办法是除去水中的溶解氧和其他气体，这一过程称为给水的除氧。

46. 给水除氧的方式有哪两种？

答： 给水除氧的方式分为物理除氧和化学除氧两种。物理除氧是设除氧器，利用抽汽加热凝结水达到除氧的目的；化学除氧是在凝结水中加化学药品进行除氧。

47. 除氧器的作用是什么？

答： 除氧器的主要作用就是用它来除去锅炉给水中的氧气及其他气体，保证给水的品质。同时，除氧器本身又是给水回热加热系统中的一个混合式加热器，起了加热给水，提高给水温度的作用。

48. 除氧器按压力等级和结构可分为哪几种？

答： 根据除氧器中的压力不同，可分为真空除氧器、大气式除氧器、高压除氧器三种。

根据水在除氧器中散布的形式不同，又分为淋水盘式、喷雾式和喷雾填料式三种结构形式。

49. 除氧器的工作原理是什么？

答： 水中溶解气体量的多少与气体的种类、水的温度及各种气体在水面上的分压力有关。除氧器的工作原理是：把压力稳定的蒸汽通入除氧器加热给水，在加热过程中，水面上水蒸气的分压力逐渐增加，而其他气体的分压力逐渐降低，水中的气体就不断地分离析出。当水被加热到除氧器压力下饱和温度时，水面上的空间全部被水蒸气充满，各种气体的分压力趋于零，此时水中的氧气及其他气体即被除去。

50. 除氧器加热除氧有哪些必要的条件？

答： 除氧器加热除氧的必要条件是：

（1）必须把给水加热到除氧器压力对应的饱和温度。

（2）必须及时排走水中分离逸出的气体。

第一个条件不具备时，气体不能全部从水中分离出来；第二个条件不具备时，已分离出来的气体又会重新回到水中。

还需指出的是：气体从水中分离逸出的过程，并不是瞬间能够完成的，需要一定的持续时间，气体才能分离出来。

51. 大机组采用高压除氧器有什么优缺点？

答： 国产200MW及以上大机组都是采用高压除氧器，与大气式除氧器相比具有以下优点：

（1）当高压加热器故障停运时，进入锅炉的给水温度仍可保持150～160℃，有利于锅炉的正常运行。

（2）可以减少一级价格昂贵而运行不十分可靠的高压加热器。

（3）有利于回收利用加热器疏水的热量。同时在凝结水量很少时，仍能保持有加热蒸汽进入除氧器，使除氧器工作稳定。

其缺点是：配套的给水泵处在高温高压条件下运行，设备投资费用高，运行时给水泵耗用厂用电较多。同时，这种除氧器必须设置在水泵上方较高的标高层（17～18m），以避免运行中给水泵发生汽蚀和给水管道发生水冲击。

52. 简述淋水盘式除氧器的结构和工作过程。

答：淋水盘式除氧器主要由除氧塔和下部的储水箱组成。在除氧塔中装有筛状多孔的淋水盘，从凝结水泵来的凝结水、其他疏水或化学补充水，分别由上部管道进入除氧塔，经筛状多孔圆形淋水盘分散成细小的水滴落下。加热蒸汽经过压力调整器进入除氧塔下部，并由下向上流动，与下落的细小水滴接触换热，把水加热到饱和温度，水中的气体不断分离逸出，并由塔顶的排气管排走，凝结水则流至下部的储水箱中，除氧器排出的气、汽混合物经过余汽冷却器，回收余汽中工质和一部分热量后排入大气。

淋水盘式除氧器外形尺寸大，检修困难，制造加工工作量大，而且除氧效果差，出力往往达不到铭牌规定，老机组多采用淋水盘式除氧器，现在已很少采用。

53. 大气式除氧器为什么设置水封筒？

答：大气式除氧器设水封筒的目的是：

（1）除氧器水箱满水时，可经水封筒溢流掉多余的水，保证除氧器不发生满水倒流入其他设备的事故。

（2）当除氧器超过正常工作压力时，水封筒动作，先将存水压走，然后把蒸汽排出，这样就起了防止除氧器超压的作用。

54. 喷雾式除氧器有哪些特点？

答：喷雾式除氧器依靠凝结水泵的压力，用喷嘴将凝结水雾化，使凝结水同加热蒸汽接触面大大增加。这种除氧器对进水温度无特殊要求，温度很低的水在其中可以立即加热至除氧器压力下的饱和温度，故当低负荷或低压加热器事故停运时，除氧效果几乎不受影响。

在除氧过程中，大部分溶解于水中的氧气以小气泡形式逸出，残留氧要靠扩散来消除。在喷雾过程中，水滴被击成雾状，对除去大量的小气泡是极为有利的。但雾化时水滴直径变小，表面张力增大，这对残留氧气的扩散是不利的。因此单用喷雾式结构，往往还不能获得满意的除氧效果，这种除氧器出水的含氧量为0.05～0.10mg/L。

55. 喷雾填料式除氧器的工作原理和特点是什么？

答：目前大机组采用的喷雾填料式除氧器既保持了喷雾式除氧器的优点，又增设了填料层弥补其不足，因而是一种除氧效果比较理想的除氧器。

喷雾填料式除氧器的凝结水经喷嘴雾状喷出，加热蒸汽对雾状水珠进行第一次加热，使80%～90%的溶解氧逸出。经第一次加热的凝结水流入填料层，在填料层形成水膜，减小了水的表面张力。第二次加热的蒸汽进入除氧器下部向上流动，对填料层上的水膜再次加热，除去残留水中的气体，分离出的气体和少量蒸汽由塔顶的排气管排出。

实质上喷雾填料式除氧器是对水进行了两次加热除氧，因而除氧效果好，出水含氧量可小于0.007mg/L。此外，其还有低负荷适应性较好、出力大的优点。

56. 简述无头除氧器两级除氧的工作原理。

答：在初级除氧阶段，凝结水经过高压喷嘴形成发散的锥形水膜向下进入初级除氧区，水膜在这个区域内与上行的过热蒸汽充分接触，迅速将水加热到除氧器压力下的饱和温度，大部分氧气从水中析出，聚集在喷嘴附近。为防止氧气积聚过多，在每个喷嘴的周围设有四个排气口，以及时排出析出的氧气；经初级除氧的水在水箱内汇集接受深度除氧，深度除氧是在水面以下进行的，利用水面以下的蒸汽将水加热，使其沸腾，实现深度除氧。析出的气体经排气管排出，深度除氧的水则在水箱内与回收的疏水及补水混合。

57. 什么叫给水的化学除氧？

答：在高参数发电厂中，为了使给水中含氧量更低，给水除了应用除氧器加热除氧以外，同时还采用化学除氧作为其补充处理，这样可以保证给水中的溶氧接近完全除掉，以确保给水的纯净。

给水的化学除氧是在水中加入定量的化学药剂，使溶解在水中的氧气成为化合物而析出。

中、低压锅炉可使用亚硫酸钠（Na_2SO_3）。亚硫酸钠与氧发生反应生成硫酸钠(Na_2SO_4)沉淀下来。这种除氧方法的缺点是：由于水中增加硫酸盐，使锅炉的排污量增加。

另一种化学除氧法是联氨除氧法，使用联氨不会提高水中的含盐量，联氨和氧的反应产物是水和氮气。

联氨除氧法虽有上述优点，但它的价格高于加热除氧法，所以仅作为加热除氧的补充。

58. 除氧器的标高对给水泵运行有什么影响？

答：因除氧器水箱的水温相当于除氧器压力下的饱和温度，如果除氧器安装高度和给水泵相同，给水泵进口处压力稍有降低，水就会汽化，在给水泵进口处产生汽蚀，造成给水泵损坏的严重事故。为了防止汽蚀产生，必须不使给水泵进口压力降低至除氧器压力，因此就将除氧器安装在一定高度处，利用水柱的高度来克服进口管的阻力和给水泵进口可产生的负压，使给水泵进口压力大于除氧器的工作压力，防止给水的汽化。一般还要考虑除氧器压力突然下降时，给水泵运行的可靠性，所以，除氧器安装标高还要留有安全余量。

什么是双塔式除氧器？

答：一般除氧器只有一个除氧塔装在水箱上，而某国产 300MW 汽轮机有两台 535t/h 的喷雾填料式除氧器装在容积为 200m^3 的水箱上，因有两个除氧塔，故称双塔式除氧器。

60. 除氧器水箱的作用是什么？

答： 除氧器水箱的作用是：储存给水，平衡给水泵向锅炉的供水量与凝结水泵送进除氧器水量的差额。也就是说，当凝结水量与给水量不一致时，可以通过除氧器水箱的水位高低变化调节，满足锅炉给水量的需要。

61. 对除氧器水箱的容积有什么要求？

答： 除氧器水箱的容积一般考虑满足锅炉额定负荷下 20min 用水量的要求。当汽轮机甩全负荷，除氧器停止进水，锅炉打开向空排汽阀，除氧器水箱尚可维持一段时间，给水泵可继续向锅炉供水。通常除氧器水箱有效容积：100MW 机组为 $100m^3$，125MW 机组为 $150m^3$，200MW 机组为 $180m^3$，300MW 机组为 $200m^3$。

为充分发挥水箱有效容积的作用，运行中，在正常范围内除氧器水位应尽量维持在较高位。

62. 除氧器上各汽水管道应如何合理排列？

答： 一般除氧器汽水管道排列的原则是：进水应在除氧器上部，因其温度较低。蒸汽管放在除氧器的下部，这样排列使汽水形成良好的对流加热条件。

喷雾填料式除氧器为了防止二次蒸汽对雾状水滴加热不足，另设一路蒸汽通过旁路蒸汽管进入除氧塔头部喷水热交换区，使水滴能够获得更大的热量，以加速水中气体的逸出。

63. 除氧器再沸腾管的作用是什么？

答： 除氧器加热蒸汽有一路引入水箱的底部或下部（正常水面以下），作为给水再沸腾用。装设再沸腾管有两点作用：

（1）有利于机组启动前对水箱中给水的加温及备用水箱维持水温。因为这时水并未循环流动，如加热蒸汽只在水面上加热，压力升高较快，但水不易得到加热。

（2）正常运行中使用再沸腾管对提高除氧效果有益处。开启再沸腾阀，使水箱内的水经常处于沸腾状态，同时水箱液面上的汽化蒸汽还可以把除氧水与水中分离出来的气体隔绝，从而保证了除氧效果。

使用再沸腾管的缺点是：汽水加热沸腾时噪声较大，且该路蒸汽一般不经过自动调节阀，操作调整不方便。

64. 如何加快除氧器加热速度？

答： 加快除氧器加热速度的方法为：

（1）在不影响给水泵、辅助蒸汽汽源站正常运行的情况下，尽量提高加热蒸汽压力和温度。

（2）在不影响锅炉启动流量的情况下，尽量减少给水流量。

65. 什么是除氧器的自沸腾现象？

答：所谓除氧器“自沸腾”是指进入除氧器的疏水汽化和排气产生的蒸汽量已经满足或超过除氧器的用汽需要，从而使除氧器内的给水不需要回热抽汽加热自己就沸腾，这些汽化蒸汽和排汽在除氧塔下部与分离出来的气体形成旋涡，影响除氧效果，使除氧器压力升高，这种现象称除氧器的“自沸腾”现象。

66. 除氧器发生自沸腾现象有什么不良后果？

答：除氧器发生自沸腾现象有如下后果：

（1）使除氧器内压力超过正常工作压力，严重时发生除氧器超压事故。

（2）原设计的除氧器内部汽水逆向流动受到破坏，除氧塔底部形成蒸汽层，使分离出来的气体难以逸出，因而使除氧效果恶化。

67. 除氧器加热蒸汽的汽源是如何确定的？

答：大气式除氧器的加热蒸汽汽源可选择汽轮机0.049～0.147MPa的抽汽。高压除氧器用汽应选择相应压力的抽汽，为保证除氧器压力在汽轮机低负荷时不致降低，设置能切换至较高抽汽压力的切换阀。当几台机组并列运行时可设置用汽母管，作为备用汽源。

68. 除氧器为什么要装溢流装置？

答：除氧器安装溢流装置的目的是：防止在运行中大量水突然进入除氧器或监视调整不及时造成除氧器满水事故。安装溢流装置后，如果满水，水从溢流装置排走，避免了除氧器运行失常而危及设备安全。

大气式除氧器的溢流装置一般为水封筒，高压除氧器装设高水位自动放水阀。

69. 并列运行的除氧器设置汽、水平衡管的目的是什么？

答：并列运行的除氧器必须设汽、水平衡管，目的是使并列运行的除氧器的压力、水位一致，除氧器能稳定地运行。

70. 造成除氧器水箱水位变化的原因有哪些？

答：造成除氧器水箱水位变化的原因有：

（1）除氧器进水量变化。

（2）单元机组给水泵出口流量变化。

（3）补给水流量变化。

（4）对外供汽抽汽量变化，如燃油加热、汽动给水泵用汽等。

(5) 并列运行的除氧器压力变化及给水泵运行方式的变化。

(6) 放水阀误开。

71. 为保证除氧器正常工作，必须有哪些安全设施？

答：为保证除氧器正常工作，除氧器的安全设施有：

(1) 并列运行的除氧器必须装设汽、水平衡管。

(2) 除氧器进汽必须有压力自动调节装置。

(3) 除氧器水箱必须设水位调整装置，以保持正常水位。

(4) 除氧器本体或水箱上应装能通过最大加热蒸汽量的安全阀，当除氧器压力超过设计压力时，安全阀动作向大气排汽。

(5) 除氧水箱应有溢流装置，底部还应有远方及检修放水装置。

72. 除氧器含氧量升高的原因是什么？

答：除氧器含氧量升高的原因是：

(1) 进水温度过低或进水量过大。

(2) 进水含氧量大。

(3) 除氧器进汽量不足。

(4) 除氧器排氧阀开度过小。

(5) 喷雾式除氧器喷头堵塞或雾化不好。

(6) 除氧器汽水管道排列不合理。

(7) 取样器内部泄漏，化验不准。

(8) 滑参数运行除氧器机组负荷突然升高。

73. 引起除氧器振动的原因有哪些？

答：引起除氧器振动的原因有：

(1) 投除氧器过程中，加热不当造成膨胀不均，或汽水负荷分配不均。

(2) 进入除氧器的各种管道水量过大，管道振动而引起除氧器振动。

(3) 运行中由于内部喷嘴等部件脱落。

(4) 运行中突然进入冷水，使水箱温度不均产生冲击而振动。

(5) 除氧器漏水。

(6) 除氧器压力降低过快，发生汽水共腾。

74. 除氧器压力、温度变化对给水溶解氧量有什么影响？

答：当除氧器内压力突然升高时，水温变化跟不上压力的变化，水温暂时低于升高后压力下的饱和温度，因而水中含氧量随之升高，待水温上升至升高后压力下的饱和温度时，水

中的溶解氧才又降至合格范围内；当除氧器压力突降时，由于同样的原因，水温暂时高于该压力对应下的饱和温度，有助于水中溶解气体的析出，溶解氧随之降低，待水温下降至该压力对应的饱和温度后，溶解氧又缓慢回升。综上所述，将水加热至除氧器对应压力下的饱和温度是除氧器正常工作的基本条件，因此在运行中应尽可能保持除氧器内压力和温度的稳定，防止突变，除氧器的压力调节应投自动，且动作灵活可靠。

75. 除氧器运行中为什么要保持一定的水位?

答：除氧器的水位稳定是保证给水泵安全运行的重要条件。在正常运行中，除氧器水位应保持在水位计指示高度的 2/3～3/4 范围之内，水位过高将引起溢流水管大量跑水，若溢流水管排水不及时，则会造成除氧头振动，抽汽管发生水击及振动，严重时造成沿汽轮机抽汽管返水事故。因此，除氧器必须装有可靠的溢流水装置和水位报警装置。水位过低，一旦不能及时补充水，将造成水箱水位急剧下降，引起给水泵入口压力降低而汽化，严重影响锅炉上水，甚至造成被迫停炉停机事故。

76. 除氧器滑压运行中应注意哪些问题?

答：除氧器滑压运行特别应注意：①除氧效果；②给水泵入口汽化。

根据除氧器的工作原理，滑压运行升负荷时，除氧塔的凝结水和水箱中的存水水温滞后于压力的升高，致使含氧量增大。这种情况要一直持续到除氧器在新的压力下接近平衡时为止，对升负荷过程中除氧效果的恶化可以通过投入加装在给水箱内的再沸腾管来解决。

减负荷时，滑压运行的除氧效果要比定压运行好。除氧器滑压运行，机组负荷突降，进入给水泵的水温不能及时降低，此时给水泵入口的压力由于除氧器内压力下降已降低，于是就出现了给水泵入口压力低于泵入口温度所对应的饱和压力，这样易导致给水泵入口汽化。

应采取的措施为：将除氧器布置位置加高，预备充分的静压头；另外，在突然甩负荷时，为避免压力降低较快，应紧急开启备用汽源。

77. 如何防止除氧器运行中超压爆破?

答：防止除氧器运行中超压爆破的方法为：

（1）除氧器及其水箱的设计、制作、安装和检修必须合乎要求，必须定期检测除氧器的壁厚情况和是否有裂纹。

（2）除氧器的安全保护装置，如安全阀、压力报警等动作必须正确可靠，定期检验安全阀动作时必须能通过最大的加热蒸汽量。

（3）除氧器进汽调节汽阀必须动作正常。

（4）低负荷切换上一级抽汽时，必须特别注意除氧器压力。

（5）正常运行时，应经常监视除氧器压力。

78. 除氧器排气带水的原因有哪些？

答：造成除氧器排气带水的原因是：

（1）除氧器大量进冷水，使压力降低。

（2）高压加热器疏水量大或再沸腾阀误开，造成除氧器自沸腾。

（3）除氧器泄压消除缺陷时，低压加热器停运太快。

（4）除氧器满水。

79. 什么是除氧器的单冲量和三冲量调节？

答：除氧器的单冲量调节是指只根据除氧器水位进行调节的逻辑控制。

除氧器的三冲量调节是指在单冲量调节的基础上加入凝结水流量和给水流量作为前馈和反馈信号进行调节的逻辑控制。

第三节　管道与阀门

1. 阀门的作用是什么？如何分类？

答：阀门是管道中一种部件的通称，这种部件用以控制流体的流量，降低流体压力或改变流体的流动方向。

阀门按用途分类如下：

（1）关断用阀门。这类阀门只用来截断或接通流体，如截止阀（球形阀）、闸阀及旋塞等。

（2）调节用阀门。这类阀门用来调节流体的流量或压力，如调节阀、减压阀和节流阀等。

（3）保护用阀门。这类阀门用来起某种保护作用，如安全阀、止回阀及快速关闭阀等。

阀门按流体压力分类如下：

（1）真空阀。工作压力低于大气压力。

（2）低压阀。公称压力小于或等于 1.57MPa。

（3）中压阀。公称压力为 2.45～6.27MPa。

（4）高压阀。公称压力大于 9.8MPa。

2. 阀门的有关术语和定义有哪些？

答：阀门的有关术语和定义有：

（1）公称直径。公称直径是一种名义计算直径，用 DN 表示，单位为 mm。一般情况下阀门的通道直径与公称直径是接近相等的。

（2）工作压力。工作压力是指阀门在工作状态下的压力，用 p 表示。

（3）公称压力。公称压力是阀门的一种名义压力，指阀门在规定温度下的最大允许工作

压力，以 PN 表示。规定温度为：对于铸铁和铜阀门是 120℃，对于碳钢阀门是 200℃，对于钼钢和铬钼钢阀门是 350℃。

（4）试验压力。阀门进行强度或严密性水压试验时的压力称为试验压力，用 p_s 表示。

3. 阀门的型号如何表示？如何合理选用阀门？

答：阀门的型号一般由七个单元组成，其排列的顺序和表明的意义为：第一单元用汉语拼音表示阀门类别；第二单元用一位数字表示驱动方式；第三单元用一位数字表示连接形式；第四单元用数字表示结构形式；第五单元用汉语拼音字母表示密封面或衬里材料；第六单元用公称压力的数字直接表示，并用短线与前五个单元分开；第七个单元用汉语拼音字母表示阀体材料。

选择管道上的阀门时，应按其用途、所在管道系统中的公称压力 PN 和公称直径 DN、流体种类、流体的工作参数（压力、温度）、流量等因素，并考虑安装、运行、维护和检修的方便及经济上的合理性。中低压管道上的阀门，一般采用法兰连接；高压管道上的阀门，应采用焊接方式连接；对于开启力很大的大直径阀门应装有一较小尺寸的旁路阀，开启时先开旁路阀，使大阀门两侧的压差减小之后，再开启大阀门。

4. 闸阀有什么用途和特点？

答：闸阀一般应用于口径为 DN15～1800mm 的管道和设备上，它的用量在各类阀门中首屈一指。闸阀主要作切断用，不允许作节流用。

闸阀具有很多优点：密封性能好，流体阻力小，开闭较省力，全开时密封面受介质冲蚀小，不受介质流向的限制，具有双流向，结构较小，适用范围广。

缺点：外形尺寸高，开启需要一定的空间，开、闭时间长，在开、闭时密封面容易冲蚀和擦伤，两个密封面给加工和维修带来了困难。

5. 简述闸阀的结构。其各部件的作用是什么？

答：闸阀由阀体、阀盖、支架、阀杆、手轮、填料、垫片、阀座、闸板和传动部分等主要部件组成。

其各部件的作用如下：

阀体：闸阀的主体，是安装阀盖、安放阀座、连接管道的重要零件。

阀盖：它与阀体形成耐压空腔，上面有填料函（箱），它还与支架和压盖相连接。

支架：支承阀杆和传动装置的零件。有的支架与阀盖成一整体，有的无支架。

阀杆：它与阀杆螺母或传动装置直接相接，其中间与填料形成密封副，能传递扭力，起着开闭闸板的作用。阀杆分明杆和暗杆两类。

阀杆螺母：它与阀杆成螺纹副，也是传递扭力的零件。

手轮：它是传动装置中的一种形式。传动装置是直接把电力、气力、液力和人力传给阀杆的一种构件。

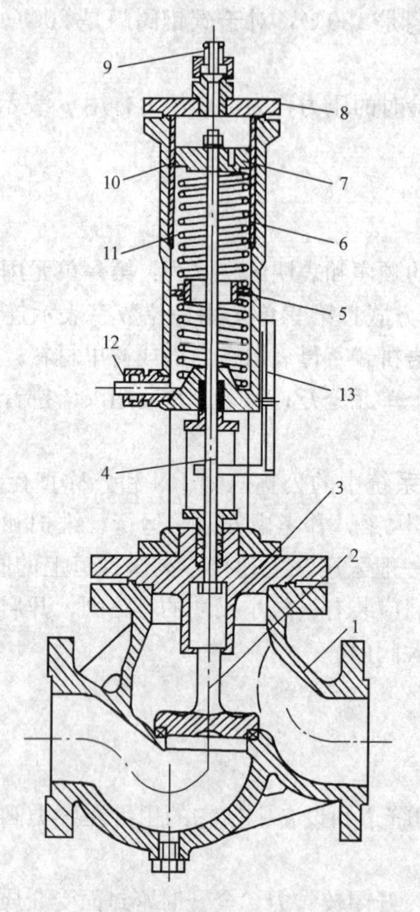

图 2-2　球形液压止回阀

1—阀体；2—阀芯；3—阀盖；4—阀杆；5—支承环；6—套筒；7—活塞；8—压盖；9—工作水入口；10—操纵座壳体；11—压缩弹簧；12—泄水口；13—操纵标杆

填料：在填料函内通过压盖能够在阀盖和阀杆间起密封作用的材料。

填料压盖：通过压盖螺栓或压套螺母，能够压紧填料的一种零件。

垫片：在静密封面上能起密封作用的材料。

阀座：用镶嵌等工艺将密封圈固定在阀体上，与闸板成密封副的零件。有的密封圈是用堆焊或用阀体本体直接加工出来的。

闸板：其两侧具有两个密封面，能开启和关闭闸阀通道的零件，也称为关闭件。它可分为楔式和平行式、单闸板和双闸板。

6. 止回阀的作用是什么？简述液压止回阀的结构。

答：止回阀的作用是用于防止管道中的流体倒流，因此又叫单向阀。在运行中它能自动启闭，即流体顺流时开启，倒流时关闭。止回阀有升降式（又分为立式和水平式）和旋启式（又分单芯和多芯）两种，主要由阀体、阀盖、阀芯和衬套等组成。

球形液压止回阀用于汽轮机回热抽汽管道，结构如图 2-2 所示。

止回阀的关闭靠活塞上部工作水压的向下作用力压缩弹簧，使阀芯下移，流体顺流时，依靠流体自身压力与压缩弹簧向上作用力的共同作用，克服工作水压的向下作用力，将阀芯顶起。这种止回阀的缺点是压缩弹簧浸在工作水中，容易造成弹簧的腐蚀。

7. 安全阀有什么用途？重锤式安全阀的动作原理是怎样的？

答：安全阀是一种保证设备安全的阀门，用于锅炉、容器及管道上。当流体压力超过规定的数值时，安全阀自动开启，排掉过剩流体，流体压力降到规定数值时又自动关闭。常用的安全阀有重锤式、弹簧式。

重锤式安全阀的动作过程如下：当管道或容器内的压力在最大允许压力以下时，流体压力作用在阀芯上的力小于重锤通过杠杆施加在阀芯上的作用力，安全阀关闭；一旦流体超过规定压力时，流体作用在阀芯向上的力增大，阀芯被顶开，流体溢出，待流体压力下降后，弹簧又压住阀芯迫使它关闭。

8. 操作阀门有哪些注意事项？

答：阀门是热力系统中的一个重要部件，运行人员经常要和阀门打交道，因此必须熟悉和掌握阀门的结构和性能，正确识别阀门方向、开度标志、指示信号。应能熟练准确地调节和操作阀门，及时、果断地处理各种应急故障。操作时要注意以下几点：

(1) 识别阀门开关方向。对一般手动阀，手轮顺时针旋转方向表示阀门关闭方向；逆时针方向表示阀门开启方向。有个别阀门方向与上述启闭相反，操作前应检查启闭标志后再操作。旋塞阀阀杆顶面的沟槽与通道平行，表明阀门在全开位置，当阀杆旋转90°时，沟槽与通道垂直，表明阀门在全关位置。有的旋塞阀以扳手与通道平行为开启，垂直为关闭。三通、四通的阀门操作应按开启、关闭、换向的标志进行。

(2) 用力要适当。操作阀门时，用力过大过猛容易损坏手轮、手柄，擦伤阀杆和密封面，甚至压坏密封面。切勿使用大扳手启闭小的阀门，防止用力过大，损坏阀门。

(3) 开启蒸汽阀门前，必须先将管道预热，排除凝结水，开启时要缓慢开启，以免产生冲击现象，损坏阀门和设备。

较大口径的阀门设有旁通阀，开启时，应先打开旁通阀，待阀门两边压差减小后，再开启大阀门。关阀时，首先关闭旁通阀，然后关闭大阀门。

闸阀、截止阀类阀门开启到头，要回转1/4～1/2圈，有利于操作时检查，以免拧得过紧，损坏阀件。

9. 阀门常见故障有哪些？

答：阀门常见故障有：

(1) 介质外漏。原因是阀门进、出口法兰、阀盖、阀杆密封处填料损坏及阀体有砂眼、裂纹等，一般需检修专业人员处理。

(2) 阀门关闭不严（内漏）。原因是阀门没有关到底，密封面有杂物。解决办法是：检查阀门开度是否在全关闭位置，或再开启阀门几圈后重关严。还有一种是密封面已吹损，需检修人员修理。

(3) 阀门开关不动。原因是阀门关得过紧或开得过大，此时应首先检查分析阀门所处状态，切忌盲目用力过度去操作，以免损坏阀门。如属阀门卡涩、锈死，要设法修理。

(4) 阀芯脱落。阀杆螺母损坏等均会引起阀门启闭不正常，如明杆阀门的阀杆转动、阀门开关没有尽头等，运行人员要凭经验分析判断。

(5) 传动机构失灵。电动、液动阀门传动机构的部件损坏也会使阀门不能正常启闭，此时应修理传动装置。

10. 电动阀门一般有哪些保护？

答：电动阀门一般具备行程中断和力矩中断两种保护。

对于预先调节好的电动阀门，电动开启或关闭时，行程达到整定值，行程中断保护动作电动头失电；若行程中断保护未动作或动作不合要求，阀门启闭力矩达到额定值，力矩中断保护动作，强行使电动阀断电。

11. 电动阀电动与手动切换时应注意什么？

答：电动阀电动开启后，不应手摇开至极限，切换把手应放在电动位置上。运行中为了隔绝某一系统需将电动阀关得更严些，电动关闭后再手动摇至关严不漏，此时将切换把手放在手动位置，切忌放在电动位置，以免他人拨动开关，造成烧电动机或烧开关箱的事故。需打开此阀时，应先手动摇开数圈，感觉轻松后，再把切换把手放在电动位置，进行电动开启。

12. 发电厂热力系统管道设计应符合哪些基本要求？

答：发电厂热力系统管道设计应符合如下基本要求：

(1) 管道系统应简单、清楚、操作方便。

(2) 管道附件应尽量少，管道走向合理，以减少流动阻力。

(3) 选用的管道材料应合理，投资少，成本低。

13. 简述管道专业术语的定义。

答：(1) 公称压力。公称压力（PN）表示管道的压力等级范围。

(2) 试验压力。为检查管道及其附件强度或严密性而进行水压试验时，所选用的压力叫试验压力，用 p_s表示。一般试验压力为工作压力的 1.25～1.5 倍。

(3) 公称直径。管道内径的等级数值叫管道的公称直径，以 DN 表示。它是管道一种名义计算直径，不是管道的实际内径。

14. 管道附件有哪些？如何确定管道的连接方式？

答：管道的附件包括阀门和管件。管件是指管道连接时所配用的部件及管道支吊架和补偿器等，包括法兰、法兰盘、螺栓、螺母、垫圈、垫片，以及弯头、三通和大小头等。按材料的可焊性能不同和设备结构特点，对于焊接后能保证质量的管子，应尽量采用焊接方式连接。

高压及超高压管道及其附件，应当采用焊接方式连接，以避免连接处泄漏，增加运行的可靠性。对于有法兰设备及需拆卸的管道连接，可用法兰盘连接的方式。

15. 为什么管道布置时要考虑温度补偿？

答：发电厂中的热力管道在受热时，要膨胀伸长。如果钢管的平均线膨胀系数为 12×10^{-6}m/（m·℃），那么每米管子温升为 100℃时，热膨胀后将伸长 1.2mm；若温升为 500℃，每米管子的伸长就有 6mm 之多。由此可见，在常温下安装的管道，必须考虑管道工作时受热膨胀的问题，否则管道内部将发生过大的热应力，致使管道变形甚至破裂、损坏。为此，在布置管道时均采取一定的方法给以温度补偿。

16. 管道补偿的方法有哪些？

答：管道补偿的方法有：

(1) 热补偿。所谓热补偿就是当管道发生热膨胀时，利用管道允许有一定程度的自由弹性变形来吸收热伸长，以补偿热应力。对于工作温度较低的管道，如循环水、生活用水和消防水等管道，其热伸长值较小，依靠管道本身的弹性压缩即可作为热伸长的补偿；其余温度较高的汽水管道，则通过管道的自然补偿和采用补偿器来进行热补偿。

1) 管道的自然补偿。利用管道的自然走向，选择各区段的适当外形及固定支架的位置，使管道能利用它的自然弯曲和扭转变形来补偿热应力，这种补偿方法叫自然补偿。这种方法适用于流体压力小于 1.57MPa 的管道。

2) 补偿器。当自然补偿不能满足要求时，可在管道上加装热膨胀补偿器。常用的补偿器有 Ω 形和 π 形弯曲补偿器、波纹补偿器和套筒式补偿器三种。

(2) 冷补偿。冷补偿是在管道冷态时，预先给管道施加相反的冷紧应力，使管道在受热膨胀的初期，热应力和冷紧应力能相互抵消，从而使管道总的热膨胀应力减小。

17. 管道支吊架的作用是什么？

答：管道支吊架的作用是：固定管子，并承受管道本身及管道内流体的重力和保温材料重力。此外，支吊架还应满足管道热补偿和位移的要求及减小管道的振动。

18. 管道支吊架的形式有哪几种？

答：管道支吊架的形式有：

(1) 固定支架。整个支架固定在建筑物的托架上，因而它能使管道支持点不发生任何位移和转动。

(2) 活动支架。这种支架除承受管道重力外，还限制管道的位移方向，即当管道温度变化时使其按规定方向移动。

(3) 管道吊架。吊架有普通吊架和弹簧吊架两种形式。普通吊架可保证管道在悬吊点所在平面内自由移动，弹簧吊架可保证悬吊点在空间任意方向移位。

19. 管道为什么要进行保温？对保温材料有哪些要求？

答：当热的流体流过管道时，管道表面将向周围空间散热形成热损失，这不仅使经济性降低，而且使工作环境恶化，容易烫伤人体，因此温度高的管道必须保温。

对保温材料的要求有以下几点：

(1) 热导率及密度小，且具有一定的强度。

（2）耐高温，即高温下不容易变质和燃烧。

（3）高温下性能稳定，对被保温的金属没有腐蚀作用。

（4）价格低，施工方便。

20. 常用的管道保温材料有哪些？

答：常用的管道保温材料有：

（1）珍珠岩制品。主要有水玻璃珍珠岩、水泥珍珠岩及磷酸盐珍珠岩等。

（2）水泥蛭石制品。

（3）超细玻璃棉制品。

（4）硅藻土制品。

（5）石棉制品。

（6）保护层材料。

21. 发电厂管道涂色规定的标准是怎样的？

答：发电厂管道涂色规定的标准见表 2-1。

表 2-1　　发电厂管道涂色规定的标准

序号	管　类	颜　色
1	过热蒸汽管	红色
2	饱和蒸汽管	红色（黄环）
3	抽汽和背压蒸汽管	红色
4	给水管	绿色
5	凝结水管	绿色（蓝环）
6	软化水管	绿色（白环）
7	疏水管及排污管	绿色（红环）
8	循环水管和工业水管	黑色
9	空气管	浅蓝色
10	油管	黄色
11	盐水管	浅黄色
12	消防管	橙黄色

22. 常用填料种类有哪些？

答：常用填料种类有：

（1）油浸石棉盘根。用于水、蒸汽、空气、石油产品。

（2）橡胶石棉盘根。用于蒸汽、石油产品。

（3）石墨石棉绳。用于高压蒸汽。

（4）聚四氟乙烯。用于防腐填料。

23. 设备和管道法兰常用的垫料种类有哪些？

答：设备和管道法兰常用的垫料种类如下：

（1）橡胶石棉板。用于水蒸气、空气。

（2）耐油橡胶石棉板。用于油品。

（3）硬纸板。用于油类。

（4）铜。用于水蒸气、空气。

（5）铅。用于水蒸气、空气。

（6）钢。用于水蒸气、油品。

（7）Cr18Nig。用于水蒸气。

第三章 水泵的基础知识及运行

第一节　水泵的基础知识

一、泵的原理及类型

1. 什么是泵?

答: 泵是用以输送流体（液体和气体）的机械设备。泵的作用是把原动机的机械能或其他能源的能量传递给流体，以实现流体的输送，即流体获得由原动机机械能转换成流体的压力能和动能后，除用以克服输送过程中的通道流动阻力外，还可实现从低压区输送到高压区，或从低位区输送到高位区。

通常输送液体的机械设备称为泵（个别抽送气体的机械设备也称为泵，如液环泵等）。

2. 泵可分为哪几类?

答: 泵通常根据工作原理及结构形式进行分类，可分为叶片式（又称叶轮式或透平式）、容积式（又称定排量式）及其他类型三大类，进一步的分类如下：

叶片式泵的工作原理，是通过叶轮旋转将能量传递给流体，分类如下：

叶片式泵
- 离心泵
  - 单级
  - 多级
- 轴流泵
  - 单级
  - 多级
- 混流泵
- 旋涡泵

容积式泵的工作原理，是通过工作室容积的周期变化，将能量传给流体，分类如下：

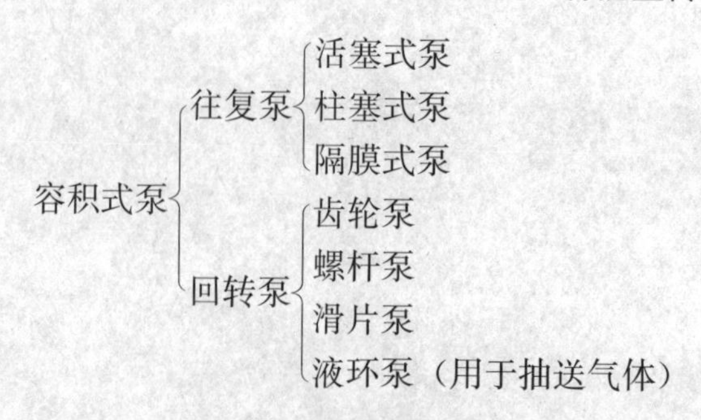

其他类型泵的分类如下：

其他类型泵
- 射流泵
- 水锤泵
- 电磁泵

3. 简述离心泵的工作原理。

答：如图3-1所示，离心泵由叶轮、压出室、吸入室、扩压管等部件组成。当原动机通过轴驱动叶轮高速旋转时，叶轮上的叶片将迫使流体转动，即叶片将沿其圆周切线方向对流体做功，使流体的压力能和动能增加。在叶轮出口的外缘附近，由于具有最高的圆周切线速度，故该处的流体也将具有最高的压力能和动能。在惯性离心力和压差力的作用下，流体将从叶轮出口外缘排出，经压出室（蜗壳）、出口扩压管、出口管道输送至目的地。同时，由于惯性离心力的作用，流体由叶轮出口排出，在叶轮中心形成流体空缺的趋势，即在叶轮中心形成低压区，在吸入端压力的作用下，流体由吸入管经吸入室流向叶轮中心。当叶轮连续旋转时，流体也连续地从叶轮中心吸入，经叶轮外缘出口排出，形成离心泵的连续输送流体的工作过程。

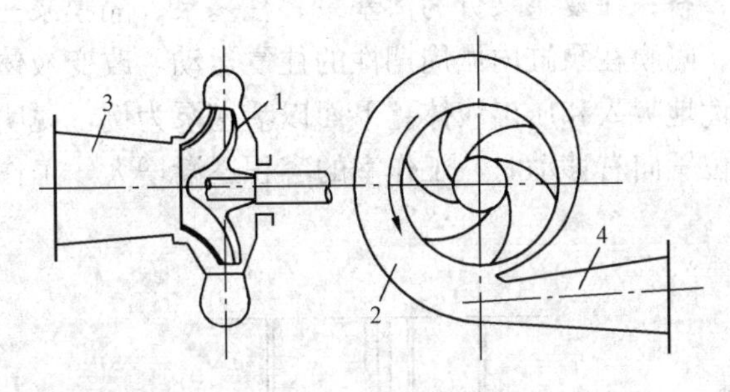

图3-1　离心泵示意图

1—叶轮；2—压出室；3—吸入室；4—扩压管

离心泵应用最为广泛，火力发电厂中大多数的水泵都采用离心水泵。

4. 离心泵叶轮主要由哪几部分构成？

答：离心泵叶轮是由叶片、轮毂和盖板三部分构成。

5. 简述轴流泵的工作原理。

答：如图3-2所示，轴流泵主要由叶轮、吸入口、出口扩压管组成。当叶轮在原动机驱动下高速旋转时，叶轮上的叶片作用于流体的力可以分解为两个分量：力的一个分量沿圆周运动方向，它驱使流体做圆周运动，此分力对流体做功，使流体的压力能和动能增加，即使流体获得机械能。力的另一个分量沿轴向，它驱使流体沿轴向运动，即形成流体从轴流泵的吸入口流入、从出口扩压管排出的连续输送过程。轴流水泵适用于大流量、低扬程的场合。

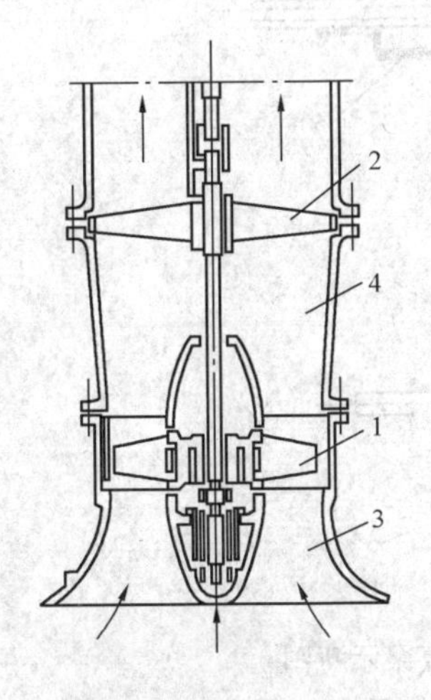

图3-2　轴流泵示意图

1—叶轮；2—轴承；

3—吸入口；4—出口扩压管

简述混流泵的工作原理。

答： 如图 3-3 所示，混流泵叶轮形状介于离心泵与轴流泵之间，即流体在混流泵叶轮内的流动方向介于离心泵的径向和轴流泵的轴向之间，近似于沿锥面流动。混流泵的工作原理是离心泵和轴流泵工作原理的综合，故其工作特性也介于离心泵和轴流泵之间。

混流泵也属于大流量、低扬程水泵的范畴，近代大容量机组中，主要应用于汽轮机循环水泵。

简述往复泵的工作原理。

答： 往复泵又分为活塞泵、柱塞泵、隔膜泵三种，如图 3-4 所示。它们分别由活塞、柱塞、隔膜在泵缸内做周期性的往复运动，改变液体所占据的容积，实现对液体做功，同时周期性地吸入和压出液体。下面以活塞泵为例，说明往复泵的工作过程：当活塞在泵缸内自最左位置向右移动时，工作室的容积逐渐增大，工作室内的压力降低，吸水池中液体在压力差

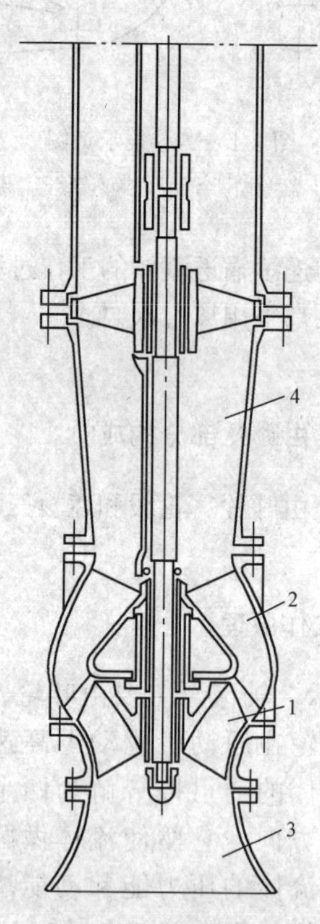

图 3-3　混流泵示意图

1—叶轮；2—出口导叶；

3—吸入口；4—出口扩压管

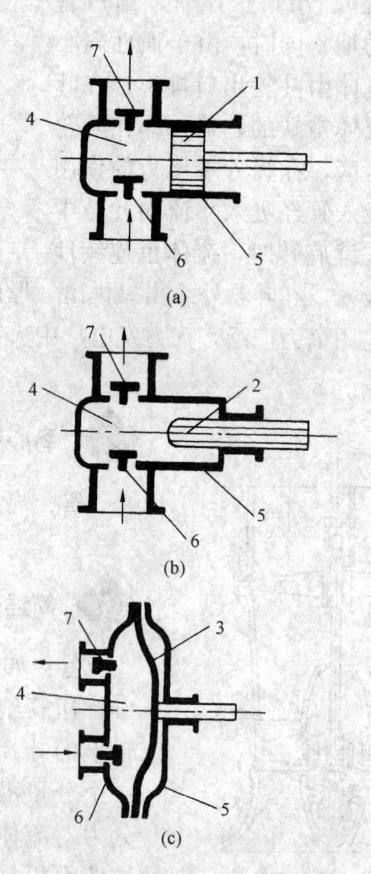

图 3-4　往复泵示意图

(a) 活塞泵；(b) 柱塞泵；(c) 隔膜泵

1—活塞；2—柱塞；3—隔膜；4—工作室；

5—泵缸；6—吸水阀；7—压水阀

作用下顶开吸水阀，液体进入工作室填补活塞右移让出的空间，直至活塞移到最右位置为止，完成往复泵的吸入过程。然后活塞开始向左方移动，工作室中液体在活塞挤压下，获得能量，压力升高，并压紧吸水阀，顶开压水阀，液体由压出管路输出，这个过程为压出过程。当活塞不断地做上述往复运动时，往复泵的吸入、压出过程就连续不断地交替进行。由于往复泵在每个工作周期（活塞往复一次）内排出的液体量是不变的，故又称为定排量泵。

由于往复泵容量较小，只适用于小流量、高扬程的场合，故在火力发电厂中用得也较少。

8. 简述齿轮泵和螺杆泵的工作原理及其特点。

答：图 3-5 所示为外啮合齿轮泵示意图，其主动齿轮固定在与原动机相连的主动轴上，从动齿轮固定在另一轴上。齿轮泵的工作空间由泵体、侧盖和齿轮的各齿间槽组成。齿轮泵是通过齿轮在相互啮合过程中的工作空间容积变化实现输送液体的。如图 3-5 所示，啮合的齿 A、C、B 将工作空间分隔成吸入腔和排出腔。当主动齿轮带动从动齿轮按图示方向旋转时，位于吸入腔的齿 C 逐渐退出啮合，使吸入腔的容积逐渐增大，压力降低，液体沿吸入管进入吸入腔，直至充满整个齿间。随着齿轮的转动，进入齿间的液体被带至排出腔，此时由于齿 B 的啮入，使排出腔的容积变小，液体被强行向排出管排出。这样，每转过一个齿，就有部分液体吸入和排出，形成了连续输送液体的过程。

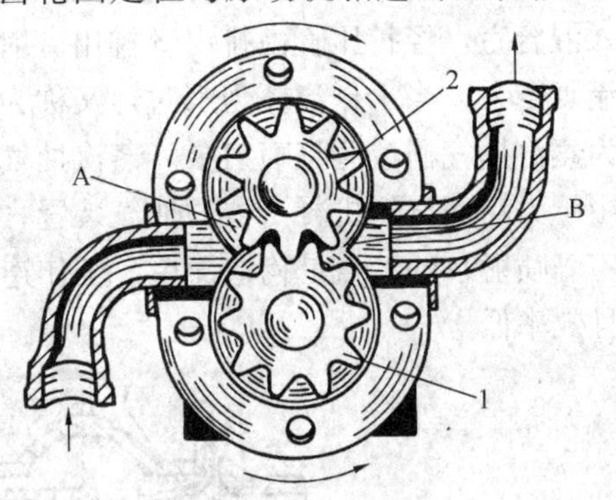

图 3-5　外啮合齿轮泵示意图
1—主动齿轮；2—从动齿轮

齿轮泵的特点是具有良好的自吸性能，且构造简单、工作可靠。

螺杆泵的工作原理和齿轮泵相似，它依靠螺杆相互啮合空间的容积变化来输送液体。当螺杆旋转时，螺纹相互啮合，液体如螺母一样不能随着螺杆旋转，而只能沿螺杆轴向移动，从而将液体自进口排向出口。

螺杆泵的特点是自吸性能好、工作无噪声、寿命长，效率比齿轮泵稍高。

齿轮泵和螺杆泵也都属于定排量泵，它们在汽轮机主机及主要辅机上用于输送油。

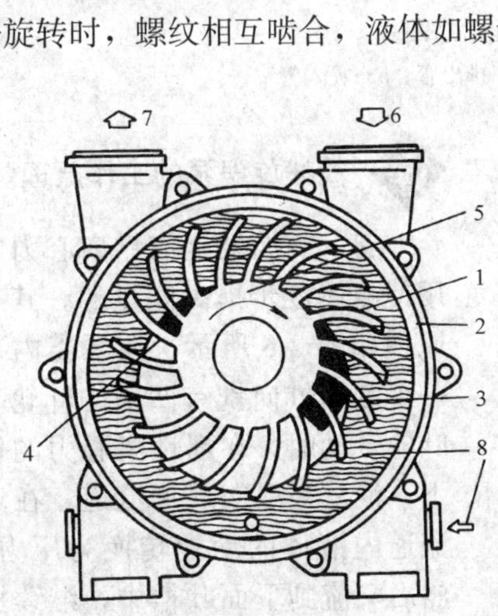

图 3-6　液环泵示意图
1—叶轮；2—泵缸；3—吸气空腔；4—排气空腔；5—轮毂；6—泵吸气口；7—泵排气口；8—工作液体

9. 简述液环泵的工作原理。

答：液环泵主要用于抽送气体，作真空泵用。如图 3-6 所示，叶轮在圆筒形的泵缸内以偏心位置安装，在泵缸内充以适量的工作液体，通常用水作工作液体，故又称为水环泵。当叶轮旋转时，工作液体被甩到四周，在泵缸内壁与叶轮之间形成一个旋转的液环，在叶轮轮毂与液环之间形成一个弯月形的工作腔室（图中黑色和白色区域），叶轮叶片又将空腔分隔成若干个互不连通、容积不等的封闭小室。当叶轮旋转时，右边吸气空腔的容积将沿旋转方向逐渐增大，产生真空，被抽送气体便由吸入管吸入到空腔中。同时，左边排气腔室的容积将沿旋转方向逐渐变小，气体被压缩后从排气管排出。液环泵在火力发电厂用于凝汽器的抽气装置和负压气力除灰系统。

10. 简述射流泵的工作原理及其特点。

答：图 3-7 所示为射流泵的工作原理示意图。高压工作流体经管路由喷嘴高速喷出，并把喷嘴外周围附近的流体带走，使该处压力降低形成真空，于是被输送的流体便从吸入管进入混合室，经扩压管由排出管排出。射流泵常用来抽除容器中的气体以获得真空，故称为射流真空泵。当工作流体为水时，又称为射水抽气器或水喷射泵；当工作流体为蒸汽时，又称为蒸汽抽气器或蒸汽喷射泵。蒸汽抽气器用于小功率汽轮机凝汽器的抽气装置，射水抽气器用于大功率汽轮机凝汽器的抽气装置。

喷射泵的特点是构造简单、工作连续、没有传动部件、寿命长，但其喷嘴易被杂物睹住且效率低。

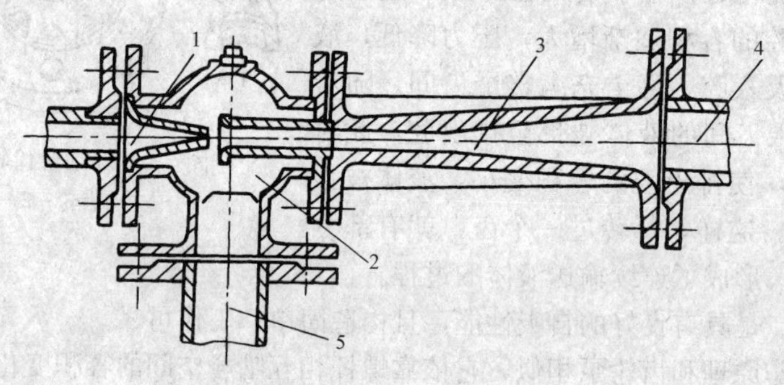

图 3-7　射流泵工作原理示意图

1—喷嘴；2—混合室；3—扩压管；4—排出管；5—吸入管

11. 简述旋涡泵的工作原理。

答：旋涡泵是依靠离心力的作用使液体逐步提高能量的。其工作原理如图 3-8 所示。在泵壳内装有一个圆周方向铣有凹槽的叶轮，当叶轮转动时，在惯性离心力的作用下，液体被甩向环形流道，在环形流道内液体的动能转换为压力能，然后又流到下面叶槽中，继续提高能量。因此液体质点由吸入室至压出室的途径中，这种运动重复多次，液体质点的流线为 $abcdefg$，

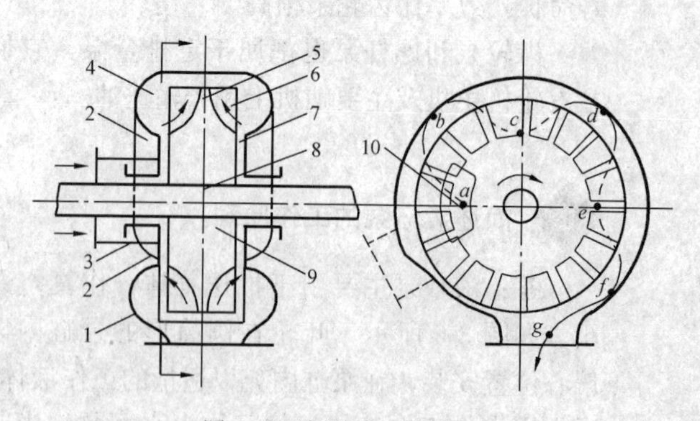

图 3-8　旋涡泵工作原理图

1—压出管；2—泵体；3—吸入管；4—环形流道；5—隔板；6—叶片；7—轴间间隙；8—轴；9—叶轮；10—吸入孔

每通过一次叶道，流体的能量提高一些，所以在旋涡泵的一个叶轮中，类似多级离心泵几个叶轮中的工作情况。旋涡泵的优点在于它有自吸的可能性及工作零件简单。

12. 简述变量柱塞泵的工作原理。

答： 变量柱塞泵通过柱塞在缸体内往复运动完成吸入及排出升压的过程，在转速不变的情况下，通过改变斜盘与传动轴的夹角使柱塞的轴向移动距离发生变化，从而改变排量，同时电动机负荷也会随着斜盘的斜度而改变，达到省电的目的。

二、叶片式泵的结构及型号

13. 离心泵有哪几种结构形式？

答： 离心泵通常按照以下三种结构特点分类：按工作叶轮的数量分为单级泵和多级泵；按叶轮吸进液体的方式分为单吸泵和双吸泵；按泵轴的方向分为卧式泵和立式泵。

离心泵的结构形式，主要是上述三种结构特点的组合，有 5 种形式：单级单吸卧式离心泵、单级双吸卧式离心泵、单级单吸立式离心泵、多级卧式离心泵、多级立式离心泵。

（1）单级单吸卧式离心泵。如图 3-9 所示，该泵只有一个叶轮，从叶轮的单侧吸水，泵轴沿水平方向安装。该泵的轴承在叶轮的一侧，用滚动轴承支承，属于悬臂式结构。

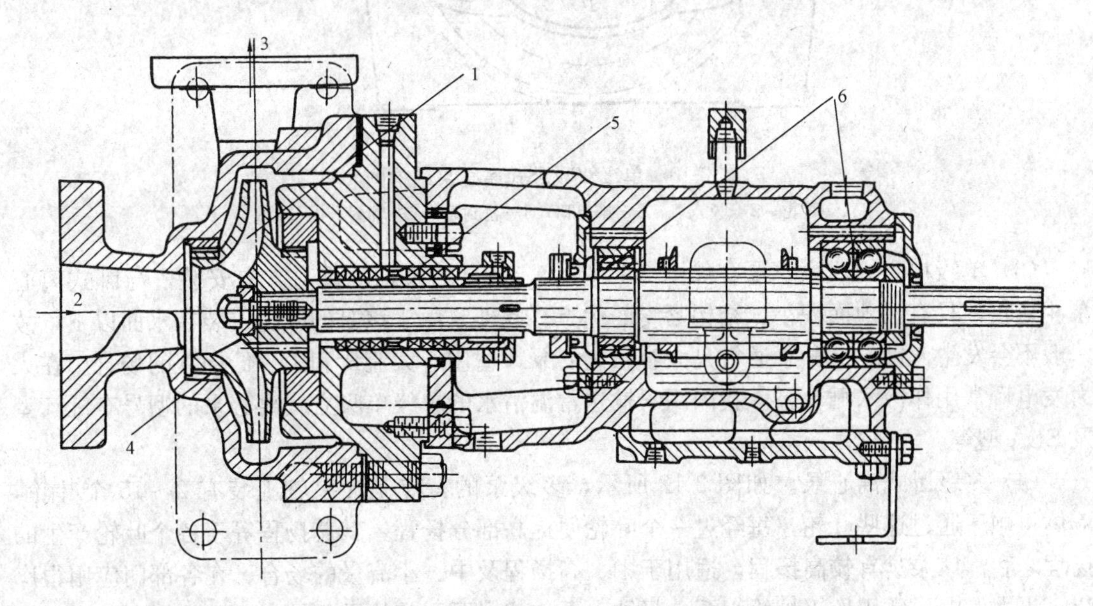

图 3-9　单级单吸卧式离心泵结构图

1—叶轮；2—吸入口；3—排出口；4—密封环；5—轴封；6—轴承

单级单吸卧式离心泵是一种中、小型离心泵，适用于中、低扬程及中、小流量的场合。在各部门的使用最广泛。在火力发电厂常用作工业水泵、生水泵、中间水泵、低位水泵、灰浆泵、凝结水泵、油泵等。我国用于输送常温清水的单级单吸卧式离心泵的型号有 IS 型、B 型、BL 型、XA 型等。

（2）单级双吸卧式离心泵。如图 3-10 所示，它只有一个叶轮，从叶轮的两侧吸水。双吸叶轮可看成是由两个单级叶轮背靠背组合而成，所以它输送的流量比单级叶轮泵大。单级双吸卧式离心泵是一种中、大型的离心泵，适用于中、大流量和中、低扬程的场合。在各部门使用很广泛，在火力发电厂常用作循环水泵、冲灰泵、锅炉给水泵的前置泵等。我国用于输送常温清水的单级双吸卧式离心泵的型号有 Sh 型、S 型、SA 型、湘江型等。

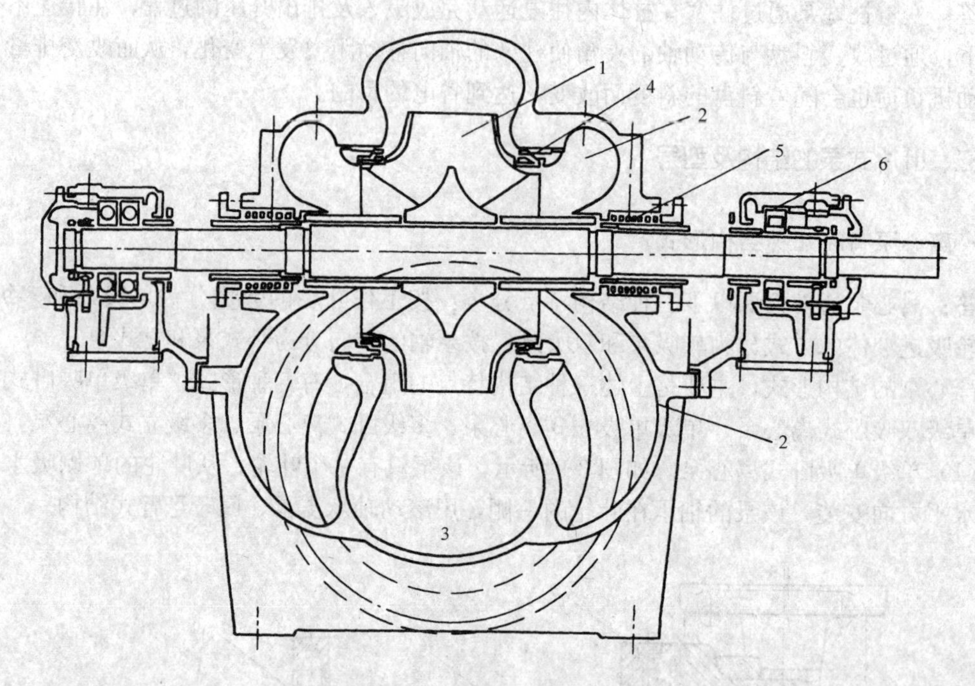

图 3-10 单级双吸卧式离心泵结构图

1—叶轮；2—吸入口；3—排出口；4—密封环；5—轴封；6—轴承

（3）单级单吸立式离心泵。如图 3-11 所示，该泵的泵轴沿垂直方向安装，与卧式离心泵相比较，具有占地面积小、结构紧凑的优点。此外，由于该泵的叶轮安装在水面以下，故一般不会发生汽蚀。这种泵通常是大容量离心泵，适用于大流量和中、低扬程的场合。在火力发电厂常用作冷水循环泵。我国用于输送常温清水的单级单吸立式离心泵的型号有沅江型及 SLA 型等。

（4）多级卧式离心泵。如图 3-12 所示，多级泵的特点是在泵轴上装有 2～15 个叶轮，液体将顺序通过这些叶轮，每经过一个叶轮便提高部分扬程，其总扬程等于各个叶轮产生的扬程之和。该泵具有较高扬程，适用于中、高扬程及中、小流量的场合。在各部门应用很广泛，火力发电厂常用作锅炉给水泵、凝结水泵、疏水泵及其他需要较高扬程的场合。为了提高其抗汽蚀性能，有的多级卧式离心泵的第一级叶轮采用双吸式，其余仍是单吸式。我国用于输送常温清水的多级卧式离心泵的型号有 D 型、DA 型、TSW 型、DS 型及 DK 型等，作特殊用途的锅炉给水泵（输送高温水）为 DG 型。

（5）多级立式离心泵。如图 3-13 所示，它的特点是：泵机组的占地面积小，第一级叶轮可位于吸水池内，可把深井中的液体抽吸上来。在火力发电厂常用作凝结水泵、深井泵等。

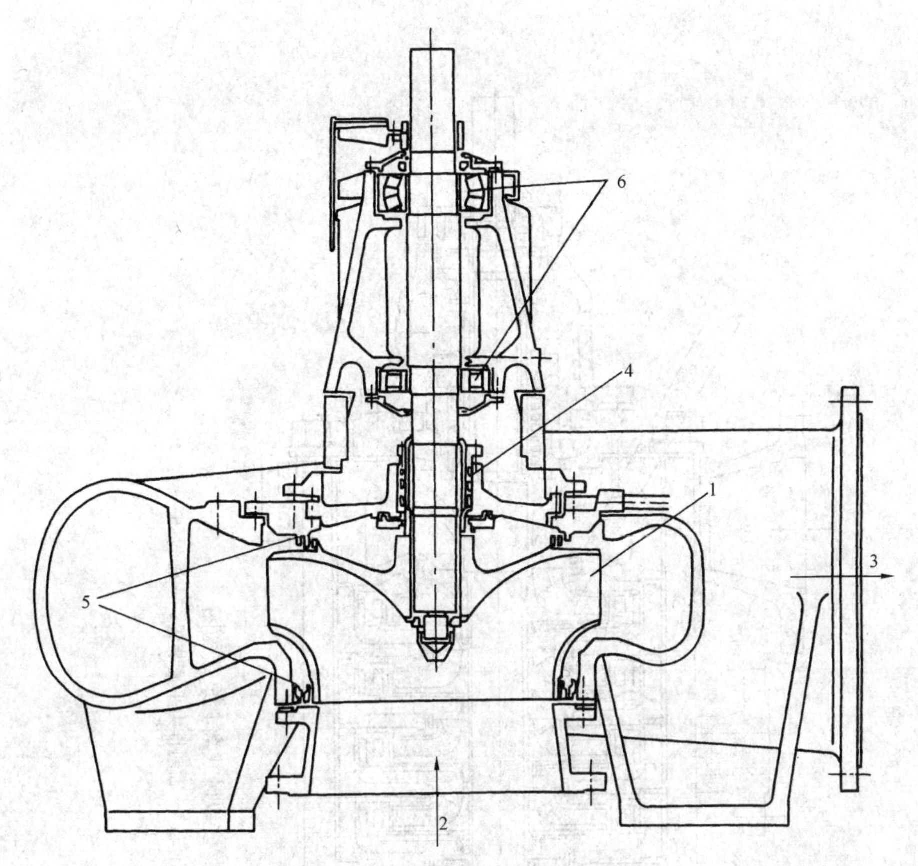

图 3-11　单级单吸立式离心泵结构图

1—叶轮；2—吸入口；3—排出口；4—轴封；5—密封环；6—轴承

14. 简述轴流泵的结构形式。

答：轴流泵只能是单吸入，通常都是单级，泵轴方向有立式和卧式两种。图 3-14 所示为立式轴流泵结构图。大型轴流泵的叶轮叶片有固定式和可调式两种，其中可调式又分为半可调式和全可调式两种。叶片全可调式在泵运行中可随时按工作要求调节叶轮叶片的出口安装角，以实现经济运行。叶片半可调式只能在停泵时对叶片安装角进行调整。轴流泵适用于大流量、低扬程的场合，火力发电厂常采用立式轴流泵作为冷水循环泵。国产大型轴流泵的型号有 CJ 型（叶片可调式）、ZLB 型（叶片半可调式）、ZLQ 型（叶片全可调式）等。

15. 简述混流泵的结构形式。

答：混流泵在结构形式上分为导叶式和蜗壳式两种，如图 3-15、图 3-16 所示。大型导叶式混流泵的叶轮叶片有固定式和可调式两种。蜗壳式混流泵的叶轮叶片均为固定式，混流泵的工作性能介于单级离心泵与轴流泵之间，适用于流量较大而扬程较低的场合。火力发电厂常采用导叶式混流泵作为冷水循环泵。国产混流泵的型号有 HB 型、HL 型、HW 型、FB 型、HB 型、HK 型、LB 型、LT 型等。

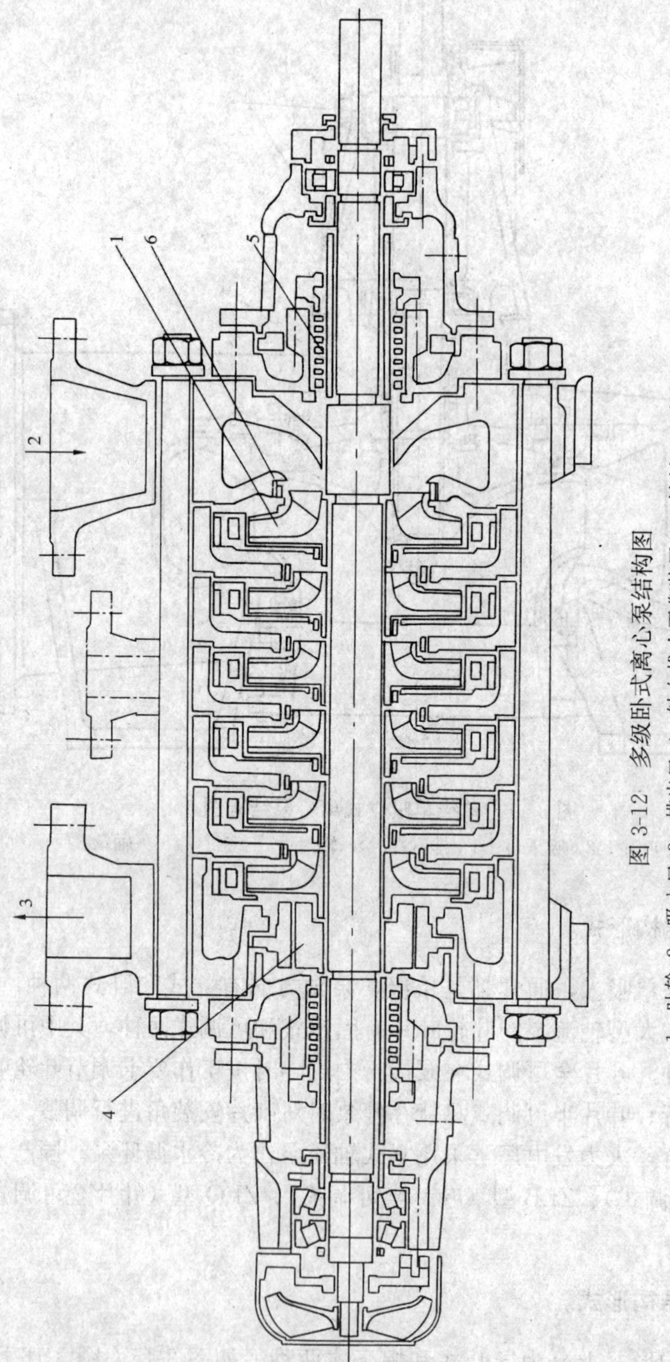

图 3-12 多级卧式离心泵结构图

1—叶轮;2—吸入口;3—排出口;4—轴向推力平衡装置;5—轴封;6—密封环

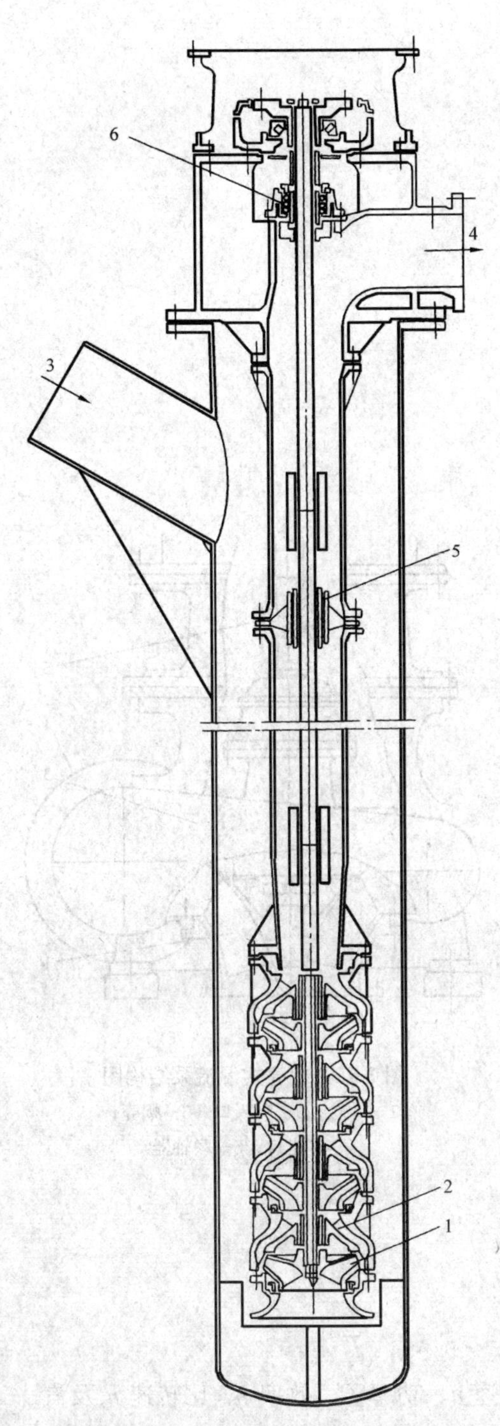

图 3-13　多级立式离心泵结构图

1—叶轮；2—导叶；3—吸入口；4—排出口；5—轴承；6—轴封

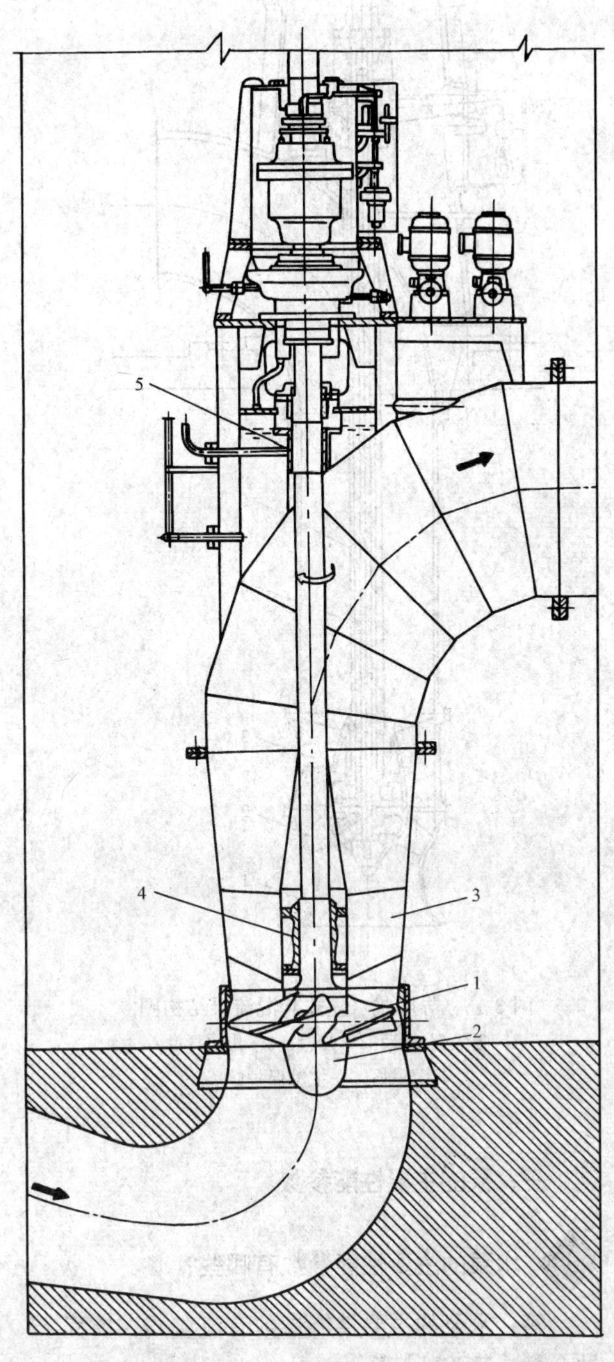

图 3-14　立式轴流泵结构图

1—叶轮；2—轮毂；3—出口导叶；4—轴承；5—轴封

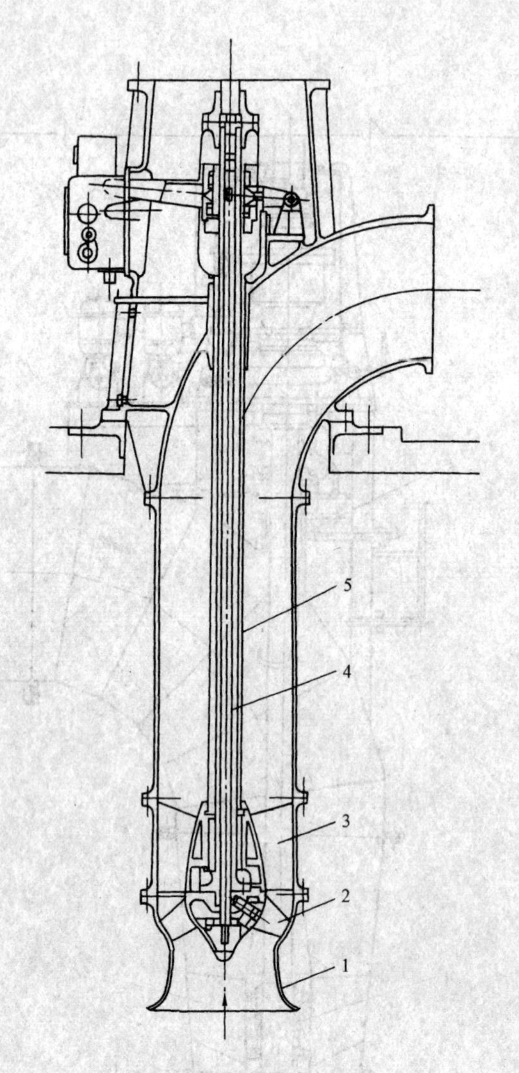

图 3-15　导叶式（立式）混流泵结构图

1—吸入喇叭管；2—叶轮；3—出口导叶；
4—泵轴；5—主轴保护管

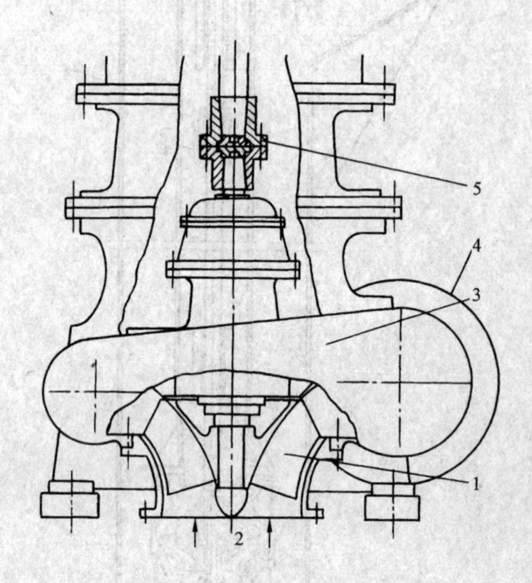

图 3-16　蜗壳式混流泵结构图

1—叶轮；2—吸入口；3—蜗壳；
4—排出口；5—联轴器

三、泵的主要性能参数

16. 水泵的主要性能参数有哪些？

答：水泵的主要性能参数有流量 Q、扬程 H、转速 n、功率 P、效率 η、比转速 n_s及汽蚀余量［NPSH］等。

17. 什么是水泵的流量？

答：单位时间内水泵所输送出的液体数量称为水泵的流量。其数量用体积表示的，称为

体积流量，用 Q_V 表示，单位为 m^3/s；其数量用质量表示的，称为质量流量，用 Q_m 表示，单位为 kg/s。

18. 什么是车削定律？

答：水泵叶轮外径车削后，其流量、扬程、功率和外径的关系称为车削定律。必须注意：①车削叶轮只能用在需要降低流量、扬程、功率的场合；②车削量不可太大，否则将导致效率下降过大。

19. 水泵的体积流量与质量流量的关系是什么？

答：水泵的体积流量 Q_V 与质量流量 Q_m 的关系是

$$Q_m = \rho Q_V \tag{3-1}$$

式中　ρ——液体的密度，kg/m^3。

20. 什么是水泵的扬程？

答：单位质量的液体通过水泵所获得的能量称为水泵的扬程，用 H 表示，单位为 Pa，习惯上也常用液柱高度 m_{H_2O} 表示。

21. 简述水泵的相似定律。

答：水泵的相似定律是在泵成几何相似、运动相似的前提下得出来的两台泵的流量、扬程、功率的关系。

22. 什么是水泵的转速？

答：泵轴每分钟旋转的圈数称为转速，用 n 表示，单位为 r/min。转速越高，它所输送的流量与扬程就越大。增高转速可以减少叶轮级数，缩小叶轮的直径。

23. 什么是水泵的功率？

答：水泵的功率通常指输入功率，即由原动机传给水泵泵轴上的功率，一般称为轴功率，用 P 表示，单位为 kW。

其中被有效利用的功率称为有效功率，即泵的输出功率，用 P_e 表示，单位为 kW。它表示单位时间内通过水泵的液体所获得的有效能量。

原动机的输出功率称为原动机功率，用 P_g 表示。

24. 什么是泵的损失功率？

答：轴功率与有效功率之差是泵的损失功率。

25. 什么是水泵的效率？

答：有效功率 P_e与轴功率 P 之比称为水泵的效率，用 η 表示，即

$$\eta=\frac{P_e}{P}\times 100\% \tag{3-2}$$

26. 什么是汽蚀余量？

答：泵进口处液体所具有的能量超过液体发生汽蚀时具有的能量之差，称为汽蚀余量。汽蚀余量大，则泵运行时，抗汽蚀性能就好。

27. 泵的汽蚀余量可分为哪两种？

答：泵的汽蚀余量可分为有效汽蚀余量和必需汽蚀余量。

28. 什么是有效汽蚀余量？

答：有效汽蚀余量也称装置汽蚀余量。它表示液体由吸入液面流至泵吸入口处，单位质量液体所具有的超过饱和蒸汽压力的富余能量，用 Δh_a或［NPSH］$_a$表示。

29. 有效汽蚀余量 Δh_a的大小与哪些因素有关？

答：影响有效汽蚀余量 Δh_a的因素有吸入液面的表面压力 p_0、被吸液体的密度 ρ、泵的几何安装高度 H_g及吸入管道的阻力损失 h_w等。泵的有效汽蚀余量越大，泵出现汽蚀的可能性就越小。

30. 什么是必需汽蚀余量？

答：单位质量液体从泵吸入口流至叶轮叶片进口压力最低处的压力降，称为必需汽蚀余量，用 Δh_r或［NPSH］$_r$表示。Δh_r越大，则表示压力降越大，泵的抗汽蚀能力越差；反之，抗汽蚀能力就高。

31. 必需汽蚀余量 Δh_r的大小与哪些因素有关？

答：必需汽蚀余量 Δh_r与吸入管路装置系统无关，它只与泵吸入室的结构、液体在叶轮进口处的流速等因素有关。

32. 单级离心泵平衡轴向推力的主要方法有哪些？

答：单级离心泵平衡轴向推力的主要方法有平衡孔、平衡管和采用双吸式叶轮。

33. 多级离心泵平衡推力的主要方法有哪些?

答：多级离心泵平衡推力的主要方法有叶轮对称布置和采用平衡盘。

34. 两台水泵串联运行的目的是什么?

答：两台水泵串联运行的目的是提高扬程或防止泵汽蚀。

35. 水泵并联工作的特点是什么?

答：水泵并联工作的特点是每台水泵所产生的扬程相等，总流量为每台水泵流量之和。

36. 离心泵为什么能得到广泛的应用?

答：离心泵与其他种类的泵相比，具有构造简单、不易磨损、运行平稳、噪声小、出水均匀，可以制造各种参数的水泵，效率高等优点，因此离心泵能得到广泛的应用。

四、离心泵的各种损失及效率

37. 离心泵的损失可概括为哪几种?

答：离心泵的损失可概括为机械损失、容积损失和水力损失三种。

38. 机械损失主要包括哪两部分?

答：机械损失主要包括轴与轴承、轴端密封的摩擦损失和叶轮圆盘与流体之间的摩擦损失两部分。其中机械损失的主要部分是叶轮圆盘摩擦损失。

39. 产生叶轮圆盘摩擦损失的原因是什么?

答：产生叶轮圆盘摩擦损失的原因是：叶轮两侧与泵壳（蜗壳）间充满液体，这些液体受到旋转叶轮产生的离心力的作用后，形成了回流运动，此时液体和旋转的叶轮发生摩擦而产生能量损失，如图 3-17 所示。这项损失的功率为轴功率的 2%～10%。

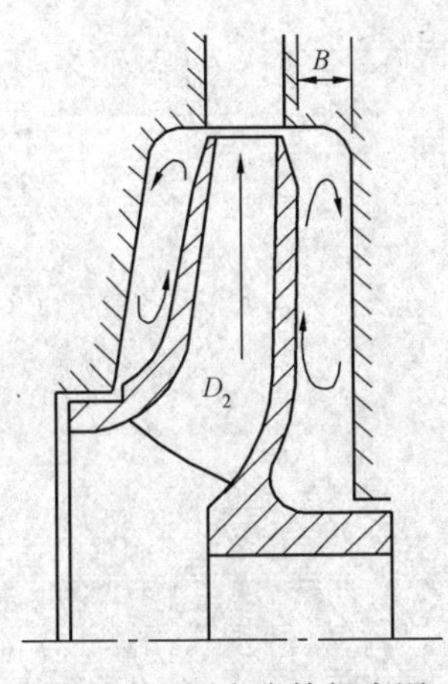

图 3-17 圆盘摩擦损失图

40. 叶轮圆盘摩擦损失的功率 ΔP_2 如何计算?

答：叶轮圆盘摩擦损失的功率 ΔP_2 用式（3-3）计算，即

$$\Delta P_2 = K\rho g n^3 D_2^5 \tag{3-3}$$

式中　K——叶轮圆盘摩擦系数，与泵壳的形状、叶轮的粗糙度、液体的黏性等因素有关；

D_2——叶轮外径，m。

41. 为什么说在水泵设计中，单纯用增大 D_2的方法来提高叶轮所产生的扬程是不足取的？

答：根据叶轮圆盘摩擦损失的功率 ΔP_2计算式可知，ΔP_2与转速 n 的三次方成正比，与叶轮外径 D_2的五次方成正比。所以说，单纯用增大 D_2的方法来提高叶轮所产生的扬程，是不足取的。目前高压给水泵向提高转速、减小直径的方向发展。

42. 离心泵机械损失的大小如何表示？

答：离心泵机械损失的大小，用机械效率 η_m来表示，即

$$\eta_m = \frac{P - \Delta P_m}{P} \tag{3-4}$$

$$\Delta P_m = \Delta P_1 + \Delta P_2$$

式中　ΔP_m——机械损失功率。

离心泵的机械效率 η_m一般在 0.90～0.98 之间。

43. 什么是容积损失？

答：在水泵的转动部件与静止部件之间不可避免地存在间隙，当叶轮转动时，部分在叶轮中获得能量的流体从高压侧通过间隙向低压侧泄漏，这种损失称为容积损失。

44. 离心泵的容积损失主要由哪几种泄漏量组成？

答：离心泵的容积损失是由于泄漏所引起的，主要由以下四种泄漏量组成：叶轮入口处密封间隙的泄漏量 q_1、平衡装置所引起的泄漏量 q_2、级间泄漏量 q_3、轴封泄漏量 q_4。

45. 容积损失的大小如何表示？

答：容积损失的大小，用容积效率 η_V来衡量，即

$$\eta_V = \frac{P - \Delta P_m - \Delta P_V}{P - \Delta P_m} \tag{3-5}$$

式中　ΔP_V——容积损失的功率，kW。

离心泵的容积效率 η_V一般在 0.90～0.95 之间。

46. 什么是水力损失？

答：流体在泵内流动时，由于流动阻力的存在，总要消耗一部分能量，这部分能量损失

称为水力损失。

47. 水力损失的大小与哪些因素有关？

答： 水力损失的大小与流道的几何形状、壁面的粗糙程度、流体的黏度和流速有关。

48. 水力损失主要由哪三部分组成？

答： 水力损失主要由以下三部分组成：

（1）摩擦阻力损失。

（2）旋涡阻力损失。

（3）冲击损失。

49. 水力损失的大小如何表示？

答： 水力损失的大小用水力效率 η_h 来衡量，即

$$\eta_h=\frac{P-\Delta P_m-\Delta P_V-\Delta P_h}{P-\Delta P_m-\Delta P_V}=\frac{\Delta P_e}{P-\Delta P_m-\Delta P_V} \tag{3-6}$$

式中　ΔP_h——水力损失功率，kW。

离心泵的水力效率 η_h 一般在 0.80～0.95 之间。

50. 离心泵的总效率是什么？

答： 离心泵的总效率等于有效功率与轴功率之比，即

$$\eta=\frac{P_e}{P}=\frac{P_e}{P-\Delta P_m-\Delta P_V}\times\frac{P-\Delta P_m-\Delta P_V}{P-\Delta P_m}\times\frac{P-\Delta P_m}{P}=\eta_h\eta_V\eta_m \tag{3-7}$$

可见，离心泵的总效率也等于水力效率 η_h、容积效率 η_V 和机械效率 η_m 三者的乘积，减小各种损失就可以提高泵的效率。

五、离心泵的性能曲线及工作点

51. 什么是离心泵的性能曲线？

答： 通常在转速固定不变的情况下，将离心泵的扬程、轴功率、效率及必需汽蚀余量随流量的变化关系用曲线来表示，这些曲线称为离心泵的性能曲线。

52. 离心泵的性能曲线有哪些？

答： 离心泵的性能曲线有流量-扬程关系曲线（Q-H）、流量-轴功率关系曲线（Q-P）、流量-效率关系曲线（Q-η）及流量-必需汽蚀余量关系曲线（Q-Δh_r）等。其中最重要的是 Q-H 性能曲线，其他曲线都是在此基础上绘制的。

53. 离心泵的特性曲线有哪些特点？

答： 离心泵的特性曲线如图 3-18 所示，它的特点是：

（1）当流量为零时，扬程不等于零，此时的扬程称为关死点扬程。在流量为零时，轴功率也不等于零，这部分功率是泵的空载轴功率。由于阀门关闭流量为零，因此泵的效率等于零。

（2）Q-η 曲线上有一最高效率点 η_{max}，泵在此工况下运行经济性最高。

（3）水泵的 Q-H 性能曲线形状有三种，如图 3-19 所示，曲线Ⅰ为平坦形状，即流量变化较大时，扬程变化较小。曲线Ⅱ为陡降的性能曲线，流量变化不大时，扬程变化较大。曲线Ⅲ具有驼峰状的性能曲线，在上升段工作是不稳定的。

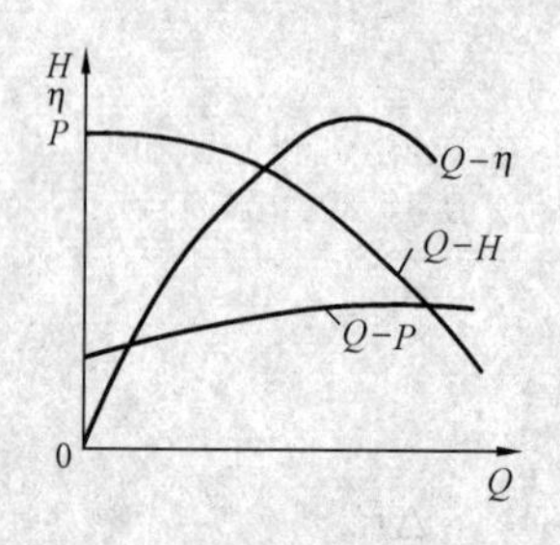

图 3-18　离心泵的特性曲线图

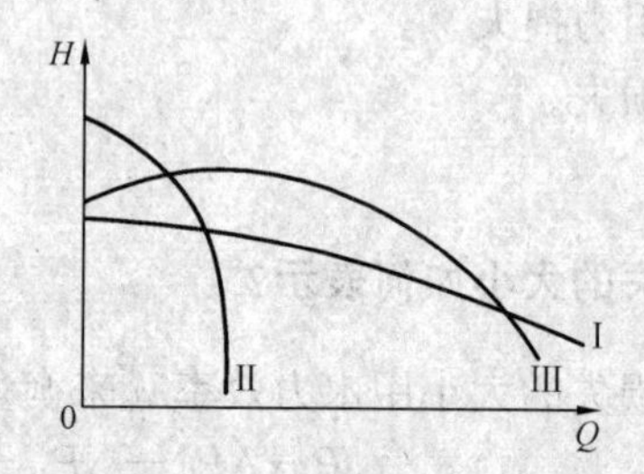

图 3-19　不同形状的 Q-H 曲线图

54. 管路性能曲线是什么？

答： 管路性能曲线是管路系统中通过的流量与液体所必须具有的能量之间的关系曲线。其曲线方程式为

$$H = H_p + H_z + BQ^2 \tag{3-8}$$

式中　H——管路系统必须具有的能量，m；

H_p——管路系统需要提高的压力能，m；

H_z——管路系统需要提高的位能，m；

B——管道系统的特性系数，对于给定的管道系数，它是一个常数。

55. 管道性能曲线的形状取决于哪些因素？

答： 管道性能曲线的形状取决于管道装置、流体性质和流体阻力等。

56. 在管道系统总的性能曲线中，并联与串联管路各有什么工作特点？

答： 如果管路系统是由简单管段并联而成，管路系统总的性能曲线则由并联的管段性能共同决定。其工作特点是：并联各管段阻力损失相等，总的流量为各管段流量之和。

如果管路系统是由不同直径的管道串联而成，其总的性能曲线是由组成串联管系的各简单管段的性能曲线组合而成。它的工作特点是：串联各管段的流量相等；总的阻力损失为各简单管段的阻力损失之和。

57. 什么是离心泵的工作点？

答：将泵本身的Q-H性能曲线与管路性能曲线用同样的比例尺绘在同一张图上，如图3-20所示，则这两条曲线相交于M点，M点就是泵在管路中的工作点，也是泵的稳定工作点。

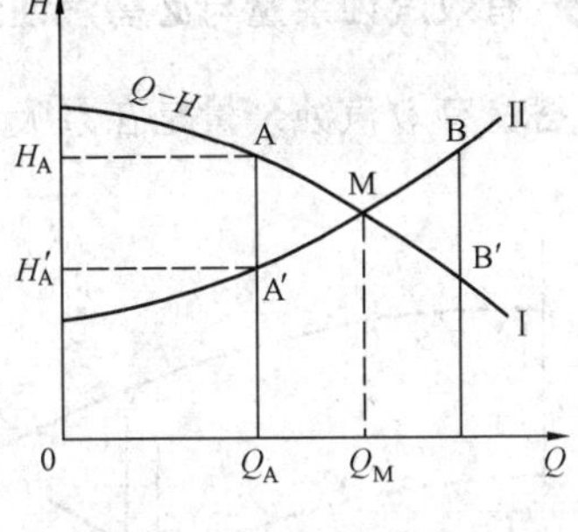

图3-20 泵的工作点图

六、离心泵的汽蚀

58. 什么是汽蚀现象？

答：泵内反复地出现液体汽化和凝聚的过程而引起金属表面受到破坏的现象，称为汽蚀现象。

59. 泵发生汽蚀时有什么危害？

答：泵发生汽蚀时的危害有：

（1）泵发生汽蚀时，由于汽泡的破裂和高速冲击，会引起严重的噪声和振动，而泵组的振动又会促使空泡的发生和溃灭，两者的相互作用有可能引起汽蚀共振。

（2）泵在汽蚀下运行，空泡破灭时产生的高压力，频繁打击在过流部件上，使材料受到疲劳，产生机械剥蚀。同时，在液体汽化的过程中溶解于液体中的空气被析出，析出空气中的氧气借助汽蚀产生的热量，对材料产生化学腐蚀。两者的共同作用，使材料受到损害。

（3）泵内汽蚀严重时，产生的大量汽泡会堵塞流道的面积，减少流体从叶片中获得的能量，导致扬程下降，效率降低，甚至会使水泵的出水中断。

60. 什么是泵的吸上真空高度？

答：水泵吸入口处的真空值，称为泵的吸上真空高度，用H_s表示，单位为m。它可用式（3-9）来计算，即

$$H_s = H_g + v_s^2/2g + h_w \quad (3\text{-}9)$$

式中 H_g——离心泵的几何安装高度，m；

v_s——泵吸入口处液体平均流速，m/s；

h_w——液体从吸入液面至泵入口处的阻力损失（以水头损失表示），m；

g——重力加速度，m/s^2。

61. 泵的吸上真空高度 H_s 与哪些因素有关？

答：泵的吸上真空高度H_s与泵的几何安装高度H_g、泵吸入口流速v_s、吸入管阻力损失h_w及吸入液面压力有关。

62. 有效汽蚀余量与必需汽蚀余量有什么关系？

答： 有效汽蚀余量是在泵吸入口处提供大于饱和蒸汽压力的富余能量，而必需汽蚀余量是液体从泵吸入口流到叶轮叶片进口压力最低点所需的压力降，这个压力降只能由有效汽蚀余量来提供。要使泵内压力最低点处不发生汽化，必须使有效汽蚀余量大于必需汽蚀余量，即 $\Delta h_a > \Delta h_r$。如图3-21所示，有效汽蚀余量在吸入管路系统确定后，它随流量增大而降低。必需汽蚀余量在吸入室、叶轮入口形状已定的情况下，随流量的增大而升高，两条曲线交于a点处就是临界点。当流量小于 Q_a，即 $\Delta h_a > \Delta h_r$，泵的工作是可靠的；当流量大于 Q_a，即 $\Delta h_a < \Delta h_r$，泵内液体汽化，产生汽蚀。

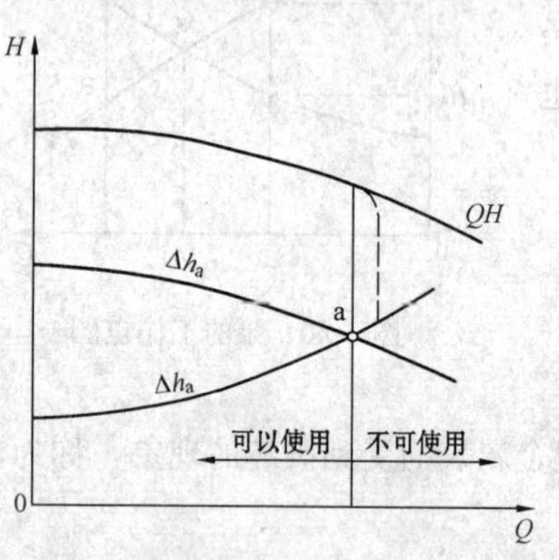

图 3-21　Δh_a 和 Δh_r 随流量变化关系图

63. 提高泵抗汽蚀性能的措施有哪些？

答： 改善泵的吸入性能，提高泵抗汽蚀性能的措施，主要从提高有效汽蚀余量和降低必需汽蚀余量两个方面来进行。

（1）提高有效汽蚀余量的措施：①降低吸入管路的阻力损失；②降低泵的几何安装高度；③设置前置泵；④装设诱导轮。

（2）降低必需汽蚀余量的措施：①首级叶轮采用双吸叶轮，以降低叶轮入口的流速；②增大首明级叶轮的进口直径和增大叶轮叶片进口宽度，也可降低泵的入口流速；③选择合适的叶片数和冲角，来改善叶轮汽蚀性能；④适当放大叶轮前盖板处液流转弯半径，以降低叶片入口的局部阻力损失。

此外，采用抗汽蚀性能比较好的材料制成叶轮或喷涂在泵壳、叶轮的流道表面上，也可以延长叶轮的使用寿命。

七、比转速

64. 什么是水泵的比转速？

答： 把某一水泵的尺寸按几何相似原理成比例地缩小为扬程为 $1mH_2O$，功率为 1hp（马力），（1hp=745.65W）的模型泵，该模型泵的转速就是这个水泵的比转速，以 n_s 表示。

65. 比转速 n_s 的公式是什么？

答： 比转速 n_s 的公式为

$$n_s = 3.65 \times \frac{n \times q_V^{1/2}}{H^{3/4}} \tag{3-10}$$

式中　n——水泵的转速，r/min；

q_V——泵的流量，对于双吸叶轮，用$q_V/2$代入计算，m^3/s；

H——泵的扬程，对于多级离心泵用一个叶轮产生的扬程代入计算，m。

66. 比转速与流量、扬程有什么关系？

答：假若在转速不变的情况下，比转速小，必定流量小，扬程大；反之，比转速大，必定流量大，扬程小。也就是说，随着比转速由小变大，泵的流量由小变大，扬程由大变小。所以，离心泵的特点是小流量、高扬程；轴流泵的特点是大流量、低扬程。

67. 比转速与叶轮长短有什么关系？

答：在比转速由小增大的过程中，要满足流量由小变大，扬程由大变小，叶轮的结构应该是外径D_2由大变小，叶片宽度b_2由小变大。所以，比转速低，叶轮狭长；比转速高，叶轮短宽。

68. 为什么离心泵要空负荷（闭门）启动，而轴流泵要带负荷启动？

答：因为在比转速低时，Q-P性能曲线随流量的增加而上升。最小功率发生在空转状态，为保护电动机，离心泵应该在出口阀门关闭时启动。随着比转速的增加，Q-P性能曲线随流量的增加而下降。混流泵的Q-P性能曲线有可能出现近乎水平形状，但轴流泵的Q-P性能曲线必定是下降的，最大功率出现在空转状态，所以轴流泵应打开阀门启动，即带负荷启动。

69. 比转速与泵的高效率区有什么关系？

答：比转速较低时，泵的Q-η性能曲线比较平坦，这种类型的水泵，高效率区较宽，运行的经济性能好。随着比转速的增加，Q-η性能曲线变得较陡，高效率区域较窄。

八、离心泵的运行

70. 离心泵启动前需检查哪些内容？

答：离心泵启动前需检查以下内容：

（1）水泵与电动机固定是否良好，螺栓有无松动和脱落。

（2）用手盘动联轴器，水泵转子应转动灵活，内部无摩擦和撞击声。

（3）检查各轴承的润滑是否充分。

（4）有轴承冷却水时，应检查冷却水是否畅通。

（5）检查泵端填料的压紧情况，其压盖不能太紧或太松，四周间隙应相等。

（6）检查水泵吸水池中水位在规定值以上，滤网上有无杂物。

（7）检查水泵出入口压力表是否完备，电动机电流表是否在零位。

（8）请电气人员检查有关配电设施，对电动机测绝缘合格后，送上电源。

（9）对于新安装或检修后的水泵，必须检查电动机转动的方向是否正确。

71. 离心泵启动前需准备的主要工作有哪些？

答：离心泵启动前需准备的主要工作有：

（1）关闭水泵出口阀门，以降低启动电流。

（2）打开泵壳上放空气阀，向水泵注水，同时用手盘动联轴器，使叶轮内残存的空气尽量排出，待放空气阀冒出水后将其关闭。

（3）大型水泵用真空泵充水时，应关闭放空气阀及真空表和压力表的小阀门，以保护表计的准确性。

72. 离心泵启动时的注意事项有哪些？

答：离心泵启动时的注意事项有：①启动电流是否符合允许范围，若启动电流过大，则必须停止启动，查明原因，以免造成电动机因电流过大而烧毁；②启动后待泵的转速达到正常数值时，应注意泵的进、出口压力表指示是否正常，泵组的振动是否在允许的范围内，如果正常即可慢慢打开出口阀门，并注意其出口压力和电流指示，将水泵投入正常运行。

73. 离心泵空转的时间为什么不允许太长？

答：离心泵的空转时间不能太长，通常以 2～4min 为限。因为时间过长会造成泵内水的温度升高过多甚至汽化，致使泵的部件受到汽蚀或受高温而变形损坏。

74. 离心泵的运行维护工作有哪些？

答：离心泵的运行维护工作有：

（1）定时观察并记录泵的进出口压力表、电动机电流表及轴承温度的数值，若发现不正常现象，应分析原因，及时处理。

（2）经常用听针倾听内部声音，注意是否有摩擦或碰撞声，发现其声音有显著变化或有异声时，应立即停泵检查。

（3）经常检查轴承的润滑情况。查看油环的转动是否灵活，其位置及带油是否正常。

（4）轴承的温升（即轴承温度与环境温度之差）一般不得超过 30～40℃，但轴承最高温度不得超过 70℃，否则要停运检查。

（5）检查水泵填料密封处滴水情况是否正常，一般要求泄漏量不要流成线即可。

（6）如果是循环供油的大型水泵，还应经常检查供油设备（油泵、油箱、冷油器、滤网等）的工作情况是否正常，轴承回油是否畅通。

（7）当轴承用冷却水冷却时，还应注意冷却水流情况是否正常。

（8）运行中水泵的轴承振动，也是一个非常重要的运行监测项目。

75. 停离心泵时应做哪些工作？

答：在停运前应先将出口阀门关闭，然后停运，这样可以减小振动。泵电动机停电前应先停启动器，确认泵已停运，然后断开断路器，最后断开隔离开关，以免发生弧光损伤刀闸及配电设备。停运后可以关闭压力表的阀门，关闭水封管及冷却水管的阀门。如冬季停泵时间较长，应将泵内存水放尽。

76. 离心泵为什么会产生轴向推力？有几种推力？

答：因为离心泵工作时叶轮两侧承受压力不对称，所以会产生轴向推力。此外，还有因反冲力引起的轴向推力。另外，在水泵启动瞬间，由压力不对称引起的轴向推力往往会使泵转子向后窜动。

77. 采用平衡鼓平衡水泵轴向推力有什么优缺点？

答：平衡鼓是装在泵轴上末级叶轮后的一个圆柱体。

平衡鼓无需极小的轴向间隙，同时又采用了较大的平衡鼓与固定衬套之间的径向间隙，从而保证泵在任何运转条件下不会发生平衡装置的磨损和卡死事故，大大提高了运转可靠性。它的缺点有以下两个：

(1) 平衡鼓不能用来平衡全部轴向力。因为它不能自动调整平衡力以适应轴向力的改变，它只能平衡掉90%～95%的定量轴向力，而其余5%～10%的变量轴向力必须由一个能承受这个部分推力的止推轴承来承担。

(2) 泄漏量大，影响水泵效率。

78. 简述离心泵平衡盘装置的构造及工作原理。

答：离心泵平衡盘装置的构造由平衡盘、平衡座和调整套组成。

平衡盘装置的工作原理：从末级叶轮出来的带有压力的液体，经平衡座与调整套之间的径向间隙流入平衡盘与平衡座间的水室中，使水室处于高压状态。平衡盘后有平衡管与泵的入口相连，其压力近似为泵的入口压力。这样在平衡盘两侧压力不相等，就产生了向后的轴向平衡力。轴向平衡力的大小随轴向位移、调整平衡盘与平衡座间的轴向间隙（改变平衡盘与平衡座间水室压力）的变化而变化，从而达到平衡的目的。这种平衡经常是动态平衡。

79. 采用平衡盘装置有什么缺点？

答：平衡盘装置在多级泵上运用较多，用它来平衡轴向推力，但有以下三个缺点：

(1) 在启停泵或泵发生汽蚀时，平衡盘不能有效地工作，容易造成平衡盘与平衡座之间的摩擦与磨损。

(2) 转轴位移的惯性，易造成平衡力大于或小于轴向力的现象，致使泵轴往返窜动，造成低频窜振。

(3) 高压水往往通过叶轮轴套与转轴之间的间隙窜水反流，干扰了泵内水的流动，又冲刷了部件，从而影响水泵的效率、寿命和可靠性。

80. 平衡鼓带平衡盘的平衡装置有什么优缺点？

答：该装置先由平衡鼓卸掉80%～85%的轴向力，再由弹簧式双向止推轴承承担10%，其余5%～10%的变量轴向力由平衡盘来承担。

该装置的优点如下：

(1) 平衡盘的轴向间隙较大，承担的平衡力较小。

(2) 启停泵和在低速时，止推轴承弹簧把转轴向高压端顶开，防止平衡盘磨损或卡死。

该装置的缺点是流经平衡盘间隙的泄漏量较大。

81. 离心泵常见故障有哪些？

答：离心泵常见故障有：启动后水泵不出水、运行中流量不足、水泵机组发生振动、轴承发热等。

82. 水泵所采用的密封装置形式一般有哪几种？

答：水泵所采用的密封装置形式一般有填料密封、机械密封和浮动环密封三种。

83. 什么是填料密封？其密封效果的好坏如何调整？

答：填料密封是最常见的一种密封形式，它由填料套、水封环、填料及填料压盖、紧固螺栓等组成，是用压盖使填料和轴（或轴套）之间保持很小的间隙来达到密封作用的。

填料密封密封效果的好坏是通过填料压盖进行调整的。

84. 填料密封压盖的松、紧对泵有什么影响？

答：填料密封压盖太松，泄漏量增加，在真空吸入端空气容易漏入泵内，破坏正常工作；压盖太紧，泄漏量减少，但摩擦增大，机械功率损耗增大，从而使填料结构发热，严重时会使填料冒烟，甚至烧毁填料或轴套。故填料压盖压紧程度以漏出量每秒钟1滴左右为宜。

85. 简述机械密封的工作原理。

答：机械密封是一种不用填料的密封形式，它主要由静环、动环、动环座、弹簧座、弹簧、密封圈、防转销及固定螺钉组成。这种密封结构依靠工作液体及弹簧的压力作用在动环上，使之与静环互相紧密配合，达到密封的效果。为了保证动、静环的正常工作，接触面必须通入冷却液体进行冷却和润滑，在泵运行中不得中断。

86. 机械密封有哪些优、缺点？

答：机械密封的优点是：密封性能好，几乎可以完全不泄漏。此外，它还具有使用寿命长，功率消耗少，轴和轴套都不易受到磨损的特点。

机械密封的缺点是：制造复杂，价格贵，安装及加工精度要求高，需要使用一些特殊材料。

87. 浮动环密封是由什么组成的？它是如何实现密封的？

答：浮动环密封是由浮动环、支承环（或称浮动套）、支承弹簧等组成。

浮动环密封是以浮动环端面和支承环端面的接触来实现径向密封；同时又以浮动环的内圆表面与轴套的外圆表面所形成狭窄缝隙的节流作用来达到轴向密封。

88. 什么是迷宫式密封装置？

答：迷宫式密封是利用密封片与泵轴间的间隙对密封的流体进行节流、降压，从而达到密封的目的。被密封的流体通过梳齿形的密封片时，会遇到一系列的截面扩大与缩小，于是对流体产生一系列的局部阻力，阻碍了流体的流动，达到密封的效应。它是一种非接触密封，动、静部分不存在接触磨损，具有极高的运行可靠性，保证泵在运行时密封水不进入泵体，而泵输送液体也不会泄漏出来。

89. 什么是流体动力密封装置？

答：流体动力密封是依靠轴套的一个或几个副叶轮，使泄漏水产生离心力顶住前方过来的泄漏水，从而达到密封作用。

90. 什么情况下水泵采用并联工作？

答：在下列情况下，水泵采用并联工作：

（1）当需要的流量大，而大流量的泵制造困难或造价太高。

（2）电厂中为了避免一台泵的事故影响到主机主炉停运。

（3）由于所需要的流量有很大变动时，为了发挥水泵的经济效果，使其能在高效率范围内工作，往往采用两台或数台水泵并联工作，以增减运行泵的台数来适应外界负荷变化的要求。

91. 什么情况下水泵采用串联工作？

答：在下列情况下，水泵采用串联工作：

（1）设计制造一台高压的水泵比较困难，或实际工作需要分段升高压头。

（2）在改建或扩建时管道阻力加大，要求提高扬程以输出较多的流量。

92. 水泵串联工作的特点是什么？

答：水泵串联工作的特点是：

（1）总流量与串联工作的每台泵的流量相等；总扬程为串联工作的每台泵产生扬程的总和。

（2）与泵单独在这个系统中工作时比较，串联后总扬程和流量都增加了。而每台泵在串联工作时的扬程比它单独工作时降低了，即串联泵台数越多，每台泵扬程下降也越多。

93. 串联泵的启动顺序是什么？

答：串联泵的启动顺序是：启动前两台泵的出口阀门全关，然后启动第一台泵，待运行正常后，开启第一台泵出口阀，再启动第二台泵。

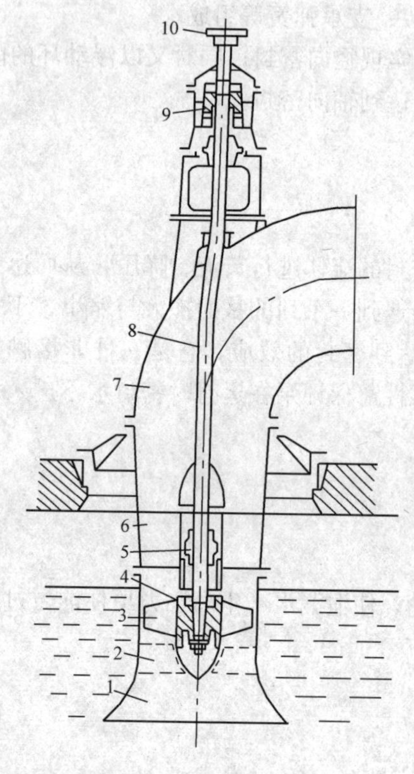

图 3-22 轴流泵结构简图

1—喇叭管；2—进口导叶；3—叶轮；4—轮毂；5—轴承；6—出口导叶；7—出水弯管；8—轴；9—推力轴承；10—联轴器

九、轴流泵及其特性

94. 轴流泵有哪些主要部件？

答：轴流泵主要有叶轮、泵轴、动叶调节装置、导叶、进水喇叭管、出水弯管及轴承等部件，如图 3-22 所示。

95. 轴流泵有哪些重要性能？

答：轴流泵有以下重要性能：

（1）Q-H 性能曲线是一条马鞍形的曲线，即扬程随流量的增加先是下降，然后有一个不大的回升，最后又下降。在出口阀关死的情况下，即 $Q=0$（关死点），扬程最高。

（2）轴流泵所需的功率 P 随流量的减小而增大，当阀门完全关闭时（$Q=0$），轴功率 P 达到最大值。

（3）轴流泵的效率曲线上高效区的范围不大，一离开最高效率点，不论是流量增加还是减小，效率都要迅速下降。

96. 轴流泵在启动时，出口阀应处于什么位置？为什么？

答：轴流泵在启动时，出口阀应处于开启位置。因为出口阀在开启状态时启动轴流泵所

需的轴功率最小，并可减小驱动泵原动机的备用功率。

97. 用什么方法可使轴流泵有较大的工作范围及较高的工作效率？

答：对于轴流泵可以采用变转速的原动机或液力联轴器等变速调节，也可采用调节叶片角度的叶轮，来改变叶片的安装角等方法来实现。

第二节 给 水 泵

1. 给水泵的作用是什么？

答：给水泵的作用是向锅炉连续供给具有足够压力、流量和相当温度的给水。其能否安全可靠地运行，直接关系到锅炉设备的安全运行。

2. 现代大型锅炉给水泵有哪些特点？

答：现代大型锅炉给水泵的特点有容量大、转速高，且对泵的驱动方式、结构和材料等也有新的要求。

3. 大型机组除氧器滑压运行后给水泵出现了哪些问题？

答：大型机组除氧器采用滑压运行后给水泵出现的问题是：除氧器内压力与温度的动态变化不一样，压力变化较快，水温变化较慢。当机组负荷突然升高时，除氧器内水温上升远远滞后于压力的升高，致使除氧器发生返氧现象，使除氧效果恶化，但给水泵的运行要更加安全；当机组负荷突然降低时，水温的降低又滞后于压力的降低，致使除氧器发生自生沸腾，使给水泵发生汽化的危险性加剧。

4. 现代电厂常用的给水管路系统有哪几种？

答：现代电厂常用的给水管路系统有以下四种：单母管制系统、切换母管制系统、单元制系统及扩大单元制系统。目前300、600MW机组的发电厂中，大多采用单元制系统。

5. 给水泵为什么设有滑销系统？其作用有哪些？

答：由于给水泵的工作温度较高，就需考虑热胀冷缩的问题，故设有滑销系统。

滑销系统的作用是：使泵组在膨胀和收缩过程中保持中心不变。

6. 给水泵风道进水的原因有哪些？

答：给水泵风道进水的原因有：冷却水管法兰泄漏、空气冷却器铜管泄漏、冷却装置位

于0m以下时，从排水沟道返水。

什么是给水泵的“喘振”现象？

答：给水泵出口压力忽高忽低，流量时大时小的现象，称给水泵的“喘振”现象。

给水泵为什么应尽量避免频繁启停？

答：给水泵应尽量避免频繁启停，特别是采用平衡盘平衡轴向推力时，泵每启停一次，平衡盘就可能有一些碰磨。泵从开始转动到定速过程中，即出口压力从零到定压这一短暂过程中，轴向推力不能被平衡，转子会向进水端窜动，所以应避免频繁启停。

大型给水泵为什么要设有自动再循环阀及再循环管？

答：高压给水泵不允许在低于要求的最小流量下运行，允许的最小流量为额定流量的25％～30％。如果在小于允许的最小流量下运行，因泵内给水摩擦生成的热量不能全部带走，导致给水汽化；另外，因离心泵性能曲线在小流量范围内较为平坦，有的还有驼峰形曲线，会出现压力脉动引起所谓的“喘振”现象。所以为了避免这种现象的发生，给水泵都设置了自动再循环阀及再循环管。

给水泵中间抽头的作用是什么？

答：现代大功率机组，为了提高经济性，减少辅助水泵，往往从给水泵的中间级抽取一部分水量作为锅炉的再热器减温水。这就是给水泵中间抽头的作用。

给水泵的驱动方式有哪几种？

答：给水泵的驱动方式常见的有电动机驱动和专用给水泵汽轮机驱动（也叫小型汽轮机）。此外，还有燃气轮机驱动及汽轮机主轴直接驱动等。

小型汽轮机驱动给水泵有什么优点？

答：小型汽轮机驱动给水泵有以下优点：

（1）小型汽轮机可根据给水泵的需要采用高转速（转速可从2900r/min提高到5000～7000r/min）变速调节。高转速可使给水泵的级数减少，质量减轻，转动部分刚度增大，效率提高，可靠性增加。改变给水泵转速来调节给水流量比节流调节经济性高，消除了阀门因长期节流而造成的磨损。同时，简化了给水调节系统，调节方便。

（2）大型机组电动给水泵耗电量约占全部厂用电量的50％，采用汽动给水泵后，可以减少厂用电，使整个机组向外多供3％～4％的电量。

（3）大型机组采用汽动给水泵后，可使机组的热效率提高0.2%～0.6%。

（4）从投资和运行角度看，大型电动机加上升速齿轮液力耦合器及电气控制设备比小型汽轮机还贵，且大型电动机启动电流大，对厂用电系统运行不利。

13. 给水泵汽化的原因有哪些？

答：给水泵汽化的原因有：①除氧器内部压力迅速降低，使给水泵入口温度超过运行压力下的饱和温度而汽化；②除氧器水箱水位过低或干锅；③给水泵入口滤网堵塞；④给水流量小于规定的最小流量，自动再循环阀失灵，未及时开启。

14. 给水泵严重汽化的象征有哪些？

答：给水泵严重汽化的象征有：①入口管和泵内产生不正常的噪声；②给水泵出口压力摆动和降低；③给水泵电动机的电流摆动和减小；④给水流量显著下降。

15. 为防止给水泵汽化，应采取哪些措施？

答：为防止给水泵汽化，应采取以下措施：

（1）要在给水除氧系统的设计上采取措施，如对给水箱容量、水箱布置高度、降水管管径的选择和布置，以及除氧器水位等方面进行合理的计算，从而采取一些必要的预防措施。

（2）最根本的还是取决于泵的吸入系统和泵本身的抗汽蚀特性。

（3）除氧器滑压运行下有效汽蚀余量还必须附加水温和入口压力不适应的动态余量。

16. 给水泵发生倒转有哪些危害？

答：给水泵发生倒转的危害有：会使轴套松动，引起动、静部分摩擦，主油泵打不出油，以致轴瓦烧毁。

17. 给水泵的润滑油系统主要由哪些部件组成？

答：给水泵的润滑油系统主要由主油泵、辅助油泵、油箱、冷油器、滤油器、减压阀、油管道等部件组成。

18. 给水泵发生倒转时应如何处理？

答：给水泵发生倒转时的处理方法有：

（1）启动倒转给水泵的辅助润滑油泵，检查润滑油压正常。

（2）关严倒转给水泵的出口电动阀、中间抽头阀、再循环阀。

（3）给水泵倒转时，禁止关闭给水泵入口阀，严禁启动倒转的给水泵。

（4）用沙杆或橡胶摩擦轴颈的办法，强迫制止给水泵倒转。

19. 给水泵正常运行中的重点检查项目有哪些？

答：给水泵正常运行中的重点检查项目有出入口压力、泵组温度、电流、平衡室压力、润滑油压及油温、油箱油位及油质、机械密封及密封水与入口压力平衡室压差、振动情况、冷却水运行情况等。

20. 什么是给水泵的暖泵？什么是给水泵的热备用？

答：暖泵就是在较短的时间内使泵体各处以允许的温升，均匀地膨胀到工作状态所采取的措施。暖泵分为正暖和倒暖两种形式。

热备用就是指运行给水泵跳闸，备用泵能立即联动（或启动）并投入运行时给水泵所处的状态。

21. 国产 300MW 机组中，判断给水泵暖泵是否充分的依据是什么？

答：国产 300MW 机组中，判断给水泵暖泵是否充分的依据是：上下壳体温差是否小于 20℃，并应保证壳体上部与给水的温度差值在 50℃以内。

22. 什么是给水泵的正暖与倒暖？

答：给水泵暖泵分为正暖与倒暖两种形式。在主机运行中，当给水泵检修后启动（冷态启动）时，一般采用正暖，即给水泵在启动前，暖泵水由除氧器来，经吸水管进入泵体，从泵出口端流出，然后经暖泵水管放到集水箱或地沟。

当给水泵处于热备用状态时，则采用倒暖，即暖泵水从出口止回阀后取水，从泵出口端进入泵内，暖泵后经水泵入口流回除氧器。

23. 给水泵采用迷宫式密封时，其密封水压力高、低对泵运行有什么影响？

答：密封水进入动环和静环之间形成液膜，有润滑和冷却的作用。密封水压力高，大量压力高卸荷水量和排入凝汽器的水量都将增大，浪费凝结水；密封水压力低，无法密封从泵体内泄漏出的给水，达不到密封效果，将使密封腔内汽化；动静环之间也得不到润滑和冷却，造成部件老化、变形，影响使用寿命和密封效果。

24. 给水泵为什么要设置前置泵？

答：为提高除氧器在滑压运行时的经济性，同时又确保给水泵的运行安全，通常在给水泵前加设一台低速前置泵，与给水泵串联运行。由于前置泵的工作转速较低，所需的泵进口

倒灌高度（即汽蚀余量）较小，从而降低了除氧器的安装高度，节省了主厂房的建设费用；并且给水经前置泵升压后，其出水压头高于给水泵的必需汽蚀余量和在小流量下的附加汽化压头，有效地防止给水泵的汽蚀。

第三节　循环水泵和凝结水泵

1. 循环水泵的作用是什么？

答：对于湿冷凝汽器机组来说，循环水泵的作用主要是用来向汽轮机的凝汽器提供冷却水，冷凝进入凝汽器内的汽轮机排汽。此外，它还向部分冷油器、发电机冷却器等提供冷却水。对于直接空冷凝汽器机组来说，循环水泵的作用主要是用来提供辅助机组冷却水。

2. 目前在火力发电厂中循环水泵可分哪几类？

答：目前在火力发电厂凝汽设备的供水系统中所用的循环水泵有以下几类：

（1）按工作原理的不同，有离心泵、混流泵和轴流泵三种类型。

（2）按布置方式的不同，有卧式泵和立式泵两种类型。

3. 湿冷凝汽器机组循环水泵启动前需做哪些准备工作？

答：湿冷凝汽器机组循环水泵启动前需做以下准备工作：

（1）检查并清理吸入水池，不得有杂物。

（2）确认吸入水池的水面在允许的水位以上。水位低于此值时，会卷起旋涡吸入空气，引起泵的振动等问题。

（3）空转电动机，确认电动机的旋转方向。

（4）向橡胶轴承注水。不注入润滑水就启动水泵，橡胶轴承瞬间就会被烧坏。

（5）将填料调到不断地漏出少量水的程度。填料过紧时，有损伤轴、烧坏填料的危险。

（6）泵第一次启动（检修过轴承后）或停泵时间较长再启动时，应先盘动转子。

（7）排气阀处于工作状态（手动阀应打开）。

（8）检查电动机上下轴承的润滑油油质正常并送上冷却水。

（9）检查各有关表计齐全、完好。

4. 循环水泵备用应具备哪些条件？

答：循环水泵备用应具备的条件是：出口阀应在关闭位置，出口连锁应在投入位置，泵的操作连锁应在投入位置。

5. 循环水泵投入后应经常监视和检查的项目有哪些？

答：循环水泵投入后应经常监视和检查的项目有电流、出口压力、振动、声音、轴承油

位、油质和温度等。

6. 循环水泵的工作特点是什么？

答：循环水泵的工作特点是：具有大流量、低扬程的性能。

7. 轴流泵的启动方式有哪几种？

答：轴流泵的启动可采用闭阀启动和开阀启动两种方式。

8. 什么是闭阀启动？什么是开阀启动？

答：所谓闭阀启动是指主泵与出口阀门同时启动，即主泵启动的同时打开出口阀门。一般泵的出口阀门后存有压力水时的启动，采用闭阀启动。

所谓开阀启动是指主泵启动前，提前将出口阀门开启到一定位置，然后启动主泵并继续开启出口阀到全开，在泵出口管路系统没有水倒灌的情况下，可采用开阀启动。

9. 为防止凝结水泵汽化，在设计中是如何避免的？

答：为防止凝结水泵入口发生汽化，通常把凝结水泵布置在凝汽器热水井以下 0.5～1.0m 的坑内，使泵入口处形成一定的倒灌高度，利用倒灌水柱的静压提高水泵的进口处压力，使水泵进口处水压高于其饱和温度所对应的压力。同时为了提高水泵的抗汽蚀性能，常在第一级叶轮入口加装诱导轮。

10. 什么叫诱导轮？为什么有的泵要设置前置诱导轮？

答：诱导轮与轴流泵叶轮相比，其叶轮外径与轮壳的比值较小，叶片数目少，叶片安装角小，叶栅密度大。

诱导轮的抗汽蚀性能比离心叶轮高得多，这是因为液体在进入诱导轮时不经过转弯，动压降较小，因而不易发生汽蚀。发生汽蚀后，气泡受到两方面夹攻，一方面是因外缘气泡沿轴向流到高压区域时，受压立即凝结；另一方面在离心力作用下，轮壳处的液体冲向诱导轮外缘，同样使气泡受凝结。而离心泵没有这些特点，所以，一些汽蚀性能要求较高的泵设有前置诱导轮。

11. 凝结水泵有什么特点？

答：凝结水泵所输送的是相应于凝汽器压力下的饱和水，所以，在凝结水泵入口易发生汽化，故水泵性能中规定了进口侧灌注高度，借助水柱产生的压力，使凝结水离开饱和状态，避免汽化。因而凝结水泵安装在热井最低水位以下，使水泵入口与最低水位维持在 0.9

～2.2m 的高度差。

因为凝结水泵进口是处在高度真空状态下，容易从不严密的地方漏入空气积聚在叶轮进口，使凝结水泵打不出水，所以一方面要求进口处严密不漏气，另一方面在泵入口外接一抽空气管道至凝汽器汽侧，以保证凝结水泵的正常运行。

12. 凝结水泵空气管有什么作用？

答：凝结水泵空气管的作用是将泵内聚集的空气排出。因为凝结水泵开始抽水时，泵内空气难以从排气阀排出，故在其上部设有与凝汽器连通的抽气平衡管，即空气管，以便将空气排至凝汽器被抽出，并维持泵入口腔室与凝汽器处于相同的真空度。这样，即使在运行中凝结水泵吸入新的空气，也不会影响泵入口的真空度。

13. 凝结水泵的盘根为什么要用凝结水密封？

答：凝结水泵在备用时处于高度真空下，因此凝结水泵必须有可靠的密封。凝结水泵除本身有密封填料外，还必须使用凝结水作为密封冷却水。若凝结水泵盘根漏气，将影响运行泵的正常工作和凝结水溶氧量的增加。

凝结水泵盘根使用其他水源来冷却密封会污染凝结水，所以必须使用凝结水来冷却密封盘根。

14. 凝结水泵平衡鼓装置是如何平衡轴向推力的？

答：末级叶轮的水除大部分由双蜗壳汇集送入导叶接管外，还有少部分水从平衡鼓与平衡圈之间的间隙中渗漏。为了增加阻力，减少泄漏，在平衡鼓上车了方形螺纹槽，这样可以使渗漏量减少 25%。经过节流后的水到达平衡鼓后面，压力已经下降了，因而平衡鼓前后两面形成了压力差，压力差的方向由下向上，平衡了部分轴向推力。

平衡鼓后面的水在轴与导叶接管的环形通道间通过，并经过吸水管壁上的内圆孔流入吸水管进口。

15. 某些国产 300MW 机组为什么设凝结水升压泵？

答：国产 300MW 机组对凝结水质要求比较高，送入除氧器前要进行除盐处理，设置凝结水升压泵后，主凝结水泵抽吸凝汽器内的凝结水，然后送入除盐设备，经过除盐后的凝结水通过凝结水升压泵打入除氧器内。

凝结水泵与凝结水升压泵串联工作，可以使除盐设备避免承受较高的压力，同时通过除盐设备后凝结水压力损失较大，需要凝结水升压泵提高压力才能送入除氧器内。

16. 凝结水泵与凝结水升压泵的主要区别是什么？

答：300MW 机组凝结水泵打的是高度真空的饱和液体，为此装有防止汽蚀的诱导轮，

首级叶轮尺寸比次级叶轮大，属于大流量设计，小流量应用，以提高抗汽蚀能力。

而凝结水升压泵打的是接近大气压力下的非饱和液体，没有上述结构，但是泵的叶轮增加了两级（共四级叶轮），所以泵的出口压力高。

凝结水泵的扬程为 100mH_2O，而凝结水升压泵的扬程为 190mH_2O。

17. 凝结水再循环管为什么要从轴封加热器后接至凝汽器上部？

答：凝结水再循环管接在凝汽器上部的目的就是凝结水再循环经过轴封冷却器后，温度比原来提高了，若直接回到热水井，将造成汽化，影响凝结水泵正常工作。因此把再循环管接至凝汽器上部，使水由上部进入还可起到降低排汽温度的作用。再循环管从轴封加热器后接出，主要考虑当汽轮机启动、停用或低负荷时，让轴封加热器有足够的冷却水量。否则，由于冷却水量不定，将使轴封回汽不能全部凝结而引起轴封汽回汽不畅、轴端冒汽。所以再循环管从轴封加热器后接出，打至凝汽器冷却后，再由凝结水泵打出。这样不断循环，保证了轴封加热器的正常工作。

18. 简述循环水泵和凝结水泵故障处理的一般原则。

答：循环水泵和凝结水泵故障处理的一般原则是：当水泵发生强烈振动、能够清楚地听到泵内有金属摩擦声、电动机冒烟或着火、轴承冒烟或着火等严重威胁人身和设备安全的故障时，应紧急停泵。当水泵发生盘根发热、冒烟或大量呲水，滑动轴承温度达 65～70℃或滚动轴承温度达 80℃并有升高的趋势、电动机电流超过额定值或电动机温度超过规定值、轴承振动超过规定值等故障时，则应先启动备用泵，再停故障泵。

19. 循环水泵和凝结水泵紧急停泵有哪些步骤？

答：紧急停泵的步骤有：

（1）按事故泵的事故按钮或断开停泵操作开关。

（2）检查备用泵应立即自动投入运行，备用泵联动无效时，应立即启动。

（3）检查故障泵电流到零，出口蝶阀（或阀门）应联动关闭，泵不倒转。否则，应手动关闭出口阀。

（4）及时向有关领导汇报，并采取必要的措施，避免事故扩大至其他系统和设备。

（5）故障处理完毕后，应做好详细记录，以便分析事故原因。

20. 凝结水泵联动备用的条件是什么？

答：凝结水泵联动备用的条件是：油位正常、油质合格、表计投入、出入口及空气阀全开，密封水阀、冷却水阀适当开启，联动开关在“备用”位置。

21. 循环水泵和凝结水泵常见故障有哪些？

答：循环水泵和凝结水泵的常见故障有：

（1）不能启动。
（2）出力不足或不出水。
（3）超负荷。
（4）异常振动和噪声。

第四节　其　他　水　泵

1. 在火力发电厂中，疏水泵主要应用在哪两种场合？

答：在火力发电厂中，疏水泵主要应用在以下两种场合：

（1）在大容量机组上，低压加热器组的末级或次级加热器的疏水利用疏水泵将其送入该加热器出口的主凝结水中。

（2）应用在热网加热器的疏水系统上，利用疏水泵将热网加热器的疏水送入除氧器或主凝结水管。

2. 疏水泵装有出口调节阀及再循环调节阀的作用是什么？

答：疏水泵装有出口调节阀及再循环调节阀的作用是：在设备运行中，利用这两个调节阀的联合调整来维持疏水箱水位正常，以保持疏水泵入口的倒灌高度和疏水泵的流量不低于最小流量。

3. 疏水泵空气阀的作用是什么？

答：疏水泵空气阀的作用是：可以将泵内存留的气体或运行中泵入口部分发生汽化时产生的气体及时地排到加热器的汽室内，有利于疏水泵的稳定运行。

4. 热网循环水泵的运行维护特点有哪些？

答：热网循环水泵的运行维护特点有：

（1）热网系统要求压力稳定，故要求泵在出口阀关闭的情况下启动，特别是第一台泵的启动，出口阀应根据入口压力的变化缓慢开启。

（2）热网系统庞大，管线长，所以当回水压力有所反应时，再启动第二台泵比较合理，从而才能使整个管网系统压力平稳变化，运行稳定。

（3）热网系统停运时，要缓慢关闭一台泵的出口阀后再停泵，注意泵出入口母管压力的变化，待泵入口母管压力稳定后，再依次停止其他泵，直到全停为止，保证系统内的压力逐渐降低。

（4）在两台泵互相切换时，应逐渐关小停止泵的出口阀，同时开启启动泵的出口阀。

（5）当回水温度发生变化时会影响回水压力，要注意及时调整，防止回水压力过高或过低造成跳泵。

5. 热网循环泵有哪些保护？为什么要设这些保护？

答：热网循环泵有入口压力低、入口压力高及出口压力高等连锁保护。

因为当泵入口压力过低时，会造成泵入口及管网系统发生汽化，水循环被破坏；而泵出、入口压力过高时，又会造成热网设备或管道超压，严重时将导致热网设备和管道的破坏，故要设这些保护。

6. 热网循环泵如何防止入口汽化？

答：热网循环泵为防止入口汽化，一般都将热网循环水泵布置在热网加热器入口处的回水管道上，选型时也应采用抗汽蚀性能较好的水泵。除此以外，还要求运行泵的入口处具有一定的压力，一般入口压力不低于0.1MPa。

第四章 热力网设备运行

第一节 热力网的基础知识

1. 什么叫热力网?

答：热力网就是指供应热能的动力网。

2. 热力网由哪几部分组成?

答：热力网由生产热能的热源、输送热能的热网和使用热能的热用户组成。

3. 热能的供应方式有哪两种?

答：热能的供应有分散供热、集中供热两种。

(1) 分散供热。由于供热规模的限制，只能采用热效率不高的小锅炉（实际效率为50%～40%）。

(2) 集中供热。采用区域性锅炉房或热电联产，由于规模大，采用了高效率的大锅炉(效率为85%～90%)。

4. 集中供热有什么优点?

答：集中供热的优点是：以热电厂或区域性供热锅炉房为热源，向一个较大的区域供热，与分散的小锅炉房供热比较，可以保证供热质量，提高劳动生产率，节约燃料，更重要的是可以减轻环境污染，优化生态环境。

5. 集中供热分为哪两种形式?

答：集中供热有热电联产和热电分产两种形式。

6. 目前城市集中供热的大型供暖系统具有哪些特点?

答：目前城市集中供热的大型供暖热系统具有供热半径大、输送距离远、供热量大、管径大、系统存水量大、沿途截门（主管线）少等特点。

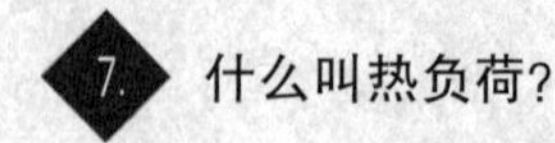

什么叫热负荷？

答：热用户所消耗的热量称为热负荷。

8. 根据热用户在一年内用热工况的不同，热负荷分为哪两类？

答：根据热用户在一年内用热工况的不同，热负荷可分为：

（1）季节性热负荷。主要指在每年采暖期用热的热用户，其热量与室外气温有关。

（2）非季节性热负荷。全年用热的热用户，其用热量与室外气温基本无关。

9. 按热量用途的不同又可以把热负荷分为哪几种？

答：按热量用途的不同又可以把热负荷分为以下几种：

（1）工艺热负荷。主要是石油、化工、纺织、冶金等行业，如加热、烘干、蒸煮、清洗、熔化或拖动各种机械设备（如汽锤、汽泵）等工艺过程。这种热负荷是由一定参数的蒸汽（参数一般为0.15～1.6MPa，也有的高于1.6MPa）供给。其大小和变化规律完全取决于工艺性质、生产设备形式及生产工作制度，在一昼夜间可能变化较大，但在全年和每昼夜中的变化规律却大致相同。采用直接供汽时工质损失大（20%～100%），间接供热时工质损失小（0.5%～2%）。

（2）热水负荷。主要用于生产洗涤、城市公用事业及民用，这种热负荷由60～65℃的热水供应，其特点是非季节性，全年变化不大，但一昼夜变化较大，工质全部损失。

（3）采暖及通风热负荷。主要用于生产厂房、城市公用事业及民间的采暖及通风。这种负荷是由温度为70～130℃的热水供应或由压力为0.07～0.2MPa的蒸汽供应，其特点是季节性强，全年变化大，昼夜变化不大，采用水网供热时工质损失较小（0.5%～2%）。

10. 根据热电联产所用的能源及热力原动机形式的不同，热电联产可分为哪几种基本形式？

答：根据热电联产所用的能源及热力原动机形式的不同，热电联产可分为下列四种形式：

（1）汽轮机热电厂型。使用供热式汽轮机生产电能的同时对外供热。这种形式是目前国内外发展热化事业的基础，是热电联产的最主要形式。

（2）燃气-蒸汽热电厂型。燃气轮机与汽轮机的优缺点相互补偿的供热发电机组的热电厂。

（3）核能热电厂型。燃用核燃料，利用核电型汽轮机发电和对外供热的热电厂。

（4）热泵热电厂型。利用热泵原理对外供热的热电厂。

11. 根据供热式汽轮机的形式及热力系统，将汽轮机热电厂分为哪几种形式？

答：根据供热式汽轮机的形式及热力系统，将汽轮机热电厂分为下列四种形式：

(1) 背压式机组热电联产系统。采用背压式汽轮机发电做功后的蒸汽全部对外供热，没有凝汽设备，系统简单。

(2) 抽汽式机组的热电联产系统。采用可调整抽汽的供热机组，将在汽轮机内做了部分功的蒸汽抽出，对外供热，其余部分继续做功，排汽进入凝汽设备。其特点是抽汽压力可以调整，当电负荷在一定范围内变化时，热负荷可以维持不变。

(3) 背压式与凝汽式机组组合热电联产系统。为克服背压式机组不能同时适应电、热负荷变化的缺点，与凝汽式机组联合装置的一种热电联产系统。

(4) 凝汽-采暖两用机热电联产系统。将现代大型凝汽式汽轮机稍作改动（在中-低压缸导汽管上加装调整蝶阀作为抽汽调节机构），在采暖期从抽汽蝶阀前抽汽对外供热并相应减少发电量；在非采暖期仍还原为凝汽式机组发电。这是大机组普遍采用的热电联产方式。

12. 简述供热系统的组成。

答： 供热系统由热源、热网、用户引入口和局部用热系统构成，如图 4-1 所示。

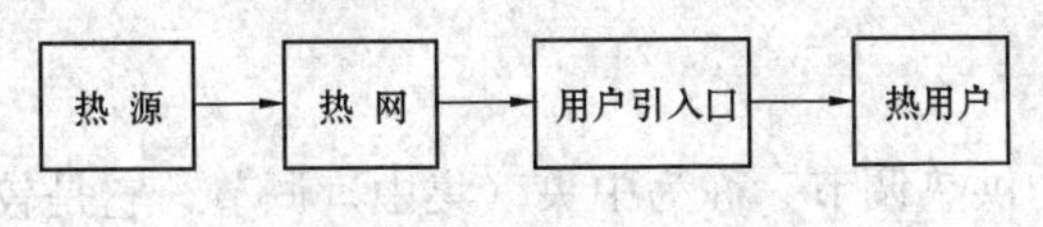

图 4-1 供热系统组成框图

(1) 热源。集中供热的热源，可以是热电联产的热电厂或大型区域集中供热锅炉房，热源设备生产的热能通过能够载热的物质-载热质输送到用户引入口。

(2) 热网。将热源热量输送到用户引入口的管道及换热设备。

(3) 用户引入口。将热量由热网转移到局部用热系统，同时对转移到局部系统中的热量和热能能够局部调节的设备。

(4) 局部用热系统。将热量传递或将热能转换给用户的用热设备。

13. 根据载热质流动的形式，供热系统可分为哪三种？

答： 根据载热质流动的形式，供热系统可分为以下三种：

(1) 双管封闭式系统。用户只利用载热质所携带的部分热量，载热质本身则携带剩余的热量返回到热源，并在热源重新增补热量。

(2) 双管半封闭式系统。用户利用载热质的部分热量，同时耗用一部分载热质，剩余的载热质及其所含有的余热返回热源。

(3) 单管开放式系统。在单管开放式系统中，载热质本身和它携带的热量全部被用户所利用。

14. 集中供热可以用什么作为载热质？

答： 集中供热系统可以用水或蒸汽作为载热质。

15. 集中供热系统用水作载热质的特点是什么？

答：集中供热系统用水作载热质的特点是：

（1）可进行远距离供热（一般为20～30km）。

（2）输送热量时损失小（大型水网每千米的温降小于1℃，而汽网每千米的压力降为0.1～0.15MPa）。

（3）汽轮机抽汽压力低（0.06～0.2MPa），使供热发电量增加。

（4）水质损失少，不需要较大的补充水设备。

（5）局部供暖网络的投资少，运行调节方便。

16. 根据调节地点的不同，供热调节可分为哪三种方式？

答：根据调节地点的不同，供热调节可分为中央调节、局部调节和单独调节三种方式。

17. 什么是中央调节？

答：在热电厂进行的供热调节，称为中央（集中）调节，它是较经济的供热调节方式。

18. 什么是局部调节？

答：在热用户总入口处进行调节，称为局部（地方）调节。

19. 什么是单独调节？

答：根据单个用热设备的需要直接在用热设备处进行调节，称为单独调节。

20. 中央调节时根据调节对象的不同，供热调节又可分为哪几种方式？

答：中央调节时根据调节对象的不同，供热调节又可分为质调节、量调节和混合调节三种调节方式。

21. 什么是质调节？其优点是什么？

答：水热网送水流量不变，只调节送水水温，称为质调节。

其优点是：当热负荷较小时，就可降低水热网的送水温度，使供热机组的抽汽压力相应降低，因而可提高热化发电比，多节约燃料。同时因热网水流量不变，水力工况稳定，易实现供热调节自动化。

22. 什么是量调节？其优点、缺点各是什么？

答：维持水热网送水温度不变，而只调节供水流量，称为量调节。

它的优点是：当热网负荷减小时，水热网流量的降低可节省热网水泵的电耗。

缺点是：因送水温度不变，水热网低负荷时不能利用低压抽汽，降低了热化效果，且当网络和用户系统流量改变时，在地方水暖系统内会产生严重的水力失调，自动调节较困难。

23. 什么是混合调节？

答：水热网送水流量和送水温度均可调节的，称为混合调节（质-量调节）。它综合了质调和量调的优点，抑制了各自的缺点。

24. 什么是热电联产？

答：热电联产是集中供热的最高形式，又称热化，它把热电厂中的高位热能用于发电，低位热能用于供热，实现了合理的能源利用。

25. 什么是热电分产？

答：热电分产是指用区域性锅炉房供热，凝汽式电厂生产电能的系统。

26. 与热电分产相比，热电联产的优点体现在哪两个方面？

答：与热电分产相比，热电联产的优点体现在经济效益和社会效益两个方面。

（1）经济效益。

1）热电联产由于利用高效锅炉集中供热，用能合理，提高了热电生产的经济性，与热电分产相比，可节约20%～25%的燃料。

2）由于节约了燃料，使原煤的开采、运输费用相应减少。

3）减少了分散小锅炉及其煤场、灰场所占的土地。

4）节约了分散落后小锅炉频繁维修、更换设备的劳力和资金。

（2）社会效益。

1）减轻了对人口稠密区的环境（土地、大气及水源）污染。

2）改善了单家独户取暖时的繁重劳动、环境污染和供热质量。

27. 简述热电分产用能情况。

答：热电分产的用能情况如图4-2所示。

热电分产热力系统如图4-3所示。

分产时对一次能源使用极不合理，一方面热功转换过程必然会产生的低位热能（凝汽式发电厂的排汽）没有

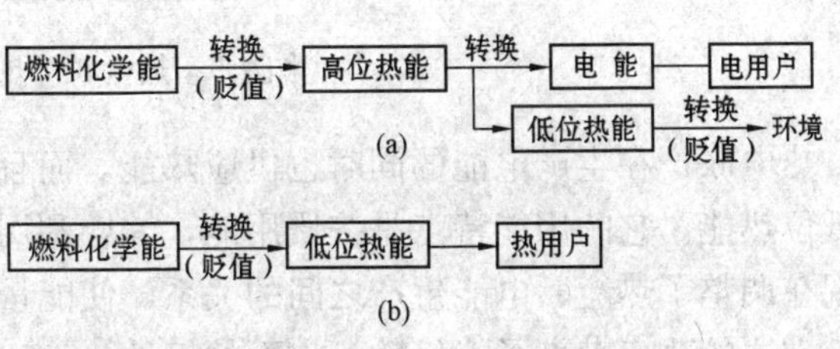

图4-2 热电分产的用能情况图

（a）分产电（凝汽式电厂）用能；（b）分产热（供热锅炉）用能

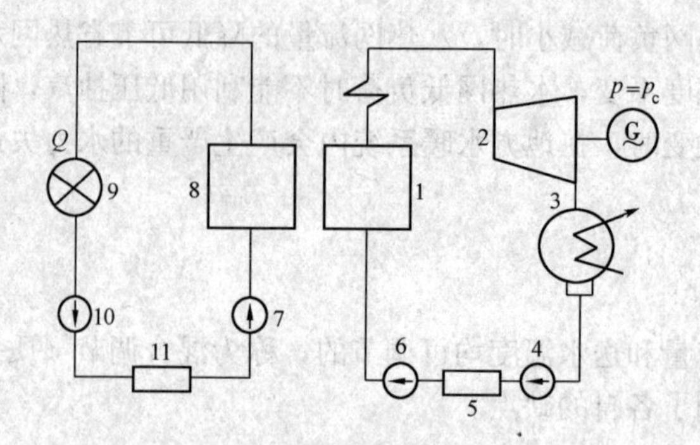

图 4-3　热电分产热力系统图

1—锅炉；2—汽轮机；3—凝汽器；4—凝结水泵；5—给水箱；
6—给水泵；7—热网循环泵；8—热水锅炉；9—热用户；
10—热网回水泵；11—热网返回水箱

得到利用，被白白浪费掉；另一方面分别供应的热能却大幅度地无效贬值，大材小用。

28. 简述热电联产用能情况。

答：热电联产用能情况如图 4-4 所示。

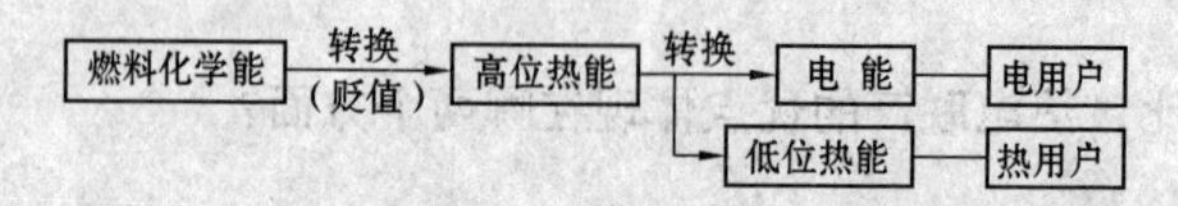

图 4-4　热电联产的用能情况图

热电联产系统如图 4-5 所示。

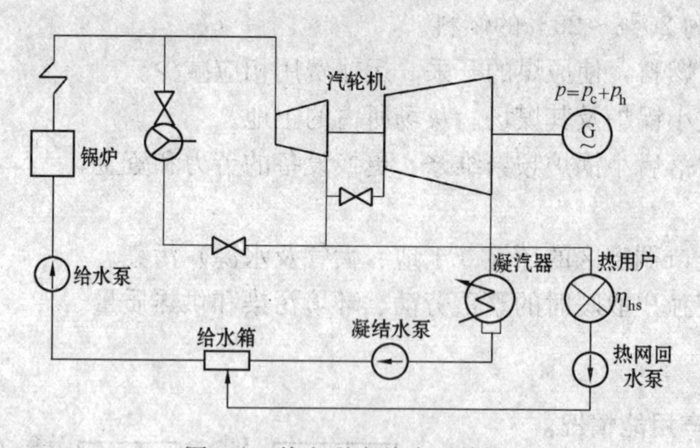

图 4-5　热电联产热力系统图

热电联产在生产电能的同时也供应热能，而且供热是全部或部分利用了热变为功过程中的低位热能。它的用能特点是按质用能，综合利用，使能尽其所用。热电联产的特点，不仅表现在调整了热能、电能生产之间的关系，使能量的质量得以合理利用，还体现在由于热能供应方式的改变带来了能量数量方面的好处。

29. 供热管网的布置形式主要有哪几种?

答：供热管网的布置形式主要有枝状布置、环状布置、放射状布置和网络状布置四种。

30. 什么是热化系数?

答：所谓热化系数是指热电厂供热机组的最大抽汽供热量与供热系统的最大热负荷之比。

31. 热电厂对外供热有哪几种方法?

答：热电厂对外供热有两种方法：①用供热机组的排汽或抽汽向外供热；②由新蒸汽经减温减压向外供热。

32. 什么是热力发电厂的供热煤耗率?

答：热力发电厂用于供热的煤耗量 B 与对外供热量 Q_b 之比称为供热煤耗率，其表达式为

$$b = B/Q_b \ (\text{kg/kJ}) \tag{4-1}$$

式中　B——供热的煤耗量，kg；

Q_b——对外供热量，kJ。

第二节　热网及加热设备

1. 热电厂的供热系统根据载热质的不同可分为哪两种?

答：热电厂的供热系统根据载热质的不同可分为汽热网（也称汽网）和水热网（也称水网）。

2. 水热网供热系统由哪几部分组成?

答：水热网由蒸汽系统、循环水供热系统和疏水系统三部分组成。

3. 什么叫外网系统及厂内热网系统?

答：在水供暖热网系统中，把到用户的供、回水总阀门以外的系统称为外网系统；总阀门以内的系统称为厂内热网系统。

4. 水热网的主要优点、缺点各是什么?

答：水热网的主要优点是：输送热水的距离较远，可达 30km 左右，在绝大部分供暖期

间可使用压力较低的汽轮机的抽汽，甚至乏汽，从而提高了发电厂的热经济性。在热电厂中可进行中央供热调节，比其他调节方式经济方便；水热网的蓄热能力比汽热网高；与有返回水的汽热网相比，金属消耗量小，投资及运行费用少。

其主要缺点是：输送热水要耗费电能；水热网水力工况的稳定和分配较为复杂；由于水的密度大，事故时水热网的泄漏是汽热网的 20～40 倍。

5. 水热网适用于哪些负荷？

答：一般水热网适用于采暖、通风负荷及 100℃以下的低温工艺热负荷。

6. 什么叫高温水供热系统？

答：水温在 180～250℃的供热系统为高温水供热系统。

7. 高温水供热系统的特点是什么？

答：高温水供热系统的特点是：

（1）用于生产工艺热负荷，温度稳定，调节方便。

（2）高温水供热是大温差、小流量的输热，工质的载热能力提高，输送电耗小，管网投资和运行费用降低。

（3）扩大供热半径，发展了更多工业用户，提高电厂的经济性。

（4）高温水供热可保存全部抽汽凝结水，降低水处理设备投资。

（5）采用多级抽汽加热，有利于提高电厂的经济性。

（6）系统承受压力增大，增加了投资。

（7）高温供热系统的维护比一般系统要求严格。

8. 汽热网有哪两种供汽方式？

答：汽热网有直接供汽和间接供汽两种方式。

9. 集中供热系统用蒸汽作为载热质有什么特点？

答：集中供热系统用蒸汽作为载热质的特点是：

（1）通用性好，可满足各种用热形式的需要，特别是某些生产工艺用热必须用蒸汽。

（2）输送载热质所需要的电能少。

（3）由于蒸汽的密度小，因此蒸汽因输送地形高度形成的静压力很小。

（4）在散热器或加热器中，蒸汽的温度和传热系数都比水的高，因而可减少换热器面积，降低设备造价。

简述直接供汽方式的原则性热力系统。

答： 图 4-6 所示为直接供汽方式的原则性热力系统。它利用供热机组的抽汽或排汽直接向热用户供汽，因此非常方便，但生产返回水率低，电厂水处理设施庞大，供热蒸汽参数高，降低了电厂的热经济性。

简述间接供汽方式的原则性热力系统。

答： 图 4-7 所示为间接供汽方式的原则性热力系统。它通过专用的蒸汽发生器加热产生的二次蒸汽，并将二次蒸汽送给热用户。而蒸汽发生器加热用的一次蒸汽凝结水可以全部收回。间接供汽方式虽然完全避免了工质的外部损失。但系统和设备复杂，投资增大，经济性较差。因为蒸汽发生器的传热端差较大，一般为 15～20℃，这样一次蒸汽压力要相应提高，从而降低了机组的热化发电比，使热电厂的燃料消耗量增加 3%～5%。所以只有在返回水率很低，给水品质要求又较高，补充水质特别差的情况下才考虑间接供汽方式。

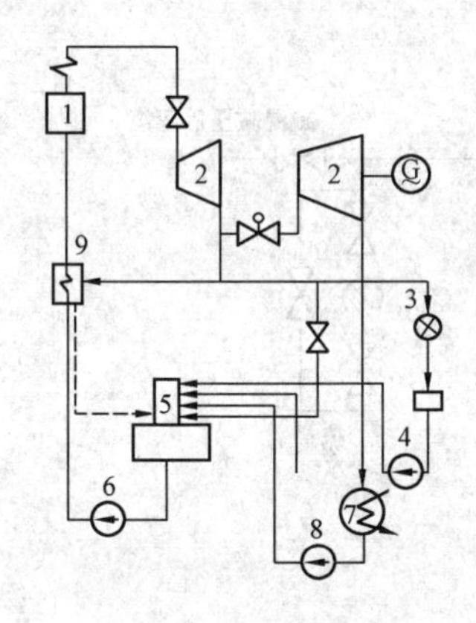

图 4-6　直接供汽方式的原则性热力系统图

1—锅炉；2—抽汽式汽轮机；3—热用户；4—热网回水泵；5—除氧器；6—给水泵；7—凝汽器；8—凝结水泵；9—高压加热器

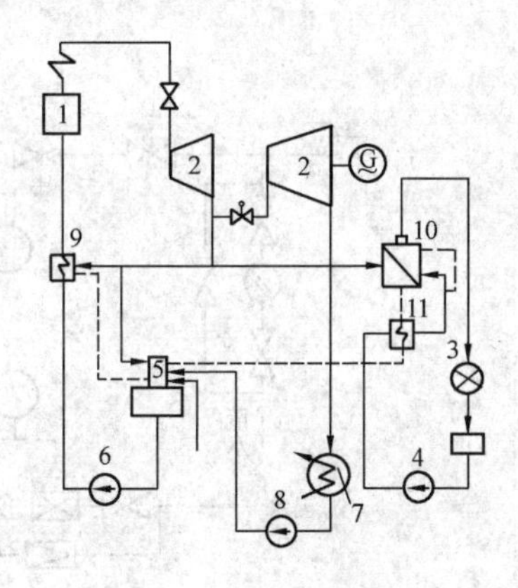

图 4-7　间接供汽方式的原则性热力系统图

1—锅炉；2—抽汽式汽轮机；3—热用户；4—热网回水泵；5—除氧器；6—给水泵；7—凝汽器；8—凝结水泵；9—高压加热器；10—蒸汽发生器；11—蒸发器给水预热器

什么是减温减压器？其作用是什么？

答： 减温减压器（RTP）是将具有较高参数的蒸汽的压力和温度降至所需要数值的设备，在发电厂中主要作为厂用蒸汽的汽源。在热电厂中，它作为备用汽源，也可作为补偿热化供热调峰之用。

简述减温减压器的原则性热力系统。

答： 减温减压器的原则性热力系统如图 4-8 所示。

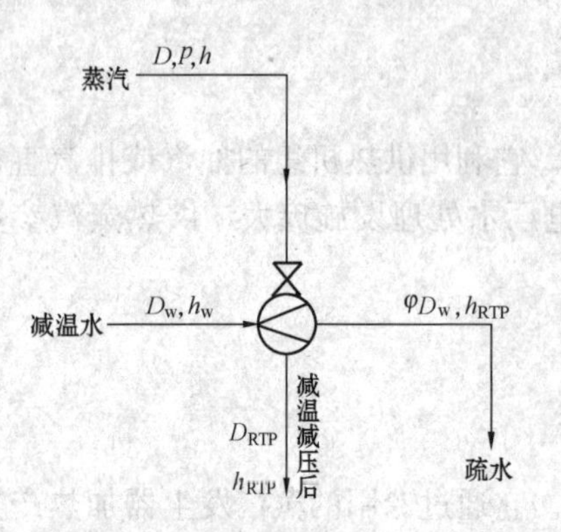

图 4-8 减温减压器的原则性热力系统图

根据它的数据可进行 RTP 的热力计算，一般热力计算的目的是确定进入 RTP 的蒸汽量 D 和所需的减温水量 D_w。

14. 简述减温减压器的全面性热力性系统。

答： 图 4-9 所示为 RTP 的全面性热力系统。由锅炉来的新蒸汽由进汽阀进入减压阀，节流至所需压力后进入减温器，与由温度自动调节阀来的减温水（一般由给水泵或凝结水泵来）混合，使新汽降温。减压阀和温度自动调节阀的开度由调节机构控制，以保证 RTP 后的蒸汽参数能稳定在规定的数值上。此外，减温减压器系统还需设置必要的安全阀和疏排水装置。

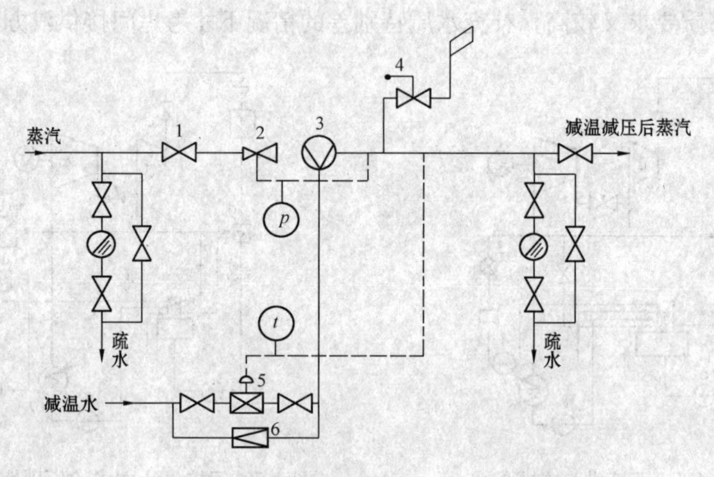

图 4-9 减温减压器的全面性热力系统图

1—进汽阀；2—减压阀；3—减温器；4—安全阀；5—温度自动调节阀；6—手动针形阀

15. 简述减温减压装置的工作原理。

答： 图 4-10 所示为减温减压装置工作示意图，压力、温度较高的新蒸汽首先经节流阀节流降压，然后喷入减温水，使新蒸汽的压力、温度降至规定值。减温水来自高压给水泵的出口，或将凝结水泵出口的凝结水经专门减温水泵升压后作为减温水。

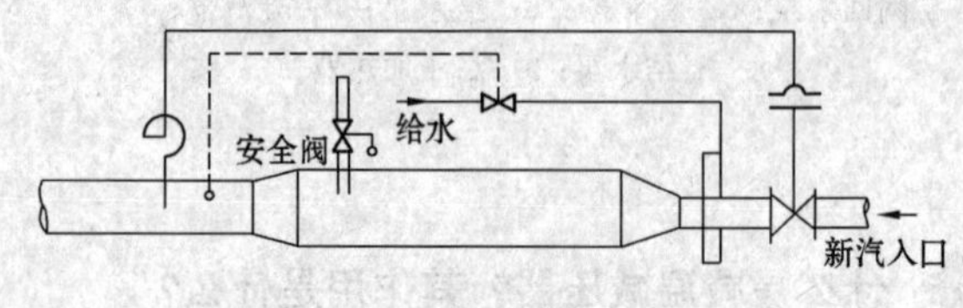

图 4-10 减温减压装置工作示意图

16. 减温减压装置的作用是什么？

答： 火力发电厂中减温减压装置有以下几方面的作用：

（1）在对外供热系统中，装设减温减压装置用以补充汽轮机抽汽的不足；此外，还可作备用汽源。当汽轮机检修或事故停运时，它将锅炉的新蒸汽减温减压，以保证热用户的用汽。

（2）在大容量中间再热式汽轮机组的旁路系统中，当机组启动、停机或发生故障时，它可起调节和保护的作用。

（3）电厂内所装的厂用减温减压器可作厂用低压用汽的汽源。

（4）电厂中装设点火减温减压器则是用于回收锅炉点火的排汽。

17. 简述减温减压装置系统。

答：图 4-11 所示为减温减压装置系统图。压力、温度较高的新蒸汽依次经节流孔板 1、阀门 2、减压阀 3 和节流孔板 4，进入文氏管 5 的混合器 17，冷却水依次经节流孔板 11、冷却水调节三通阀 14、节流孔板 16 和止回阀 15，从喷水装置喷嘴 6 喷入文氏管 5，在混合器 17 中与蒸汽混合，使蒸汽温度、压力降至规定值。调节三通阀 14 可调节喷水量的大小，使减温减压器后的蒸汽稳定在规定值，多余的减温水送到除氧器。止回阀 15 的作用是防止蒸汽倒流进入除氧器。阀门 2 用以关断新蒸汽，使减温减压器停止工作。减压阀 3 被调节系统的执行机构所控制，使蒸汽降压到某一压力，节流孔板 4 也起节流降压作用。预热阀 18 用以在启动时预热减温减压器。启动时，阀门 2 全关，开启预热阀 18，当负荷带到 5%时，即可全开阀门 2 向用户供汽。安全阀 7 是在减压阀 3 或调节系统故障而使供汽压力升高到最大允许值时自动开启，起排大气泄压作用。节流孔板 1、9、16 用来测量流量，冷却水节流孔板 11 则起稳定水压作用。测量仪表 8 用以监视混合器 17 内的压力和温度。

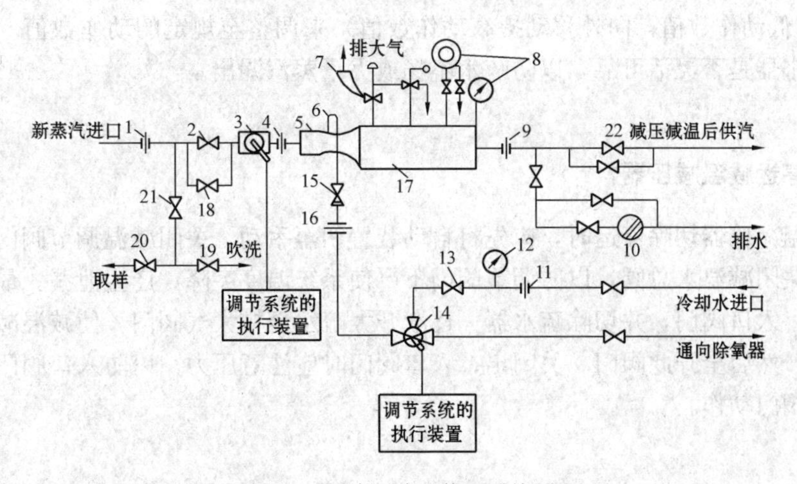

图 4-11 减温减压装置系统图

1、4、9、16—节流孔板；2、13—阀门；3—减压阀；5—文氏管；6—喷水装置喷嘴；7—安全阀；8—测量仪表；10—疏水器；11—冷却水节流孔板；12—压力表；14—三通阀；15—止回阀；17—混合器；18—预热阀；19—吹洗用阀门；20—蒸汽取样阀；21—分支阀门；22—出口阀门

18. 减温减压器一般是用什么办法减温，用什么办法降压的？

答：减温减压器一般是用喷水法减温，节流法降压。

19. 如何启动减温减压器？

答： 如图 4-11 所示，启动前，减温减压器出口阀门 22、入口阀门 2 和预热阀门 18 全关，减压阀 3 应切换至手动遥控装置，然后将其全关，冷却水调节三通阀 14 全关，减温减压器前后的疏水排向大气，疏水器 10 在切除状态。上述工作结束后便可暖管。暖管可分为正暖和倒暖，正暖是按正常流向送汽，倒暖则由减温减压器出口阀门后的供热汽源倒送汽。倒暖具有来汽压力与温度均较低，减温减压器的温升便于控制的优点，暖管的时间、温升和升压速度均应控制在规定的数值内；压力、温度升到一定值后应及时倒换疏水至疏水母管，以便减少噪声和回收工质、热量。暖管压力达到正常，温度接近正常时，将出口阀门 22 全开，预热阀 18 关闭，减压阀 3 开启少许，然后缓慢地开启入口阀门 2，操作减压阀 3，使之带上少许热负荷，一切正常后便可将减压阀 3 投入自动调节。根据温度上升情况将冷却调节三通阀 14 投入自动调节，并将疏水器 10 投入运行。

20. 正常运行中如何维护减温减压器？

答： 减温减压器在运行中应经常保持压力、温度在规定范围内。在正常的情况下，二次压力、温度的调节，由减温减压器的自动装置来完成。如调节装置失灵，应迅速改为手动调节。同时应检查调节装置及调节设备，如控制油泵是否跳闸，油箱油位是否正常等。运行中还应定期试验，检查安全阀动作数值是否准确，其动作范围应比最高供热压力大 0.15～0.2MPa。试验方法为：操作减压调节阀门，使供热压力强制升高，通过移动安全阀门重锤（向里移动降低动作数值，向外移动提高动作数值）来调整至规定的动作数值。此外，还要定期检查疏水器是否灵活可靠，以防疏水不畅或大量蒸汽漏出。

21. 如何停运减温减压器？

答： 减温减压器切除停运时，应先将自动装置切至手动，关闭减温调节阀门和减压调节阀门，然后关闭减温水总阀，以防调节阀门不严使系统温度突降，产生泄漏。最后关闭减压器蒸汽的出、入口阀门，并切除疏水器，逐渐开大疏水至排大气阀门，使减温减压器压力缓慢地降至零，然后全开此阀门。关闭出、入口阀门时应注意压力，以防入口阀门不严，压力升高使安全阀门动作。

22. 什么是热网加热器？其特点是什么？

答： 热网加热器是用来加热热网水的加热器。

其特点是：容量和换热面积较大，端差可达 10℃，为了便于清洗，多采用直管管束。

23. 热网加热器系统装设哪几种加热器？

答： 热网加热器系统一般装设基本和高峰两种加热器。

24. 简述基本加热器的原理。

答：基本加热器在整个采暖期间均运行，它是利用汽轮机的 0.12～0.25MPa 的调节抽汽作为加热蒸汽，可将热网水加热到 95～115℃，能满足绝大部分供暖期间对水温的要求。

25. 简述高峰加热器的原理。

答：高峰加热器在冬季最冷月份，要求供暖水温达到 120℃以上时使用。高峰加热器在水侧与基本加热器串联，利用压力较高的汽轮机抽汽或经减温减压后的锅炉新蒸汽作汽源。

26. 热网加热器的疏水方式是什么？

答：热网加热器的疏水一般都引入到回热系统中。疏水方式采用逐级自流，最后的疏水用疏水泵送往与热网加热器共用一段抽汽的除氧器内，或引到与热网加热器共用一段抽汽的表面式加热器的主凝结水管道中。

27. 简述热网加热器的结构。

答：热网加热器是高温热水网中的热源设备。图 4-12 所示为 PC-2400-16/6V-GA 型热网加热器的结构简图。

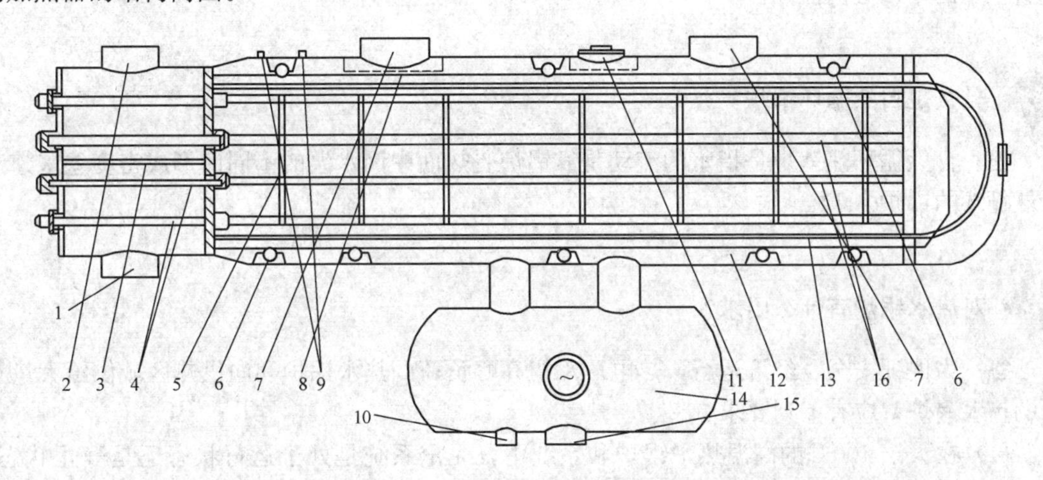

图 4-12　热网加热器结构简图

1—加热器水侧入口；2—加热器水侧出口；3—水室隔板；4—连接螺栓；5—汽侧挡板；6—内部滑动支架；7—汽侧入口；8—缓冲器挡板；9—汽侧安全阀接口；10—再循环接口；11—检修人孔；12—内部固定支架；13—加热器 U 形管系；14—凝结水箱；15—凝结水出口；16—内部固定支架

热网加热器主要由外壳、水室封头、管板和管束等组成。为使较长的换热管束受热均匀，汽侧设有两个进汽口，且进汽口设有两个缓冲挡板，不仅均布了蒸汽，而且可防止入口处管束被冲蚀。加热器内部 U 形管束较长，为使其得到良好的支撑，且能自由膨胀，在加热器内部的壳体和管束支架之间设有导向滑轮作为管束的滑动支撑。加热器下部设有单独的凝结水箱，用来收集加热器的疏水，以防止热负荷小时，疏水泵因疏水少而汽化。由于热网泵均为低扬程，因而热网加热器的水室端盖采用了螺栓连接，检修时可直接打开水室端盖，拉出整个管束清洗。

28. 热电厂内尖峰热水锅炉的主要任务是什么？

答： 热电厂内尖峰热水锅炉的主要任务是：高峰热负荷期把基本加热器的出口水温进一步加热到热网设计温度（130～150℃），热网中部或末端的尖峰热水锅炉的供热参数，一般采用与热电厂相同的供热参数，对现有的热电厂也可以增加一定数量的尖峰热水锅炉或使热电厂与区域性锅炉房配合，可以扩大热电厂的供热能力，提高经济效益。

29. 热水锅炉分为哪两种？

答： 热水锅炉有直流锅炉和自然循环锅炉两种，其工作原理与蒸汽锅炉相似，只不过水在锅炉内是单相（即液态）流动。

30. 什么是直流锅炉？

答： 直流锅炉是一种无汽包的强制循环锅炉，锅炉水在水泵压力作用下，通过联箱实现垂直上下的单一方向流动。

31. 什么是自然循环锅炉？

答： 自然循环热锅炉是指水的流动是靠锅炉受热面中因水温的不同而形成密度差来建立自然循环的锅炉。

32. 对热水锅炉有什么要求？

答： 为保证安全、经济运行，热电厂承担高峰负荷的热水锅炉和向供热区域供给大量热水的热水锅炉，应有下列要求：

（1）在大于100℃的高温热水锅炉和系统中，无论系统是处于运行状态还是静止状态，都要求防止热水汽化，因此须有定压装置对系统的某一点进行定压，使锅炉及系统中各处的压力都高于供水温度的饱和压力。

（2）热水锅炉一般只在采暖期使用，设备利用率低，因此在保证安全经济的前提下，力求结构简单，造价低。

（3）由于热负荷随室外气温变化而增减，引起水温和循环水量的改变，故要求热水锅炉的负荷有较大的变化范围，并能在低负荷下安全运行。

（4）对热网的不正常工况有一定的适应能力。

（5）为避免水侧产生水垢和气体腐蚀，系统中应有水处理和除氧设备。

33. 简述热电厂内的尖峰热水锅炉系统。

答： 如图 4-13 所示，热网水经过基本加热器，被加热到 110℃左右，如果室外气温继续降低，进入高峰热负荷期时，把热网水送入尖峰热水锅炉继续加热到 150℃左右，再送给供热系统。当室外气温回升到尖峰热水锅炉停运的室外温度时，则停运尖峰热水锅炉，使热网从基本加热器出来的水通过旁路系统直接进入供热系统。

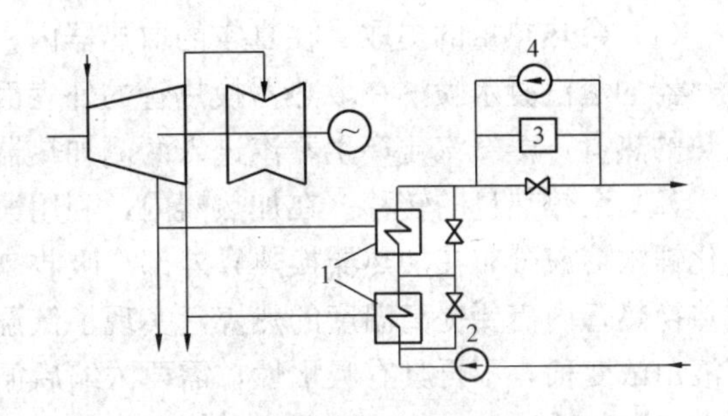

图 4-13　电厂内的尖峰热水锅炉系统图
1—热网加热器；2—热网水泵；
3—尖峰热水锅炉；4—循环水泵

34. 简述热水锅炉房的原则性系统图。

答： 热水锅炉房的原则性系统见图 4-14，热网水在热水锅炉中加热到供热所需温度（150℃）后，把其中一部分加热后的水用循环水泵打回锅炉入口回水管与回水混合，其目的是把锅炉入口水温提高到烟气的露点以上，同时也使流经锅炉的水温保持恒定。当室外气温较高时，可通过旁通管掺混回水来降低供水管内水温，避免锅炉在较低负荷下运行所带来的问题。用热网水泵保持热网内水的循环，用补水泵把化学补水送入热网泵入口。

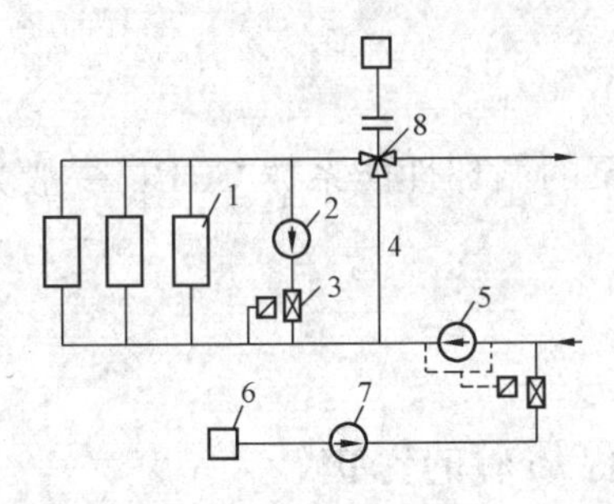

图 4-14　热水锅炉房的原则性系统图
1—热水锅炉；2—循环水泵；3—调节阀；
4—旁通管；5—热网水泵；6—净水设备；
7—补水泵；8—阀门

35. 简述溴化锂吸收式热泵机组的工作原理。

答： 溴化锂吸收式热泵由取热器、浓缩器、加热器和再热器四个部分组成。取热器内一直保持真空状态，利用水在一定的低压环境下，便会低温沸腾、气化的原理，将水变为水蒸气。然后，将水蒸气引入到加热器，再以溴化锂溶液喷淋，利用溴化锂溶液强大吸水性的特性，其吸收水蒸气会产生大量的热，将加热器中循环管路的水加热，使其温度升高。浓缩器的作用就是对溴化锂浓溶液吸收水蒸气后溶液变稀时再进行浓缩，重新得到具有强大吸水性的溴化锂浓溶液。再热器是利用浓缩器内蒸汽加热浓缩溴化锂稀溶液变成溴化锂浓溶液而蒸发出来的二次乏汽，对上述循环管路中经过加热器加热后的热水进行再加热，从而达到更高的温度。溴化锂吸收式热泵的工艺流程如图 4-15 所示。

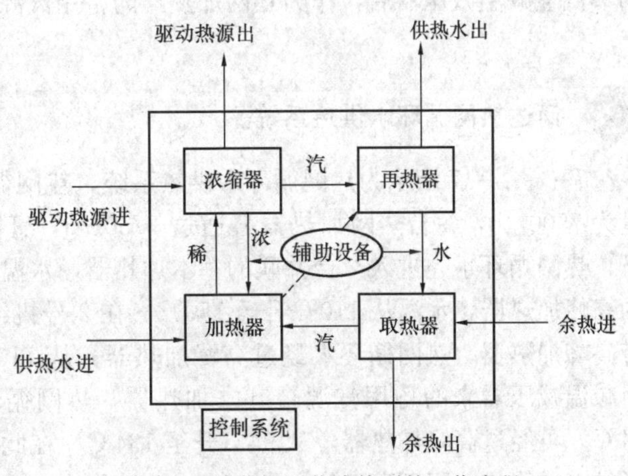

图 4-15　溴化锂吸收式热泵的工艺流程

（1）余热热量的提取。在真空的取热器内，利用水在负压状态下沸点降低的原理，来自再热器的蒸汽凝水喷淋在取热器换热管的外表面低温蒸发，凝水吸收换热管内部流动的低温余热的热量，蒸发汽化产生蒸汽进入两侧加热器，完成余热热量的提取过程。

（2）余热热量的转移。在加热器内，利用溴化锂浓溶液的吸水放热性能，来自浓缩器的溴化锂浓溶液分布在加热器换热管外部，吸收来自取热器的水蒸气，溶液的温度迅速升高，加热换热管内需要提高温度的热媒，实现了低温热源的热量向被加热热媒转移，同时溴化锂溶液由浓变稀，不再具有吸水性，需要浓缩后循环使用。

（3）工质浓缩。在浓缩器内，利用驱动热源的热量，对来自加热器的溴化锂稀溶液进行浓缩，产生的浓溶液继续回到加热器内继续吸收水蒸气加热供热水，溶液浓缩产生的高温二次蒸汽去再热器。

（4）二次蒸汽再加热。在再加热器内，利用来自浓缩器的高温二次蒸汽凝结潜热的热量，对来自加热器的经过一次加热的热媒进行再次加热，最终达到所需温度的热媒，蒸汽凝结成为凝结水输送到蒸发器继续进行循环蒸发。

36. 什么是热泵的循环性能系数COP?

答：在冬季供热时，制热量与输入功率的比率称为热泵的循环性能系数COP，一般为1.8左右。

第三节　热网的运行维护及停运后的保护

1. 简述热网蒸汽系统。

答：图4-16所示为热网蒸汽疏水系统。供热网加热器的汽源来自2台汽轮机的中压缸的末级排汽，调整抽汽压力为0.245～0.686MPa，来自辅助汽源（来自锅炉或相邻机组）的蒸汽经减温减压器后，作为热网加热器的备用汽源。

2. 简述热网循环水供热系统。

答：图4-17所示为热网循环水供热系统，热网循环水参数为150℃/70℃。额定循环水量为7500t/h，每台热网加热器各通过3750t/h，管网内总水量近40 000t。正常运行工况下，热网循环水先进入2台并联的基本加热器，水温从70℃升至110℃，然后进入2台并联的高峰加热器，水温从110℃升至150℃。在2号机组停运时，由减温减压器来的备用汽源带高峰加热器，热网循环水经过高峰加热器，从110℃上升至134℃。在1号机组停运时，由减温减压器来的备用汽源带基本加热器，热网循环水经过基本加热器，从70℃上升至94℃，再经过高峰加热器，从94℃升至134℃。在此工况下，备用汽源来汽由于减压，损失了较多的能量，因而不经济。

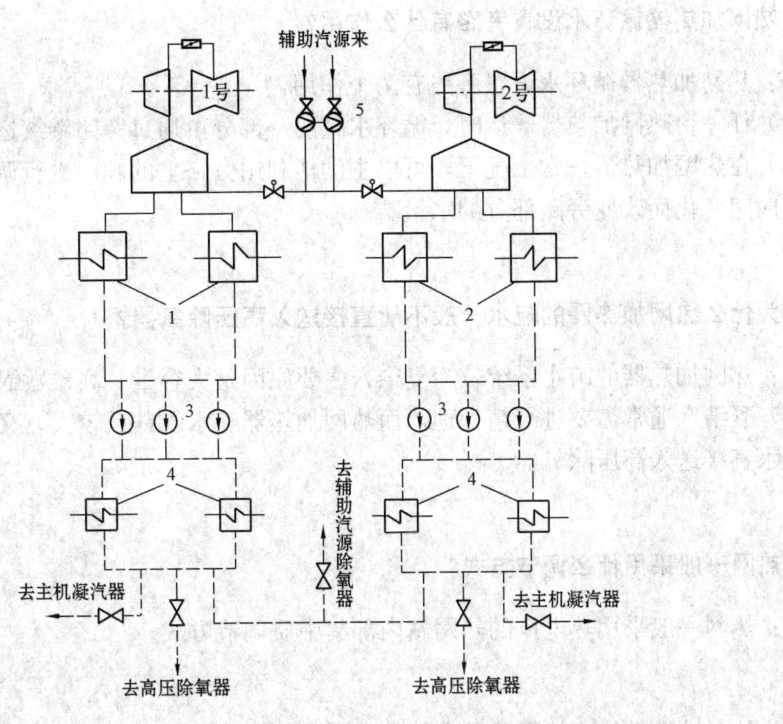

图 4-16　热网蒸汽疏水系统图

1—基本加热器；2—高峰加热器；3—疏水泵；4—疏水冷却器；5—减温减压器

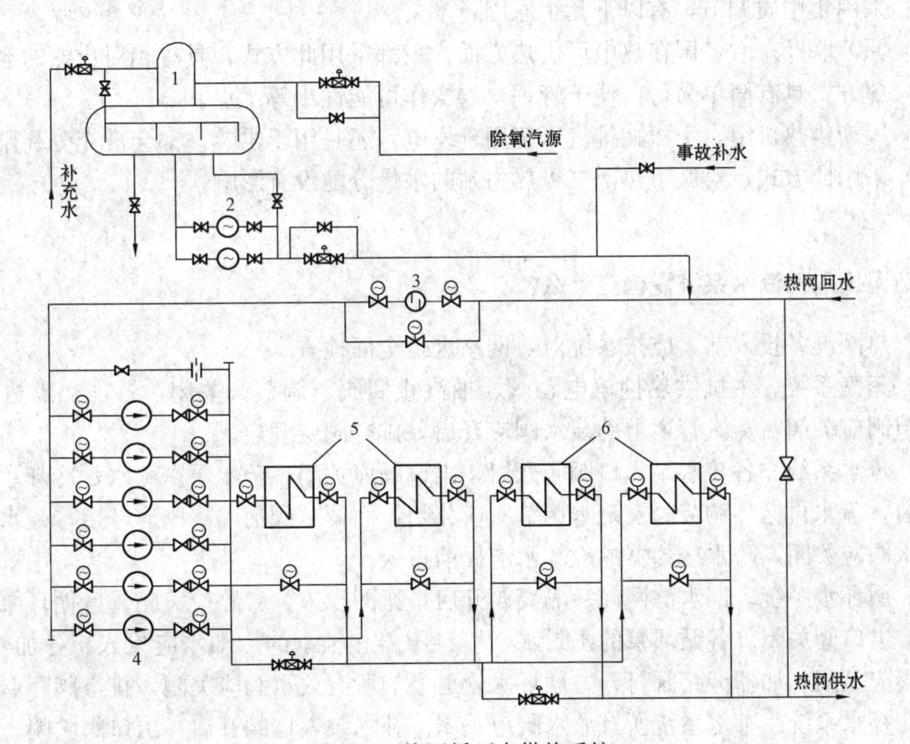

图 4-17　热网循环水供热系统

1—低压除氧器；2—热网补水泵；3—滤网；4—热网循环水泵；5—基本加热器；6—高峰加热器

3. 热网加热器循环水设置旁路有什么作用？

答：热网加热器循环水设置旁路有两个作用：

（1）任一台热网加热器停运时，循环水量的一部分可通过旁路继续运行。

（2）在热网加热器正常工况下，可以主动地利用旁路上的阀门进行调节，根据外界热负荷的短时间变化而改变旁路部分的水量。

4. 为什么热网加热器的疏水一般不能直接送入高压除氧器？

答：热网加热器的疏水系统较为复杂，主要原因是大容量、高参数锅炉对给水品质的要求较高，凝结水通常需要进行精处理，而热网加热器疏水含铁量较大，又难免泄漏，因此不能将疏水直接送入高压除氧器。

5. 热网一般采用什么调节方式？

答：热网一般采用热电厂的热网站内部集中质调节方式。

6. 为什么抽汽供热式热网采用内部集中质调节方式？

答：采用集中质调节，有以下几个原因：

（1）原苏联及东欧各国在热电厂供热方面，大都采用此方式，具有相对成熟的经验。

（2）此方式具有简单易行，便于管理，误操作可能性小等优点。

（3）因为供热机组，中压缸排汽不管用于发电，还是用于供热，都会被充分利用。

（4）采用此方式，对城市热网二级热力站的水量分配没有影响。

7. 热网投入前汽水系统需检查什么？

答：热网准备投入前，应按系统对热网站进行全面检查。

（1）蒸汽系统。主机供热抽汽电动阀、抽汽止回阀、调节阀关闭，各加热器进汽电动阀、调节阀应关闭，蒸汽管道上的疏水阀应开启，排空阀应开启。

（2）疏水系统。各疏水泵入口阀应开启，出口阀应关闭。疏水泵密封水、冷却水、气平衡阀开启。疏水再循环调节阀及疏水调节阀应关闭，而调节阀前隔离阀应开启，疏水管道上所有放水阀应关闭，疏水冷却器的冷却水应提前投入。

（3）循环水系统。回水滤网前后隔离阀开启，滤网投入，旁路应关闭。各循环泵的入口阀开启，出口阀关闭。各循环泵的密封水、填料压盖和轴承的冷却水应投入。各加热器进、出口水阀应关闭，加器旁路阀打开。循环水管道上的所有放水阀应关闭，排空阀开启。

（4）补水系统。补水系统所有放水阀应关闭。补水泵入口阀开启，出口阀关闭，补水调节阀前后隔离阀开启。补水直通阀及事故备用补水阀关闭。热网除氧器放水阀关闭，除氧器蒸汽阀关闭。

8. 制定热网站外网系统的清洗方案要考虑哪些因素？

答：制定热网站外网系统的清洗方案要考虑以下因素：

（1）水源。由于整个管网系统很大，存储水量很大，清洗时所需的水量成倍增长，这就需要考虑水源问题。在靠近江、河、湖泊的地区，可用江河水来作水源，这样既经济，又方便；没有条件的地区，就不得不用地下水或生活饮用水作为水源。总之，水源是热网管道清洗时首先考虑的问题。

（2）水质。热网管道及设备清洗时，必须考虑清洗水质对设备的影响，对于不锈钢管的加热器，要特别注意水中氯离子等有害物质的含量。另外，清洗水的 pH 值，纯度，Ca^{2+}、Mg^{2+} 等离子的含量均有严格的要求。清洗水质必须保证清洗后，对设备及管道的危害在规定允许范围内。

（3）清洗效果。除了水源、水质外，还要注意清洗的效果。清洗时必须保证一定的流速（管网主干线清洗时，流速不得小于 1m/s），清洗后水的纯度、悬浮物、有机物和杂物的含量必须控制在合格的范围内。

（4）清洗方法。首先应注入生水，进行浸泡；然后启动循环泵，循环冲洗，边排污，边排水，直至初步化验水质合格；最后将生水放尽，补入软化水冲洗，直至水质化验满足正常运行要求。

9. 供热管网系统的清洗一般分为哪几步？

答：为保证清洗后的效果，远距离大管径的水供热管网系统的清洗一般分为以下几步：

（1）人工清理。安装前将管内内表面人工清理干净，管道连接后，将管道内的焊渣及杂物等清理出来，以减轻水冲洗阶段清理的负担。

（2）生水冲洗。此阶段向管网系统灌入生水，进行系统注水排空、浸泡、循环冲洗、定期排污等粗冲洗。主要是通过冲洗，将管网的杂质、悬浮物、有机物等冲洗掉，保证管网内水的透明度。

（3）软化水冲洗。生水粗冲洗之后，将系统存水放尽，灌软化水循环冲洗，通过该阶段冲洗使整个管网系统水的指标完全合格。然后向热网加热器通水、冲洗、冷循环运行，为热网投入供暖准备条件。

10. 热网站外网系统清洗前应做哪些准备工作？

答：热网站外网系统清洗前应做的准备工作是：清洗前，整个管网系统应打压合格，无泄漏。各种辅助设施及表计安装验收完毕。管网系统内的流量孔板、温度计、调节阀阀芯、止回阀阀芯等影响冲洗或易损附件、仪表应拆除，待清洗完毕后重新装上。管网系统和各种阀门应开关灵活，临时补水泵组及系统连接好，试运正常。清洗前，应对全网进行全面检查，重点放在阀门、补偿器及排水设施等管道附件上。波纹补偿器的保护拉杆应拆除，波纹间的杂物应清除干净，保证补偿器伸缩自如。厂内热网站设备清洗前做好隔离工作，短接加热器水侧。参加清洗的设备、管道上所有高点的排空阀应打开，管路上的放水阀应关闭。

11. 热网站外网系统清洗步骤有哪些?

答: 热网站外网系统清洗步骤为:

(1) 注水。启动注水用临时补水泵，开始向热网系统注水，记录开始注水的时间及注水流量。管道充水过程中，热网系统中沿线各高点空气排尽见水后，关闭排空阀，并检查沿线补偿器的工作情况，检查系统无泄漏。水灌满后，关闭所有空气阀，停止补水泵，对管道进行浸泡。

(2) 循环冲洗。浸泡2～3天后，启动临时补水泵向系统充水，当回水压力达到一定数值（系统定压点规定值）时，启动循环泵，缓慢开启出口阀，主干线开始循环冲洗。注意主干线升压情况，及时检查泄漏情况，从回水管滤网处定期排污，并注意系统回水压力，压力降低较快时，增大补水量，关小排污阀，并根据滤网压差决定是否清洗滤网。冲洗过程中，必须保持循环水的流速不低于1m/s，冲洗至水质初步化验合格，水清晰，悬浮物、杂质等含量符合要求。

(3) 软化水冲洗。生水冲洗合格后，整个管网系统的水放尽，灌入软化水。软化水灌满后，启动循环泵进行软化水循环冲洗，到各项指标经化验满足系统正常运行水质要求，停止软化水冲洗。

12. 热网站内汽水系统包括哪些?

答: 热网站内汽水系统包括蒸汽系统、疏水系统、补水系统及厂内循环水系统。

13. 如何进行热网蒸汽管道系统清洗?

答: 由于热网蒸汽管道管径较大，难以采用吹管的方法清扫，而又不具备水冲洗的条件，故应在冷态情况下进行人工清理。在热态情况下，随加热器供汽升温的同时进行清洗，排放至水质合格。

14. 热网补水系统包括哪些? 如何清洗补水系统?

答: 热网补水系统包括软化水管道、热网除氧器、热网补水泵、补水管。

由于在热网外网补充软水的同时已开始投入，故此部分的冲洗随补水同时清洗，不再设临时管路。

15. 如何进行疏水系统清洗?

答: 疏水系统是指由热网加热器疏水箱与疏水到主凝结水管或凝汽器、除氧器之间的管路。该系统包括疏水泵、疏水冷却器等设备。这部分管路的清洗是热网厂内水系统清洗的重点，清洗效果的好坏，直接影响热网投产后疏水水质，而疏水水质对主机的影响较大。此系统的冲洗应严格按照冷态冲洗和热态冲洗两个步骤进行。

冷态冲洗是在热网抽汽前的冲洗。将软水通过临时系统补至热网加热器汽侧，利用疏水泵的压头，对系统进行冲洗。在进入主凝结水管或凝汽器、除氧器前通过临时排放管将水排至地沟。

热态冲洗是在热网加热器进汽升温过程中的清洗。在热网加热升温时，利用临时排放管对疏水管路进行冲洗，使疏水水质满足机组对回水水质的要求后，回收疏水，以降低汽水损失（此部分随热网整体调试进行）。

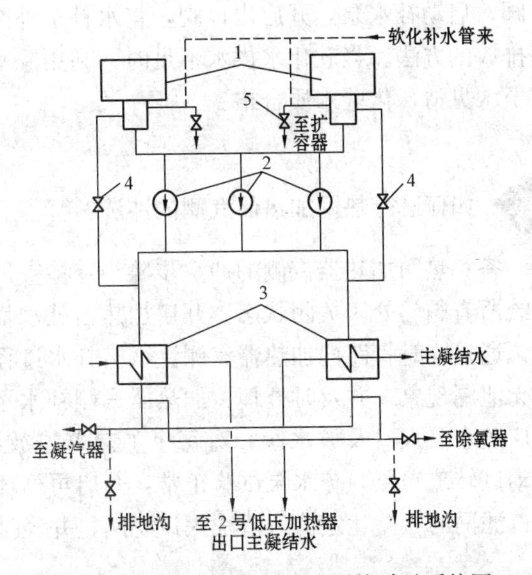

图 4-18　某电厂热网站疏水系统冲洗系统图

------—临时冲洗管路；1—热网加热器；2—热网疏水泵；3—热网疏水冷却器；4—热网疏水泵再循环阀；5—热网加热器事故疏水阀

16. 举例画出某电厂热网站疏水系统的冲洗系统流程图。

答：某电厂热网站疏水系统冲洗系统见图 4-18。

17. 热网站内汽水系统清洗前的准备工作有哪些？

答：热网站内汽水系统清洗前的准备工作为：冲洗前，检查热网加热器、疏水冷却器、热网除氧器等所有设备及系统，按要求应全部安装完毕，并按《电力建设施工及验收技术规范（汽轮机机组篇）》验收合格。根据系统情况确定冲洗方案，安装临时冲洗管路系统，检查冲洗系统与非冲洗系统及运行或检修系统可靠地隔离，必要时加装临时堵板。检查冲洗用的临时仪表应齐全、正确并投运。同时，应将运行中使用的流量孔板、节流孔板等测量装置及重要表计拆除，以防止冲洗时堵塞或损坏。静止状态下进行疏水泵、补水泵等子组、功能组控制回路的试验并符合要求，进行电动机空转及电动阀调整试验合格。准备积储充足的软化水和除盐水。冲洗时所用泵轴承加油至正常油位，投入各泵的轴承冷却水系统，应供水正常，回水管排水畅通。

18. 如何进行热网除氧器的清洗？

答：热网除氧器的清洗步骤为：启动软化水泵向热网除氧器上水，除氧器水位计见水后，检查热网除氧器所有法兰、阀门、水位计等有无泄漏。除氧器水位到高限后，关闭补水阀，停止软化水泵，对除氧器进行浸泡，使除氧器内部的焊渣、锈皮等被水剥落。打开除氧器水箱放水阀，对除氧器进行排放冲洗。水放尽后，将放水阀关闭。启动软化水泵，向除氧器重新上水，如此冲洗几次，直至冲洗水质化验合格。

19. 如何进行补水管路冲洗？

答：补水管路的冲洗步骤为：除氧器冲洗合格后，保持除氧器水位高限，开启补水泵入

口阀，启动补水泵，开启出口阀，将水补至外网。为了提高冲洗效果，要采用快速补水、快速排放的方法。当软化水供水不足时，利用除氧器储水，短时间快速冲洗。定期采样化验，直至水见清，化验水质合格。

20. 如何进行热网加热器汽侧的冲洗?

答：热网加热器汽侧的冲洗步骤为：检查加热器的进汽电动阀处于严密关闭状态，疏水系统所有阀门处于关闭状态。开启加热器补水临时管路上的补水阀，启动热网补水泵，用补水泵通过临时管路向加热器汽侧注水。补水过程中检查热网加热器阀门、法兰、表管、焊口有无泄漏现象，并及时处理。加热器汽侧补水至高水位时，停止补水，对加热器进行浸泡。开启疏水泵入口及放水阀，对每个加热器排放冲洗 10min 后将加热器水位重新补至高限。启动试转疏水泵，疏水泵试验正常，开启再循环阀，对加热器进行循环冲洗，并注意疏水泵入口滤网的压差达定值时清洗入口滤网，并经排放重新补水，反复冲洗到水质合格。

21. 如何进行热网疏水系统的清洗?

答：热网疏水系统的清洗步骤为：加热器冲洗结束后，将水位补到高限，启动疏水泵对疏水系统管路进行打压检查。启动疏水泵，打开再循环阀，维持疏水泵出口压力较高些，打开疏水管路上的疏水冷却器入口阀、排空阀进行注水打压，检查疏水冷却器及管路是否泄漏。疏水冷却器打压合格后，开启出口阀，准备试验疏水到凝汽器、除氧器或至主凝结水管的管路，对每段管路分别进行打压检漏。

疏水泵系统分段打压后，使整个系统按以下路线流程进行反复冲洗至化验水质满足正常运行的要求：补水→加热器→疏水泵→疏水冷却器→凝汽器前放水阀或除氧器前放水阀。

22. 如何进行热网加热器水侧的冲洗?

答：为防止杂质及生水进入加热器，热网加热器是不参加外网冲洗的。当外网已冲洗合格，整个系统用软化水充满时，方可进行热网加热器水侧的冲洗，冲洗步骤为：热网系统补入软化水，入口压力达到一定数值时，启动循环泵，开启加热器旁路阀，进行热网水系统循环。经循环过滤冲洗水质合格后，打开加热器水侧进口电动阀注水排空后，关闭排空阀，开启出口阀，关闭水侧旁路阀，投入该加热器循环。按上述方法，依次将其他加热器投入循环，直至冲洗水质合格。

23. 热网系统投入前应做哪些试验?

答：热网系统启动前应做的试验有各泵的联动试验、进汽蝶阀试验和加热器水位试验。

24. 如何做各泵联动试验?

答：热网循环水泵是热网系统中功率最大的设备，试验时必须将其电源开关置于试验位置，然后合上试验操作开关，投入连锁开关，按下试验泵的事故按钮，此时事故喇叭响，跳闸泵绿灯闪，联动泵被联动，红灯闪，同样方法可试验其他各循环泵。

热网加热器的疏水泵在启动前因无疏水，必须在试验位置做联动试验，方法与热网循环水泵相同。此外，疏水泵还有低水位停泵试验，为了防止疏水泵汽化，在其水位达低Ⅱ值时，一般要停止疏水泵运行。试验时，先在试验位置合上疏水泵，然后短接水位低Ⅱ值信号，疏水泵应跳闸。

热网补水泵联动试验和热网循环水泵相同。

25. 如何做进汽蝶阀试验？

答：一般热网抽汽管道上装设有抽汽止回阀，又称进汽蝶阀。试验前先就地手动操作，应灵活，然后投入自动装置，短接加热器水位高Ⅱ值信号时，加热器进汽蝶阀迅速全关，目的是防止汽水返入汽轮机。

另外，有些热网将该止回阀设计成调节阀，改变加热器的出口水温。试验时，先投入自动调节器，然后输入出口水温信号，此时蝶阀开度应随输入信号而改变。

26. 热网加热器有哪些水位保护？如何动作？

答：热网加热器水位一般有低Ⅰ、低Ⅱ、高Ⅰ、高Ⅱ四个信号值。低Ⅰ、高Ⅰ值时发报警信号，引起运行人员注意，以便调整。低Ⅱ值时，一般还要联跳疏水泵；高Ⅱ值时，联开事故疏水，关进汽电动阀、进汽蝶阀等。

27. 水供暖热网设置了哪些保护系统？

答：水供暖热网均设置了热网回水压力保护、加热器水位保护、其他保护等保护系统。

28. 简述热网回水压力保护。

答：在水供暖热网系统中，为保证在整个供暖期间，热力网中（包括外网）任一点的供水不汽化，同时也不超压，使供水按设计的水力工况运行，就需在整个循环供水系统上设置一个压力恒定不变的点——定压点。热网水系统的定压点均设在回水管循环泵的入口处，并在定压点设置了补水调整装置，以确保整个热网水力系统的安全运行。如某厂水供暖热网循环泵压力保护方式如下：

（1）入口压力≥0.5MPa，跳泵。

（2）入口压力≤0.1MPa，跳泵。

（3）出口压力≥2.25MPa，跳泵。

（4）出口压力≥2.15MPa，报警。

（5）循环泵出入口压差≤1.5MPa，跳泵。

试验时，将循环泵电动机开关送“试验”位置，由热工人员分别依次短接压力开关，检查保护动作正常，试验结束后将循环泵电源送上。

29. 试简述加热器水位保护及试验方法。

答：为防止加热器管子泄漏，水位高造成汽轮机进水，热网加热器也有水位保护。保护动作设置：

（1）水位低：跳疏水泵。

（2）高Ⅰ值：打开事故疏水阀。

（3）高Ⅱ值：停加热器（关进汽阀，关加热器水侧出、入口阀，打开旁路阀），关主机抽汽止回阀、抽汽电动阀，大开抽汽调节蝶阀。

（4）加热器水位高保护试验方法：注意在不影响主机运行的前提下由热工人员解除加热器水位平衡容器，开启平衡器上部排空阀，从平衡器下部放水管注水校验各水位报警值、保护动作值。

试验时，疏水泵在“试验”位置，送上操作电源，投入连锁开关，试验水位高Ⅱ值时，确认主机供热抽汽电动阀在关闭状态。

30. 试述疏水泵最小流量保护。

答：为防止疏水泵汽蚀，设置了疏水泵最小流量保护。当出口流量低于规定的最小数值时，疏水泵跳闸。

31. 安全阀的作用是什么？

答：安全阀的作用是：为确保热网加热器水侧、汽侧不超压，在加热器汽侧、水侧均设置了安全阀保护。安全阀是在试验台上调试好以后再装在系统上的，动作值为正常工作压力的1.25倍。

32. 热网的调试分为哪两个阶段？

答：热网的调试分为分部试运阶段和整体试运阶段。

33. 分部试运阶段主要包括哪些步骤？

答：分部试运阶段主要包括汽水系统清洗，回转设备的试运，热工保护、连锁的调试，主机调压系统的静态试验几个步骤。

34. 整体试运阶段主要包括哪些步骤？

答：整体试运阶段主要包括：循环水系统的冷态循环及水力工况的确定；热网水升温试

验及供热抽汽的投运。

35. 如何进行回转设备的试运?

答：热网所有回转设备的电动机均需进行单独空转试验合格，转向及操作回路正确。启动回转设备进行检查，设备内无摩擦及卡涩现象，各泵轴承的油质及油量合格，各泵试运时间不少于 8h，各泵的联动试验合格，测量各轴承振动，检查轴承温度、轴承振动应符合标准。试运时记录有关数据作为原始资料，这些数据包括：各泵轴承的振动值、空转电流，各泵轴向窜动情况、膨胀情况，各泵的流量、扬程等数据。回转设备试运的同时，检查系统泄漏情况，检查各压力表、温度计、流量计等表计能否正常投运。

36. 简述热网循环水系统冷态循环调试步骤。

答：外网系统软化水注水完毕后，投运外网各加热站循环水侧，启动循环泵进行热网循环水系统循环，并通过水力特性试验检查，确定供热工况时循环泵的运行方式（决定供水流量）。

投入热网补水系统，启动软化水泵向除氧器上水，水位正常后，启动补水泵向外网补水，用除氧器水位调节阀及补水泵出口调节阀调节除氧器水位，进行除氧器水位报警、保护连锁试验。外网补满水后，回水压力达到定压点定值要求后，启动一台循环泵，缓慢开启出口阀，记录泵出、入口压力，热网供、回水压力，待回水压力稳定后，再启动第二台循环泵，如此逐台启动循环泵，记录供、回水压力，供、回水流量。循环水系统循环稳定后，投入热网加热器水侧，关闭水侧旁路阀。加热器水侧投入时先投基本加热器，再投高峰加热器。注意维持循环水供、回水母管压力在允许范围内，根据热负荷及系统情况确定热网的供水流量、供水压力，但必须严格按设计的水力工况运行。投入热网补水自动调整装置，维持热网定压点压力在规定范围内变化。

37. 简述热网升温调试中备用汽源供热升温试验过程。

答：用厂用蒸汽供汽系统或备用汽源（由减压减温器提供或相邻机组的供热抽汽）向热网加热器供汽，做热网水升温试验，并对加热器及疏水系统进行热态冲洗。供汽升温过程如下：

检查确认供热机组供热抽汽止回阀、电动阀处于关闭状态，投运厂用蒸汽或备用汽源供热系统，稍开加热器进汽电动阀，对加热器及蒸汽管道暖体 30min，待疏水排尽后，关闭蒸汽管道疏水阀，缓慢开启加热器进汽阀，控制加热器出口水温升不超过 0.5℃/min。若温度变化过快，则外网管线热应力较大，易使管线伸缩节损坏，应防止。热网汽侧投入后，注意加热器水位变化，水位计见水后，开启加热器事故疏水阀，对加热器及管路进行一段时间的直排冲洗。水质初步合格后，投运疏水泵，开启再循环阀，对加热器循环冲洗，水质合格后，将疏水回收。

38. 简述机组抽汽供热升温投运步骤。

答： 机组抽汽供热升温投运步骤如下：

检查热网循环水系统正常且投入，检查加热器、水位调整装置试验正常且投入，联系汽轮机值班员准备投入汽轮机供热抽汽运行。开启机组供热抽汽止回阀，开启供热抽汽管疏水阀，对抽汽管道进行暖管，疏水排尽后，关闭疏水阀。开启加热器进汽阀，缓慢开启供热抽汽电动阀，对热网加热器进行暖体，并注意控制加热器出口水温升。此时，疏水直排地沟，对蒸汽管道及加热器进行直排冲洗。冲洗合格后，关闭事故疏水阀，待加热器水位正常后，启动疏水泵，将疏水送至凝汽器、除氧器，或至凝结水回水阀前的放水阀大开，对整个疏水管路进行热态大流量冲洗，如此反复冲洗至水质合格后，回收疏水。

在供热抽汽投运时，控制加热器出口水温升不超过0.5℃/min，并用机组供热蝶阀调整供热抽汽压力在允许范围内。加热器投运后投入加热器水位自动调整装置，并检查工作正常；基本加热器在整个供暖期间，基本压力维持不变。严寒期根据热负荷曲线及调度命令投运高峰加热器。

39. 热网启动分为哪几步？

答： 热网启动分为低压除氧器启动、供热管道系统充水、启动热网循环水泵、热网加热器通水、加热器蒸汽投入、疏水系统投入。

40. 如何启动低压除氧器？

答： 整个启动过程从低压除氧器开始，开启化学来水阀，除氧器上水冲洗，合格后关闭放水阀，投入加热蒸汽。待低压除氧器运行正常后，可向热网循环水系统补水升压。

41. 如何进行供热管道系统充水？

答： 系统注水期间检查有无泄漏，系统充满水后，空气排尽，关闭空气阀。然后启动热网补水泵，将低压除氧器除氧水充入循环水系统，待回水管压力补至规程要求时，可启动热网循环水泵。

42. 如何启动热网循环水泵？

答： 检查系统正常后，关闭出口阀，开启密封水、轴承冷却水阀，检查泵各部正常，盘动灵活，电动机、风扇无异常即可启动一台热网循环水泵。缓慢开启泵出口阀，注意压力及电流变化，缓慢升压至所需压力值，如不够，可按规程要求启动第二台循环水泵，满足循环水量要求。升压过程中应全面检查热网系统是否有泄漏，稍开排空阀，检查是否有空气未放尽。

43. 如何进行热网加热器通水？

答：投入前确保排空阀开启，放水门关闭；各法兰人孔门螺栓全部上好；各种表计投入。通水时，可稍开入口阀或开启注水阀，待水侧注满水，空气排尽后关闭排空阀，开启入口阀、出口阀，关旁路阀。整个通水过程要注意汽侧水位应无明显变化，如变化较大，应停止注水，通知化学专业人员化验水质，检查是否泄漏。

44. 如何投入热网加热器蒸汽？

答：加热器通水后检查各部正常，检查好热网疏水泵，投入其密封冷却水。稍开加热器进汽调节阀，维持一定压力暖管，一般以10～20min为宜，暖体结束，关闭管道疏水，逐渐开大进汽调节阀，控制加热器出口温升为0.5℃/min左右。当加热器水位达高Ⅰ值左右时，启动疏水泵，通知化学专业人员化验水质，不合格时，一般将水排出系统，合格后再送入主机凝汽器。送入凝汽器时，通知汽轮机值班人员注意真空变化。待运行稳定后，投入所有保护和自动调节。

45. 正常运行中如何维护热网加热器？

答：正常运行中要注意监视汽侧的压力、温度，水侧出、入口温度，尤其应注意监视加热器的水位，使其保持在正常位置。防止水位过低，疏水泵汽化；水位过高，加热器冲击。

46. 热网回水压力升高的原因及处理方法是什么？

答：造成热网回水压力升高的原因可能是外网调整不当或用水量减少，补水调整器失灵，热网循环水泵跳闸，误开事故补水阀等。

处理时，首先要检查补水系统，关闭补水调节阀或停止补水泵，检查事故补水阀是否误开。如发现回水温度过高，应停止一台加热器，必要时可开启入口母管放水阀调整压力，同时联系外网查找原因。

47. 热网回水压力下降的原因及处理方法是什么？

答：热网回水压力下降的原因可能是补水泵跳闸，补水调整器失灵，系统泄漏或误开放水阀，以及外网投入部分系统等原因造成。

处理时先检查补水系统，倒备用泵，开大补水调节阀，必要时要开启事故补水补入生水。同时检查系统有无泄漏，联系外网查找原因。如发现供回水温度下降较多，可联系热调投入一台加热器提高水温。

48. 热网加热器水位升高的原因及处理方法是什么？

答：热网加热器水位升高是热网系统常见的故障，而且威胁比较严重，应引起运行人员的高度重视。造成加热器水位升高的原因有：

（1）铜管破裂或泄漏。

（2）疏水泵故障或出口阀开度过小，水位调整器失灵，系统有误操作。

（3）通水量大或回水温度下降。

（4）并联的热网加热器内部压力增大。

（5）疏水阀阀芯掉落。

发现加热器水位升高时，要及时处理，以避免造成满水，威胁机组的安全运行。首先启动备用疏水泵，开大调节阀，降低蒸汽参数；如判断为泄漏，应联系化学专业人员化验水质，予以确证。确证需要停加热器检修时，应及时汇报热调及上级领导，切除故障加热器检修。

49. 热网加热器发生冲击或振动的原因及处理方法是什么？

答：热网加热器发生冲击或振动的原因是：加热器冷态启动时暖管不够、疏水不充分、加热器水位过高、水侧积空气等。

处理方法：如果是因冷态启动发生振动、冲击，则应当关闭进汽，重新暖管投入，并注意充分疏水，缓慢开启进汽阀；水位高，可开大疏水调节阀或启动备用疏水泵。最后应打开水侧排空阀，检查是否积空气。

50. 简述加热器发生汽塞的原因及处理步骤。

答：汽塞也是加热器常见的故障，其主要原因是水侧压力低，流量小。汽塞常发生在采暖末期，此时外网用水量减少，供水温度要求较低。加热器旁路阀开启，调整出口水温，当加热器内水流量过小时，因热网水压低，就会使加热器水侧的水因温度超过饱和温度而汽化，阻塞水流。发生这种情况后，要及时关闭进汽阀，打开水侧排空阀排出水侧蒸汽。待水侧恢复正常后方能重新投入加热器。

51. 热网疏水泵发生汽化的原因及处理方法是什么？

答：运行中热网疏水泵发生汽化的原因是：加热器疏水量减少或泵体空气阀误关等。此时电流、压力摆动，加热器冲击，泵体发热有异声。

处理方法是：首先应适当调整疏水泵出口阀，检查开启空气阀，必要时启动备用泵，停故障泵。

52. 如何停止热网加热器？

答：停止热网加热器时，要逐渐关小热网的进汽蝶阀或调节阀，而且一般要求热网水温变化不超过0.5℃/min。在此过程中注意调整疏水泵出口调节阀和再循环阀开度，保证疏水泵正常运行。待进汽阀全关后，开启进汽管道疏水，加热器水位较低后，停止疏水泵，关闭疏水泵出口阀，关闭疏水至相对应机组凝汽器的截门。

53. 如何停止热网循环水系统？

答：热网循环水系统停止时比较复杂，首先要停止热网补水，停止热网除氧器运行。然后逐台停止循环水泵。停泵时，要缓慢关闭其出口阀，注意循环水母管压力应缓慢降低，出口阀全关后方可停泵。这样按顺序逐台停止，以防止因停泵过快造成入口母管超压，损坏设备。

54. 为什么在热网系统停止后补水系统还要继续运行？

答：由于热网循环水系统庞大，如停止后把水全部放掉将会造成巨大损失；而如果放不尽，积水将在管道内表面产生氧化腐蚀，造成更严重后果。因此，一般热网系统停止后，补水系统继续运行，维持热网循环水管道系统内压力不低于0.2MPa，防止漏入空气，腐蚀设备。

55. 热网停运后，为防止加热器管子及系统管道的氧化锈蚀，有哪几种防腐保护方法？

答：热网锈蚀的主要原因是氧化，保护防腐的主要手段是使管子等金属部件与空气隔绝，其方法有：气相保护和液相保护。

56. 什么是气相保护？其保护机理是什么？

答：将保护气体或气相缓蚀剂气化后（氮气或有机胺盐与无机胺盐复合材料）充入被保护系统内，并达到一定的浓度，使气体在金属表面形成膜状，空气与金属表面隔离而形成保护。

保护机理：保护气体或气相缓蚀剂气化后（缓蚀剂受热后分解）进入保护系统，遇到潮湿的金属表面或经过系统弯曲部分积水处，即被潮湿金属表面水膜或凹入部分积水所吸收，在此部分金属表面上将形成一种膜，从而起到保护作用。

57. 什么是液相保护？其保护机理是什么？

答：在热网系统中加入保护液，使管网系统金属在停运期间不产生锈蚀。液相保护药剂一般采用丙酮肪氨。

保护机理：液相保护是在溶液中加入缓蚀剂，使液体与金属接触生成钝化膜，将空气与金属表面隔离，使金属得到保护。应通过小型试验确定药剂量，并选择工艺以保证在金属表面形成良好的钝化膜。

58. 热网停运后，根据系统布置，可将保护分成哪两类？

答：热网停运后，根据系统布置，将保护分成两类，即蒸汽、疏水系统及疏水冷却器的

保护与热网水侧保护。

59. 如何进行热网蒸汽、疏水系统及疏水冷却器的保护?

答: 蒸汽、疏水系统及疏水冷却器疏水侧由于容积大，一般多采用气相保护法。当充气浓度达到一定值时，即可得到较长时间（2～3 个月）的保护。整个保护期间充气两次即完全可以防止金属及管子的锈蚀，保护期结束后再启动时，不需对管子进行冲洗。

保护前，先将被保护部分系统内的积水全部排尽，再将系统所有放水、排空阀及疏水阀、进汽阀等截门关闭。准备好需用量的气相缓蚀剂（一般 1000m^3 约需 500kg），连接好加热罐的电源、气化罐气源（大于 0.2MPa 的干净压缩空气）。向所保护的系统充压缩空气，检查系统是否泄漏，消除漏气点，并进行加热罐气密性试验、通电试验、气化罐气密性试验。试验合格后，开启进气阀阀，开气化罐入口阀、出口阀和加热罐止气阀，投入加热器，缓缓开启加热器来气阀（保持压力在 0.02MPa 左右），并使加热器出气温度维持在 80～90℃。加入缓蚀剂，使系统进入充气状态，注意调整温度小于 90℃，调整好压力在 0.1～0.2MPa，以温度为准调整压力。充气 20min 后对所有保护设备进行检验，合格后停止充气，关闭充气阀，关闭各加热器进出口电动阀，使加热器及管路系统处于保护状态。

充气一定时间后，在加热器采样处检查，应有少量气体排出，经检验 pH>10 时，即认为充气保护已合格，可以停止充气，否则应充气至合格为止。

60. 如何进行热网水侧保护?

答: 热网水侧系统保护多采用液相保护法，即在热网水系统（此处仅指发电厂内的热网供、回水系统，不含外网系统）中加入保护液，使热网水系统金属在停运期间不产生锈蚀，液相保护药剂一般采用丙酮肟氨。

热网停运后，水系统应全部充满软化水，并检查泄漏情况，消除全部泄漏点后，将整个保护系统用软化水充满。

加药系统一般需要设置一个水箱及一台加药泵，根据保护系统的容量选择水箱大小及加药泵的流量（如保护水体积为 500m^3 时可选用 100t/h 的泵）。图 4-19 所示为某电厂热网循环水系统保护图。加药时，先将药箱补软化水，启动加药泵，开出口阀，开启回药阀建立循环。检查系统泄漏情况，并将泄漏消除，无泄漏后，停加药泵，向药箱加药（药量按 500m^3 计算），将保护药剂倒入药液箱中搅拌至固体药剂完全溶解后，再启动加药泵加药。循环 1h 后，在回水管上采样检查药液的 pH 值，

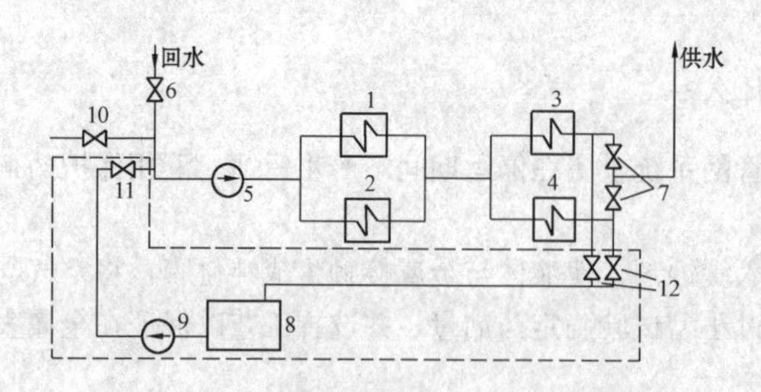

图 4-19 某电厂热网循环水系统保护图

1、2—基本加热器；3、4—高峰加热器；5—热网循环泵；6—回水阀；7—高峰加热器出口阀；8—药箱；9—加药泵；10—补水阀；11—加药泵出口阀；12—回药阀

pH 值大于 10，丙酮肟氨量达 30mg/L 为合格；否则，继续向药箱加药，继续循环，至药液合格为止。合格后，停止加药泵，关闭加药阀及回药阀，关闭各加热器进、出水阀，使所有加热器及管路进入保护状态。

61. 热网保护系统在保护期间如何进行监督检查？

答：首先，应定期进行系统泄漏检查，充气（水）压力降低超过规定范围要随时补足，保证保护介质的充满程度。另外，还要通过化学专业人员定期对保护介质进行化验，以判定是否能达到加药时的要求，否则应补充并提高药剂浓度，使系统具有一定抗腐蚀能力。还有一种称为直观的检查方法，即在介质中放入金属样品，通过对样片腐蚀情况的监视，直接反映被保护系统金属部件的腐蚀程度，以便随时采取调整措施。

第四节　热网及其经济性分析

1. 热电联产工程中，一般采用什么方法评价热功能量转换的效果？

答：现代热电联产工程中，一般采用热平衡法（即热效率法）评价热功能量转换的效果，它是一种能量的数量方面的分析法。

2. 从效率法的观点来看，理想热电联产经济性提高的原因是什么？

答：从效率法的观点来看，理想热电联产经济性提高的原因是：

（1）利用了热功转换过程不可避免的冷源损失来对外供热，使联产发电没有冷源损失。

（2）联产供热采用了高效率的大锅炉，提高了效率。

3. 简述背压式、抽汽背压式汽轮机型（B、CB）的热经济性。

答：由于背压式汽轮机的排汽全部被用来供热，是纯粹的热电联产，热能数量方面的利用率最高。它的结构简单（不需凝汽器），投资省，但背压式汽轮机生产的热、电相互制约，不能调节。需在保证热负荷情况下发电，即采用“以热定电”方式运行，当热负荷变化剧烈，且流量偏离设计值较多时，机组相对内效率下降很多，不经济。

4. 简述抽汽凝汽式汽轮机型（C、CC）的热经济性。

答：抽汽凝汽式汽轮机克服了背压式汽轮机的缺点，它相当于背压式汽轮机和凝汽式汽轮机的组合，热电负荷在一定范围内各自独立调节，适应性较大。由于抽汽只是某一部分，故整机热经济性低于背压式汽轮机，而高于凝汽式机组。根据抽汽量的变化，其效率介于背压式与凝汽式之间。

5. 凝汽-采暖两用机有什么特点？

答：凝汽-采暖两用机有如下特点：

(1) 与凝汽式机组比，采暖期因采用了部分热电联产方式，提高了机组的经济性。但非采暖期却因增加了调节机构使流动阻力增大，比纯凝汽式机组效率有所降低。

(2) 两用机在采暖季节因热负荷增加，不得不使电负荷减少（因两用机是按凝汽式工况设计的）。

(3) 两用机比类似的供热机组可缩短设计、制造工期，降低成本和增加通用性。

为提高两用机的热经济性，其采暖抽汽压力一般较低（如原苏联为0.05～0.2MPa，美国为0.042～0.25MPa），可采用两级加热热网水的方式。

6. 为什么说热电厂热经济性指标的制定比凝汽式电厂和供热锅炉要复杂和困难得多？

答：热电厂热经济性指标的制定比凝汽式电厂和供热锅炉要复杂和困难得多，原因为：

(1) 以热电联产为基础的热电厂，是生产形式不同、质量不同的两种产品——热能和电能，它们对燃料能量的利用程度差别很大。

(2) 热电厂一般同时存在着热电两种不同生产方式——热电联产和热电分产，它们的热经济性也不一样。

7. 对热电厂的热经济性指标的确定有什么具体要求？

答：为能够全面反映热电厂生产的特点，对热电厂的热经济性指标的确定有下列具体要求：

(1) 热电厂的热经济性除包括热、电两种产品的总热经济性指标外，还必须有热能、电能两种产品的分项指标，以便在相互间和与热电分产的系统间（如与凝汽式电厂、分散锅炉等）进行比较。

(2) 要能正确、全面地反映热电厂生产过程的技术完善程度。

(3) 热电厂总的热经济性指标，应能表明对燃料在数量、质量两方面有效利用的程度。

8. 什么是热电厂总热效率（燃料利用系数）η_{tp}？

答：热电厂的总热效率（燃料利用系数）η_{tp}表明热电厂的能量输出和输入的比例关系，其公式为

$$\eta_{tp}=\frac{3600P_{el}+Q_h}{B_{tp}Q_L}\times 100\% \tag{4-2}$$

式中 P_{el}——热电厂送出的电功率，kW；

Q_h——热电厂的供热量，kJ/h；

B_{tp}——热电厂的煤耗量，kg/h；

Q_L——煤的低位发热量，kJ/kg。

由于 η_{tp} 未考虑两种能量产品品质的差别，用热量单位按等价能量相加，因此它只能表明热电厂燃料有效利用程度在数量上的关系，是一个数量指标。它反映的是热电厂的总热效率，不能用来比较两个热电厂间的热经济性，只用来与凝汽式电厂比较燃料的有效利用程度。一般 $\eta_{tp}=(1.5\sim2.0)\ \eta_{cp}$（$\eta_{cp}$ 为凝汽式电厂的热效率）。

9. 什么是供热机组的热化发电率 ω？

答： 供热机组的热化发电率 ω 是供热机组的热化发电量 $P_{el,h}$ 与热化供热量 $Q_{h,t}$ 的比值，即单位热化供热量的电能生产率，其公式为

$$\omega=P_{el,h}/Q_{h,t}\quad (kW\cdot h)/GJ \tag{4-3}$$

热化发电率 ω 与供热机组的参数、机组完善程度、热力系统、返回水进入热力系统的地点、参数及回水率 φ 等多项因素有关。

热化发电量 $P_{el,h}$ 一般是指供热汽轮机供热抽（排）汽所产生的电量，热化发电量 $P_{el,h}$ 分两部分：①外部热化发电量 $P^0_{el,h}$：对外供热汽流直接产生的电量；②内部热化发电量 $P^1_{el,h}$：加热供热循环的回水（由供热返回凝结水及其补充水所组成）回热抽汽产生的电量。

当蒸汽初参数及供热抽汽压力确定时，汽轮发电机组热变功的实际过程越完善，热化发电率就越高。供热机组的热经济性越高，热电联产的效益越高。在能量供应相等的条件下，两种供热机组的热经济性，最终表现在热化发电率 ω 的大小上，即热化发电率大的机组，其绝对内效率也高，反之亦然。因此，热化发电率 ω 是用来评价供热机组热电联产部分技术完善程度的质量指标。ω 不能用于不同抽汽参数的供热机组及热电厂和凝汽式电厂之间的热经济性比较，只可用于相同抽汽参数（或背压）的供热机组间的热经济性比较。

10. 热电厂发电方面的热经济指标有哪些？

答： 热电厂发电方面的热经济指标有：

热电厂的发电热效率 $\eta_{tp(e)}$

$$\eta_{tp(e)}=\frac{3600P_{el}}{Q_{tp(e)}}\times100\% \tag{4-4}$$

热电厂的热电比 R_h

$$R_h=\frac{Q_{ht}}{3600P_{el}}\times100\% \tag{4-5}$$

热电厂的发电热耗率 $HR_{tp(e)}$

$$HR_{tp(e)}=\frac{Q_{tp(e)}}{P_{el}}=\frac{3600}{\eta_{tp(e)}}\ [kJ/(kW\cdot h)] \tag{4-6}$$

热电厂发电标准煤耗率 $b^s_{tp(e)}$

$$b^s_{tp(e)}=\frac{B^s_{tp(e)}}{P_{el}}=\frac{3600}{Q_L\eta_{tp(e)}}=\frac{3600}{29\ 310\eta_{tp(e)}}\approx0.123/\eta_{tp(e)}\ [kg/(kW\cdot h)] \tag{4-7}$$

11. 供热方面的热经济性指标有哪些？

答： 供热方面的热经济性指标有：

热电厂供热热效率 $\eta_{tp(h)}$

$$\eta_{tp(h)}=Q/Q_{tp(h)} \tag{4-8}$$

热电厂供热标准煤耗率：

$$b^{s}_{tp(h)}=B^{s}_{tp(h)}/Q \quad (kg/kJ) \tag{4-9}$$

式中　$B^{s}_{tp(h)}$——热电厂供热标准煤耗量；

　　　$Q_{tp(h)}$——热电厂供热热耗量。

12. 目前，国内外对热电联产总热耗量所采用的分摊方法有哪几种？

答：目前，国内外对热电联产总热耗量所采用的分摊方法有热电联产效益归电法、热电联产效益归热法、热电联产效益折中分配法。

13. 简述热电联产效益归电法。

答：如热量法、卡路里法（德国）、热焓基准法（日本）等均属热电联产效益归电法一类。热量法是建立在热力学第一定律基础上的，是从热能数量利用的观点来分配总热耗量（即按所供热量的比例来分配），它认为热电厂中的热化发电没有冷源和不可逆损失，这部分损失全部被用来对外供热了。按此观点，热电厂的供热只分配到集中供热的好处，热电联产的收益全都归电能生产。因此所分配的供热热耗与联产、分产的方式，供热参数的高低无关，而全被当作是由电站锅炉直接供热来对待。热量法分配的供热热耗量为

$$Q_{tp(h)}=Q/\eta_{b}\eta_{p}\eta_{hs} \quad (kJ/h) \tag{4-10}$$

式中　η_{b}——锅炉效率；

　　　η_{p}——管道效率；

　　　η_{hs}——热网效率；

　　　Q——热用户用热量。

图 4-20 所示为热电联产和热电分产共同满足供热量需求的工作情况示意。

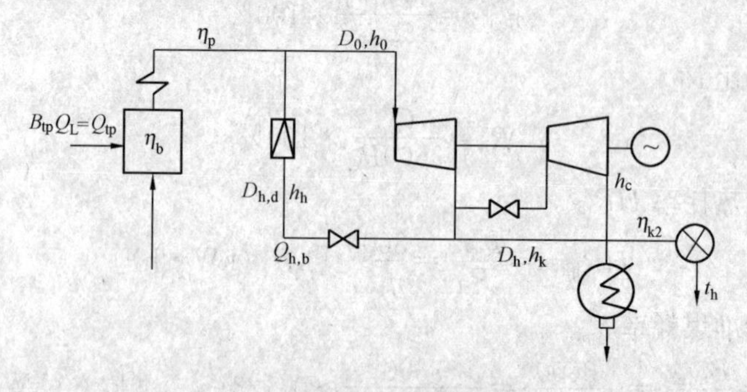

图 4-20　热电厂总热耗量分配图

对外供热量

$$D_{h}=D_{h,b}+D_{h,t} \tag{4-11}$$

式中　$D_{h,b}$——锅炉经减温减压后直接供汽量（分别生产）；

$D_{h,t}$——热化供汽量（联产）。

在这里供热方式是等同看待的。

这种分配方法把热电联产的收益全部归电能生产，摊给电能生产的煤耗率和成本就很低，从热电厂局部利益看似乎合算，但从动力系统全局角度看，此法没有反映热、电两种产品质量上的不等价和不同参数供热蒸汽的质量差别，调动不了热用户降低用热参数的积极性，也不能刺激电厂人员完善电能生产的技术过程。但由于热量法简便实用，被许多国家广泛采用。目前我国也以热量法作为法定的分配方法。

14. 简述热电联产效益归热法。

答：如实际焓降法、轴功率法（日本）、固定发电煤耗法等均属热电联产效益归热法一类。实际焓降法考虑了热化供热蒸汽在汽轮机中做功不足对热能质量利用的不利影响，注意了不同参数供热蒸汽的质量差别，采用高质高价（多分配热耗）、低质低价（少分配热耗）的分摊方法，刺激了热用户降低供热蒸汽参数积极性，对增加供热发电量，提高热电厂热经济性有促进作用。

实际焓降法把热电联产的好处都归了热［因热化发电的冷源损失和不可逆损失并没有分摊给供热 $Q^{t}_{tp(h)}$］，从而供热的煤耗率低，供热的效率 $\eta_{tp(h)}$ 甚至可能大于1（即分摊的热耗还少于供出的热量），相应发电成本和发电煤耗率很高。这与热量法把热电联产好处全归电形成了鲜明的对比。

15. 简述热电联产效益折中分配法。

答：如做功能力法（㶲法）、热泵法等其他折中分摊法均属热电联产效益折中分配法一类。做功能力法是对供热机组的热耗 Q' 按供热抽汽与新汽的做功能力之比来进行分配，是以热能的质量（做功能力）差别为基础，按热力学第二定律进行分配的方法。它把热电联产的好处按供热抽汽和新汽做功能力的比例分配给供热和供电，对热电双方的利益都有所照顾，在理论上较为合理。但由于它没有联系实际生产过程的技术完善程度，在实用上又极不方便，故尚未得到实际的应用。

16. 为不断提高供热机组的经济性，供热机组的发展趋势是什么？

答：为不断提高供热机组的经济性，供热机组的发展趋势是：

（1）不断提高供热机组的初参数和容量。

（2）采用两级加热的热网水加热系统。

（3）采用新型凝汽器结构。

（4）采用中间再热。

除上述以外，为保证热电厂的实际经济效益，还应注意：

（1）供热机组容量的选择要“以热定电”，尽可能采用较高参数和再热循环。

（2）一定要根据热负荷的特性选择供热机组，使机组尽可能在经济的设计工况附近运行。

(3) 由于热电负荷需求往往不一致，为了同时满足不同热、电负荷的需要，一般热电厂除装设有供热机组外，还要设有高峰负荷使用的锅炉、直接供热的减温压器或热水锅炉等调峰设备。

热电厂存在哪些削弱热化经济效益的不利因素？

答：热电厂存在下列削弱热化经济效益的不利因素：

(1) 热电厂的集中供热增加了热网损失和热网投资，它们与供热的距离（热网半径）、热用户的密集程度、供热介质及参数的选择、热网管径的大小及保温等情况有关。因此，热电厂必须建立在热负荷密集的工业区和城市附近。热电厂要靠近热负荷中心，它的供水条件一般不理想，造成机组的运行真空度低；距燃料产地远，使燃料价格贵。另外，还有征地费用高，加重了城市繁忙运输的负担等。

(2) 热电厂的发电部分存在着比“代替凝汽式机组”（与热电厂进行比较的凝汽式机组称为“代替凝式汽机组”）经济性还差的凝汽发电，故影响了热电厂的热经济性。

(3) 热电厂中的工质损失一般远大于凝汽式电厂，工质损失率的大小取决于供热介质的选择、供热系统及供热方式、热负荷的特性及管理水平等，热电厂的补水率大，不仅带来经济上的损失（水处理设备投资和运行费用增加，对外供热能力减小），而且使热力设备运行的安全可靠性降低。

第五章 汽轮机结构及工作原理简介

第一节　汽轮机工作原理简介

1. 汽轮机的作用是什么?

答：汽轮机是一种以具有一定温度和压力的水蒸气为工质，将热能转变为机械能的回转式原动机。它在工作时先把蒸汽的热能转变为动能，然后使蒸汽的动能转变成机械能。

2. 什么是冲动力？它的大小取决于什么?

答：由力学可知，当一运动物体在碰到另一物体时，就会受到阻碍而改变其速度和方向，同时给阻碍它运动的物体一作用力，通常称这个作用力为冲动力。

它的大小取决于运动物体的质量和速度变化。

3. 什么是冲动作用原理?

答：高速流动的蒸汽从喷嘴中流出，冲击桌上的木块，这时蒸汽速度发生改变，就会有一个冲击力作用于木块，使其向前运动，这种做功原理称为冲动作用原理。

4. 什么是反动力?

答：反动力是由原来静止或运动速度较小的物体，在离开或通过另一物体时，骤然获得一个较大的速度增加而产生的。火箭内燃料燃烧而产生的高压气体以很高的速度从火箭尾部喷出，这时从火箭尾部喷出的高速气流就给火箭一个与气流方向相反的作用力，在此力的推动下火箭就向上运动。这种反作用力称为反动力。

5. 什么是反动作用原理?

答：在汽轮机中，当蒸汽在动叶片构成的汽道内膨胀加速时，汽流必然对动叶片作用一个反动力，推动叶片运动，做机械功，这种做功原理称为反动作用原理。

6. 什么是汽轮机的级?

答：汽轮机在工作中，首先在喷嘴叶栅中蒸汽的热能转变成动能，然后在动叶栅中蒸汽

的动能转变成机械能。喷嘴叶栅和与它相配合的动叶完成了能量转换的全过程，于是便构成了汽轮机做功的基本单元。通常称这个做功单元为汽轮机的级。由一个级构成的汽轮机称为单级汽轮机。

7. 什么是多级汽轮机？

答：多级汽轮机主要由汽缸、转子、隔板等组成。各级按序依次排列。工作时，蒸汽进入多级汽轮机，依次流过所有的级，膨胀做功，压力逐渐降低，当蒸汽流出最末级动叶片时已变成流速较低的乏汽，排出汽缸。多级汽轮机的功率为各级功率的总和。

8. 多级冲动式汽轮机的工作过程是什么？

答：具有一定压力温度的新蒸汽，经调节汽阀进入喷嘴。蒸汽在喷嘴中膨胀加速，压力、温度降低。具有较高速度的蒸汽进入动叶片，在动叶片中改变汽流方向，对叶片产生冲动力。同时，蒸汽在动叶片出口前略有膨胀，压力下降，速度增加，对动叶片产生反动力。蒸汽在动叶片中将大部分动能转换成机械能。蒸汽流出动叶时，压力、温度下降，此后蒸汽进入第二级，重复上述做功过程。这样，蒸汽逐渐膨胀做功，直至最后一级动叶出口蒸汽压力、温度降至排汽压力、温度。汽轮机各级功率之和，即为多级汽轮机的总功率。

9. 汽轮机按工作原理可分为哪几种类型？

答：汽轮机按工作原理分为冲动式汽轮机、反动式汽轮机、冲动反动联合式汽轮机。

10. 汽轮机按蒸汽流动方向可分为哪几种类型？

答：汽轮机按蒸汽流动方向可分为：

（1）轴流式汽轮机。蒸汽流动总体方向大致与轴平行。

（2）辐流式汽轮机。蒸汽流动总体方向大致与轴垂直。

11. 汽轮机按热力过程可分为哪几种类型？

答：汽轮机按热力过程可分为：

（1）凝汽式汽轮机。进入汽轮机做功的蒸汽，除少量漏汽外，全部或大部分排入凝汽器的汽轮机。

（2）背压式汽轮机。蒸汽在汽轮机中做功后，以高于大气压力排出，供工业或采暖使用，这种汽轮机称为背压式汽轮机。

（3）调整抽汽式汽轮机。将部分做过功的蒸汽在一种或两种压力（此压力可在一定范围内调整）下抽出，供工业或采暖用汽，其余蒸汽仍排入凝汽器，这种汽轮机称调整抽汽式汽轮机。

(4) 中间再热式汽轮机。将在汽轮机高压部分做过功的蒸汽，引至锅炉再热器再次加热到某一温度，然后重新返回汽轮机的中、低压缸部分继续做功，这类汽轮机称中间再热式汽轮机。

12. 什么是汽轮机所发功率的理想功率?

答: 汽轮机若不考虑任何损失，则蒸汽的理想焓降全部转换为机械功。此时汽轮机所发功率称为理想功率。

13. 什么是汽轮机的内功率?

答: 考虑汽轮机各种内部损失后，汽轮机所发功率称为内功率。

14. 汽轮机的相对内效率是什么?

答: 有效焓降与理想焓降之比可以反映汽轮机热力过程完善程度，称为汽轮机的相对内效率，即

$$\eta_{ri}=\frac{\Delta H_i}{\Delta H_t} \tag{5-1}$$

15. 什么是汽轮机的相对有效效率?

答: 轴端功率与理想功率之比称为汽轮机相对有效效率，即

$$\eta_{re}=\frac{P_{eff}}{P_t}=\eta_{ri}\eta_m \tag{5-2}$$

式 (5-2) 表明相对有效效率等于相对内效率与机械效率的乘积。

16. 什么是汽轮机的机械效率?

答: 汽轮机轴端功率与内功率之比称为汽轮机的机械效率。

17. 什么是汽轮发电机组的相对电效率?

答: 发电机组输出功率 P_{el} 与蒸汽理想功率 P_t 之比叫做汽轮发电机组相对电效率，即

$$\eta_{rel}=P_{el}/P_t=\eta_{ri}\eta_m\eta_g \tag{5-3}$$

式 (5-3) 表明汽轮发电机组的相对电效率等于汽轮机的相对效率、机械效率和发电机效率的乘积。

18. 什么是发电机效率?

答: 汽轮发电机组的电功率与汽轮机轴端功率之比称为发电机效率。

19. 什么是汽轮发电机组的热耗率？

答： 汽轮发电机组每发 1kW·h 电所消耗的热量，称为热耗率 HR，单位是 kJ/（kW·h）。对非再热机组，有

$$HR = SR(h_0 - h_{fw}) \tag{5-4}$$

式中 h_0——新蒸汽比焓，kJ/kg；

h_{fw}——给水焓，kJ/kg；

SR——汽耗率，kg/（kW·h）。

20. 什么是级的反动度？

答： 级的反动度等于蒸汽在动叶中的理想焓降 Δh_b 与整个级的滞止理想焓降 Δh_t^* 之比，即

$$\rho_m = \frac{\Delta h_b}{\Delta h_t^*} \approx \frac{\Delta h_b}{\Delta h_n^* + \Delta h_b} \tag{5-5}$$

一般情况下，Δh_n^* 和 Δh_b 是指叶道平均直径截面上的理想焓降。所以，所确定的反动度也是级的平均反动度。

21. 什么是速度系数？

答： 汽轮机喷嘴出口的实际速度与理想速度之比称为速度系数。它表示喷嘴中蒸汽流动损失的大小。

22. 什么叫喷嘴损失？

答： 蒸汽在汽轮机喷嘴中流动动能损失称为喷嘴损失。

23. 什么是汽轮机轮周效率？

答： 把单位质量的蒸汽通过汽轮机某级所做轮周功 ω_u 与其在该级的理想焓降之比称为轮周效率，即

$$\eta_u = \frac{\omega_u}{\Delta h_t^*} \tag{5-6}$$

轮周效率的大小直接反映了蒸汽在级中热能转换为机械能的程度。

24. 什么是级的轮周功率？

答： 周向力 F_u 在动叶片上每秒钟所做的功叫做级的轮周功率 P_u，它等于周向力 F_u 与圆周速度之积，即

$$P_u = F_u u \tag{5-7}$$

25. 什么是汽轮机的损失？

答：汽轮机在实际工作过程中，会产生多种形式的损失，提高汽轮机效率，必须有效地降低汽轮机的各种损失。汽轮机损失分为外部损失和内部损失两种，对蒸汽的热力过程和状态不发生影响的损失称外部损失；对蒸汽的热力过程和状态发生影响的损失叫内部损失。

26. 汽轮机内部损失包括哪几种？

答：汽轮机内部损失包括进汽机构的节流损失、排汽管压力损失和级内损失三种。级内损失又包括叶高损失、扇形损失、叶栅损失、余速损失、叶轮摩擦损失、撞击损失、部分进汽损失、湿汽损失、漏汽损失等。

27. 汽轮机外部损失包括哪几种？

答：汽轮机外部损失包括端部轴封漏汽损失、汽缸散热损失、机械损失。

28. 什么是汽轮发电机组的汽耗率？

答：汽轮发电机组每发 1kW·h 电所消耗的蒸汽量，称为汽耗率，用 SR 表示，单位为 kg/（kW·h）。每小时消耗的蒸汽量称为汽耗量，用 D 表示，单位为 kg/h，即

$$D=3600q_{\mathrm{m}}=\frac{3600P_{\mathrm{el}}}{\Delta H_{\mathrm{t}}\eta_{\mathrm{ri}}\eta_{\mathrm{m}}\eta_{\mathrm{g}}} \tag{5-8}$$

则汽耗率 SR 为

$$SR=\frac{D}{P_{\mathrm{el}}}=\frac{3600}{\Delta H_{\mathrm{t}}\eta_{\mathrm{ri}}\eta_{\mathrm{m}}\eta_{\mathrm{g}}} \tag{5-9}$$

汽耗率是衡量汽轮发电机组经济性的指标之一。由式（5-9）可知，若汽轮发电机组各种效率很高，汽耗率就较低；反之，则汽耗率就较高。

29. 什么是全周进汽？

答：汽轮机喷嘴连续布满隔板整个圆周称圆周（全周）进汽。

30. 什么是部分进汽？

答：若汽轮机的喷嘴只装在圆周中的某一个或几个弧段上，其余弧段不装喷嘴称为部分进汽。装喷嘴的弧段叫工作弧段。

31. 什么是部分进汽度？

答：汽轮机喷嘴工作弧段与整个圆周的周长之比称为部分进汽度。

32. 蒸汽流量变化，对各级反动度有什么影响?

答：变工况时，级的焓降如果增加，则级的反动度减小；级的焓降如果不变，则反动度不变。

33. 蒸汽流量对轴向位移有什么影响?

答：汽轮机的轴向推力主要取决于叶轮前后的压力差。当蒸汽流量改变时，虽然占大多数的中间级压力比基本不变，但中间各级前后压力却随之变化，因而级前后的压力差将发生变化，使得轴向推力发生变化。如果蒸汽流量增加，则级前后压力随之增大，级前后压差增大，轴向推力增大；反之，流量减小，则级前后压力降低，级前后压力差减小，中间各级轴向推力减小。调节级和末几级的压力差变化正好相反，且伴随着焓降和反动度的变化，因而轴向推力变化情况较复杂，但由于中间级占大多数，因此，多级汽轮机的轴向推力是随蒸汽流量的增加而增大的，反之相反。

34. 多级汽轮机的轴向推力是如何产生的?

答：多级汽轮机产生轴向推力的原因：

（1）蒸汽作用在动叶上的轴向推力。蒸汽流经动叶片时其轴向分速度的变化将引轴向推力。另外，级的反动度使动叶片前后出现压差而产生轴向推力。

（2）作用在叶轮上的轴向推力。当叶轮前后存在压差时，产生轴向推力。

（3）作用在汽封凸肩、转轴凸肩上的轴向推力。由于每个汽封凸肩前后存在压力差，因而产生轴向推力。各级轴向推力之和是多级汽轮机的总推力。

35. 多级汽轮机的轴向推力有几种平衡方法?

答：（1）开设平衡孔以均衡叶轮前后压差。

（2）采用平衡活塞，即适当加大高压端前轴封第一段轴封套直径，以在其端面上产生与轴向推力相反的推力，平衡轴向推力。

（3）采用相反流动的布置，抵消轴向推力。

36. 多级汽轮机有什么优点?

答：多级汽轮机的优点是：

（1）由于级数多，每一级焓降小，可以使每级均工作在最佳速度比范围内。

（2）前一级余速可被下一级利用。

（3）多级汽轮机前面级的损失，会引起级后蒸汽焓值的升高，使各级理想焓降之和大于总的理想焓降。

（4）多级汽轮机可以设计成回热式和中间再热式，从而提高循环热效率。

（5）多级汽轮机参数高，功率大，在提高经济性的同时，降低了单位千瓦容量的制造和运行费用。

37. 多级汽轮机有什么缺点？

答： 多级汽轮机的缺点是：

（1）多级汽轮机结构复杂，零部件多，机组尺寸大，质量大，总造价高。

（2）多级汽轮机由于结构和工作特点，会产生一些附加损失，如末几级的湿汽损失等。

38. 什么是多级汽轮机的重热现象？

答： 多级汽轮机中，前面级的损失可以使后面级的理想焓降增大，这种现象称重热现象。

39. 多级汽轮机的去湿方法有哪些？

答： 多级汽轮机的去湿方法有：

（1）采用去湿装置。去湿装置包括捕水口槽道、捕水室、疏水通道。

（2）采用空心静叶吸水去湿结构。

（3）采用空心静叶出汽边喷汽方法。

40. 如何提高多级汽轮机末级动叶表面的抗冲蚀能力？

答： 为提高多级汽轮机末几级动叶表面的抗冲蚀能力，采用将末几级动叶进汽边的背弧表面局部淬硬、表面镀铬、喷涂硬质合金及镶焊硬度较高的司太立合金薄片等方法。

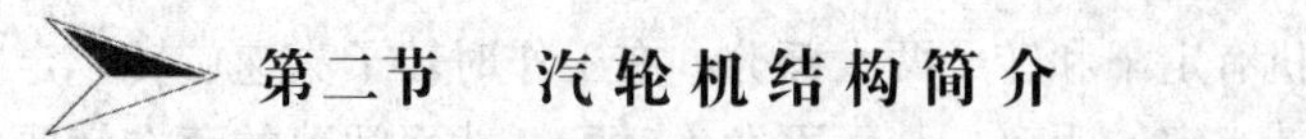

第二节　汽轮机结构简介

1. 汽轮机本体主要由哪些部分组成？

答： 汽轮机本体主要组成部分为：转动部分（转子）包括动叶栅、叶轮（或转鼓）、主轴和联轴器及紧固件等旋转部件；固定部件（定子）包括汽缸、蒸汽室、喷嘴室、隔板、隔板套（或静叶持环）、汽封、轴承、轴承座、机座、滑销系统及有关紧固零件等；控制部分包括调节系统、保护装置和油系统等组成。

2. 汽缸的作用是什么？

答： 汽缸即汽轮机的外壳。其作用是将汽轮机的通流部分与大气隔开，以形成蒸汽热能转换为机械能的封闭汽室。它还支承汽轮机的某些静止部分（隔板、喷嘴室、汽封套等），承受它们的重力，还要承受由于沿汽缸轴向、径向温度分布不均而产生的热应力。

3. 汽轮机汽缸内、外装有哪些设备？

答：汽轮机汽缸内装有喷嘴室、喷嘴、隔板套、隔板、汽封等部件。

汽缸外装有调节汽阀、进汽管、排汽管和抽汽管等。

4. 汽缸的结构可分为哪几种形式？

答：（1）根据进汽参数的不同，可分为高压缸、中压缸、低压缸。

（2）按每个汽缸的内部层次可分为单层缸、双层缸、三层缸。

（3）按通流部分在汽缸内的布置方式可分为顺向布置、反向布置和对称布置。

（4）按汽缸形状可分为有水平接合面的或无水平接合面的和圆筒形、圆锥形、阶梯圆筒形或球形等。

5. 汽缸是如何选用材料的？

答：汽缸选用材料，主要取决于它所处的温度：

（1）小于或等于250℃，材料为铸铁或用碳钢板焊接。

（2）250～400℃，材料为铸钢或低碳钢。

（3）400～500℃，材料为钼钢或铬钼钢。

（4）500～550℃，材料为铬钼钢或铬钼钒钢。

（5）550～580℃，材料为奥氏体钢。

6. 什么是汽封？

答：汽轮机有定子和转子两大部分。在工作时转子高速旋转，定子固定，因此转子和定子之间必须保持一定的距离，从而不发生碰磨。然而间隙的存在就要导致漏汽，这样不仅会降低机组效率，还会影响机组安全运行。为了减少蒸汽泄漏和防止空气漏入，需要有密封装置，通常称为汽封。

7. 汽轮机滑销系统可分为哪几种？

答：汽轮机滑销系统中，根据构造、安装位置和作用的不同，可分为立销、纵销、角销、斜销、横销和猫爪横销。

8. 汽轮机转子可分为哪几种？

答：汽轮机转子按振动特性可分为刚性转子和挠性转子。

9. 汽轮机轴承可分为哪几类？

答：汽轮机轴承可分为支持轴承和推力轴承两大类。

支持轴承按轴瓦分有圆筒形支持轴承、椭圆形支持轴承、多油楔支持轴承和可倾瓦支持轴承。

推力轴承可分为单独设置的推力轴承和与支持轴承合在一起的支持-推力联合轴承。

10. 轴承的工作原理是什么？

答：对轴承来说，转子本身重力和所受的各种力，作用在轴颈上，轴颈直径比轴瓦内径小，轴径放入轴瓦内便形成楔形间隙。轴颈旋转时，它与轴瓦构成相对移动，此时将具有一定压力和黏度的润滑油，从轴承座的进油管口送入轴承，油便黏附在轴颈上随着轴颈一起转动，不断地把润滑油带入轴承的楔形间隙中。由于自宽口进入楔形间隙的油比自窄口流出的油量多，润滑油便聚积在楔形间隙中并产生油压。当油压超过轴颈的重力时，便把轴颈抬起，在轴颈和轴瓦之间形成油膜。

11. 简述推力轴承油膜的形成。

答：汽轮机静止时，推力瓦块表面与推力盘平行。汽轮机转动后，推力盘带动润滑油进入间隙（推力瓦块表面与推力盘之间）。当转子产生轴向推力时，间隙中油受到压力，并将此力传递给推力瓦块，而油压产生的合力不是作用在推力瓦块的支承肩上，而是偏在进油口一侧，使瓦块略为偏转形成油楔。随着瓦块的偏转，油压的合力向出油口一侧移动。当移至瓦块支肩上时，瓦块保持平衡位置，油楔中压力与轴向推力保持平衡状态，推力盘与推力瓦块之间形成液体摩擦。

12. 什么是汽缸的膨胀死点？

答：纵销中心线与横销中心线的交点称为汽缸的膨胀死点（又称绝对死点）。

13. 什么是相对膨胀差？

答：当汽轮机启动加热或停机冷却及负荷变化时，汽缸和转子都会产生热膨胀或冷却收缩。由于转子的受热表面积比汽缸大，且转子的质量比相对应汽缸的质量小，蒸汽对转子表面的放热系数较大，因此在相同的条件下，转子的温度变化比汽缸快，转子与汽缸之间存在膨胀差，而这个差值是指转子相对于汽缸而言，故称为相对膨胀差（即胀差）。

14. 什么是汽轮机转子？它主要由什么组成？

答：汽轮机的转动部分总称为转子。

它主要由主轴、叶轮、动叶片、联轴器等部件构成。

15. 汽轮机转子结构可分为哪几种类型？

答：汽轮机转子结构可分为轮式和鼓式两大基本类型。轮式转子有装动叶片的叶轮，而鼓式转子没有叶轮，动叶片直接装在转鼓上。一般冲动式汽轮机采用轮式转子结构，反动式汽轮机采用鼓式转子结构，也可采用两者组合结构的转子。

16. 轮式转子结构可分为哪几种形式？

答：轮式转子结构可分为套装式、整锻式、套装整锻组合式和焊接式转子。

17. 叶片可分为哪几种类型？

答：叶片按用途可分为动叶片（又称工作叶片）和静叶片（又称喷嘴叶片）两种。

动叶片安装在转子叶轮或转鼓上，接受喷嘴叶栅射出的高速汽流，把蒸汽的动能转换成机械能，使转子旋转。

静叶片安装在隔板、持环或汽缸上，在反动式汽轮机中，起喷嘴作用；在速度级中，作导向叶片，使汽流改变方向，引导蒸汽进入下一列动叶片。

18. 叶片由哪些部件组成？

答：叶片一般由叶根、工作部分（或称叶身、叶型部分）、叶顶连接件（围带或拉筋）组成。

19. 叶片为什么会发生共振？

答：叶片可看成是装在轮缘上的一个弱性杆件，具有一定的自振频率。在运动中，如果遇到一个激振力与叶片自振频率相等或成一定整倍数时，便将发生激烈的共振现象，其振幅和振动应力将急剧增大，在很短的时间内，使叶片产生疲劳裂纹，最终折断，从而引起转子失去平衡而产生振动。

20. 什么是外界激振力？有哪几种？

答：作用在叶片上引起振动的周期性的力，称为外界激振力。

在机组运行时，对叶片产生的激振力，按其频率可分为高频激振力和低频激振力。

21. 产生高频激振力的原因是什么？

答：高频激振力产生的原因是：在汽轮机中，由于喷嘴叶栅的出汽边都有一定的厚度，

使喷嘴叶栅出口汽流速度分布不均，通道中间部分速度较高，而喷嘴出汽边尾迹中的汽流速度较低，当旋转的动叶片处于喷嘴通道中部时，汽流作用力大；处于喷嘴通道出汽边时，汽流作用力便突然变小，如此往复，形成了对动叶片的高频激振力。这对于自振频率较高的前几级短叶片，易与高频率激振力发生共振，而对自振频率较低的末级叶片，则威胁不大。

22. 产生低频激振力的原因是什么？

答：低频激振力产生的原因是：

（1）对于部分进汽的级，各喷嘴组之间没有蒸汽通过，所以动叶片每转一圈也会经受汽流的变化。

（2）上下两半隔板接缝处，由于接合不好，引起汽流突变。

（3）抽汽口处具有加强筋，使汽流在此产生不均匀流速。

（4）由于某些喷嘴制造不良，引起不均匀汽流。

低频激振对自振频率较高的前几级短叶片，没有多大影响，而对自振频率较低的末几级长叶片，则危害很大。

23. 叶片在激振力的作用下，可产生哪几种振动？

答：叶片或叶片组在激振力的作用下，可产生三种不同的振动，即切向振动、轴向振动和扭转振动。

24. 叶片的哪种振动最危险？

答：由于汽流力主要作用在叶片的切向，而且切向振动又发生在叶片刚性最小的切向截面上，因而叶片的切向振动最容易发生，又是最危险的一种振动。

25. 叶片切向振动分哪两种类型？

答：叶片受激振动力作用产生切向振动时，按叶顶的状态，可分为A型振动和B型振动。

26. 什么是A型振动？

答：A型振动就是叶根固定，叶顶自由摆动的振动形式。由于叶片具有很多个自振频率，当激振力频率不断提高时，便会出现很多阶共振现象。当振动除叶根以外，叶片各点都有振动，而且各点振动相位相同，振幅自叶根至叶顶逐渐增大，称为一阶A型振动，或称为A0型振动。除叶根不振动以外，在叶片的某个截面处，还有一个振幅为零的、不振动的点，称为节点。节点上下相位相反，振幅不断变化，称为二阶A型振动，或为A1型振动。有两个节点的称为三阶A型振动，或为A2型振动。随着激振力频率的不断提高，还会出现

A3、A4 等型振动，因为高阶共振发生后，由于它频率很高，振幅不大，其危险性较小。所以，从安全角度出发，通常在汽轮机中只考虑动叶片的 A0 和 A1 型振动。

27. 什么是 B 型振动？

答：叶根不动，叶顶基本上也不动的振动称为 B 型振动。装有复环的短叶片，方有可能产生 B 型振动。与 A 型振动一样，随着激振力频率的不断提高，会依次出现 B0、B1、B2 等型振动。通常在汽轮机中只考虑动叶片的 B0 型振动。

28. 自振法测量叶片自振频率的原理是什么？

答：自振法测量叶片自振频率的原理是：通常是用锤击法将叶片振动的自振频率信号转换成电压信号，送至示波器，使其与一个可调的、已知的电压频率信号相等，从而确定叶片的自振频率。

29. 共振法测量叶片自振频率的原理是什么？

答：共振法测量叶片自振频率的原理是：用激振器激发叶片共振后，测定其自振频率，这对测定自振频率高，振幅小，振动容易消失的短叶片来说，创造了测量条件。

火力发电工人
实用技术
问
答
丛书
汽轮机设备运行
技术问答(第二版)
汽轮机设备运行
技术问答(第二版)
汽轮机设备运行
技术问答(第二版)

中 级 工

第二篇

第六章 汽轮机结构及工作原理

第一节 汽轮机的工作原理

1. 汽轮机工作的基本原理是什么?

答: 汽轮机工作的基本原理是：具有一定压力和温度的水蒸气进入汽轮机，流过喷嘴并在喷嘴内膨胀获得很高的速度，这时蒸汽的压力、温度降低，速度增加，使热能转变成动能。然后，具有较高速度的蒸汽由喷嘴流出，进入动叶片流道，在弯曲的动叶流道内，改变汽流方向，给动叶片以冲动力，产生了使叶轮旋转的力矩，带动主轴旋转，输出机械功，即在动叶片中蒸汽推动叶片旋转做功，完成动能到机械能的转换。

2. 什么是冲动式汽轮机?

答: 冲动式汽轮机是指蒸汽主要在喷嘴中进行膨胀，在动叶片中蒸汽不再膨胀或膨胀很少，而主要是改变流动方向。现代冲动式汽轮机各级均具有一定的反动度，即蒸汽在动叶片中也发生很小一部分膨胀，从而使汽流得到一定的加速作用，但仍算作冲动式汽轮机。

3. 什么是反动式汽轮机?

答: 反动式汽轮机是指蒸汽在喷嘴和动叶中的膨胀程度基本相同。此时动叶片不仅受到由于汽流冲击而引起的作用力，而且受到因蒸汽在动叶片中膨胀加速而引起的反作用力。由于动叶片进出口蒸汽存在较大压差，所以与冲动式汽轮机相比，反动式汽轮子机轴向推力较大。因此一般都装平衡盘以平衡轴向推力。

4. 什么是冲动反动联合式汽轮机?

答: 由冲动级和反动级组合而成的汽轮机称为冲动反动联合式汽轮机。

5. 什么是凝汽式汽轮机?

答: 凝汽式汽轮机是指进入汽轮机做功的蒸汽，除少量漏汽外，全部或大部分排入凝汽器的汽轮机。蒸汽全部排入凝汽器的汽轮机又称纯凝汽式汽轮机；采用回热加热系统，除部分抽汽外，大部分蒸汽排入凝汽器的汽轮机，称为凝汽式汽轮机。

6. 什么是单级汽轮机？

答：由一个级构成的汽轮机称为单级汽轮机。

7. 什么是调整抽汽式汽轮机？

答：将部分做过功的蒸汽在一种或两种压力（此压力可在一定范围内调整）下抽出，供工业或采暖用汽，其余蒸汽仍排入凝汽器，这种汽轮机称为调整抽汽式汽轮机。调整抽汽式汽轮机和背压式汽轮机又称为供热式汽轮机。

8. 什么是中间再热式汽轮机？

答：将在汽轮机高压部分做过功的蒸汽，引至锅炉再热器再次加热到某一温度，然后重新返回汽轮机的中、低压缸部分继续做功，这类汽轮机称中间再热式汽轮机。其再热次数可以是一次、两次或多次，但一般采用一次中间再热。

9. 汽轮机按蒸汽初参数分为哪几种类型？

答：汽轮机按蒸汽初参数可分为：

（1）低压汽轮机。新蒸汽压力为1.176～1.47MPa。

（2）中压汽轮机。新蒸汽压力为1.96～3.92MPa。

（3）高压汽轮机。新蒸汽压力为5.88～9.8MPa。

（4）超高压汽轮机。新蒸汽压力为11.76～13.72MPa。

（5）亚临界压力汽轮机。新蒸汽压力为15.68～17.64MPa。

（6）超临界压力汽轮机。新蒸汽压力为22.15MPa以上。

（7）超超临界压力汽轮机。新蒸汽压力为32MPa以上。

10. 我国目前汽轮机的表示型号是什么？

答：表示汽轮机基本特性的符号称汽轮机的型号。我国目前采用汉语拼音和数字来表示汽轮机的型号，其表示方法由三段组成：

$$\underset{\text{第一段}}{\underline{\times\ \times\times}}-\underset{\text{第二段}}{\underline{\times\times\times/\times\times\times/\times\times\times}}-\underset{\text{第三段}}{\underline{\times}}$$

第一段表示汽轮机形式（见表6-1）及额定功率（MW），第二段表示蒸汽参数（见表6-2），第三段表示改型序号。

表6-1　我国汽轮机新型号中其形式的代号

汽轮机形式	汽轮机新型号中形式代号
凝汽式	N
一次调整抽汽式	C

续表

汽轮机形式	汽轮机新型号中形式代号
二次调整抽汽式	CC
背压式	B
调整抽汽背压式	CB

表 6-2　　我国汽轮机新型号中蒸汽参数的表示方法

汽轮机形式	蒸汽参数表示方法
凝汽式	进汽压力/进汽温度
中间再热式	进汽压力/进汽温度/中间再热温度
一次调整抽汽式	进汽压力/调整抽汽压力
二次调整抽汽式	进汽压力/高压调整抽汽压力/低压调整抽汽压力
背压式	进汽压力/排汽压力

注　压力为绝对压力，温度的单位是℃。

例如：国产机型号“N300-16.7/537/537-3 型”表示凝汽式，额定功率为 300MW，主蒸汽压力为 16.7MPa，主、再热蒸汽温度为 537℃，第三次改型设计。

我国生产的汽轮机旧型号表示方法由三段组成：

$$\underset{\text{第一段}}{\underline{\times\times}} - \underset{\text{第二段}}{\underline{\times\times}} - \underset{\text{第三段}}{\underline{\times}}$$

第一段表示蒸汽参数、形式，第二段表示额定功率，第三段表示设计序号。

例如：国产机型“51-50-3 型”表示高参数、凝汽式，50MW，第三次设计。

11. 级又分为哪几种类型？其有什么特点？

答：根据级的反动度的大小，可分为以下三种类型：

（1）纯冲动级。反动度 $\rho_m = 0$ 的级。特点是：蒸汽只在喷嘴叶栅中膨胀，在动叶栅中不进行膨胀，而只改变流动方向，故动叶栅进出口压力相等。

（2）反动级。通常将反动度 $\rho_m \approx 0.5$ 的级称反动级。特点是：蒸汽的膨胀约有一半在喷嘴叶栅中发生，另一半在动叶栅中发生。

（3）带反动度的冲动级。这种级介于纯冲动级和反动级之间，其反动度 $0 < \rho_m < 0.5$，一般取 $\rho_m = 0.05 \sim 0.2$。这种级中，蒸汽的膨胀大部分发生在喷嘴叶栅中，只有少部分膨胀在动叶栅中发生。

12. 什么是速度比？什么是最佳速度比？

答：汽轮机圆周速度 u 与喷嘴出口汽流速度 c_1 之比称作速度比，即

$$x_1 = \frac{u}{c_1} \tag{6-1}$$

把轮周效率最高的速度比称作最佳速度比 $(x_1)_{op}$，通过推导得出：纯冲动级的最佳速

度比 $(x_1)_{op,c}=0.5\cos\alpha_1$；反动级的最佳速度比 $(x_1)_{op,f}=\cos\alpha_1$；双列速度级的最佳速度比 $(x_1)_{op,s}=0.25\cos\alpha_1$。其中 α_1 为喷嘴的安装位置角，即喷嘴出口蒸汽绝对速度的方向角。

13. 什么是调节级？什么是压力级？

答： 第一级由装在喷嘴室内的喷嘴叶栅和装在其后的叶轮上的动叶栅组成。该级在机组负荷变化时，是通过改变部分进汽度来调节汽轮机负荷的，通常称为调节级。

其他级与此级不同，统称为非调节级或压力级。

14. 什么是多级汽轮机的余速利用？满足条件是什么？

答： 在多级汽轮机中，前一级的余速可以全部或部分地被下一级利用。当蒸汽的余速被利用后，可以增加下级喷嘴进口速度，即增加下一级理想滞止焓。利用上级余速后，可以增加本级的理想焓降，做功能力增加，整机经济性提高了。

多级汽轮机中能否利用上级余速，取决于下列条件是否满足：

（1）两个相邻级的平均直径接近相等，蒸汽沿两级通流部分流动时，没有突然的方向变化。

（2）相邻两级都是全周进汽。

（3）两级之间蒸汽流量没有变化。

15. 汽轮机级变工况时，级组前后的压力与流量的变化关系是什么？

答： 级组前后的压力与流量的变化，可由式（6-2a）表示（温度变化略去）

$$\frac{q_{m01}}{q_{m0}}=\sqrt{\frac{p_{01}^2-p_{z1}^2}{p_0^2-p_z^2}} \tag{6-2a}$$

式中 q_{m0}、q_{m01}——变工况前后通过级组内的蒸汽流量，kg/s；

p_0、p_{01}——变工况前后级组前的蒸汽绝对压力，MPa；

p_z、p_{z1}——变工况前后级组后的蒸汽绝对压力，MPa。

式（6-2a）可变换成下述形式

$$\frac{q_{m01}}{q_{m0}}=\sqrt{\frac{p_{01}^2\left[1-\left(\frac{p_{z1}}{p_{01}}\right)^2\right]}{p_0^2\left[1-\left(\frac{p_z}{p_0}\right)^2\right]}} \tag{6-2b}$$

当级组的级数较多时，级组前后压力 p_0 和 p_z 相差较大，即 $p_0\gg p_z$，因而 $(p_z/p_0)^2$ 很小，以致可以略去，这样公式变成如下形式

$$\frac{q_{m01}}{q_{m0}}=\frac{p_{01}}{p_0} \tag{6-2c}$$

上述说明：当级组的级数较多时，级组前的压力与流量成正比变化。

16. 变工况时多级汽轮机各级焓降如何变化？

答：变工况时多级汽轮机各级焓降的变化为：调节级级前压力为新蒸汽压力，其压力近似不变，级后压力为调节级汽室压力，流量增加时调节级汽室压力升高，因而调节级焓降减小。末几级级后压力为排汽压力，近似不变，级前压力即为中间级组后压力，它随流量增加而升高，因而末几级焓降增加；反之，流量减小时，调节级焓降增加，末几级焓降减小。中间各级因流量变化与其压力变化成正比，因而其焓降基本不变。

17. 什么是供热式汽轮机？

答：供热式汽轮机是指同时承担供热和发电两项任务的汽轮机。由于供热式汽轮机全部或部分做功的蒸汽不再排入凝汽器，这部分蒸汽的热量不再被冷却水带走，而是供给其他热用户加以利用，从而可以提高热循环的效率。

18. 供热式汽轮机的形式有哪几种？

答：供热式汽轮机主要有背压式、一次调整抽汽式和二次调整抽汽式三种。

19. 什么是背压式汽轮机？

答：蒸汽在汽轮机中做功后，排汽在比大气压力高的压力下排出，供采暖或工业热用户使用，这种没有凝汽设备的汽轮机称为背压式汽轮机。若排汽供给中、低压汽轮机使用时，又称为前置式汽轮机。

20. 什么是一次调整抽汽式汽轮机？

答：一次调整抽汽式汽轮机是指从锅炉来的蒸汽在汽轮机高压部分膨胀做功后，分成两部分，一部分供给热用户；另一部分在汽轮机中、低压部分继续做功后排入凝汽器。

21. 什么是二次调整抽汽式汽轮机？

答：二次调整抽汽式汽轮机是指为满足不同压力热用户的需要，把汽轮机设计成有两级不同压力调整抽汽的汽轮机。新蒸汽经过汽轮机高压部分膨胀做功后，一部分蒸汽引往高压力热用户，剩余部分蒸汽经中压部分做功后，又有一部分蒸汽供给热用户，其余蒸汽经低压部分后排入凝汽器。

22. 供热式汽轮机有什么特点？

答：供热式汽轮机实现了热电联供，可同时满足用户对热和电的需要，与纯凝汽式汽轮机相比有如下特点：

(1) 热效率高。

(2) 主蒸汽流量大。

(3) 调节保安系统复杂。

(4) 轴向推力变化复杂。

(5) 低压缸流量小。

(6) 对辅助设备性能要求高。

什么是多级汽轮机的重热系数?

答: 将各级理想焓降之和大于汽轮机理想焓降部分占汽轮机理想焓降的份额，叫做重热系数，即

$$\alpha=(\sum\Delta h_{t}-\Delta H_{t})/\Delta H_{t} \tag{6-3}$$

式中 $\sum\Delta h_{t}$——各级理想焓降之和；

ΔH_{t}——汽轮机理想焓降；

α——重热系数。

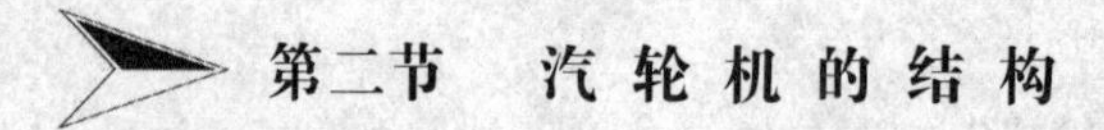

第二节 汽轮机的结构

汽缸采用双层缸的优点是什么?

答: 汽缸采用双层缸的优点是把原单层缸承受的巨大蒸汽压力分给内外两缸，减小了每层缸的压差与温差，缸壁和法兰可以相应减薄，在机组启停及变工况时，其热应力也相应减小，因此有利于缩短启动时间和提高负荷适应性。内缸主要承受高温及部分蒸汽压力的作用，且其尺寸小，故可做得较薄，所消耗的贵重耐热金属材料相对减少。而外缸因设计有蒸汽内部冷却，运行温度较低，故可用较便宜的合金钢制造。外缸的内外压差比单层汽缸时降低了许多，因此，减少了漏汽的可能，汽缸接合面的严密性能够得到保障。

夹层是如何对汽缸加热起作用的?

答: 通常在内外缸夹层里引入一股中等压力的蒸汽流。当机组正常运行时，由于内缸温度很高，其热量源源不断地辐射到外缸，有使外缸超温的趋势，这时夹层汽流对外缸起冷却作用。当机组冷态启动时，能使内外缸尽可能迅速同步加热，以减小动、静部分的胀差和热应力，缩短启动时间，此时夹层汽流即对汽缸起加热作用。

高、中压缸的布置一般有哪几种方式?

答: 高、中压缸布置一般有两种方式，一种是高、中压合缸；另一种是高、中压分缸。

4. 高、中压缸采用合缸布置有什么优点？

答：高、中压缸采用合缸布置的优点是：

（1）结构紧凑，省去了高、中压转子间的轴承和轴承座，可缩短机组的总长度。

（2）高温部分集中在高、中压汽轮机的中段，轴承和调节系统各部套受高温影响较小，两端轴端漏气也比分缸少。

（3）高、中压级组反向布置，有利于轴向推力的平衡。

5. 高、中压缸采用合缸布置有什么缺点？

答：高、中压缸采用合缸布置的缺点是：

（1）高、中压合缸后结构复杂，动、静部分胀差随之复杂化。

（2）轴子跨度增大，从而要求更高的转子刚度，相应地增大了部件尺寸。

（3）高、中压进汽管集中布置在中部，使合缸铸件更为复杂笨重，布置和检修不便。

6. 什么是配汽机构？

答：汽轮机主要是通过改变进汽量来调节功率的，因此，汽轮机均设置有一个控制进汽量的机构，此机构称为配汽机构，它由调节汽阀及其提升机构组成。

7. 什么是全周进汽和部分进汽？

答：蒸汽通过主汽阀进入调节汽阀，按负荷要求把蒸汽分配给汽轮机第一级喷嘴。这些喷嘴如分布在汽缸全圆周上称为全周进汽；如只分布在一段弧段上则称为部分进汽。

8. 汽轮机的配汽方式有哪几种？

答：汽轮机的配汽方式有节流配汽、喷嘴配汽、滑压配汽、全电液调节阀门管理式配汽等。

9. 节流配汽的特点是什么？

答：节流配汽的特点是：进入汽轮机的所有蒸汽都经过一个或几个同时启闭的调节汽阀后，再流向所有的第一级喷嘴，所以第一级为全周进汽，可使进汽部分的温度均匀，进汽量的改变依靠调节汽阀节流。此种调节方式存在节流损失，但各级温度随负荷变化的幅度大致相同，而且温度变化幅度较小，从而减小热变形及热应力，提高了机组运行的可靠性及对负荷变化的适应能力。

10. 喷嘴调节的特点是什么？

答：喷嘴调节的特点是：汽轮机的第一级喷嘴不是整圈连续布置，而是分成若干个独立的

组，通常一个调节汽阀控制一个喷嘴组。喷嘴调节的汽轮机，在运行中，主汽阀全开，根据负荷的变化，各调节汽阀依次开启或关闭，改变第一级（调节级）的通流面积，以控制进入汽轮机的蒸汽量。在任一工况下，只有部分开启的调节汽阀中的蒸汽节流较大，而其余全开汽阀中的蒸汽节流已减到最小，故在部分负荷下，汽轮机组定压运行时，喷嘴配汽与节流配汽相比，节流损失较小，效率较高，但由于各喷嘴组间有距离，因此，即使各调节汽阀已全开，调节级仍是部分进汽，存在部分进汽损失，所以在额定功率下，喷嘴配汽汽轮机的效率比节流配汽汽轮机的效率稍低。另外，滑压运行时，调节级汽室及高压级在变工况下的蒸汽温度变化比较大，从而会引起较大的热应力，这常成为限制喷嘴配汽汽轮机迅速改变负荷的主要因素。

11. 什么是节流一喷嘴联合调节？采用这种调节有什么优点？

答：为了同时发挥节流调节和喷嘴调节的优点，一些带基本负荷的大容量机组，采用低负荷时为节流调节，高负荷时为喷嘴调节，这种调节称节流一喷嘴联合调节。

这种调节方法的优点是：减小调节室中蒸汽温度变化幅度，从而提高了调整负荷的快速性和安全性。

12. 汽缸采用双层缸后，进汽管是如何连接的？

答：汽缸采用双层缸以后，进入汽轮机的蒸汽管道要先穿过外缸，再穿过内缸。由于内外缸的蒸汽参数和材质不同，在运行中，内外缸有相对膨胀，因此导汽管就不能同时固定在内缸和外缸上，而必须一端制成刚性连接，而另一端制成活动连接，并且不允许有大量的蒸汽外漏。这样就要求进汽导管既要保证穿过内、外缸时良好的密封，又要保证内、外缸之间能自由膨胀，为此，目前大机组都采用滑动密封式进汽导管。

13. 什么是中低压联通管？为什么必须设置膨胀节？

答：中低压联通管是指大型汽轮机中把中压缸排汽与低压缸进汽口连接起来的管道，其一般布置在上半缸。

中低压联通管内的蒸汽温度一般为250～350℃，短的为4～5m，长的近20m。如果联通管膨胀与中低压汽缸接口间膨胀差值不做处理，则会产生巨大应力，汽缸也将受到巨大弯矩作用。因此，必须设置膨胀节吸收联通管的胀差。联通管膨胀节一般有辐板-挠性链板膨胀节和波纹管膨胀节两种。

14. 汽轮机导汽管、喷嘴室设计时有什么要求？

答：导汽管和喷嘴室是把从调节阀来的蒸汽送进汽轮机的部件，它们的工作压力、温度与调节阀基本相同。要求它们在高温条件下能够安全地承受工作压力，非气流通道处有良好的密封性；导汽管与喷嘴室连接处能够自由地相对膨胀；喷嘴室与汽缸的配合既要良好对中，又能自由地相对膨胀；结构设计时应注意避免应力集中，特别应避免热应力集中。喷嘴

室是把蒸汽送进汽轮机通流部分的最直接部套，其通道应具备良好的通流性能。

15. 为什么汽轮机第一级的喷嘴要安装在喷嘴室，而不是固定在隔板上？

答：（1）将与最高参数的蒸汽相接触的部分尽可能限制在很小的范围内，使汽轮机的转子、汽缸等部件仅与第一级喷嘴后降温减压后的蒸汽相接触。这样可使转子、汽缸等部件采用低一级的耐高温材料。

（2）由于高压缸进汽端承受的蒸汽压力比新蒸汽压力低，故可在同一结构尺寸下，使该部分应力下降，或者保持同一应力水平，使汽缸壁厚度减薄。

（3）使汽缸结构简单匀称，提高汽缸对变工况的适应性。

（4）降低了高压缸进汽端轴封漏汽压差，为减小轴端漏汽损失和简化轴端汽封结构带来一定好处。

16. 超临界汽轮机组防止固体颗粒侵蚀（SPE）所采取的措施是什么？

答：（1）高中压主汽阀前设有永久滤网和临时滤网，新机组投产6个月后应拆除临时滤网。

（2）调节级喷嘴采用渗硼涂层处理。

（3）启动时开启旁路升温升压，可将管道颗粒带走。

（4）第一级叶片采用渗氮处理，强化叶片表面。

17. 大功率汽轮机低压缸有哪些特点？

答：大功率汽轮机低压缸的特点是：

（1）大功率汽轮机末级的容积流量大，低压缸采用中间进汽两端排汽的双流结构。

（2）大功率汽轮机低压缸进出口蒸汽温差大，汽缸一般均为多层焊接结构。

（3）为了便于加工与运输，大功率汽轮机低压缸常分成4片或6片拼装。

（4）为减少排汽损失，排汽缸设计成径向扩压结构。

（5）为防止长时间空负荷及低负荷运行，排汽温度过高而引起排汽缸变形，在排汽缸内还装有喷水降温装置。

18. 什么是排汽缸径向扩压结构？

答：排汽缸径向扩压结构是指：整个低压外缸两侧排汽部分用钢板连通，离开汽轮机的末级排汽由导流板引导径向、轴向扩压，以充分利用排汽余速，然后排入凝汽器。采用径向扩压主要是充分利用排汽余速，降低排汽阻力，提高机组效率。

19. 排汽缸的作用是什么？

答：排汽缸的作用是将汽轮机末级动叶排出的蒸汽导入凝汽器。

20. 低压缸为什么要装设喷水降温装置？

答： 在汽轮机组启动、空负荷及低负荷运行时，蒸汽通流量很小，不足以带走蒸汽与叶轮摩擦产生的热量，从而引起排汽温度升高，排汽缸温度也升高。排汽温度过高会引起汽缸变形，破坏汽轮机动、静部分中心线的一致性，严重时会引起机组振动或其他事故，所以，大功率机组都装有排汽缸喷水装置。

21. 排汽缸喷水减温装置是如何设置的？

答： 排汽缸喷水减温装置在低压外缸内，喷水管沿末级叶片的叶根呈圆周形布置，喷水管上钻有两排喷水孔，将水喷向排汽缸内部空间，起降温作用。喷水管在排汽缸外面与凝结水管相连接，打开凝结水管的阀门即进行喷水，关闭阀门则停止喷水。

22. 低压缸上部排汽阀的作用是什么？

答： 低压缸上部排汽阀的作用是：在事故情况下，如果低压缸内压力超过大气压力，自动打开向空排汽，以防止低压缸、凝汽器、低压段主轴等因超压而损坏。向空排汽阀用石棉橡胶板封闭，平时不漏汽，超压时爆破石棉板而向空排汽。石棉橡胶板厚度一般为 0.5～1mm。

23. 汽轮机本体阀门是指什么？其作用是什么？

答： 汽轮机本体阀门是指主蒸汽阀（MSV）、主蒸汽调节阀（GV）、再热蒸汽阀（RSV）、再热蒸汽调节阀（ICV）、高压排汽止回阀、抽汽止回阀。

汽轮机本体阀门的作用为：

（1）在汽轮机跳闸时能自动迅速关闭，切断进入汽轮机的蒸汽或防止蒸汽倒流进入汽轮机，使机组停运以避免事故扩大。

（2）主蒸汽调节阀（GV）和再热蒸汽调节阀（ICV）具有在汽轮机转速飞升或汽轮机轴功率与发电机输出功率失衡时会快速关闭，以控制汽轮发电机组转速的功能（OPC 功能）。

（3）有些机组的主蒸汽阀（MSV）在机组启动时用来控制机组转速。

（4）主蒸汽调节阀（GV）在机组正常运行时调节汽轮机的进汽量，以维持正常的发电功率及主蒸汽压力。

（5）再热蒸汽调节阀（ICV）在机组启动时参与转速调节，低负荷时参与负荷调节。

24. 为减小主蒸汽阀和再热蒸汽阀的开启力矩，在结构设计上采取什么措施？

答： 主蒸汽阀和再热蒸汽阀一般均设置直径较小的预启阀或平衡阀来减小其开启时所需的力矩。主蒸汽阀的预启阀大小一般按启动参数可维持额定转速空转或带 15%负荷两种原则来确定。再热蒸汽阀采用蝶阀形式时，则设置气动控制的平衡阀来减小开启力矩，平衡阀的启闭与再热蒸汽阀开启指令及状态连锁。

25. 隔板的结构形式有哪几种？

答：隔板的结构形式通常有焊接隔板和铸造隔板两大类，其结构是根据隔板所承受的工作温度和蒸汽压差来决定的。

（1）焊接隔板。它具有较高的强度和刚度，较好的汽密性，加工较方便，被广泛用于中、高参数汽轮机的高、中压部分。

（2）窄喷嘴焊接隔板。高参数大功率汽轮机的高压部分，每一级的蒸汽压差较大，其隔板做的很厚，而静叶高度很短，采用宽度较小的窄喷嘴焊接隔板。其优点是喷嘴损失小，但有相当数量的导流筋存在，将增加汽流的阻力。故现代汽轮机又将加强筋改为三维型线宽叶片，以降低叶型损失。

（3）铸造隔板。它的加工较容易，成本低，但是静叶的表面光洁程度较差，使用温度也不能太高，一般应小 300℃，因此都用在汽轮机的低压部分。

26. 什么是隔板套？有什么优、缺点？

答：隔板套即将相邻几级隔板装在一个隔板套中，然后将隔板套装在汽缸上。

优点是：采用隔板套不仅便于拆装，而且可使级间距离不受或少受汽缸上抽汽口的影响，从而可以减小汽轮机的轴向尺寸，简化汽缸形状，有利于启停及负荷变化，并为汽轮机实现模块式通用设计创造了条件。

缺点是：隔板套的采用会增大汽缸的径向尺寸，相应的法兰厚度也将增大，延长了汽轮机的启动时间。

27. 什么是汽轮机喷嘴、隔板及静叶？

答：汽轮机喷嘴是由静叶片构成的不动汽分道，是一个把蒸汽的热能转变成为动能的结构元件。装在汽轮机第一级前的喷嘴分成若干组，由一个调节汽阀控制。

隔板是汽轮机各级的间壁，用以固定静叶片。

静叶是固定在隔板上静止不动的叶片。

28. 汽封按安装位置不同可分为哪几种？

答：汽封按安装位置不同可分为：通流部分汽封、隔板（或静叶环）汽封、轴端汽封。反动式汽轮机还装有高、中压平衡活塞汽封和低压平衡活塞汽封。

29. 汽封的结构形式有哪些？

答：汽封的结构形式有：曲径式、碳精式和水封式等。现代汽轮机均采用曲径式汽封，或称迷宫式汽封，它有梳齿形、J形（伞柄形）、枞树形结构形式。

30. 简述曲径式汽封的工作原理。

答： 曲径式汽封的工作原理：一定压力的蒸汽流经曲径式汽封时，必须依次经过汽封齿尖与轴凸肩形成的狭小间隙，当经过第一间隙时，通流面积减小，蒸汽流速增大，压力降低。随后高速汽流进入小室，通流面积突然变大，压力降低，汽流转向，发生撞击和产生涡流等现象，速度降到近似为零，蒸汽原具有的动能转变成热能。当蒸汽经过第二个汽封间隙时，又重复上述过程，压力再次降低。蒸汽流经最后一个汽封齿后，蒸汽压力降至与大气压力相差甚小，所以在一定的压差下，汽封齿越多，每个齿前后的压差就越小，漏气量也越小。当汽封齿数足够多时，漏气量为零。

31. 为什么装设通流部分汽封?

答： 在汽轮机的通流部分，由于动叶顶部与汽缸壁面之间存在着间隙，动叶栅根部和隔板也存在着间隙，而动叶两侧又有一定的压差，因此在动叶顶部和根部必然会有蒸汽的泄漏。为减少蒸汽的漏汽损失，装设通流部分汽封。

32. 通流部分汽封包括哪些汽封?

答： 通流部分汽封包括动叶围带处的径向、轴向汽封和动叶根部处的径向、轴向汽封。

33. 为什么装设隔板汽封?

答： 冲动式汽轮机隔板前后压差大，而隔板与主轴之间又存在着间隙，因此必定有一部分蒸汽从隔板前通过间隙漏至隔板后与叶轮之间的汽室里。由于这部分蒸汽不通过喷嘴，同时还会恶化蒸汽主流动状态，因此形成了隔板漏汽损失。为减小该损失，必须将间隙设计得小一些，故装有隔板汽封。

反动式汽轮机无隔板结构，只有单只静叶环结构，静叶环内圆处的汽封称为静叶环汽封，隔板汽封与静叶环汽封统称为静叶汽封。

34. 为什么装设轴端汽封?

答： 由于汽轮机主轴必须从汽缸内穿过，因此主轴与汽缸之间必然存有一定的径向间隙，且汽缸内蒸汽压力与外界大气压力不等，就必然会使高压蒸汽通过间隙向外漏出，造成工质损失，恶化环境，并且加热主轴或冲进轴承使润滑油质恶化；或使外界空气漏入低压缸，增大抽气器负荷，降低机组效率。为提高汽轮机的效率，尽量防止或减少这种现象，为此，在转子穿过汽缸两端处都装有汽封，称为轴端汽封。高压轴封是用来防止蒸汽漏出汽缸，低压轴封是用来防止空气漏入汽缸。

35. 什么是轴封系统？

答： 在汽轮机的高压端和低压端虽然都装有轴端汽封，能减少蒸汽漏出或空气漏入，但漏汽现象仍不能完全消除。为防止和减少这种漏汽现象，以保证机组的正常启停和运行，以及回收漏汽的热量，减少系统的工质损失和热量损失，汽轮机均设有由轴端汽封加上与之相连接的管道、阀门及附属设备组成的轴封系统。

不同形式的汽轮机，其轴封系统各不相同，它由汽轮机进汽参数和回热系统的连接方式等决定。大中型汽轮机都采用轴端自密封汽封系统。

36. 什么叫汽轮机轴端自密封汽封系统？

答： 在机组启动或低负荷运行阶段，汽封供汽由辅助蒸汽联箱或冷段再热蒸汽提供。随着负荷增加，高、中压缸轴端汽封漏汽足以作为低压轴端汽封的供汽，此时汽轮机轴端汽封供汽不需要外来蒸汽提供，多余部分溢流入排汽装置。该汽轮机轴端汽封系统称为轴端自密封汽封系统。

37. 什么是整锻转子？有什么优、缺点？

答： 整锻转子由整体锻件加工而成，主轴、叶轮、联轴器均为一个整体。

整锻转子的优点是：

（1）结构紧凑，装配零件少，节省工时。

（2）没有热套部件，消除了叶轮与主轴发生松动的可能性，对启动和变负荷的适应性较强。

（3）与套装转子相比，可以在较小的内孔应力下获得较好的刚性。

整锻转子的缺点是：

（1）锻件尺寸大，工艺要求高。

（2）转子各部分只能用同一种材料制造，材料的潜力得不到全部利用。

（3）转子只能集中在少数机床上加工，制造周期长，任何部位的缺陷都会影响到整个转子的质量。

38. 什么是套装转子？有什么优、缺点？

答： 套装转子的叶轮、轴封套、联轴节等部件是分别加工后，红套在阶梯形主轴上的。各部件与主轴之间采用过盈配合，以防止叶轮等因离心力及温度作用引起松动，并用键传递力矩。

套装转子的优点是：

（1）套装转子加工方便，生产周期短。

（2）可以合理利用材料，不同部件采用不同材料。

（3）叶轮、主轴等锻件尺寸小，易于保证质量，且供应方便。

套装转子的缺点是：在高温条件下，叶轮内孔直径将因材料的蠕变而逐渐增大，最后导致装配过盈量消失，使叶轮与主轴之间产生松动，从而使叶轮中心偏离轴的中心，造成转子质量不平衡，产生剧烈振动，且快速启动适应性差。

39. 什么是焊接转子？有什么优、缺点？

答：它由若干个叶轮与短轴拼合焊接而成。

焊接转子的优点是：焊接转子质量轻，锻件小，结构紧凑，承载能力高。与尺寸相同带有中心孔的整锻转子相比，焊接转子强度高，刚性好，质量减轻 20%～25%。

焊接转子的缺点是：由于焊接转子工作可靠性取决于焊接质量，故要求焊接工艺高，材料焊接性能好，否则难以保证。

40. 什么是组合转子？有什么优点？

答：转子各段所处的工作条件不同，故可在高温段采用整锻结构，而在中、低温段采用套装结构，形成组合转子。

组合转子兼有整锻转子和套装叶轮转子的优点，广泛用于高参数中等容量的汽轮机上。

41. 早期整锻转子中心孔的作用是什么？

答：早期整锻转子通常打有直径约为 100mm 的中心孔，其目的主要是便于检查锻件的质量，同时也可以将锻件中心材料差的部分去掉，保证转子的质量。随着锻造技术的提高，现代汽轮机整锻转子多数不开中心孔。

42. 叶轮的作用是什么？由哪几部分组成？

答：叶轮的作用是用来装置叶片，并将汽流力在叶栅上产生的扭矩传递给主轴。

叶轮一般由轮缘、轮面、轮毂等几部分组成。

43. 运行中叶轮受到什么作用力？

答：叶轮工作时受力情况较复杂，除叶轮自身、叶片零件质量引起的巨大的离心力外，还有温差引起的热应力，动叶片引起的切向力和轴向力，叶轮两边的蒸汽压差和叶片、叶轮振动时的交变应力。

44. 叶轮上开平衡孔的作用是什么？

答：叶轮上开平衡孔的作用是：为了减小叶轮两侧蒸汽压差，减小转子产生过大的轴向力；但在调节级和反动度较大、负荷很大的低压部分最末一、二级，一般不开设平衡孔，以

使叶轮强度不致削弱，并可减少漏汽损失。

45. 为什么叶轮上的平衡孔为单数？

答：每个叶轮上开设单数个平衡孔，可避免在同一径向截面上设两个平衡孔，从而使叶轮截面强度不过分削弱，通常开 5 个或 7 个孔。

46. 按轮面的断面型线不同，可把叶轮分成哪几种类型？

答：按轮面的断面型线不同，可把叶轮分成以下类型：

（1）等厚度叶轮。这种叶轮轮面的断面厚度相等，用在圆周速度较低的级上。

（2）锥形叶轮。这种叶轮轮面的断面厚度沿径向呈锥形，广泛用于套装式叶轮上。

（3）双曲线叶轮。这种叶轮轮面的断面沿径向呈双曲线形，加工复杂，仅用在某些汽轮机的调节级上。

（4）等强度叶轮。叶轮没有中心孔，强度最高，多用于盘式焊接转子或高速单级汽轮机上。

47. 什么是联轴器？

答：联轴器俗称靠背轮或对轮，是连接多缸汽轮机转子或汽轮机转子和发电机转子的重要部件，借以传递扭矩，使发电机转子克服电磁反力矩做高速旋转，将机械能转换为电能。

48. 汽轮机常用联轴器可分为哪几类？

答：汽轮机常用联轴器一般可分为刚性、半挠性、挠性三类。

若两半联轴器直接刚性相连，称为刚性联轴器。

若中间通过波形筒等来连接，则称为半挠性联轴器。

若通过啮合件或蛇形弹簧等来连接，则称挠性联轴器。

49. 刚性联轴器有什么特点？

答：刚性联轴器的特点是：结构简单，连接刚性强，轴向尺寸短，工作可靠，不需要润滑，没有噪声，除可传递较大的扭矩外，又可传递轴向力和径向力，将转子重力传递到轴承上。故在多缸汽轮机中以刚性联轴器连接的转子轴系，其轴向力可以只用一个推力轴承来承受。其缺点是不允许被连接的两个转子在轴向和径向有相对位移，所以对两轴的同心度要求严格。又因其对振动的传递比较敏感，故增加了现场查找振动原因的困难。

50. 半挠性联轴器有什么特点？

答：半挠性联轴器的特点是：在联轴器间装有波形套筒，套筒两端有法兰盘分别与两只

联轴器相连接。汽轮机运行时，由于两转子轴承热膨胀量的差异等原因，可能会引起联轴器连接处大轴中心的少许变化，波形套筒则可略为补偿两转子不同心的影响，同时还能在一定程度上吸收从一个转子传到另一个转子的振动，且能传递较大的扭矩，并将发电机转子的轴向推力传递到汽轮机的推力轴承上。

51. 挠性联轴器有什么特点?

答： 挠性联轴器有较强的挠性，它允许两转子有相对的轴向位移和较大的偏心，对振动的传递也不敏感，但传递功率较小，并且结构较复杂，需要有专门的润滑装置，因此一般只在中小型机组上采用。

52. 什么是转子的临界转速?

答： 在升速过程中，当激振力的频率，即转子的角速度等于转子的自振频率时，便发生共振，振幅急剧增大，此时的转速就是转子的临界转速。当汽轮机转速达到某一数值时，机组发生强烈的振动，越过这一转速，振动便迅速减弱；在另一更高的转速下机组又发生强烈的振动。通常数值最小的临界转速称为一阶临界转速，往上依次分别称为二阶临界转速、三阶临界转速等。

53. 什么是刚性转子、挠性转子?

答： 当转子的工作转速低于一阶临界转速时，这种转子称为刚性转子。当转子的工作转速高于一阶临界转速，甚至高于二阶临界转速时，这种转子称为挠性转子。一般要求工作转速避开临界转速±15%以上。

54. 转子临界转速的大小与什么有关系?

答： 转子临界转速的大小与转子的直径、质量、几何形状、两端轴承的跨距、轴承支承的刚度等有关。一般来说，转子直径越大，质量越轻，跨距越小，轴承支承刚度越大，则转子临界转速越高；反之，则越低。

55. 联轴器的形式对轴系临界转速有什么影响?

答： 由于轴系中各转子的振动互相影响，所以严格地讲，轴系的临界转速才是实际的临界转速。联轴器对实际临界转速的影响，通常是刚性联轴器使轴系临界转速有较大的升高；半挠性联轴器也使轴系临界转速升高，但不如刚性联轴器的大；挠性联轴器可使轴系临界转速降低。

56. 叶根的作用是什么?

答： 叶片通过叶根安装在叶轮或转鼓上。叶根的作用是紧固动叶，使其在经受汽流的推

力和旋转离心力的作用下，不致从轮缘沟槽里拔出来。

57. 叶根的结构形式有哪几种？

答：叶根的结构形式有T形、叉形和枞树形等。

（1）T形叶根。这种叶根结构简单，加工装配方便，工作可靠。但由于叶根承载面积小，叶轮轮缘弯曲应力较大，使轮缘有张开的趋势，故常用于受力不大的短叶片，如调节级和高压级叶片。

1）带凸肩的单T形叶根。其凸肩能阻止轮缘张开，减小轮缘两侧截面上的应力。叶轮间距小的整锻转子常采用此种叶根。

2）菌形叶根。这种叶根和轮缘的荷载分布比T形合理，因而其强度较高，但加工复杂，故不如T形叶根应用广泛。

3）带凸肩的双T形叶根。由于增大了叶根的承力面，故可用于离心力较大的长叶片。这种叶根的加工精度要求较高，特别是两层承力面之间的尺寸误差大时，受力不均，叶根强度大幅度下降。

（2）叉形叶根。这种叶根的叉尾直接插入轮缘槽内，并用两排铆钉固定。它的强度高，适应性好，轮缘不承受偏心弯矩，叉根数目可根据离心力的大小进行选择，被大功率汽轮机末级叶片广泛采用。叉形叶根虽加工方便，便于拆换，但装配时比较费工，且轮缘较厚，钻铆钉孔不便，所以整锻转子和焊接转子不采用。

（3）枞树形叶根。这种叶根和轮缘的轴向断口设计成尖劈形，以适应根部的荷载分布，使叶根和对应的轮缘承载面都接近于等强度。因此在同样的尺寸下，枞树形叶根承载能力高，叶根两侧齿数可根据离心力的大小选择，强度高，适应性好，拆装方便。但这种叶根外形复杂，装配面多，要求有很高的加工精度和良好的材料性能，而且齿端易出现较大的应力集中，所以一般只是大功率汽轮机的调节级和末级叶片使用。

58. 什么是扭曲叶片？

答：叶片的叶型沿叶高按一定的规律变化，即叶片绕各横截面的形心连线发生扭转，称为扭曲叶片。

59. 什么是调节级？

答：当汽轮机负荷变化时，各调节汽阀按规定顺序依次开、关，通过改变进汽量来调节机组的功率，因此，第一级的实际通流面积将随负荷变化而变化，故该级称为调节级。

60. 汽缸的支承定位包括什么？

答：汽缸的支承定位包括外缸在轴承座和基础台板上的支持定位；内缸在外缸中的支持定位及滑销系统的布置等。

61. 什么是下猫爪支承？

答：下汽缸水平法兰前后延伸的猫爪称下猫爪，又称工作猫爪。下猫爪支承又分为非中分面和中分面支承两种。

62. 什么是非中分面猫爪支承？

答：该支承是指猫爪支承的承力面与汽缸水平中分面不在一个平面内。其结构简单，安装检修方便。但当汽缸受热使猫爪因温度升高而产生膨胀时，将导致汽缸中分面抬高，偏离转子的中心线，使动、静部分的径向间隙改变，严重时会因动、静部分摩擦太大而损坏汽轮机。所以这种结构只用于温度不高的低中参数机组。

63. 什么是中分面猫爪支承？

答：该支承是指汽缸法兰中分面与支承面一致。下汽缸中分面猫爪支承方式是将下猫爪位置抬高，使猫爪承力面正好与汽缸中分面在同一水平面上。这样当汽缸温度变化时，猫爪热膨胀不会影响汽缸中心线，但这种结构因猫爪抬高使下汽缸的加工复杂化。

64. 什么是上猫爪支承？

答：该支承是指上缸法兰延伸的猫爪作为承力面支承在轴承箱上，其承力面与汽缸水平中分面在同一平面内。

65. 台板的作用是什么？

答：台板的作用是用来支撑机组的各部件，使它们的质量均匀地分布在基础上。台板通过地脚螺栓牢固地安装在基础上，同时允许汽缸因热膨胀而推动轴承座在台板上滑动，使汽缸不至于变形，以免造成事故。

66. 为什么设置滑销系统？

答：汽轮机在启、停和运行时，由于温度的变化，会产生热膨胀，为了使机组的动、静部分能够沿着预先规定的方向膨胀，保证机组安全运行，设计了合理的滑销系统。

67. 滑销系统的作用是什么？

答：滑销系统的作用是：

（1）保证汽缸能自由膨胀，以免发生过大应力引起变形。

（2）保持汽缸和转子的中心一致，避免因机体膨胀造成中心变化，引起机组振动或动、静部分摩擦。

（3）使定子和转子轴向与径向间隙符合要求。

68. 滑销系统由哪些部件组成？

答：根据滑销系统的结构形式、安装位置、不同作用，滑销系统通常由横销、纵销、立销、猫爪横销、斜销、角销等组成。

69. 各滑销的作用是什么？

答：汽轮机各滑销的作用是：

横销：允许汽缸在横向能自由膨胀。

纵销：允许汽缸沿纵向中心线自由膨胀，限制汽缸纵向中心线的横向移动。

立销：保证汽缸在垂直方向自由膨胀，并与纵销共同保持机组的纵向中心线不变。

猫爪横销：保证汽缸能横向膨胀，同时随着汽缸在纵向的膨胀和收缩，推动轴承向前或向后移动，以保持转子与汽缸的轴向位置。

角销：也称压板，装在各轴承座底部的左、右两侧，以代替连接轴承座与台板的螺栓，但允许轴承座纵向移动。

推拉螺栓：一般安装在1号轴承座与高压外缸之间，汽缸热胀冷缩时，依靠这种推拉机构来完成高压缸与前轴承箱之间的推拉。

70. 什么是正、负胀差？

答：在机组启动加热时，转子的膨胀大于汽缸，其相对膨胀差值称为正胀差。而当汽轮机停机冷却时，转子冷却较快，其收缩也比汽缸收缩快，产生负胀差。

71. 什么是转子的相对膨胀死点？

答：一般指推力瓦的位置就是转子相对于汽缸的膨胀死点。

72. 汽缸与法兰之间的温度差值是如何产生的？有什么危害？

答：因为法兰不直接接触汽缸内的工作蒸汽，所以汽缸在受热或受冷却时，法兰膨胀或冷缩比其他部位慢，因而也容易产生较大的热应力。如果运行操作不当，如升负荷过快等，会造成汽缸塑性变形，甚至产生裂纹。

73. 汽缸上、下缸温差大的危害是什么？

答：在汽缸内部，同一圆周的温度往往是不均匀的。由于热蒸汽容易聚集在汽缸上部，而且下缸布置有回热抽汽管道因而增大了散热面，因此上缸温度一般高于下缸温度，使上缸膨胀比下缸多，造成汽缸向上拱起，俗称“猫拱背”。汽缸的这种变形使下缸底部径向间隙减小甚至消失，易造成动、静部分摩擦，损坏设备。另外，还会出现隔板和叶轮偏离正常时所在的垂直平面的现象，使轴向间隙变化，甚至引起轴向动、静部分摩擦。

74. 汽轮机轴承一般采用哪几种？作用是什么？

答：汽轮机的轴承一般采用支持轴承和推力轴承两种。

支持轴承也称径向轴承或主轴承，它的作用是支承转子重力及由于转子质量不平衡引起的离心力，并确定转子的径向位置，使其中心与汽缸中心保持一致。

推力轴承的作用是承担蒸汽作用在转子上的轴向力，并确定转子的轴向位置，使转子与静止部分保持一定的轴向间隙。

75. 两平面间建立油膜的条件是什么？

答：两平面间建立油膜的条件是：

（1）两表面之间应构成楔形间隙。

（2）两表面之间应有足够的润滑油量，而且润滑油应有适当的黏性。

（3）两表面之间应有足够的相对运动速度，以便在油楔中产生所需要的内部压力。

76. 影响轴承油膜的因素有哪些？

答：影响轴承油膜的因素有转速、轴承荷载、油的黏度、轴颈与轴承间隙、轴颈与轴承尺寸、润滑油温、润滑油压、轴承进油孔直径。

77. 支持轴承的形式有哪些？

答：支持轴承的形式按其支承方式和轴承外部形状可分为圆筒形固定式轴承和球形自位式轴承。

按轴瓦的几何形状可分为圆筒形轴承、椭圆形轴承、多油楔轴承及可倾瓦轴承。

圆筒形轴承主要适用于低速重载转子；三油楔轴承、椭圆形轴承分别适用于较高转速的轻、中和中、重载转子；可倾瓦轴承则适用于高速轻载和重载转子。

78. 什么是可倾瓦支持轴承？

答：可倾瓦支持轴承通常由 3～5 个或更多个能在支点上自由倾斜的弧形瓦块组成，所以又叫活支多瓦形支持轴承，也叫摆动轴瓦式轴承。由于其瓦块能随着转速、荷载及轴承温度的不同而自由摆动，在轴颈周围形成多油楔，且各个油膜压力总是指向中心，具有较高的稳定性。

另外，可倾瓦支持轴承还具有支承柔性大、吸收振动能量好、承载能力大、耗功小和适应正反方向转动等特点。但可倾瓦结构复杂、安装、检修较为困难，成本高。

79. 什么是盘车装置？

答： 在汽轮机启动冲转前和停机后，使转子以一定的转速连续地转动，以保证转子均匀受热和冷却的装置称为盘车装置。

80. 对盘车装置的要求是什么？

答： 对盘车装置的要求是：它既能盘动转子，又能在汽轮机转子转速高于盘车转速时自动脱开，并使盘车装置停止转动。大、中型机组一般都采用电动盘车装置，它基本上可以自动投入和切除。常见的电动盘车装置有螺旋轴式和摆动齿轮式两种。

81. 高速盘车有什么优缺点？

答： 高速盘车的优缺点是：高速盘车时较容易形成轴承油膜，并且在消除热变形及冷却轴承等方面均比低速盘车好。但高速盘车消耗功率较大。

82. 什么叫推力间隙？

答： 推力盘在工作瓦片和非工作瓦片之间的移动距离叫推力间隙，一般不大于 0.4mm。瓦片上的乌金厚度一般为 1.5mm，其小于汽轮机通流部分动、静之间的最小间隙，以保证即使在乌金熔化的事故情况下，汽轮机动、静部分也不会相互摩擦。

83. 上海汽轮机厂某 600MW 型机组第一级中压转子是如何冷却的？

答： 高中压合缸机组高中压转子中压进汽区由来自调节后的节流蒸汽进行冷却，冷却蒸汽覆盖在转子的表面，高温再热蒸汽不会接触转子；分缸机组是从高压缸某压力级后抽出部分蒸汽通过一管道引至中压缸第一级转子表面处冷却中压转子。

84. 上海汽轮机厂某 600MW 型机组中压内缸设置隔热罩的作用是什么？

答： 中压进汽口处设置隔热罩，以阻止经再热后的高温蒸汽对高中压缸的热辐射，改善了高中压外缸的运行环境，从而延长了其使用寿命。

85. 为什么空冷机组的低压缸及轴承箱要采用落地支撑？

答： 空冷机组背压高、变化幅度大，故低压缸及轴承箱温度变化范围也比较大。低压缸及轴承箱间用波纹节弹性连接，与轴承箱刚性连接落地支撑，可使轴端汽封始终与低压转子保持同心，保证良好的密封，同时膨胀节还可以吸收汽封体与低压外缸间的胀差。

86. 上海汽轮机厂某600MW型超临界机组采用哪些措施防止汽流激振？

答：合理调整高压调节汽阀开启顺序，高中压转子上部的高压调节汽阀先开启保持高中压转子向下的力；设计时考虑汽流激振影响的轴系稳定性的计算分析，减小高压转子的强迫挠度系数，减小汽流激振发生的概率；采用刚性临界速度为2000r/min以上的转子；采用油膜动特性系数交叉耦合项小、稳定性更好的可倾瓦轴承；调节级出力限制在20%左右；合理调整左右、上下动静部分间隙。

87. 汽轮机高压缸夹层是如何进行冷却的？

答：高中压缸采用双层缸，高压缸排汽的低温蒸汽有一部分直接通过内缸和外缸的夹层，进入中压进汽口和再热蒸汽一起进入中压缸，以降低内外缸的温差及压差。

第三节　汽轮机的调节系统

1. 汽轮机调节系统的作用是什么？

答：汽轮机调节系统的作用是：在外界负荷变化时，及时地调节汽轮机功率，以满足用户用电量变化的需要，同时保证汽轮发电机组的工作转速在正常允许范围内。

2. 调节系统一般应满足什么要求？

答：调节系统一般应满足的要求是：

（1）当主汽阀全开时，能维持机组空负荷运行。

（2）机组由满负荷突降至零负荷时，能保证汽轮机转速在危急保安器动作转速以下。

（3）调节系统在加、减负荷时应动作平稳，无晃动现象。

（4）机组单机运行时各种负荷下的转速摆动值和并网运行时负荷摆动值均应在允许范围内。

（5）当危急保安器动作后，应能保证高、中压主汽阀，调节汽阀迅速关闭。

（6）调节系统速度变动率应满足要求（一般在4%～6%），迟缓率越小越好（一般应在0.5%以下）。

3. 汽轮机调节系统一般由哪几个机构组成？

答：汽轮机调节系统根据其动作过程，一般由转速感应机构、传动放大机构、执行机构（配汽机构）、反馈机构等组成。

4. 汽轮机调节系统各组成机构的作用是什么？

答：汽轮机调节系统各组成机构的作用是：

(1) 转速感应机构。它能感应转速的变化并将其转变为其他物理量的变化，送至传动放大机构。

(2) 传动放大机构。由于转速感应机构产生的信号往往功率太小，不足以直接带动配汽机构，因此，传动放大机构的作用是接受转速感应机构的信号，并加以放大，然后传递给配汽机构，使其动作。

(3) 执行机构（配汽机构）。它的作用是接受传动放大机构的信号来改变汽轮机的进汽量。

(4) 反馈机构。传动放大机构在将转速信号放大传递给配汽机构的同时，还发出一个信号使滑阀复位，油动机活塞停止运动。这样才能使调节过程稳定。反馈一般有动态反馈和静态反馈两种。

5. 调节系统转速感应机构按其工作原理可分为哪几类？

答：调节系统转速感应机构按其工作原理可分为液压式、机构式和电子式三类。

6. 什么是径向钻孔泵调速器？

答：径向钻孔泵调速器是利用径向钻孔泵随汽轮机转速变化而产生不同的脉冲油压来感受和测量汽轮机转速的，所以径向钻孔泵也称脉冲油泵。它由泵轮、泵壳、稳流网和密封环等组成。汽轮机主轴带动的泵轮是一个钻有若干径向孔的轮盘，这种泵的工作原理和离心泵相同，即泵的进、出口油压差与转速的平方成正比，只要汽轮机转速变化，径向钻孔泵的进出口油压差也变化，且泵的压力流量特性线平坦，流量变化时，泵的出口压力基本不变。所以径向钻孔泵进出口油压差的变化是汽轮机转速的变化。

7. 什么是旋转阻尼调速器？

答：旋转阻尼调整速器由八根用螺纹紧旋在转轮上的阻尼管组成，并通过螺纹直接连接在汽轮机主轴上。主油泵的压力油经针形阀节流后，进入旋转阻尼器的环形一次油压室通过八根阻尼管排掉一部分油，在油室中建立一次油压。转速变化时，阻尼管中离心力发生变化，油室中一次压力油也随着发生变化，并与转速有平方关系。这种调速器也只能在额定转速附近近似地看成转速与油压成直线关系，因此也不是全行程调速器。

8. 什么是机械离心式调速器？

答：机械离心式调速器有低速机械离心式调速器和高速弹性调速器两种。

低速机械离心式调速器由飞锤、弹簧、滑环等组成。当转速增加时，重锤的离心力增大

而外张，拉伸主弹簧使滑环上移，即将转速变化信号转换为滑环位移信号。

高速弹性调速器主要由重锤、钢带、弹簧、调速块、座和套筒等部件组成。这种调速器工作转速高，可直接装在汽轮机主轴上，不需减速装置。当汽轮机转速变化时，弹簧片因重锤的离心力变化而变形，从而使固定在弹簧片上的调速块移动，输出位移信号。这种弹性调速器可以完全避免零部件的摩擦和磨损，因而迟缓率低，灵敏度高，并从较低的转速起就有位移输出。故这种调速器又有全速调速器之称。

9. 贯流式传动放大装置常见有哪几种形式？

答：贯流式传动放大装置常见有波纹筒放大器、随动滑阀放大器和压力变换放大器三种形式。

10. 波纹筒放大器的工作原理是什么？

答：波纹筒放大器按一次油压增加后，二次油压增加还是减小，可分为正向波纹筒放大器和反向波纹筒放大器两种。

正向波纹筒放大器主要工作原理是：当一次油压升高时，波纹筒收缩，蝶阀上移，关小油口，二次油室的泄油量减小，二次油压上升。这样，波纹筒放大器将较小的一次油压变化信号放大为二次油压信号。

反向波纹筒放大器主要工作原理是：当一次油压升高时，波纹筒伸长，杠杆以 0 为支点上移，蝶阀泄油间隙增大，泄油量增加，二次油压降低；同样将一次油压变化信号放大为二次油压信号。该放大器发生泄漏使二次油压降低时，将发出信号关闭调节汽阀，因此运行中是较安全的。

11. 随动滑阀放大器的工作原理是什么？

答：随动滑阀放大器的工作原理是：当机组转速降低时，调速器上的调速块向左移动，喷油间隙减小，随动滑阀室内油压升高。在两个油室压力差的推动下，活塞左移，随动滑阀位移通过杠杆传动，使调速滑阀也向左移动，关小二次油压溢油口，二次油压升高，开大调节汽阀。当转速升高时，动作过程相反。

12. 压力变换放大器的工作原理是什么？

答：压力变换放大器的工作原理是：它与径向钻孔泵联用，当机组转速下降时，径向钻孔泵出口脉动油压下降，压力变换器的活塞在弹簧作用下向下移动，开大二次油压溢油口，二次油压降低。当转速升高时，动作过程与上述相反。

13. 断流式传动放大装置是如何动作的？

答：大容量汽轮机开启调节汽阀所需用的功率也大，为此，在信号放大装置后还需装设

功率放大装置。国产汽轮机的功率放大装置均采用断流式油动机。断流式传动放大装置由断流滑阀、积分活塞和反馈元件组成。当控制油压（二次或三次脉动油压）下降时，断流滑阀下移，油动机活塞上部油口打开，活塞下部排油口也被打开，活塞下移关小调节阀，同时，活塞杆带动反馈滑阀上移，关小反馈油口，控制油压上升，待控制油恢复正常时，断流滑阀回到中间位置进入新的平衡状态。

14. 调节汽阀的传动装置有哪几种类型？

答：调节汽阀的传动装置，是用来传递油动机活塞位移信号，使之变成阀门行程信号的装置。常见的有以下几种形式：

（1）凸轮传动装置。油动机经齿条与齿轮啮合，齿轮又带动装有四个凸轮的轴转动，各凸轮通过杠杆分别控制各调节汽阀，并依靠凸轮型线的不同来确定调节汽阀的开启顺序。该装置通常在高压机组上采用。

（2）直接传动装置。指每个调节汽阀都各由一个油动机带动，调节汽阀阀杆与油动机的活塞杆利用连接器直接连接，油动机行程和调节汽阀行程一致，结构简单、传动可靠。

（3）提板式。这种装置用一个油动机可以同时控制几个调节汽阀。但只适用于阀门所需要的提升力不大，而且是部分进汽的场合。通常在中、小型机组上采用。

15. 调节汽阀有哪几种形式？

答：调节汽阀的形式有以下几种：

（1）普通单座阀。根据阀芯的形状分为球形阀和锥形阀。球形阀在开启后，通过阀门的蒸汽流量与流通截面积成正比增加，当升程增加到流通面积正好等于阀座的喉部面积时，再继续升高升程，流量也不再增加了。根据计算，球形阀的升程达到喉部直径的1/4左右时，继续提高升程，流量几乎不再增加。锥形阀在开启的初期，通流面积增加缓慢，蒸汽流量也增加缓慢，当节流锥体脱离阀座后，通流面积才有较快增长，其流量特性在起始阶段有一平缓段。由于有此特性，故被广泛用作喷嘴调节中的第一个调节汽阀，以提高机组空负荷运行时的稳定性。

（2）带预启阀的调节汽阀。阀门开启时，首先提升预启阀，蒸汽自预启阀进入汽轮机。当预启阀开启到一定程度后，主阀开始开启，由于主阀前后压差减小，故所需的提升力小。

16. 什么是调节汽阀的重叠度？为什么调节汽阀要有重叠度？

答：当前一个调节汽阀尚未完全开启时，就让后一个调节汽阀开启，即称调节汽阀的重叠度。调节汽阀的重叠度通常在10%左右，也就是说，前一个调节汽阀开启到阀后压力为阀前压力的90%左右时，后一个调节汽阀随即开启。

采用喷嘴调节的汽轮机是由多个调节汽阀来控制进汽量的，各调节汽阀的流量特性联合在一起，便构成了汽轮机调节汽阀的联合流量特性。如果调节汽阀没有重叠度，调节系统的静态特性也就不是一根平滑的曲线，这样的调节系统就不能平稳地工作。

17. 汽轮机调节系统为什么必须设有反馈机构?

答：在汽轮机的调节系统中，滑阀的位移，使油动机动作，而油动机动作又反过来影响滑阀的位移，这种作用叫反馈作用。反馈作用是汽轮机自动调节中保持调节动作能稳定下来的一个重要组成部分，可以说没有反馈机构，调节系统无法工作。

常用的反馈机构有杠杆反馈、油口反馈、弹簧反馈。

18. 杠杆反馈的工作过程是什么?

答：杠杆反馈的工作过程是：当转速升高时，首先杠杆以油动机活塞为支点，调速器滑环位移使滑阀向上移，然后，杠杆以调速器滑环为支点，油动机下移，使滑阀向下移动。当调节结束时，调速器滑环和油动机活塞都在一个新的位置，而滑阀回到中间位置。这时调节系统处在一个新生的稳定状态。

19. 油口反馈的工作过程是什么?

答：油口反馈的工作过程是：当汽轮机转速升高时，调速滑阀右移，增大泄油口，使控制油压降低，断流滑阀下移，压力油进入油动机活塞上部油室，油动机活塞下移。与此同时，油动机活塞杆上的反馈斜铁也下移，反馈滑阀右移，开大反馈油口，控制油压回升，直至断流滑阀回到中间位置，调节过程结束。

20. 弹簧反馈的动作过程是什么?

答：在弹簧反馈机构中，压弹簧仅在调节过程中起阻尼作用，故称为动反馈弹簧；拉弹簧为静反馈弹簧。二次油压作用在继动器活塞的上部，与动、静两个反馈弹簧的作用力相互平衡。当汽轮机转速升高时，二次油压降低，继动器活塞在静反馈弹簧的作用下向上移动，继动器蝶阀排油间隙增加，错油阀活塞上移，油动机活塞下移。与此同时，反馈杠杆也下移，使静反馈弹簧的拉力减小，继动器活塞在二次油压作用下重又下移，错油阀活塞回到中间位置。

21. 同步器的作用是什么?

答：同步器是通过平移静态特性曲线来改变机组转速或负荷的，其作用是：在单机运行时改变汽轮机的转速，在并列运行时改变机组的功率。机组并网前，同步器可以通过改变汽轮机的进汽量来调整汽轮机的转速，使发电机与电网同步并列。

22. 同步器的类型有哪几种?

答：汽轮机调节系统所使用的同步器，其构造是多种多样的，但不外乎是移动调速器静态特性曲线和移动传动放大机构静态特性曲线两种。

23. 同步器的工作范围是什么？

答：汽轮机不仅在额定参数下运行，而且还可以在其他各种工况下运行，因此，同步器应能满足机组各工况下正常调整的要求，故须做到：

（1）额定参数下，同步器的工作能保证汽轮机功率在空负荷到满负荷之间做任意变动。

（2）低限位置应满足：

1）在电网允许的最低频率下，能维持机组空负荷运行。

2）新蒸汽参数和背压在允许范围内升高或降低时，应能保证机组在额定转速下维持空负荷运行。

（3）高限位置应满足：

1）在电网允许的最高频率下，能满负荷运行。

2）新蒸汽参数降低及背压升高时，机组能在额定转速下接带满负荷运行。

24. 什么是电网调频？

答：汽轮发电机组向外供电时，既要满足电能数量，又要满足电能质量的要求，使频率保持在合格的范围内，因此必须经常性地对电网频率进行调整，通常称为电网调频。

25. 什么是一次调频？

答：各机组并网运行时，受外界负荷变动影响，电网频率发生变化，这时，各机组的调节系统参与调节作用，改变各机组所带的负荷，使之与外界负荷相平衡。同时，还尽力减少电网频率的改变，这一过程即为一次调频。

26. 什么是二次调频？

答：机组并网运行时，通过同步器可以改变机组功率，使各台机组负担给定负荷，调整电网频率，以维持电网频率稳定，叫做二次调频。

27. 什么是调节系统的静态特性？

答：调节系统的静态是指：汽轮机发出的功率与发电机负荷平衡，转速稳定时的状态。而调节系统的静态特性是指机组在稳定状态时，各有关参数（转速或汽压、功率或抽汽量、滑环行程、调压器行程或脉动油压、油动机行程）之间的关系。

28. 什么是调节系统的静态特性曲线？

答：把稳定工况下的机构转速和输出功率（负荷）的对应关系按比例得出的曲线，称为调节系统的静态特性曲线。

29. 什么是有差调节？

答：由调节系统的静态特性曲线可知，不同的负荷，其稳定转速将是有差别的，一定的负荷对应于一定的转速，这种调节叫有差调节。

30. 什么是速度变动率？

答：通常用转速差（n_2-n_1）与额定转速 n_0 之比来表示调节系统的速度变动率，即

$$\delta=\frac{n_2-n_1}{n_0}\times 100\% \tag{6-4}$$

式中 n_1——汽轮机满负荷时的稳定转速；

n_2——汽轮机空负荷时的稳定转速；

n_0——汽轮机额定转速。

速度变动率 δ 就是静态特性线的斜率。δ 值越大，静态特性线就越陡；反之，δ 越小，静态特性线就越平坦。

31. 速度变动率与机组一次调频能力之间的关系是什么？

答：速度变动率与机组一次调频能力之间的关系是：电网频率变化时，引起的负荷变化与机组调节系统速度变动率成反比，即当外界负荷变化时，速度变动率越大，分给该机组的负荷变化量越小；反之，则越大。因此带基本负荷的机组，其速度变动率应选择大些，使电网频率改变时，负荷变化较小，即减小参加一次调频的作用，使之近似保持基本负荷不变，一般 δ 取 4%～6%。而带尖峰负荷的调频机组，速度变动率应选择小一些，δ 取 3%～4%。目前由于电网容量日益增大，为使机组能参加一次调频，速度变动率不宜选择过大。

32. 速度变动率与机组稳定性之间的关系是什么？

答：速度变动率与机组稳定性之间的关系是：速度变动率越大，调节系统的稳定性越好；反之，则越差。若速度变动率 $\delta=0$，则调节系统的静态特性线成一条水平线，功率与转速无确定关系，机组便无法稳定工作；如果电网频率稍有变化，机组的功率就会发生大幅度的改变，使机组无法控制。这也说明了汽轮机调节系统只能是有差调节，而不能采用无差调节。

一般机组甩去全负荷时动态超速比静态时的速度变动率 δ_{n0} 大 50%左右，即动态最大转速可达 $1.5\delta_{n0}$。为保证甩去全负荷时，不致使转速升高到超速保护动作，一般速度变动率以不大于 6%为宜。

33. 什么是动态超速？

答：机组发生甩负荷时，由于转子的惯性和调节系统迟缓动作，进汽量还来不及变化，

机组转速要上升很多，叫动态超速。

34. 什么是迟缓率？

答：机组一定的转速和一定的负荷相对应，所以只要机组出现转速偏差，调节系统就应立即动作，机组的功率立即改变。实际上由于调节系统各部套存在着摩擦、间隙及滑阀的盖度等原因，使调节系统动作出现迟缓现象。

$$\varepsilon=\frac{\Delta n}{n_0}\times 100\% \qquad (6\text{-}5)$$

式中　ε——调节系统的迟缓率；

Δn——在同一功率下，转速上升与下降过程的静态特性曲线的转速差。

当外界负荷变化时，调节系统不动作，机组维持原功率运行，即 Δn 这一区域，用迟缓率 ε 来表示。

35. 汽轮机迟缓率过大对机组有什么影响？

答：迟缓率是汽轮机控制系统的一个重要指标，越小越好。过大的迟缓率对机组的影响如下：

（1）在机组空载运行时会引起转速不稳定。

（2）在机组并网运行时会引起负荷摆动。

（3）在机组甩负荷时会造成严重超速，对机组稳定、安全运行都十分不利。

36. 汽轮机调节保护系统的作用是什么？

答：为保证汽轮机设备的安全，防止设备损坏事故的发生，除了要求调节系统动作可靠以外，还应具有必要的保护装置，以便在汽轮机调节系统失灵或发生故障时，能及时动作，迅速停机，避免事故的扩大和设备的损坏。

37. 自动主汽阀的作用及其要求是什么？

答：自动主汽阀的作用是在汽轮机的保护装置动作后，迅速切断汽轮机的进汽而停机。

自动主汽阀的要求是：应动作迅速，关闭严密，在正常运行的进汽参数下，从汽轮机保护装置动作到主汽阀全关的时间，通常要求不大于 0.5s，关闭后汽轮机转速应该能降至 1000r/min 以下。

38. 危急保安器滑阀的作用是什么？

答：危急保安器滑阀是各种停机保护信号的传动放大机构，它感受两个信号：①飞锤或飞环引起的杠杆位移信号；②滑阀下部附加保安油压信号。危急保安器滑阀的作用是：其动作后将泄掉调节汽阀二次脉动油压和主汽阀保安油压，使主汽阀、调节汽阀迅速关闭。

39. 危急保安器滑阀是如何进入工作状态的？

答：机组未挂闸前，危急保安器中的大滑阀下部承受附加保安油压向上的作用力，上部承受启动阀来的挂闸油路油压作用力，启动阀退至零位（正常工作位置）时，挂闸油压泄压，大滑阀上升至上限位置（正常工作位置），这时，滑阀凸肩将调节汽阀二次油路和主汽阀保安油路与排油口隔开。继续上摇启动阀，滑阀上部建立挂闸油压，危急保安器滑阀进入工作状态。

40. 汽轮机为什么设置超速保护？

答：汽轮机是高速旋转的设备，转动部分的离心力与转速的平方成正比，即转速增高时，离心应力将迅速增加。当汽轮机转速超过额定转速20%时，离心应力接近于额定转速下应力的1.5倍，此时不仅转动部件中按紧力配合的部件会发生松动，而且离心应力将超过材料所允许的强度使部件损坏。因此汽轮机设置了超速保护装置，它能在超过额定转速10%～12%时动作停机，使汽轮机停止运转。

41. 危急保安器按结构形式可分为哪几种？

答：危急保安器按结构形式可分为飞锤式和飞环式两种。

它们的工作原理均为：当汽轮机转速升高至危急保安器动作值时，飞锤或飞环通过离心力飞出，打击脱扣杠杆，使危急遮断滑阀落下，泄油口打开，关闭汽阀，切断汽轮机进汽。

42. 为什么要做危急保安器充油试验？

答：由于汽轮机超速试验对机组各部件强度均有损坏，不宜多做。为防止机组启动和运行中飞锤或飞环卡涩，造成机组发生超速时，危急保安器不能正常动作，损坏汽轮机，故设置充油试验装置。该试验在机组空负荷或正常带负荷情况下均可进行，试验时，用压出试验滑阀移开一支杠杆，充油压出后恢复。

43. 辅助超速保护的作用是什么？

答：辅助超速保护又称附加超速保护。其作用是：若危急保安器失灵，机组的转速上升至额定转速的113%～114%时，辅助超速保护动作，使危急保安器滑阀动作，汽轮机停运。所以它是防止汽轮机转速飞升过大而设置的一道重要后备超速保护装置。

44. 辅助超速保护装置是如何工作的？

答：机组正常运行（额定转速）时，由于弹簧力远大于一次脉动油压对滑阀下部的作用力，滑阀排油口关闭。当机组转速升高至额定转速的113%～114%时，滑阀在脉动油压力

作用下，克服弹簧力打开套筒上控制油口，从而使危急保安器滑阀下油压下跌至掉闸值，危急保安器滑阀落下，关闭调节汽阀、主汽阀，停机。

45.《防止电力生产重大事故的二十五项重点要求》中规定什么情况下应做超速保护？

答：《防止电力生产重大事故的二十五项重点要求》（简称二十五项反措）中规定新投产的机组或大修后第一次启动时；危急保安器检修或调整后；停机一个月以后再次启动时；机组进行甩负荷试验前等，都应提升转速进行危急保安器动作试验。

46. 什么是危急遮断转换阀？

答：对于采用双工质调节系统的汽轮机，即转速感受及初级放大部分采用汽轮机油，而功率放大部分采用抗燃油，两者之间的调节保护信号就是通过中间继动滑阀和危急遮断转换滑阀完成传递的。

47. 汽轮机保护系统的要求是什么？

答：汽轮机保护装置要求齐全、可靠，为此采用多种保护系统。保护系统和调节系统一样，由感应、传动放大和执行机构三部分组成。各保护为保安系统的感应机构，当某一保护动作时，感应机构给出信号，通过传动放大机构即危急保安器滑阀放大信号，执行机构动作，达到停机目的。汽轮机保护系统中，除前述的液压保护外还有多种电气信号保护装置，对汽轮机各个重要方面进行保护。它们的信号通过电磁控制阀和电磁遮断阀传递，实现停机。

48. 汽轮机为什么装轴向位移保护装置？

答：在汽轮机运行中，动、静部分之间的轴向间隙是靠推力轴承来保证的。当轴向推力过大致使推力瓦乌金熔化时，转子将产生较大的轴向位移，导致动、静部分摩擦的严重设备损坏事故。为此，汽轮机一般都装有轴向位移保护装置。

49. 汽轮机轴向位移保护的作用是什么？

答：汽轮机轴向位移保护的作用是：当汽轮机轴向位移达到一定数值时，轴向位移保护动作，停止汽轮机运行，保护汽轮机，防止设备损坏。

50. 汽轮机为什么装设润滑油压低保护装置？

答：在汽轮机启动、停机及正常运行中，必须不间断地供给轴承一定压力、温度的润滑油，使汽轮发电机组的轴颈和轴瓦之间形成油膜，建立液体摩擦，达到冷却和润滑的作用，

保证汽轮发电机安全稳定地运行。润滑油压如果降低，不仅能造成轴瓦损坏，而且还能引起动、静部分碰磨的恶性事故。因此，汽轮机都装有低油压保护装置。

51. 汽轮机润滑油油压低保护的作用是什么?

答: 汽轮机润滑油油压低保护的作用是：低油压保护装置根据润滑油压降低的不同程度，依次发出报警信号，联动辅助油泵，自动停止汽轮机和停止盘车运行。

52. 二十五项反措中对润滑油油压低是如何规定的?

答: 润滑油油压低时应能正确、可靠地联动交、直流润滑油泵。为确保防止在油泵联动过程中瞬间断油的可能，要求当润滑油压降至 0.08MPa 时报警；降至 0.07～0.075MPa 时联动交流润滑油泵；降至 0.06～0.07MPa 时联动直流润滑油泵，并停机投盘车；降至 0.03MPa 时停止盘车。

53. 汽轮机为什么要装低真空保护?

答: 当汽轮机真空降低时汽轮机出力降低，热经济性降低，而且还将使轴向推力增大，排汽温度升高，严重威胁汽轮机的安全运行。因此，功率较大的汽轮机组都装有低真空保护装置。

54. 汽轮机低真空保护装置的作用是什么?

答: 汽轮机低真空保护装置的作用是：当真空低于正常值时，低真空保护装置发出报警信号。当汽轮机真空低至极限值时，低真空保护动作，自动停止汽轮机运行。

55. 一般大功率汽轮机供油系统为什么分为两套?

答: 随机组单机容量的增加，驱动执行机构所需的油压也相应提高，同时汽阀装设位置也有了较大的变动，由汽缸上方移到汽缸两侧，带动这些汽阀的执行机构——油动机也相应移位，一般都装在灼热的壳体和管道周围，这就增加了发生火灾的危险性，为此在大型机组中多数采用了抗燃油作为这些执行机构的工质。而调节系统的其他部件仍用汽轮机油作工质，与润滑油共用一个系统。对调节系统而言，以中间继动滑阀为界；对保安系统而言，以危急遮断转换阀为界。

56. 润滑油供油系统有哪几种类型?

答: 润滑油供油系统按设备与管道布置方式不同，分为集装供油系统和分散供油系统两类。

57. 什么是集装供油系统？有什么优缺点？

答： 集装供油系统将高、低压交流油泵和直流油泵集中布置在油箱顶部，且油管路采用集装管路即系统回油作为外管，其他供油管安装在该管内部。

集装供油系统的优、缺点是：

（1）油泵集中布置，便于检查维护及现场设备管理。

（2）套装油管可以防止压力油管跑油，发生火灾事故和造成损失。

（3）套装油管检修困难。大型机组多采用该供油系统。

58. 什么是分散供油系统？为什么现代大型机组中很少使用这种供油系统？

答： 分散供油系统即各设备分别安装在各自的基础上，管路分散安装。

由于该系统分散布置，占地面积大，且压力油管外露，容易发生漏油着火事故，故在现代大型机组中很少使用这种供油系统。

59. 主油箱的作用是什么？

答： 主油箱的作用是：在油系统中除了用来储油外，还起着分离油中水分、沉淀物及汽泡的作用。油箱用钢板焊成，底部倾斜以便能很快地将已分离开来的水、沉淀物或其他杂质由最低部放出。

60. 润滑油供油系统主要由哪些设备组成？

答： 润滑油供油系统主要由油箱、射油器、主油泵、交流润滑油泵、直流润滑油泵、高压启动油泵、冷油器、油净化器、排烟装置、溢油阀及油管道组成。

61. 主油箱的容量是根据什么决定的？

答： 主油箱的容量取决于油系统的大小，应满足润滑及调节系统的用量。机组越大，调节及润滑系统用油量越多，油箱的容积也越大。

62. 什么是汽轮机油的循环倍率？

答： 汽轮机油的循环倍率等于每小时主油泵的出油量与油箱总油量之比，一般应为8～12。如循环倍率过大，汽轮机油在油箱内停留时间少，空气及水分来不及分离，致使油质迅速恶化，缩短油的使用寿命。

63. 油箱为什么要装放水管？放水管为什么安装在油箱底部？

答： 汽轮机在正常运行中，如轴封压力调整不当，轴封间隙过大等，都可能使油中进

水，因此要装放水管。

水刚进到油中并不能和油混合为一体，同时由于油和水的密度不同会慢慢分离开来。水的密度比油大，沉积在油箱底部，所以放水管必须装在油箱底部，运行中定期放水。

64. 汽轮机润滑油中带水的主要原因是什么？

答：（1）汽轮机轴端汽封间隙大或汽封蒸汽冷却器汽侧负压过低等原因造成轴端汽封蒸汽外冒，外冒蒸汽通过轴承箱油挡进入轴承箱内，污染润滑油。

（2）润滑油供油系统运行中冷油器冷却水压力高于油压或油系统停运后未将冷油器水侧停运，并且冷油器泄漏造成润滑油中带水。

（3）主油箱排烟风机故障、油净化装置工作失常等原因，未能及时将油箱中水汽排出及油中水分除去。

65. 油乳化后有什么危害？

答：（1）影响油膜的形成，甚至破坏油膜的润滑，导致轴承过热磨损，甚至烧坏轴瓦，引起机组振动。

（2）乳化油的防腐蚀性能很差，使整个油系统遭到严重腐蚀。

（3）乳化油可以加速油质的劣化，使油中的沉淀物增多，严重时造成调速机构卡涩，甚至失灵。

66. 冷油器注油阀有什么作用？

答：注油阀可以在冷油器投运之前将备用冷油器充满油（防止投运后润滑油带气使轴承断油），同时防止因备用冷油器充油而引起油压大幅度波动。平衡冷油器切换阀前后压差，便于操作。

67. 油箱为什么做成斜面V形底，而不做成平底？

答：油箱用钢板焊成，底部倾斜以便能很快地将已分离开来的水、沉淀物或其他杂质由最低部放出，所以做成斜面V形底，而不做成平底。

68. 润滑油系统中各油泵的作用是什么？

答：润滑油系统中各油泵的作用是：主油泵多数与汽轮机转子同轴安装，它应具有流量大、出口压头低、油压稳定的特点，即扬程-流量特性平缓，以保证在不同工况下向汽轮机调节系统和轴瓦稳定供油。主油泵不能自吸，因此在主油泵正常运行中，需要有射油器提供0.05～0.1MPa的压力油，供给主油泵入口。

在转子静止或启动过程中，启动油泵是主油泵的替代泵，在机组启动前应首先启动油

泵，供给调节系统用油，待机组进入工作转速后，停止启动油泵运行，作为备用。

辅助润滑油泵是交流电动机驱动的离心泵。机组正常运行时，机组润滑油通过射油器供给。在机组启动或射油器故障时，辅助润滑油泵投入运行，确保汽轮机润滑油的正常供给。

事故油泵是在失去厂用电或辅助润滑油泵故障时投入运行，以保证机组顺利停机。

69. 射油器是由哪些部件组成的？其工作原理是什么？

答：射油器是由喷嘴、滤网、扩压管、进油管等组成。

射油器的工作原理是：当压力油经油喷嘴高速喷出时，在喷嘴出口形成真空，利用自由射流的卷吸作用，把油箱中的油经滤网带入扩散管减速升压后以一定的压力排出。

70. 冷油器的作用是什么？

答：由于转子的导热和轴瓦摩擦发热，油温会逐渐升高。为保证轴瓦的正常工作，必须保持一定的供油温度，因此设置了冷油器。

冷油器多为管式或板式换热器，一般用循环水作为冷却水，运行中要求冷却水压力低于油侧压力，防止管路破裂后，水进入油中使油质变差。

71. 冷油器的工作原理是什么？

答：冷油器的工作原理是：一般冷油器属于表面式热交换器，两种不同温度的介质分别在铜管内和外流过，通过热传导，温度高的流体，使自身得到冷却，温度降低。冷油器是用来冷却汽轮机润滑油的，高温的润滑油进入冷油器，经各隔板在铜管外面做变曲流动；铜管内通入温度较低的冷却水，经热传导，润滑油的热量被冷却水带走，从而降低了润滑油温度。

72. 冷油器的换热效率主要与哪些因素有关？

答：冷油器的换热效率主要与下列因素有关：

（1）传热导体的材质，对传热效率影响很大，一般要用传热性能好的材料，如铜管。

（2）流体的流速。流速越大，传热效率越好。

（3）冷却面积。

（4）流体的流动方向。

（5）冷油器的结构和装配工艺。

（6）冷油器铜管的脏污程度。

73. 如何提高冷油器的换热效率？

答：提高冷油器换热效率的方法为：

（1）保持冷却水管清洁、无垢、不堵。

（2）尽量缩小隔板与外壳的间隙，减少油的短路，保持油侧清洁无油垢。

（3）尽量提高油速。

（4）水侧空气要排干净。

74. 冷油器并联与串联运行有什么优缺点？

答：所谓串联是全部油依次流过每台冷油器。冷油器串联运行冷却效率好，油的温降大，但油的流动阻力大，压力损失大，流量也小些。

并联就是被冷却的油分为两路，同时进入两台冷油器，出来后再合在一起供各轴瓦润滑和冷却使用。冷油器并联运行油的流动阻力小，压力损失较小，流量也大些，但冷却效果却比串联差。

75. 润滑油系统是如何运行的？

答：润滑油系统的正常运行是汽轮机安全稳定运行的前提，所以必须保证系统各部正常，以保质保量地向汽轮机供油。机组启动前，先启动交流润滑油泵，向汽轮机各轴瓦供油，同时向调节系统供油排空。投入顶轴油系统以后，机组进入盘车状态。启动高压启动油泵正常后，机组具备启动条件。机组定速后，汽轮机主油泵投入工作，向机组供调速油，且通过射油器向机组供润滑油，这时可停止高压启动油泵和交流润滑油泵运行，由主油泵维持正常运行。当机组正常或事故停机时，应先启动交流润滑油泵和高压启动油泵，直至机组停机完毕进入盘车状态后，维持交流润滑油泵运行。在正常运行和停机过程中，直流润滑油泵均作备用，以保证汽轮机安全停机。

76. 润滑油箱排烟风机的作用是什么？为什么润滑油箱内负压应维持在一定的范围内？

答：润滑油箱排烟风机的作用是：保持主油箱及回油管有一定的负压，可避免轴承箱油挡等非密封处冒油烟，并有利于轴承回油的流畅。排烟风机可将主油箱及回油管内的油烟及时排出去，防止可燃气体在主油箱或回油管内集积。

润滑油箱内负压过低时，将起不到有效地将油烟排除的目的；负压过高时，空气中的灰尘等杂质可能会通过轴承箱油挡等非密封处进入油系统，所以润滑油箱内负压应维持在一定的合理范围内。

77. 调速系统大修后为什么要进行油循环？

答：在大修当中所有调速部件、轴瓦、油管均解体检修，各油室、前箱盖均打开，在检修过程中难免落入杂物。在组装和扣盖时虽然经过清理，但不可避免地留有微小的杂物，这对调速系统、轴承的正常运行都是十分有害的。油循环就是在开机前用油将系统彻底清洗，去掉一切杂物，同时用临时滤网将油中杂质滤掉，确保油质良好，系统清洁。

78. 油循环的方法及油循环中应注意什么？

答：油循环的方法是：在冷油器出口的油管上加装临时滤网，开启润滑油泵，进行油循环，冲洗系统。

在油循环过程中应注意：临时滤网前后压差和油箱滤网前、后的油位差，如果滤网前后压差太大就要停止油循环，清理滤网，以防止压差过大将铜丝网顶破，铜丝进入轴瓦中，如果拆下滤网发现铜丝已被顶破，同时残缺不全，必须揭瓦检查、清理。如发现油箱滤网前后油位差太大，必须清理滤网，同时进行滤油，至油质合格。

79. 采用抗燃油作为油系统的工质有什么特点？

答：抗燃油的最大特点是它的抗燃性，但也有它的缺点，如有一定的毒性，价格昂贵，黏温特性差（即温度对黏性的影响大）。所以一般将调节系统与润滑系统分为两个独立的系统。调节系统用高压抗燃油。

80. 抗燃油供油装置有哪些部件？各有什么作用？

答：抗燃油供油装置由抗燃油泵、抗燃油箱、蓄能器、抗燃油冷却系统及抗燃油再生装置组成。

抗燃油箱主要用作储油，油箱内装有磁性过滤器，用以吸附油箱内抗燃油中的微小铁末，提高抗燃油品质；抗燃油泵的形式有多种，常用螺杆泵，具有安装方便、维护简单、运行特性稳定等优点。蓄能器的作用主要是当调节系统动作大量用油时，释放所蓄油压力能以保持系统压力稳定，保证主汽阀关闭速度。由于高压力的抗燃油系统不宜装设冷油器，因而设计了并列循环冷却系统用以调节抗燃油温度在合格范围；油净化装置是用来消除系统长期运行而产生的化学黏结物和进入系统的机械杂质，保证抗燃油质符合运行要求。

81. 抗燃油系统使用的要求是什么？

答：抗燃油系统投入运行前必须按有关标准对新油的各项质量标准进行化验，其中酸值必须小于 0.15mgKOH/g。抗燃油系统应防止水分进入，水分会使磷酸酯抗燃油水解，并给油质的再生处理带来困难。同时其水解产物对磷酸酯的水解过程又是极强的催化剂，因此，必须在运行中用油再生系统来控制抗燃油的酸值，防止系统中酸性分解物的增加。抗燃油箱应封闭严密，防止灰尘落入。抗燃油系统启动前，可进行油循环来逐步提高油温，不能采用加热元件温度超过 120℃的加热设备，防止油质因局部加热加速老化。系统各部套的工作环境温度不得过高，应有良好的通风条件。

82. 抗燃油温度为什么不宜过低或过高？

答：抗燃油的黏温特性较差，即黏度随温度变化较大。温度过低时，黏度会增大，将影

响油的流动性，使油泵过负荷及影响调节系统品质。温度过高时，会加速油的老化，使酸值不正常地升高。因此，抗燃油的运行温度应控制在 38～55℃范围之内，方能确保控制系统正常。

83. 中间再热式汽轮机的工作原理是什么？

答：中间再热式汽轮机能提高循环的热效率，同时能解决新蒸汽压力提高以后排汽湿度增大的问题。

其工作原理是：当蒸汽进入汽轮机高压缸膨胀做功后，全部回到锅炉中间再热器再一次加热，加热后的蒸汽重又回到汽轮机中压缸及低压缸继续膨胀做功，然后排入凝汽器。

84. 采用中间再热式机组后会给汽轮机带来哪些问题？

答：采用中间再热式机组后给汽轮机带来下列问题：

（1）单元制运行方式的影响：①减小了对锅炉蓄能的利用；②机炉的相互配合问题突出了。

（2）中间再热容积的影响：①机组的功率滞延；②增加了甩负荷时的动态超速。

85. 再热式机组为什么必须采用单元制？

答：机组采用中间再热后，中间再热器的压力随机组功率变化而变化，各台机组不一定相同。因此，再热器之间无法设置母管。这样，再热式机组就必须采用单元制。

86. 为什么中间再热式机组采用单元制后会减小对锅炉蓄能的利用？

答：单元制系统中，机炉一一对应。汽轮机没有利用其他锅炉及母管蓄能的可能，特别是采用直流锅炉的单元制系统，可被利用的蓄能更小。而锅炉本身的热惯性较大，其时间常数达 100～300s。所以，当系统负荷发生变化时，锅炉不能适应外界负荷变化的需要，降低了机组参加一次调频的能力。当汽轮机功率变化较大时，锅炉出口压力剧烈变化，可能引起汽水共腾，影响汽轮机的安全运行。

87. 为什么中间再热式机组采用单元制后会出现机炉的相互配合问题？

答：单元制系统中，由于汽轮机和锅炉的特性不同，使某些工况下机炉之间保持协调存在一定困难。突出表现在：

（1）锅炉的最小稳燃负荷通常为 50%～60%，而汽轮机的空负荷流量却很小，一般只为额定值的 5%～8%，甚至更小。这样，在汽轮机空负荷和升负荷运行时，锅炉将向空排汽造成热能和工质的损失。

（2）在低负荷下，中间再热器需要保护。但汽轮机空负荷时的流量只有 5%～8%，甩

负荷的瞬间甚至为零。因此在启动、空负荷和低负荷下运行时，存在中间再热器的保护问题。

88. 中间再热式机组的调节为什么会受到再热容积的影响？

答：由于再热式汽轮机在高压缸和中压缸之间加入了一个中间再热器及其连接管道，再热器及其来回的再热蒸汽管形成了很大的中间蒸汽容积，这个中间蒸汽容积给再热式汽轮机的调节带来了许多不利的影响。

89. 中间再热容积为什么会使机组功率滞延而降低一次调频能力？

答：在汽轮机调节汽阀开大时，非再热式汽轮机的流量和功率几乎是同时发生变化的。中间再热式汽轮机高压缸功率在最初瞬间几乎是无迟延地变化的，而中、低压缸的功率由于再热器庞大的中间容积，其压力的变化滞后于高压缸流量的变化，中压缸、低压缸的功率随之缓慢变化。直到中间再热器压力稳定下来。因此，中压缸、低压缸功率滞延现象大大降低了机组参加电网一次调频的能力。

90. 中间再热容积为什么会增加甩负荷时的动态超速？

答：影响中间再热机组动态升速的一个重要原因，是由于再热器及其管道在高、中压缸之间组成了一个庞大的中间蒸汽容积，当汽轮机甩负荷后，即使高压缸调节汽阀和主汽阀都完全关闭，这个中间再热蒸汽容积内所蓄存的蒸汽进入中低压缸继续膨胀做功，也将使汽轮机严重超速 40％～50％。显然，这已远远超出了汽轮机零件的强度极限。

91. 再热式汽轮机调节系统有什么特点？

答：再热式汽轮机调节系统的特点：

（1）采用过调节。

（2）设置中压主汽阀和中压调节汽阀。

（3）设置旁路系统。

92. 什么是过调节？

答：过调节为高压缸调节汽阀的动态过开或动态过关。过去在一些国产机组上，过调节是通过调节系统中的动态校正器来实现的。当负荷变化时，动态校正器使高压缸调节汽阀的开度变化超过静态所要求的数值，以后再逐渐减小至静态值，即利用高压缸的超发来补偿中、低压缸的功率滞后。但是，用高压缸动态过调节要求锅炉提供更多的蒸汽量，在负荷变化较大时，锅炉无法满足要求，因而动态过调节受到限制。

93. 为什么现代机组不再采用动态过调节方法？

答：随着电网容量的增大，外界负荷的变化对电网频率的影响较小，故每台并网运行的机组所分担的负荷变化量也就小，对机组参加一次调频的要求也就不强烈了。所以现代机组已不再采用动态过调节的方法。

94. 再热式机组为什么设置中压主汽阀和中压调节汽阀？

答：设置中压主汽阀和中压调节汽阀后，中间再热蒸汽经过中压主汽阀和中压调节汽阀后才进入中压缸。中压调节汽阀和高压缸调节汽阀同时受调速器控制。当机组甩负荷时，调速器同时控制高压调节汽阀和中压调节汽阀，切断进入高压缸的新蒸汽和进入中压缸的再热蒸汽，并维持机组在低于危急保安器动作转速下运行。当转速超过危急保安器动作转速时，危急遮断滑阀将同时关闭高、中压主汽阀，切断汽轮机的全部进汽使机组停止下来。

95. 中压缸调汽阀的设计思想是什么？

答：中压缸调节汽阀在设计时，考虑了因经常的节流作用会给汽轮机带来附加损失，因而在汽轮机负荷高于30％额定负荷时中压调节汽阀全开。当负荷低于30％额定负荷时，中压调节汽阀开始关小，参加调节。为使结构紧凑，节流损失减小，通常将中压主汽阀和调节汽阀壳体设计成一个整体，称为中压联合汽阀。

96. 中间再热机组为什么设置旁路系统？

答：为了解决汽轮机空、低负荷时流量和锅炉低负荷流量的不平衡以保护中间再热器，再热机组都设置有旁路系统。

97. 简述液压调节系统与电液调节系统的不同。

答：随着汽轮发电机组参数的提高、容量的增大以及中间再热的采用，对汽轮机调节系统、集中控制及电厂综合自动化水平等各方面提出了更高的要求。汽轮机液压调节系统以频率（转速）的偏差作为唯一的调节信号，调节过程中一个转速的变化对应一个负荷的变化，不能实现无差调节。对于大容量机组，由于动态飞升时间常数减小，动态特性变差，所以对调节系统静态和动态特性提出了更高要求。另外，随着电厂自动化水平的提高，必然采用集中控制、机炉协调的运行方式，液压调节系统也是不能满足要求的。而电液调节系统控制部分元件采用电子元件，具有测量方便，运算、比较、综合能力强，运算速度快、精确度高，还可以较方便地改变放大倍数、时间常数等，从而可比较方便地改变调节特性，满足机组不同运行方式的要求。因此电液调节系统在大型机组上被广泛应用。

98. 电液调节系统的特点是什么？

答：电液调节系统的特点是：

（1）大范围测速。

（2）灵敏度高，过渡品质好。

（3）静态、动态特性良好。

（4）综合信号能力强。

（5）便于集中控制。

（6）能够实现不同的运行方式。

99. 上海汽轮机厂某300MW型汽轮机的DEH调节系统主要由哪几部分组成？

答：上海汽轮机厂引进技术生产的300MW汽轮机的DEH调节系统主要由五部分组成：

（1）电子控制器。主要包括数字计算机、混合数模插件、接口和电源设备等，集中于1～6号控制柜中，主要用于给定和接受反馈信号、逻辑运算和发出指令进行控制等。

（2）操作系统。主要设置有操作盘、显示器和打印机等，为运行人员进行人机对话，提供运行信息、监督和操作。

（3）油系统。包括高压油与润滑油系统。

（4）执行机构。主要是具有附加快关、隔离和止回装置的单侧油动机，用于带动主汽阀、调节汽阀。

（5）保护系统。设有6个电磁阀，其中两个用于超速时关闭上述两种汽阀，其余用于轴承油压过低、DEH系统油压过低、轴向位移过大、凝汽器真空低及手动停机。

100. DEH系统有哪些功能？

答：DEH系统具有的功能为：

（1）汽轮机自动调节功能。

（2）汽轮机启停和运行监控系统的功能。

（3）汽轮机超速保护功能。

（4）汽轮机自动（ATC）功能。

（5）自同期并网功能。

101. DEH调节系统有哪些自动调节功能？

答：DEH系统主要有以下自动调节功能：

（1）可根据电网要求，选择调频运行方式和基本负荷运行方式。

（2）可由运行人员调整或设置负荷的上下限、升降率。

（3）系统采用串级的PI运行方式，在负荷大于10%以后，也可由运行人员选择是否采用第一冲动级汽室压力和发电机功率反馈回路。

（4）可供选择定压运行方式和滑压运行方式，当定压运行时，系统有阀门控制功能，以保证汽轮机能获得最大功率。

（5）根据需要选择炉跟机、机跟炉或协调控制方式，当机组参与协调控制时，可由电厂

调度或运行人员操作发出指令，自动地控制汽轮发电机的出力。

102. DEH系统在汽轮机启停和运行监控系统中有哪些功能？

答：DEH系统在汽轮机启停和运行中对机组和DEH装置两部分进行监控，其内容包括操作状态按钮指示、状态指示和CRT画面，其中DEH监控的内容包括重要通道、电源、内部程序运行的工作情况等。CRT画面包括机组和系统的重要参数、运行曲线、潮流趋势和故障显示等。

103. DEH系统在汽轮机超速保护方面有哪些功能？

答：DEH系统在汽轮机超速保护方面具有的功能为：

（1）甩全负荷超速保护。机组运行时，如发生油开关跳闸，系统检测到这种情况后，将迅速关闭调节汽阀，以免大量蒸汽进入汽轮机而引起超速事故。延迟一段时间后，如不出现升速，再开调节汽阀使机组维持额定转速空负荷运行，这样做的目的是减少机组再次启动的损失，使机组能迅速重新并网。

（2）甩负荷保护。当电网发生瞬间短路故障，引起发电机功率突降时，为维持电网的稳定性，保护系统迅速将中压调节阀汽关闭一下，然后再行开启，以维持机组的正常运行。

（3）超速保护。该保护有103％和110％两种。103％超速保护是指汽轮机转速超过3090r/min时，迅速将高压缸和中压缸调节汽阀同时关闭；110％超速保护是指汽轮机转速超过3300r/min时，将所有的主汽阀、调节汽阀同时关闭，进行紧急停机避免事故的发生。与此同时，旁路阀也协同动作，以保证再热器的冷却和减少机组的工质损失。除此之外，DEH的保护系统还能在运行中定期进行103％超速试验、110％超速试验、紧急停机电磁阀试验，以保证系统能始终保持良好的备用状态。

104. DEH系统有哪些自动（ATC）功能？

答：DEH系统自动（ATC）包括自启动ATC和带负荷ATC。它由若干个子程序组成，能完成汽轮机各种启动状态的全程自动启动过程，包括冲转前检查、冲转、暖机、定速、并网接带负荷，以及启动过程中辅助设备的投入，直至额定负荷工况的全过程。

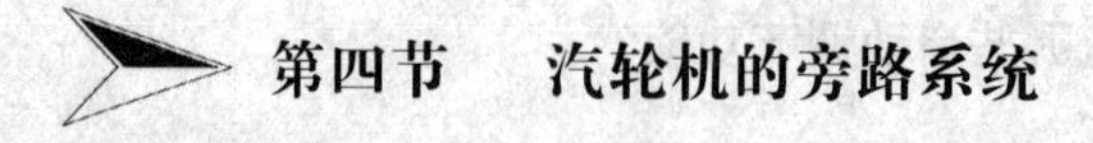

第四节　汽轮机的旁路系统

1. 什么是旁路系统？

答：所谓旁路系统是指锅炉产生的蒸汽部分或全部绕过汽轮机或再热器，通过减温减压设备（旁路阀）直接排入凝汽器的系统。

2. 旁路系统起哪些作用？

答：旁路系统的作用是：

（1）保证锅炉最小负荷的蒸发量。机组启停和甩负荷时，由于汽轮机耗汽量只是额定耗汽量的5%～8%，而锅炉满足水动力循环可靠性及燃烧稳定性要求的最低负荷一般为额定蒸发量的30%左右，旁路系统可使锅炉和汽轮机独立运行。

（2）保护再热器。在汽轮机启动和甩负荷时，经旁路系统把新蒸汽减温减压后送入再热器，防止再热器干烧，保护再热器。

（3）加快启动速度，改善启动条件。通过旁路系统可在汽轮机冲转前使主蒸汽和再热蒸汽参数达到一个预定的水平，以满足各种启动方式的需要。在汽轮机不同状态的启动过程中，旁路系统可调节汽轮机进汽参数，以适应汽轮机的需要。

（4）锅炉安全阀的作用。机组甩负荷或锅炉超压时，旁路迅速打开，排出锅炉内蒸汽，防止再热器超压。

（5）回收工质和部分热量，减小排汽噪声。

（6）保证蒸汽品质。在汽轮机冲转前建立一个汽水循环清洗系统，待蒸汽品质合格后，方可进入汽轮机，以免汽轮机受到损害。

3. 再热机组的旁路系统有哪几种形式？

答：再热机组的旁路系统，归纳起来有以下几种：

（1）两级串联旁路系统。由锅炉来的新蒸汽经Ⅰ级旁路减温减压后进入锅炉再热器，被加热的再热蒸汽经Ⅱ级旁路（低压旁路）减温减压后排入凝汽器。

（2）一级大旁路系统。由锅炉来的新蒸汽经过大旁路减温减压后直接排入凝汽器。

（3）三级旁路系统。由两级串联旁路和一级大旁路系统或者两级并联旁路和Ⅱ级旁路系统合并组成。

（4）两级并联旁路系统。Ⅰ级旁路将新蒸汽减温减压后排入再热器冷段，大旁路将锅炉的新蒸汽经减温减压后直接排入凝汽器。

4. 高压旁路的布置有哪些原则？

答：（1）高压旁路的接口应尽量接近汽轮机主汽阀，并且布置在主蒸汽管道的低点。在汽机房位置不允许时，接口也可以布置在炉侧，但汽轮机主汽阀前需要另设疏水、暖管系统。

（2）高压旁路系统管道应尽可能短，同时应考虑热膨胀，并且没有垂直的U形管等积水区。

（3）旁路减压阀离主汽管引出点大于2.5m时，应设置专用管道来进行加热，以达到旁路系统热备用状态的目的。

（4）旁路减压阀保证严密的条件下，其前面可不设置隔离阀。旁路减压阀应立式布置，以便检修。旁路减压阀不得作为受力支点。

5. 低压旁路的布置有哪些原则？

答：（1）低压旁路的接口应尽量接近汽轮机中压主汽阀，以便机组启动时再热蒸汽管

道的暖管与疏水。

(2) 低压旁路减压阀应尽量靠近凝汽器，以便缩短减压后蒸汽管道。因为该管道蒸汽流速很高，过长易发生振动。

(3) 低压旁路系统管道应尽可能短，同时应考虑热膨胀，并且没有垂直的U形管等积水区。

(4) 旁路减压阀应立式布置，位置不允许时也可水平布置。

6. 什么是带三用阀的苏尔寿旁路系统?

答：三用阀苏尔寿旁路系统是由两级串联旁路系统发展起来的。三用阀是将旁路系统中的调节、截止和溢流排放结合在一个整体阀门上。带三用阀的苏尔寿旁路系统具有启动、溢流、安全三大功能，故称为带三用阀的旁路系统。

苏尔寿旁路系统将高压旁路阀的控制、低压旁路阀的控制和再热安全阀的控制结合在一起，实现了优化控制。

7. 带三用阀的苏尔寿旁路系统由哪些部分组成?

答：带三用阀的苏尔寿旁路系统由两个高压旁路阀、两个低压旁路阀及其喷水阀组成。另外，为保护凝汽器的安全运行，再热器出口装有两只再热器安全阀。

8. 什么是旁路系统的容量?

答：旁路系统的容量是指额定参数时旁路系统的通流量与锅炉额定蒸发量的比值。

9. 高压旁路系统由哪些控制系统组成?

答：高压旁路系统由以下控制系统组成：

(1) 安全系统。此安全控制装置接受三条线路来的信号，三条信号通道“释放-脱扣”是安全控制装置的基本原理，阀门的开启不需要辅助能源，即阀门中蒸汽压力的作用使阀门开启，三条信号通道互不干扰，每条通道的信号作用，都可能使高旁阀开启。

(2) 调节系统。其调整溢流作用靠伺服操作阀实现，可接受手动操作信号、自动调节信号和压力变送器模拟量信号，控制高压旁路阀的开启和关闭，使高压旁路阀保持在一适当位置，以满足机组启动和正常运行要求。

10. 低压旁路系统由哪些控制系统组成?

答：低压旁路系统由安全控制系统和调节控制系统组成。

(1) 安全控制系统用作在凝汽器故障不允许排汽进入时，快速关闭低压旁路阀。

(2) 调节控制系统用作调整低压旁路开度，它通过感受手动和自动调节信号进行阀位调

节。自动调节是为匹配主蒸汽和再热蒸汽压力设置的。再热蒸汽压力设定值 $p=kp_c$。k 为系数，p_c为调节级压力。再热蒸汽压力高于设定值时低压旁路自动打开，根据其压差大小而定开度，再热蒸汽压力恢复后，低压旁路自动关闭。若再热蒸汽压力升压率大于规定值，低压旁路也自动打开，升压率恢复后低压旁路自动关闭。

11. 旁路系统减温装置的作用是什么？

答：高压旁路系统减温装置与高压旁路阀置于同一壳体中，水源来自主给水，运行中它感受高压旁路出口汽温来调节喷水量，保证旁路排汽温度在正常范围。低压旁路系统减温装置设置在低压旁路阀后，减温水来自主凝结水，它使排入凝汽器的蒸汽温度不超过 70℃。

12. 高压旁路阀在投入自动状态时具有什么主要功能？

答：高压旁路阀在投入自动状态时具有如下调节保护功能：

（1）主蒸汽压力超过极限值时，高压旁路阀快速开启，防止锅炉超压。

（2）主蒸汽压力增长速率超过第一值时，高压旁路阀调节开启，超过第二值时快速开启，保证主蒸汽压力变化平稳。

（3）在锅炉启动过程中能实现阀位控制、定压控制、压力控制、滑压控制四种控制方式，以满足机组各种启动工况的要求。

（4）高压旁路阀出口蒸汽温度大于 320℃时，高压旁路喷水阀自动打开，投入自动调节。

（5）接到汽轮机甩负荷信号后，高压旁路迅速开启。

13. 低压旁路自动投入有哪些功能？

答：低压旁路最终是将蒸汽排入凝汽器，但当凝汽器发生故障时，必须立即切断向凝汽器的排汽，因而低压旁路须有以下功能：

（1）根据汽轮机调节级压力，来维持再热蒸汽压力与机组负荷匹配。

（2）再热蒸汽压力升压率超过规定值时，调节开启低压旁路阀，维持再热蒸汽压力平稳上升。

（3）凝汽器故障（真空低、水位高）时，快速关闭低压旁路，保护凝汽器。

（4）低压旁路阀出口压力和温度超过规定值，快速关闭低压旁路阀。

14. 某 300MW 机组旁路系统在机组启动工况下是如何运行的？

答：旁路系统在机组启动工况下的运行为：

（1）锅炉点火前，将高压旁路阀与再热安全阀开启 50％以上。

（2）高压旁路打开的同时联动开启高压旁路喷水总阀，同时将喷水阀切为自动，自动将高压旁路出口温度控制在 332℃。

(3) 凝汽器建立真空前，低压旁路阀关闭，再热蒸汽安全阀开启。凝器器真空高于50kPa后可投入低压旁路。

(4) 投入凝汽器保护。

(5) 缓慢开启低压旁路阀，注意凝汽器真空不应大幅度下降。低压旁路喷水阀自动开启。

(6) 缓慢关闭再热器安全阀，调节主、再热蒸汽压力相匹配。

(7) 调节高压旁路阀开度，使主蒸汽压力满足冲转要求。

(8) 汽轮发电机组并网后，负荷逐步增加，逐步关小高、低压旁路阀。

(9) 机组负荷升至155MW时，关闭高、低压旁路阀。注意高压旁路喷水总阀、高压旁路喷水阀、低压旁路喷水阀全部关闭。

15. 如何投入旁路油系统运行?

答： 旁路油系统投入运行的步骤为：

(1) 油系统启动前要检查油箱油位在正常范围内，油泵盘动灵活，热工仪表、保护投入。

(2) 就地启动油泵检查工作正常，电动机运行指示灯亮。

(3) 系统压力低时应对油泵进行排空，提高压力。系统及泵运行正常后将开关放“程控”。同时注意当系统压力达16MPa时油泵自停，压力低于9MPa时油泵投入运行。

(4) 正常后开启供油阀向系统供油。

16. 苏尔寿旁路系统执行机构由哪几部分组成?

答： 苏尔寿旁路系统执行机构由供油站、执行器、伺服阀、闭锁装置、安全控制系统、安全旁路系统等组成。

(1) 供油站。由油泵、油箱、蓄能器、压力开关等组成。压力开关用来监测蓄能器中压力并发信号，使油泵启动或停止。

(2) 执行器。执行器是执行机构，为双向作用液压缸。

(3) 伺服阀。由上部的电磁操作部分和下部的滑阀部分组成。电磁阀带电后使控制拨叉动作，拨叉使滑阀产生位移，使阀门执行机构活塞上下油压变化，从而使阀门动作。提供了执行器的高精度定位。

(4) 闭锁装置。闭锁装置是一电液控制导向阀。在系统失去油压或电磁阀失电情况下，滑阀受弹簧力作用，切断连接伺服阀与阀门驱动装置间的油路。

(5) 安全控制系统。其作用是在系统失去油压的情况下，蓄能器向系统补充供油，可靠地操作执行机构至预定位置。通过一个二位三通电磁阀控制连接蓄能器和阀门执行机构的供油止回阀及阀门执行机构与控制油箱的回油止回阀来实现。

(6) 安全旁路系统。其作用是使高旁系统执行机构不需任何外力作用使执行机构操作阀门到预定位置。由三个安全旁路装置组成。

17. 阀门执行机构拒动作或动作迟缓的原因是什么？

答：阀门执行机构拒动作或动作迟缓的原因是：

（1）入口滤油器滤芯脏污、堵塞，影响正常供油。

（2）伺服阀滤芯脏污、堵塞。

（3）伺服阀电磁阀失常、拒动作。

（4）伺服阀小滑阀上两侧和中间的油孔堵塞不畅通。

18. 机组故障时旁路系统如何动作？

答：机组故障时旁路系统的动作为：

（1）汽轮机甩负荷，蒸汽压力升压速率达 0.8MPa/min 以上时，高压旁路应调整开启，低压旁路自动开启，再热蒸汽压力升压速率超过 0.5MPa/min 时，低压旁路应调整开。

（2）汽轮机甩负荷，蒸汽压力升压速率达 1.17MPa/min 时，或蒸汽压力高于 18.3 MPa 时，高压旁路快速打开。

（3）汽轮机跳闸，锅炉空负荷（K03）保护动作时，高压旁路快速打开。

（4）蒸汽压力升压过快，高压旁路未开，应及时手动打开。

19. 低压旁路在什么情况下实现快关功能？

答：为对凝汽器进行保护，低压旁路设置了快关功能，当出现下列情况之一时，低压旁路快速关闭，如果低压旁路没有投入，也不能打开：

（1）凝汽器真空过低（低Ⅱ值）。

（2）凝汽器水位高Ⅲ值。

（3）低压旁路出口压力高。

（4）低压旁路喷水压力低。

（5）按下“低压旁路快关按钮”。

20. 高压旁路阀误开如何处理？

答：高压旁路阀误开的处理为：

（1）注意低压旁路联动开启，注意凝汽器真空、轴向位移正常。

（2）将高压旁路自动切为手动状态关闭。注意低压旁路联关，加强对轴向位移、推力瓦温度的监视、调整。

（3）严密监视主蒸汽温度和防止汽水分离器（汽包）水位骤降。

（4）如果高压旁路阀关不回，应检查喷水阀开启，否则手动开启，防止再热冷段超温。及时汇报，联系检修人员处理。

21. 旁路油系统的正常维护项目有哪些？

答：旁路油系统的正常维护项目有：

（1）检查油系统应无泄漏。

（2）检查油泵运转正常无发热和异常，油泵联动回路正常。

（3）检查油箱油位正常，油质良好，抗燃油酸值小于 0.15%KOH/L。

（4）检查油泵压力及系统压力正常。

第五节　汽轮发电机的氢、油、水系统

1. 为什么发电机要装设冷却设备？

答：由于发电机运行时，存在着导线和铁芯的发热损耗、转子转动时的鼓风损耗、励磁损耗和轴承摩擦损耗等能量损耗。这些损耗最终都转化为热能，使发电机的定子和转子等部件发热，如不及时把这些热量排走，将会使发电机绝缘材料因超温而老化和损坏。为保证发电机在允许温度内正常运行，必须设置发电机的冷却设备。

2. 目前大型汽轮发电机组多采用什么冷却方式？

答：目前大型汽轮发电机组多采用水、水、空冷却系统（双水内冷）和水、氢、氢冷却系统。其中水、氢、氢冷却发电机的冷却设备包括三个支系统，即氢气控制系统、密封供油系统和氢冷发电机冷却水系统。而水、水、空冷却水系统仅需闭式循环冷却水系统。

（1）按冷却方式分为外冷式（表面冷却式）发电机和内冷式（直接冷却式）发电机。

（2）按冷却介质分为空气冷却发电机、氢气冷却发电机、水冷却发电机。

（3）按冷却介质和冷却方式不同组合分为：

1）水氢氢发电机（定子绕组水内冷，转子绕组氢内冷，铁芯氢冷）。

2）水水空发电机（定子、转子绕组水内冷，铁芯空冷）。

3）水水氢发电机（定子、转子绕组水内冷，铁芯氢冷）。

3. 氢气控制系统一般由哪些设备组成？

答：氢气控制系统主要由气体控制站、氢气干燥器、液位信号器、仪表盘、抽真空管路及定子水系统连接管路组成。

4. 氢气干燥器的作用是什么？

答：氢气干燥器的作用是用来干燥发电机内的氢气，它利用发电机风扇的压头，使部分氢气通过干燥器进行干燥。

5. 氢气置换有哪几种方法？

答：氢气置换通常采用两种方法，即中间介质置换法和抽真空置换法。

6. 中间介质置换法的过程及注意事项是什么?

答: 中间介质置换法是先将中间气体 CO_2（或 N_2）从发电机机壳下部管路引入，以排除机壳及气体管道内的空气，当机壳内 CO_2 含量达到规定要求时，即可充入氢气排出中间气体，最后置换成氢气。排氢过程与上述充氢过程相似。

注意事项是：

(1) 密封油系统必须保证供油的可靠性，且油-气压差维持在 0.056MPa 左右。

(2) 置换过程中气体的充入和排放顺序及使用管路要正确。

(3) 气体置换之前，应对气体置换盘中的分析仪表进行校验，仪表指示的二氧化碳和氢气纯度值应与化验结果相对照，误差不超过 1%。

(4) 气体置换期间，系统装设的氢气湿度仪必须切除，因为该仪器的传感器不能接触 CO_2，否则传感器将“中毒”，导致不能正常工作。

7. 抽真空置换法的过程及注意事项是什么?

答: 抽真空置换法应在发电机静止停运的条件下进行。首先将机内空气抽出，当机内真空度达到 90%～95%时，可以开始充入氢气。然后取样分析，当氢气纯度不合格时，可以再抽真空，再充氢气，直到纯度合格为止。

采用抽真空法时，应特别注意密封油压的调整，防止发电机进油。

8. 在气体置换中，采用二氧化碳作为中间介质有什么好处?

答: 因为二氧化碳制取方便，成本低，它与空气或氢气混合时，不会产生爆炸。二氧化碳的传热系数是空气的 1.321 倍，在置换过程中，冷却效果并不比空气差。另外，用二氧化碳作为中间介质还利于防火。

9. 氢气纯度过高或过低对发电机运行有什么影响?

答: 运行中氢气纯度过高，则氢气消耗量增多，对发电机运行来说是不经济的。若氢气纯度过低，则因为含氢量减少而使混合氢气的安全系数降低。因此，氢气纯度按容积计需保持在 96%以上，气体混合物中含氧量不超过 2%。

10. 氢气控制系统的正常维护有哪些?

答: 氢气控制系统应做好以下主要维护工作：

(1) 发电机检修后要进行风压试验，检查发电机氢气系统的严密性，合格后才可以充氢。

(2) 运行人员应经常检查充氢发电机的内部氢压，发现氢压下降应及时补充，以保持正常氢压。若发现氢压过高，应查明原因，采取相应措施并排氢降压。运行中还应定期分析氢

压下降速率，若严密性不合格，应查明原因处理。

(3) 运行人员应监视和记录发电机内氢气纯度，当氢气纯度低于96%，含氧量大于2%时，应进行排污。同时应加强对氢气干燥器的检查，保持其正常运行，以除去氢中水分。当氢中含水量大于25g/m³时，应查找原因并进行排污。若发现干燥器失效，应及时联系处理。

(4) 氢气系统的备用CO_2和压缩空气气源要经常保持充足完好，以备事故情况下排氢或倒换冷却方式使用。

(5) 运行中对氢气系统的操作要动作轻缓，避免猛烈碰撞，运行人员不得穿带钉子的鞋和能产生强静电的服装，以免产生火花造成氢气爆炸。充、排氢时，应均匀缓慢地打开设备上的阀门使气体缓慢地充入或放出。禁止剧烈的排送，以防因气流高速摩擦而引起的高热点自燃。

(6) 发电机内氢气压力任何时候都应不低于大气压力，以免空气漏入氢气系统。

(7) 运行中要经常检查发电机油水继电器，若发现水量较大，要查明原因及时排水，同时还应检查氢气系统周围不得有明火作业，若须动用明火要办理动火工作票，并做好防爆措施。

(8) 发电机正常运行中氢气干燥器应投入。

11. 用空气作发电机的冷却介质有什么优、缺点?

答：用空气作发电机冷却介质的主要优点是：空气可从大气中获得，制取方便、价廉。对轴的密封要求不高，运行简单，安全可靠。

用空气作发电机冷却介质的主要缺点是：空气密度较大，通风损耗大，导热性低，散热能力差。由于氧助燃，当机内发生电弧时，易烧毁绝缘。另外，电晕放电时产生臭氧，对绝缘有破坏作用。

12. 用氢气作发电机的冷却介质有什么优、缺点?

答：用氢气作发电机冷却介质的主要优点是：

(1) 氢气密度小，通风损耗小，可提高发电机效率。

(2) 氢气流动性强，可大大提高传热能力和散热能力。

(3) 氢气比较纯净，不易氧化，发生电晕时，不产生臭氧，对发电机绝缘起保护作用。

(4) 氢气不助燃，当发电机内充入的氢气含氧小于2%，发电机内部发生绝缘击穿故障时，不会引起火灾而扩大事故。

(5) 采用密封循环，减少了进入发电机内部的灰尘和水分，减少了发电机的维护工作量。

用氢气作发电机冷却介质的主要缺点是：

(1) 需要一套复杂的制氢设备和气体置换系统。

(2) 由于氢气渗透力强，对密封要求高，并且要求有一套密封油系统，增加了运行操作和维护的工作量。

(3) 氢气是易燃的，有着火的危险，遇到电弧或明火就会燃烧。氢气与空气（氧化）混

合到一定比例时，遇火将发生爆炸，威胁发电机的安全运行等。

13. 用水作发电机的冷却介质有什么优、缺点？

答：用水作发电机冷却介质的主要优点是：水热容量大，有很高的导热性能和冷却能力。水的化学性能稳定，不会燃烧。高纯度的水具有良好的绝缘性能。另外，获取方便、价廉，调节方法简单，冷却均匀。

用水作发电机冷却介质的主要缺点是：需要一套较复杂的水路系统，对水质要求高，运行中易腐蚀铜导线和发生漏水，降低发电机的运行可靠性等。

14. 为什么不能用二氧化碳作为发电机长期的冷却介质使用？

答：因为二氧化碳容易与机壳内可能含有的水分等物质化合，产生一种绿垢，附着在发电机绝缘和结构件上，使发电机的冷却效果剧烈恶化，并使机件脏污。

15. 发电机运行中对氢气的质量有什么要求？

答：发电机运行中对氢气质量的要求是：氢气纯度：大于96%；含氧量：小于2%；湿度：小于$5g/m^3$。

16. 引起氢气爆炸的条件是什么？

答：引起氢气爆炸的条件是：在密闭的容器中，氢气和空气混合，氢气的含量在4%～76%的范围内，且又有火花或温度在700℃以上时，就可能发生爆炸。

17. 氢冷发电机在什么情况下易引起爆炸？

答：氢气和氧气（或空气）混合，在一定条件下，化合成水且在化合过程中放出大量的热。如果氢冷发电机的机壳内有混合气体，在一定条件下，就会发生化合作用并同时生成大量的热，这样气体突然膨胀，就有可能发生氢冷发电机爆炸事故。

18. 发电机采用氢气冷却应注意什么问题？

答：发电机采用氢气冷却应注意的问题是：

（1）发电机外壳应有良好的密封装置。

（2）氢冷发电机周围禁止明火，因为氢气和空气的混合气体是爆炸性气体，一旦泄漏遇火引起爆炸，便造成了事故。

（3）保持发电机内氢气的纯度和含氧量，以防止发电机绕组击穿引起明火。

（4）严格遵守排氢、充氢制度和操作规程。

19. 氢气湿度大对发电机有什么危害？

答：发电机要求在规定的绝缘情况下运行，氢气中的湿度是影响发电机绝缘的主要危害因素，如果发电机的绝缘达不到要求，就有可能造成匝间短路而烧坏发电机。所以，各电厂应对氢气中水分的准确测定和除去引起重视。

20. 氢冷发电机漏氢有哪几种表现形式？哪种最危险？

答：按漏氢部位有两种表现形式：

（1）外漏氢。氢气泄漏到发电机周围空气中，一般距离漏点0.25m以外，已基本扩散，所以外漏氢引起氢气爆炸的危险性较小。

（2）内漏氢。氢气从定子套管法兰接合面泄漏到发电机封闭母线中；从密封瓦间隙进入密封油系统中；氢气通过定子线圈空芯导线、引水管等又进入冷却水中；氢气通过冷却器铜管进入循环冷却水中。内漏氢引起氢气爆炸的危险性最大，因为空气和氢气是在密闭空间内混合的，若氢含量达4%～76%，遇火即发生爆炸。

21. 发电机在运行中氢压降低是什么原因引起的？

答：发电机在运行中氢压降低的原因有：

（1）密封油压过低或密封油供油中断。

（2）供氢母管氢压低。

（3）发电机突然甩负荷，引起过冷却而造成氢压降低。

（4）氢管破裂或阀门泄漏。

（5）密封瓦塑料垫破裂，氢气大量进入油系统、定子引出线套管；或转子密封破坏造成漏氢；空芯导线或冷却器铜管有砂眼或运行中产生裂纹，氢气进入冷却水系统中等。

（6）氢气冷却器出口氢气温度突降。

（7）运行误操作，如错开排氢阀等而造成氢压降低等。

22. 进风温度过低对发电机有哪些影响？

答：进风温度过低对发电机的影响如下：

（1）容易结露，使发电机绝缘电阻降低。

（2）导线温升增高，因热膨胀伸长过多而造成绝缘裂损。转子铜、铁温差过大，可能引起转子线圈永久变形。

（3）绝缘变脆，可能经受不了突然短路所产生的机械力的冲击。

23. 入口风温变化时对发电机有哪些影响？

答：入口风温的变化，将直接影响发电机的出力。因为电动机铁芯和线圈的温度与入口风温及铜、铁中的损耗有关，而铁芯和线圈的最高允许温度是一个限定值，因此入口风温与允许温升之和不能超过这个允许温度。若入口风温高，允许温升就要小，而当电压保持不变时，温升与电流有关，若温升小，电流就要降低；反之，入口风温低，电流就可能增大。

由上所述，入口风温超过额定值时，冷却条件变坏，发电机的出力需减小，否则发电机各部分的温度和温升会超过允许值；反之，入口风温低于额定值时，冷却条件变好，发电机的出力允许适当增加。出力的提高或降低多少，应根据温升试验来确定。

24. 发电机的出、入口风温差变化说明什么问题？

答：发电机的出、入口风温差与空气带走的热量及空气量有关，还与冷却水的水温、水量有关。在同一负荷下，出、入口风温差应该不变，这可与以往的运行记录相比较。如果发现风温差变大，说明是发电机的内部损耗增加，或者是空气量减少，应引起注意，检查并分析原因。

发电机内部损耗的突然增加，可能是定子绕组某处一个焊头断开、股间绝缘损坏，或铁芯出现局部高温等。空气量减少可能是由于冷却器或风道被脏物堵塞等原因所致。

25. 发电机气体冷却器结露的原因是什么？

答：通常将冷却器表面上附着水珠的现象称为冷却器结露。

对于密闭循环通风冷却的同步发电机，气体冷却器结露的主要原因是：发电机检修后充进去的气体和运行中补进去的气体中含有过量的水蒸气，而冷却器的进水温度又偏低，就在冷却器表面附着的尘埃微粒的作用下，凝结成水珠，尤其是冷却器的冷却水温与发电机风温差值较大时更容易出现。

26. 密封油系统的工作要求是什么？有哪两种供油形式？

答：为了防止发电机氢气向外泄漏或漏入空气，发电机氢冷系统应保持密封，特别是发电机两端大轴穿出机壳处必须采用可靠的轴密封装置。目前，氢冷发电机多采用油密封装置，即密封瓦，瓦内通有一定压力的密封油，密封油除起密封作用外，还对密封装置起润滑和冷却作用。因此，密封油系统的运行，必须使密封、润滑和冷却三个作用同时实现。

由于密封瓦的结构不同，因此密封油系统的供油方式也有多种形式，但归纳起来可分为两种形式：单回路供油系统和双回路供油系统。

27. 什么是单回路供油系统？

答：单回路供油系统即向密封瓦单路供油，系统一般设置交流密封油泵、直流密封油泵、射油器，有些系统还有高位阻尼油箱共四个油源。为了保证油质和油温，密封油系统中还有滤网和冷油器等设备。另外，为保证密封油系统供油的可靠性，有些机组还从润滑油冷油器前后向密封油系统提供备用油源。当密封油系统供油发生故障，密封油压降到仅比氢压

高0.025MPa左右时，备用油源管路上的止回阀在备用油与密封油压力差的作用下自动打开，备用油源向密封油系统供油。

28. 什么是双回路供油系统？

答：双回路供油系统即向密封瓦双路供油，在密封瓦内形成双环流供油形式，即有空侧和氢侧分别独立的两路油。其油路系统是在单回路供油的基础上，增加一路氢侧供油，即增加一台氢侧油泵、氢侧密封油箱、滤网、冷油器等设备。

29. 采用双回路供油系统比单回路供油系统有什么优、缺点？

答：单回路供油系统由于只有一路油源，使得密封油被发电机内氢气污染的油量较大，因而需要与汽轮机油系统分开，并配置专门的油除气净化设备。同时油也将气体带入发电机使氢气污染而增加发电机的氢气排污，因而增加发电机的氢气损耗。为了减轻净化设备的负荷并减少氢气的损耗，可以采用双环流供油形式。

双回路供油系统具有二路油源：一路供向密封瓦空气侧的空侧油，一路供向密封瓦氢气侧的氢侧油。其中空侧油中混有空气，氢侧油中混有氢气。两个油流在密封瓦中各自成为一个独立的油循环系统，空、氢侧油压通过油系统中的平衡阀作用而保持一致，从而使得在密封瓦中区（两个循环油路的接触处）没有油的交换。因此，可以认为双回路供油系统被油吸收而损耗的氢气几乎为零（氢侧油吸收氢气至饱和后将不再吸收氢气）。空侧油因不与氢气接触则不会对氢气造成污染。

双回路供油系统的缺点是：双回路供油系统较为复杂，对平衡阀、压差阀等关键部件的动作精度及可靠性要求较高。

30. 双回路供油系统中平衡阀、压差阀是如何动作的？

答：运行中油压对氢压的跟踪主要依靠平衡阀、压差阀来实现，下面以氢压下降为例叙述其跟踪过程。当氢压下降时，作用在油氢压差阀上部的氢压随之下降，油氢压差阀在下部油压作用下带动阀体上移，关小去空侧油回路的供油阀，使空侧供油量减小，空侧油压下降，起到油压跟踪氢压的作用。由于压差阀活塞上加有配重块，故油氢压力在维持到规定的压差时，就不再变化，趋于稳定。空侧油压下降，使得作用于平衡阀上部的空侧油压下降，平衡阀在下部氢侧油压的作用下，带动阀体上移，使氢侧密封油压力在平衡阀的作用下下降，由于平衡阀活塞上未装配重块，故氢侧油压能基本保持和空侧油压一致。氢压升高时动作过程与上述步骤相反。

31. 《安规》中对氢冷发电机有什么规定？

答：《安规》中对氢冷发电机的规定为：

（1）氢冷发电机的冷却介质，由氢气换为空气，或由空气换为氢气的操作，应按专门的

置换规程进行。在置换过程中，须注意取样与化验工作的正确性，防止误判断。

（2）发电机氢冷系统中氢气纯度应不低于96%，含氧量不应超过2%。

（3）氢冷发电机的轴封必须严密，当机内充满氢气时，轴封油不准中断，油压应大于氢压，以防止空气进入发电机外壳内或氢气充满汽轮机的油系统中而引起爆炸。主油箱上的排烟机，应保持经常运行。如排烟机故障时，应采取措施使油箱内不积存氢气。

（4）为了防止因阀门不严发生漏氢或漏空气而引起爆炸，当发电机为氢气冷却运行时，补充空气的管路必须隔断，并加严密的堵板。当发电机为空气冷却运行时，补充氢气的管路也应隔断，并加装严密的堵板。

（5）氢冷发电机的排氢管必须接至室外。排氢管的排氢能力应与汽轮机破坏真空停机的惰走时间相配合。

（6）禁止在氢冷发电机旁进行明火作业或做能产生火花的工作。如必须在氢管道旁进行焊接或点火的工作，应事先经过氢量测定，证实工作区内空气中含氢量小于3%并经厂主管生产的领导批准后方可进行。

（7）氢冷机组系统进行检修前，必须将检修部分与相连的部分隔断，加装严密的堵板，并将氢气置换为空气后，方可进行工作。

（8）在发电机内充有氢气时进行检修工作，应使用铜制的工具，以防止发生火花；必须使用钢制工具时，应涂上黄油。

32. 为什么发电机在充氢后不允许中断密封油？

答：为保证氢冷发电机内氢气不致大量泄漏，在机内开始充氢前就必须向密封瓦不间断地供油，且密封油压要高于发电机内部氢压0.05MPa左右，短时间最低也应维持0.02MPa的压差。否则压差过小会使密封瓦间隙的油流出现断续现象，造成油膜破坏，氢气将由油流的中断处漏出，不仅漏氢处易着火，而且氢气漏入空侧回油管路容易发生爆炸。此外，若氢压降至零后，室内空气将可能漏入发电机，威胁发电机安全。

33. 密封油系统的启动工作有哪些？

答：密封油系统启动前应按运行规程的要求做好准备工作，使密封油箱保持适当的油位，且交流密封油泵和直流密封油泵试转正常，做交流油泵事故联动直流油泵的试验，并利用油压继电器做直流备用泵油压低自启动试验。正常后投入交流油泵使密封油系统投入运行，并维持进入密封瓦的油压高于氢压0.05MPa左右。有密封油真空处理设备的机组，这时可将抽气器投入运行，然后开启润滑油到密封油系统管路的截门，使之投入备用。对于双路供油系统，空、氢侧分别做联动试验，正常后投入交流油泵运行，投入压差阀和平衡阀，保持油压高于氢压0.05MPa左右。在运行中还应加强对密封油调节系统的检查维护，以确保平衡阀、压差阀等调节部件的正常跟踪。当发现调节阀跟踪不上，油压、氢压偏差过大时，应及时切换为手动调节并及时消除缺陷。在切换过程中应注意保持油压平稳。

34. 为什么密封油温不能过高？

答： 油温升高后应向密封油冷油器通冷却水，并保持冷油器出口油温为33～37℃。随着密封油温度的升高，油吸收气体的能力逐渐增加，50℃以上的回油约可吸收8%容积的氢气和10%容积的空气。发电机的高速转动也使密封油由于搅拌而增强了吸收气体的能力。所以为了保持发电机内部的氢气压力和纯度，冷油器出口油温不宜过高。

35. 运行中直流备用密封油泵联动说明什么？

答： 运行中直流备用密封油泵联动，说明密封油系统可能出现故障，应迅速检查密封油压力、交流密封油泵运行情况、密封瓦温度，并尽量使油压维持正常。待查明联动原因确信可以停止被联动油泵后，方可将其停止。

36. 密封油系统运行中应进行哪些正常维护？

答： 运行中应监视至密封装置的供油压力、中间回油压力、供油温度、回油温度、回油油流情况及密封瓦温度，定时检查油泵冷油器的运行情况，有真空处理设备的机组还要检查真空泵和抽气器的工作情况、监视真空油箱的真空度、氢气分离箱及补油箱的油位。双回路供油系统中还应加强对氢侧油箱油位的监视，以防油箱满油而造成发电机进油或油箱油位低而造成漏氢和氢侧油泵工作不正常断油。运行中应保持适当的供油压力，油压过高时油量大，带入发电机的空气和水分多，吸走的氢气也多，容易污染氢气，增大耗氢量；油压过低，则油流断续，氢气易泄漏。当密封油漏入发电机的情况严重且调整无效，或其他原因造成密封装置损坏，影响发电机安全时，应停机处理。运行中还应保持主油箱排油烟机连续运行，并定时对油烟中的氢气含量进行化验，当排油烟机故障时，应采取措施，防止发生氢爆。对密封油系统中的排烟设备要经常检查，使其处于良好的运行状态，以防油系统积氢。

37. 为什么要防止密封油进入发电机内部？

答： 运行中要防止密封油进入发电机内部，当漏进油量较大时，会被发电机风扇吹到线包上，若不及时清理，会损坏绝缘，造成发电机短路。此外，大量地向发电机内进油会导致汽轮机主油箱油位下降，因此，运行中应定期从发电机底部排放管或油水信号发送器处检查是否有油。

38. 发电机进油的原因有哪些？如何防止？

答： 发电机进油的原因有：

（1）密封油压大于氢压过多。

（2）密封油箱满油。

（3）密封瓦损坏。

（4）密封油回油不畅。

防止进油的措施有：

（1）调整油压大于氢气压力 0.039～0.059MPa。

（2）调整空气侧压力与氢气侧压力正常。

（3）严密监视密封油箱油位，防止满油和无油位运行。

（4）检查排氢风机运行正常。

（5）经常检查回油管应畅通。

（6）检查氢气压力下降情况，判断密封瓦的运行状况。

39. 密封油箱的作用是什么？它上部为什么装有 2 根与发电机内相通的 ϕ16 的管子？

答：密封油系统为双流环式密封瓦结构的，空气侧与氢气侧密封油相互不干扰，空气侧密封油循环是由主油箱的油完成的，而氢气侧密封油循环是由氢气侧密封油箱内的油来完成的。因此密封油箱的作用是提供完成氢气侧密封油循环的一个中间储油箱。

氢气侧密封油是直接与氢气接触的，其中溶解有很多氢气，油回到氢气侧密封油箱后，氢气将分离出来。分离出的氢气如不及时排掉，将引起回油不畅，所以在氢气侧密封油箱上部装有两根 ϕ16 的管子与发电机内系统接通，使分离出的氢气及时排出，运行中应将这两个阀门开启。

40. 什么是定子冷却水系统？

答：氢冷发电机的冷却水系统主要是用来向发电机的定子绕组和引出线不间断地供水。此系统常简称为定子冷却水系统。

41. 定子冷却水系统的工作要求及组成是什么？

答：定子冷却水系统必须具有很高的工作可靠性，能确保长期稳定运行。冷却水不仅不能含有机械杂质，而且对其电导率及硬度等都有严格要求，一般要求电导率不大于 2μS/cm；pH 值为 7～8，硬度不大于 2μg/L，水中含氧量尽可能少。否则，将会影响发电机的安全运行。发电机定子冷却水系统由水箱、水泵、冷却器、滤网、离子交换器、电导率计等组成。

42. 为什么在定子水箱上部要充有一定压力的氢气（或氮气）？

答：为有效的防止空气漏入水中，在水箱上部空间充以一定压力的氢气。水箱上部充氢压力值通过一台减压器得以保证。排除水箱中水位、温度（包括环境温度）对水箱内气压的影响后，如果这一压力出现持续上升的趋势，则说明有漏氢现象。首先要检查补氢阀门（旁路）泄漏或减压器失调等情况，其次检查定子绕组或引线是否有破损，氢气是否从破损处漏入了水中。切断补氢管路的气源，观察压力变化情况，便可判断氢气泄漏至水箱的原因。

43. 定子冷却水系统启动前应进行哪些工作?

答：机组在启动通水前，水系统必须进行冲洗，对于检修的机组，首先应打开水箱人孔门进行检查，确定水箱内没有机械杂物及其他脏污时，方可按下述步骤进行冲洗：

（1）水箱冲洗。开启水箱补水旁路阀向水箱加水，然后开启水箱放水阀，冲洗水箱。合格后向水箱加水，同时投入水箱自动补水阀，并经试验确定其补水功能正常。

（2）水系统冲洗。水系统冲洗前，必须先将发电机的定子冷却水进水阀关闭严密，然后开启定子泵进水阀，启动水泵，向系统充水，检查管道有无泄漏，并注意水箱水位。此后开启定子进水阀前放水阀，进行放水冲洗。如发电机引出母线为水冷导线，此时也可进行冲洗。冲洗半小时后即可化验水箱及定子和转子进水阀前放水阀处的水质，必要时可拆开水冷却器出口滤网，清除滤网上的脏物。当水质合格后关闭各放水阀，即可向发电机定子通水循环。

44. 发电机通水循环后，应做哪些检查及操作?

答：发电机通水循环后，应做下列检查及操作：

（1）检查水系统管道、发电机定子绕组端部的塑料进水管、发电机机壳下部等处有无漏水现象。

（2）进行定子泵互联试验，正常后投入连锁。

（3）投入发电机的检漏计及发电机定子绕组温度自动巡回检测仪。

如上述情况良好，则定子冷却水系统即可投入正常运行。

45. 定子冷却水系统的正常维护项目有哪些?

答：定子冷却水系统的正常维护项目有：

（1）发电机运行中要严格控制定子冷却水压力，保持水压低于氢压。

（2）运行中要定期对定子冷却水的水质进行化验，以确定冷却水的电导率，所含杂质的种类和含量，以便分析处理，并进行适当的排污。

（3）定期对定子冷却水系统和发电机下油水继电器处积水情况进行检查，若有泄漏，要及时处理。

（4）要加强对定子冷却水流量、压力、温度等参数的检查和调整。

（5）发电机并网前应将发电机断水保护投入。

（6）发电机并网后根据回水温度的变化，可投入水冷却器，以维持发电机进水温度不超过40℃，且不低于15℃。

（7）当在同样的进水压力下冷却水量有所减少时，可判断有堵塞现象，应及时调节、维持流量正常，待有机会停机时，进行发电机内部的反冲洗。

46. 如何进行发电机内部的反冲洗？

答：进行发电机内部的反冲洗步骤如下：在发电机外部进、出水管之间，备有专用临时管，该专用管将发电机进水改成出水，出水变成进水。当专用管接通后，即可启动定子泵，向发电机定子绕组通水循环，运行12～24h后，冲洗即告结束，然后恢复原来运行系统。冲洗时，对水压与水流的要求与运行相同。

47. 发电机断水时应如何处理？

答：运行中，发电机断水信号发出时，运行人员应立即记录信号发出时间，做好断水保护拒动作的事故处理准备。与此同时，查明原因，尽快恢复供水。若30s内冷却水恢复，则应对冷却系统及各参数进行全面检查，尤其是转子绕组的供水情况，如果发现水流不通，则应立即增加进水压力恢复供水或立即解列停机；若断水时间达到30s而断水保护拒动作，应立即手动解列停机。

48. 为什么规定发电机内水压低于氢压？

答：规定发电机内水压低于氢压，主要是即使绕组水路发生破损，也只能是氢气漏入水中，而水不会漏入机内。

49. 什么是“双水内冷”发电机？

答：水、水、空冷却的汽轮发电机是指发电机的定子绕组和转子绕组都是用水冷却，定子铁芯用空气冷却，这种类型的汽轮发电机在我国也常简称为“双水内冷”发电机。实际上“双水内冷”汽轮发电机除了水、水、空冷却方式外，还应有水、水、氢冷却方式。

50. 水、水、空冷汽轮发电机的特点有哪些？

答：水、水、空冷汽轮发电机的特点有：

（1）定子绕组和转子绕组温度低，绝缘寿命长，电动机的超负荷能力大。

（2）由于绕组温度低，导线与绝缘层间相对位移极小，转子平衡稳定。水冷转子绕组温度低，导线无局部过热点，绕组区间及绕组与转子铁芯之间的温差小，这样就避免了铜导线匝间因启动、停机时热胀冷缩不一致而引起相对位移，并影响转子平衡。我国制造的水冷转子，运行中极少发生匝间短路。水内冷转子平衡可以长期保持稳定。

（3）尺寸小、用料少、质量轻。

（4）水、水、空冷发电机冷却介质单一，配套设备较少，运行、维护、检修较简便。

（5）水、水、空冷汽轮发电机内部充满空气，无爆炸及燃爆的危险，无需进行净化及氢气检漏等工序。因而投运及检修和启、停机方便，节约时间。

（6）水冷定子槽型较浅，瞬变电抗较小，有利于系统的稳定。

（7）水、水、空冷汽轮发电机的风磨损耗较大，但采取适当措施后效率可接近氢冷发电机水平。

（8）端部压圈等结构件局部温升较高，双水内冷发电机定子铁芯的温度不高，但由于定子绕组负荷高，端部漏磁严重，所产生的损耗较大。再加以空气冷却的效果较差，因此端部压圈、压指的局部温升较高，需要采取电磁屏蔽及加强端部结构件的冷却等措施。

（9）制造工艺与空冷电动机近似，比较简单。

51. 水、水、空冷汽轮发电机的工作过程是什么？

答：水、水、空冷汽轮发电机的工作过程是：冷却水经安装在轴末端的同轴水泵升压后，供给定子绕组、引出线和转子绕组进行冷却。其中定子绕组、引出线冷却后的水回到储水器中，转子冷却后的水经进、出水结构回到储水器，然后循环使用。安装在该系统中的离子交换器用来对循环水进行再生净化。静止时水泵是用来在启动过程中对系统进行通水以润滑或冷却转子进出水部件的。

52. 水、水、空冷却系统具有什么特点？

答：水、水、空冷却系统具有以下特点：

（1）采用与转子同轴的水泵，动力自给，安全可靠。

（2）采用非接触密封，无接触磨损，维护工作量小。

（3）由于漏水回收而无冷却水消耗，或者消耗极少。

53. 水、水、空冷却系统在盘车状态下为什么要保持供水？

答：如果汽轮发电机组在连续盘车时，不能保持供水，就将使进水密封支座的垫料磨损，导致机组下次启动时漏水，甚至会有磨碎的垫料进入发电机转子绕组中，堵塞发电机转子绕组的水管，发生断水事故。

54. 发电机通水循环后，应做哪些检查工作？

答：发电机通水循环后，应做下列检查及操作工作：

（1）检查水系统管道，发电机机壳下部等处有无漏水现象。

（2）检查转子进水的密封情况，进水密封支座垫料处应有少量滴水，如滴水过大，可适当降低转子进水压力。

（3）转子出水支座处不应有大量甩水现象。

（4）投入发电机的油水继电器、发电机定子绕组温度自动巡回检测仪。

55. 水、水、空冷发电机在启动过程中应注意哪几点？

答：水、水、空冷发电机在启动过程中应注意以下几点：

（1）在冲转和升速过程中，转子进水压力会随流量增大而逐渐降低，因此升速时需随时予以调整，保持转子水压及通水流量在设计值。

（2）机组升速时，应特别注意转子进水密封支座的工作情况（无过热或大量漏水现象），并随时调整进水密封垫料压盖松紧程度。对于转子低转速时转轴进出水处可能出现的渗漏现象，若不严重可不做处理，因转速升高后，其渗漏会随离心力加大而减小，但升速时应加强对该部位的监视。

56. 叙述发电机转子反冲洗的方法。

答：转子的反冲洗方法为先向转子通水，使转子绕组内充满水，然后关闭进水阀，开启转子进水阀后的放水阀，同时开启转子出水支座上盖，用压缩空气（其压力应高于0.49MPa），在转子出水孔处分别进行反冲洗，观察转子放水阀处的水流情况。按上述方法反复进行2～3次，然后根据放水阀处水质的化验情况，确定冲洗效果。

第七章 汽轮机的启动和停止及正常运行维护

第一节　汽轮机的启动和停止

1. 什么叫热应力？

答：物体内部温度变化时，只要物体不能自由伸缩，或其内部彼此约束，则在物体内部就产生应力，这种应力称为热应力。

2. 什么叫热疲劳？

答：当金属零部件被反复加热和冷却时，其内部就会产生交变热应力。在此交变热应力反复作用下，零部件遭到破坏的现象称为热疲劳。

3. 什么叫热冲击？

答：金属材料受到急剧加热或冷却时，在其内部将产生很大温差，引起很大的冲击热应力，这种现象称为热冲击。一次大的热冲击，产生的热应力能超过材料的屈服极限，而导致金属部件的损坏。

4. 什么叫凝结换热？

答：当蒸汽与温度低于蒸汽压力对应的饱和温度的金属表面接触时，在金属壁面就会发生蒸汽凝结的现象，蒸汽放出汽化潜热，凝结成液体。这种换热方式叫凝结换热。

5. 什么叫膜状凝结？

答：汽轮机冷态启动时，汽缸、转子等金属部件的温度等于室温，低于蒸汽的饱和温度，蒸汽容易在金属表面上凝结，并形成水膜。这层水膜把蒸汽与金属表面分开，蒸汽凝结时放出的汽化潜热要通过水膜才能传给金属表面，这种凝结方式称为膜状凝结。汽轮机冷态启动的初始阶段，蒸汽对汽缸内壁的放热就是这种膜状放热。

6. 什么叫珠状凝结？

答：如果蒸汽在金属表面上凝结时，形不成水膜，则这种方式的凝结称为珠状凝结。汽

轮机冷态启动的初始阶段，蒸汽对转子表面的放热就属于珠状凝结。

7. 什么是汽轮机合理的启动方式？

答：汽轮机合理的启动方式就是合理的加热方式，在启动过程中，使机组的各部分热应力、热变形、转子与汽缸的胀差及转动部分的振动均维持在允许的范围内，尽快地把机组的金属温度均匀地升到额定负荷下的工作温度。

8. 什么是汽轮机的启动过程？

答：汽轮机的启动过程就是将转子由静止或盘车状态加速至额定转速，并带负荷直至正常运行的过程。

9. 什么叫汽轮机的胀差？

答：汽轮机在启、停或工况变化时，转子和汽缸分别以自己的死点膨胀或收缩，两者热膨胀的差值称为胀差。

10. 什么叫暖机？

答：暖机就是在蒸汽参数不变的条件下，对汽缸、转子等金属部件进行加热，此时蒸汽传给金属内壁的热量等于金属内部的导热量，使金属内外壁温差逐渐减小。暖机结束时金属部件内温差很小或接近于零，金属部件的温度接近暖机开始时的蒸汽温度。

11. 什么叫汽轮机的惰走？

答：汽轮发电机组在解列打闸停止进汽后，转子依靠自己的惯性继续转动的现象称为惰走。

12. 什么叫汽轮机的惰走曲线？

答：由于转子在旋转时受到摩擦、鼓风损失的阻力和带动主油泵等机械阻力作用，转速将逐渐降低到零。从打闸停机到转子完全静止的这段时间称为惰走时间。在惰走时间内，转速与时间的关系曲线称为惰走曲线。

13. 什么叫金属的低温脆性转变温度？

答：低碳钢和高强度合金钢在某些温度下有较高的冲击韧性，但随着温度的降低，其冲击韧性将有所下降。金属由韧性状态向脆性状态转变的温度称为低温脆性转变温度

(FATT)。金属的低温脆性转变温度就是脆性断口占50%时的温度，用$FATT_{50}$来表示。

14. 什么叫负温差启动？

答：凡冲转时蒸汽温度低于汽轮机最热部位金属温度的启动称为负温差启动。

15. 什么叫汽轮机的复合降压减负荷方式？

答：复合降压减负荷方式是汽轮机额定参数停机的一种方式，是为了配合电网调峰的需要，在开始减负荷时，主蒸汽只降压，不降温，保持调节汽阀开度不变。待降到某一负荷后，保持主蒸汽压力不变，通过关小调节汽阀使负荷减到零停机。

16. 汽轮机启动操作可分为哪三个阶段？

答：汽轮机启动过程可分为下列三个阶段：

（1）启动准备阶段。

（2）冲转、升速至额定转速阶段。

（3）发电机并网和汽轮机带负荷阶段。

17. 汽轮机启动有哪些不同的方式？

答：汽轮机的启动过程就是将转子由静止或盘车状态加速至额定转速，并带负荷至正常运行的过程，根据不同机组和不同情况，汽轮机启动有不同的方式。

（1）按启动过程的新蒸汽参数分为额定参数启动和滑参数启动。

（2）按启动前汽缸温度水平分为冷态启动和热态启动。

（3）按冲动控制转速所用阀门分为调节汽阀启动、自动主汽阀和电动主闸门启动及电动主汽阀旁路阀启动。

（4）按冲转时的进汽方式分为高、中压缸联合进汽启动、高压缸启动和中压缸进汽启动。

18. 为什么蒸汽温升速度的大小能近似地反映蒸汽与金属间换热量的大小？

答：根据对流传热公式

$$q = \alpha(t_2 - t_1) \tag{7-1}$$

式中　q——单位时间单位面积的传热量；

α——对流放热系数；

t_2——蒸汽温度；

t_1——金属表面温度。

在稳定工况下，t_1为定值。当不考虑散热损失时，$t_1 = t_2$。当工况变化时，t_2随之变化。

工况变化越大，t_2的变化也越大，由式（7-1）看出，此时传热量也越大。因此，蒸汽温升（或温降）速度的大小，可以近似地反映出蒸汽与金属间的换热量的大小。

19. 按新蒸汽参数不同汽轮机启动有哪几种方式？

答：按新蒸汽参数不同，汽轮机启动方式主要有两种：额定参数启动和滑参数启动。国外还有采用盘车暖机预热高压缸的方法，这时的启动参数为4.0～5.0MPa。这种方法也称中参数启动。

20. 按冲转时进汽方式不同，汽轮机启动有哪几种方式？

答：按冲转时进汽方式不同，汽轮机启动有两种方式：

（1）高中压缸启动。蒸汽同时进入高压缸和中压缸冲动转子。

（2）中压缸启动。冲动转子时中压缸进汽，而高压缸不进汽，待转速到2000～2500r/min时或发动机并网后才逐步向高压缸送汽。

21. 按控制进汽量的阀门不同，汽轮机启动有哪几种方式？

答：按控制进汽量的阀门不同，汽轮机启动有两种方式：

（1）调节汽阀启动。电动主闸门、自动主汽阀全开，由调节汽阀控制蒸汽流量。

（2）电动主闸门的旁路阀启动。调节汽阀全开，进入汽轮机的蒸汽量由电动主汽阀的旁路阀控制。

22. 按启动前汽轮机汽缸温度不同，汽轮机启动有哪几种方式？

答：按启动前汽轮机汽缸温度不同，汽轮机启动有四种：

（1）冷态启动。高压下缸调节级处金属温度低于305℃。

（2）温态启动。高压下缸调节级处金属温度为305～420℃。

（3）热态启动。高压下缸调节级处金属温度为420～445℃。

（4）极热态启动。高压下缸调节级处金属温度高于445℃。

23. 简述汽轮机真空法滑参数启动。

答：采用真空法滑参数启动汽轮机，称真空法滑参数启动。锅炉点火前，从锅炉汽包到汽轮机喷嘴前包括调节汽阀等所有截门全部开启。汽轮机盘车、抽真空，一直抽到锅炉汽包。锅炉点火后产生的蒸汽直接进入汽轮机，暖管暖机同时进行。参数升到一定数值后，自行冲动汽轮机转子，然后根据升速、带负荷的要求按冷态滑参数启动曲线继续提高蒸汽参数，直到额定负荷，蒸汽参数达到额定值为止。启动过程严格控制机组振动和胀差。

24. 简述汽轮机压力法冷态滑参数启动。

答：做好启动前的准备工作后，锅炉点火前，关闭汽轮机的主汽阀、调节汽阀，对汽轮机抽真空。锅炉点火后对主蒸汽和再热蒸汽系统暖管。待蒸汽达到一定参数后，用开启主汽阀旁路阀或调节汽阀的方式冲转。在汽轮机升速过程中，蒸汽参数基本保持不变。直至低负荷暖机调节汽阀接近全开时，锅炉开始按冷态滑参数启动曲线升温、升压、升负荷、暖机。主蒸汽参数接近额定值时，随着主蒸汽参数的升高维持负荷不变，调节汽阀逐渐关小。主蒸汽参数升到额定值时，逐步将负荷升到额定负荷。启动过程也应严格控制机组振动和胀差。

25. 汽轮机滑参数启动应具备哪些必要条件？

答：汽轮机滑参数启动应具备如下必要条件：

（1）对于非再热机组要有凝汽器疏水系统，凝汽器疏水管必须有足够大的直径，以便锅炉从点火到冲转前所产生的蒸汽能直接排入凝汽器。

（2）汽缸和法兰螺栓加热系统有关的管道系统的直径应予以适当加大，以满足法兰和螺栓及汽缸加热需要。

（3）采用滑参数启动的机组，其轴封供汽、射汽抽气器工作用汽和除氧器加热蒸汽须装设辅助汽源。

26. 滑参数启动有哪些优、缺点？

答：滑参数启动有如下优点：

（1）滑参数启动使汽轮机启动与锅炉启动同步进行，因而大大缩短了启动时间。

（2）滑参数启动中，金属加热过程是在低参数下进行的，且冲转、升速是全周进汽，因此加热较均匀，金属温升速度也比较容易控制。

（3）滑参数启动时，锅炉基本不对空排汽，几乎所有的蒸汽及其热能都用于暖管和启动暖机，大大减少了工质的损失，提高了电厂的经济性。

（4）滑参数启动时，容积流量大，可较方便地控制和调节汽轮机的转速与负荷，且不致造成金属温差超限。

（5）滑参数启动升速和接带负荷时，可做到调节汽阀全开全周进汽，使汽轮机加热均匀，缓和了高温区金属部件的温差和热应力。

（6）滑参数启动时，通过汽轮机的蒸汽流量大，可有效地冷却低压段，使排汽温度不致升高，有利于排汽缸的正常工作。

（7）滑参数启动可事先做好系统的准备工作，使启动操作大为简化，各项限额指标也容易控制，从而减小了启动中发生事故的可能性，为大机组的自动化和程序化启动创造了条件。

缺点是：用主蒸汽参数的变化来控制汽轮机金属部件的加热，在用人工控制的情况下，启动程序较难掌握，参数变化率不易控制。

综合比较，滑参数启动利大于弊，所以目前单元制大容量机组广泛采用滑参数启动方式。

27. 滑参数启动主要应注意什么问题？

答： 滑参数启动应注意如下问题：

（1）滑参数启动中，金属加热比较剧烈的时间一般在低负荷时的加热过程中，此时要严格控制新蒸汽升压和升温速度。

（2）滑参数启动时，金属温差可按额定参数启动时的指标加以控制。启动中有可能出现胀差过大的情况，这时炉侧停止新蒸汽升温、升压，使机组在稳定转速下或稳定负荷下停留暖机，还可以调整凝汽器的真空或用增大汽缸法兰加热进汽量的方法加以调整金属温差。

28. 汽轮机冷态压力法滑参数启动中冲转、升速至定速暖机有哪些注意事项？

答： 汽轮机冷态压力法滑参数启动中冲转、升速至定速暖机的注意事项是：

（1）具备冲转条件后，做好冲转前的各项记录。

（2）在 DEH 控制画面中操作“挂闸”按钮使汽轮机挂闸，选好“启动方式”，设定好“目标转速”及“升速率”，点击“进行”使汽轮机开始转动，转子冲动后，即关调节汽阀，但不应使转子静止。倾听汽缸内声音，一切正常后重新开启调节汽阀，保持转速在 400～500r/min。

（3）全面检查，一切正常后升至中速暖机。全面检查，暖机后记录高中压缸膨胀值。

（4）继续升速，过临界转速要迅速平稳，不得停留。如没有高速暖机，可以 100～150 r/min 的速度升到额定转速。当转速接近 2800r/min 时，注意调速系统动作情况，主油泵是否投入工作。

（5）定速后，确认主油泵工作正常，关闭启动油泵出口阀，停止启动油泵。开启出口阀作备用，以额定转速暖机，严格控制振动和胀差值。

29. 汽轮机启动前为什么要保持一定的油温？

答： 机组启动前应先投入油系统，油温控制在 35～45℃。若温度低，可提前启动高压电动油泵，用加强油循环的办法或使用暖油装置来提高油温。

保持适当的油温，主要是为了在轴瓦中建立正常的油膜。如果油温过低，油的黏度增大会使油膜过厚，使油膜不但承载能力下降，而且工作不稳定。油温也不能过高，否则油的黏度过低，以致难以建立油膜，失去润滑作用。

30. 汽轮机启动前向轴封送汽要注意什么问题？

答： 汽轮机启动前向轴封送汽应注意下列问题：

（1）轴封供汽前应对送汽管道进行暖管，使疏水排尽。

（2）必须在连续盘车状态下向轴封送汽。热态启动应先送轴封供汽，后抽真空。

（3）向轴封供汽时间必须恰当，冲转前过早地向轴封供汽，会使上、下缸温差增大，或使胀差正值增大。

（4）要注意轴封送汽的温度与金属温度的匹配。热态启动最好用适当温度的备用汽源，有利于胀差的控制，如果系统有条件将轴封供汽的温度进行调节，使之高于轴封体温度则更好，而冷态启动轴封供汽最好选用低温汽源。

（5）在切换高、低温轴封汽源时必须谨慎，切换太快不仅引起胀差的显著变化，而且可能产生轴封处不均匀的热变形，从而导致摩擦、振动等。

31. 为什么转子静止时严禁向轴封送汽？

答：因为在转子静止状态下向轴封送汽，不仅会使转子轴封段局部不均匀受热，产生弯曲变形，而且蒸汽从轴封段处漏入汽缸也会造成汽缸不均匀膨胀，产生较大的热应力与热变形，从而使转子产生弯曲变形。所以转子静止时严禁向轴封送汽。

32. 高、中压缸同时启动和中压缸进汽启动各有什么优、缺点？

答：（1）高、中压缸同时启动有如下优缺点：蒸汽同时进入高、中压缸冲动转子，这种方法可使高、中压合缸的机组分缸处加热均匀，减小热应力，并能缩短启动时间。缺点是：汽缸转子膨胀情况较复杂，胀差较难控制。

（2）中压缸进汽启动有如下优缺点：冲转时高压缸不进汽，而是待转速升到2000～2500r/min或机组并网后才逐步向高压缸进汽，这种启动方式对控制胀差有利，可以不考虑高压缸胀差问题，以达到安全启动的目的。但启动时间较长，转速也较难控制。采用中压缸进汽启动，高压缸无蒸汽进入，鼓风作用产生的热量使高压缸内部温度升高，因此还需引进少量冷却蒸汽。

33. 进行压力法滑参数启动冲转，蒸汽参数选择的原则是什么？

答：冷态滑参数启动冲转后，进入汽缸的蒸汽流量能满足汽轮机顺利通过临界转速达到全速。为使金属各部件加热均匀，增大蒸汽的容积流量，进汽压力应适当选低一些。温度应有足够的过热度，并与金属温度相匹配，以防止热冲击。

热态滑参数启动时，应根据高压缸调节级和中压缸进汽室的金属温度，选择适当的与之匹配的主蒸汽温度和再热蒸汽温度，即两者的温差符合汽轮机热应力、热变形和胀差的要求。一般都要求蒸汽温度高于调节级上缸内壁金属温度50～100℃，但最高不得高于额定温度值。为了防止凝结放热，要求蒸汽过热度不低于50℃，保证新蒸汽经过调节汽阀节流和喷嘴膨胀后，蒸汽温度仍不低于调节级的金属温度。

34. 为什么应尽量避免负温差启动？

答：因为负温差启动时，转子与汽缸先被冷却，而后又被加热，经历一次热交变循环，从而增加了机组疲劳寿命损耗。如果蒸汽温度过低，则将在转子表面和汽缸内壁产生过大的拉应力，而拉应力比压应力更容易引起金属裂纹，并会引起汽缸变形，使动、静部分间隙改

变，严重时会发生动、静部分摩擦事故。此外，热态汽轮机负温差启动，使汽轮机金属温度下降，加负荷时间必须相应延长，因此一般不采用负温差启动。

35. 汽轮机启动时，暖机稳定转速为什么应避开临界转速150～200r/min?

答：这是因为在启动过程中，主蒸汽参数、真空都会波动，且厂家提供的临界转速值在实际运转中会有一定出入，如不避开一定转速，工况变动时机组转速可能会落入共振区而发生更大的振动。所以，规定暖机稳定转速应避开临界转速150～200r/min。

36. 汽轮机冲转时，转子冲不动的原因有哪些？冲转时应注意什么？

答：汽轮机冲转时转子不转的原因有：

（1）汽轮机动、静部分有卡住现象。

（2）冲动转子时真空太低或新蒸汽参数太低。

（3）盘车装置未投入。

（4）操作不当，应开的阀门未开，如危急安全器未复位，主汽阀、调节汽阀未开等。

汽轮机启动时除应注意启动阀位置，主汽阀、调节汽阀开度，油动机行程与正常启动时比较外，还应注意调节级后压力升高情况。一般汽轮机冲转时，调节级后压力规定为该机额定压力的10％～15％，如果转子不能在此状态下转动则应停止汽轮机启动，并查明原因。

37. 汽轮机冲转条件中，为什么规定要有一定数值的真空？

答：汽轮机冲转前必须有一定的真空，一般为60kPa左右。若真空过低，转子转动就需要较多的新蒸汽，而过多的乏汽突然排至凝汽器，凝汽器汽侧压力瞬间升高较多，可能使凝汽器汽侧形成正压，造成排大气安全薄膜损坏，同时也会给汽缸和转子造成较大的热冲击。

冲动转子时，真空也不能过高，真空过高不仅要延长建立真空的时间，也因为通过汽轮机的蒸汽量较少，放热系数也小，使得汽轮机加热缓慢，转速不易稳定，从而会延长启动时间。

38. 汽轮机冲转时为什么凝汽器真空会下降？

答：汽轮机冲转时，一般真空还比较低，有部分空气在汽缸及管道内未完全抽出，在冲转时随着汽流冲向凝汽器。冲转时蒸汽瞬间还未立即与凝汽器铜管发生热交换而凝结，故冲转时凝汽器真空总是要下降的。当冲转后进入凝汽器的蒸汽开始凝结，同时抽气器仍在不断地抽空气，真空即可较快地恢复到原来的数值。

39. 汽轮机启动升速和空负荷时，为什么排汽温度反而比正常运行时高？采取什么措施降低排汽温度？

答：汽轮机升速过程及空负荷时，因进汽量较小，故蒸汽进入汽缸后主要在高压段膨胀

做功，至低压段时压力已降至接近排汽压力数值，低压级叶片很少做功或者不做功，形成较大的鼓风摩擦损失，加热了排汽，使排汽温度升高。此外，此时调节汽阀开度很小，额定参数的新汽受到较大的节流作用，也使排汽温度升高，这时凝汽器的真空和排汽温度往往是不对应的，即排汽温度高于真空对应下的饱和温度。

大型机组通常在排汽缸上设置喷水减温装置，排汽温度高时，喷入凝结水以降低排汽温度。

对于没有后缸喷水装置的机组，应尽量缩短空负荷运行时间。当汽轮发电机并网带部分负荷时，排汽温度即会降低至正常值。

40. 汽轮机升速和加负荷过程中，为什么要监视机组振动情况？

答：大型机组启动时，发生振动多在中速暖机及其前后升速阶段，特别是通过临界转速的过程中，机组振动将大幅度增加。在此阶段中，如果振动较大，最易导致动、静部分摩擦、汽封磨损、转子弯曲。转子一旦弯曲，振动就越来越大，振动越大摩擦就越厉害。这样恶性循环，易使转子产生永久性变形弯曲，使设备严重损坏。因此要求在暖机或升速过程中，如果在临界转速以下发生较大的振动，应该立即打闸停机，进行盘车直轴，消除引起振动的原因后，再重新启动机组。

机组全速并网后，每增加 10MW 负荷，蒸汽流量变化较大，金属内部温升速度较快，主蒸汽温度再配合不好，金属内外壁最易造成较大温差，使机组产生振动。因此每增加一定负荷时需要暖机一段时间，使机组逐步均匀加热。

综上所述，机组升速与带负荷过程中，必须经常监视汽轮机的振动情况。

41. 启动前采用盘车预热暖机有什么好处？

答：盘车预热暖机就是冷态启动前在盘车状态下通入蒸汽，对转子、汽缸在冲转前就进行加热，使转子温度达到其材料脆性转变温度以上。采用这种方法有下列好处：

（1）盘车状态下用阀门控制少量蒸汽加热，蒸汽凝结放热时可避免金属温升率太大，高压缸加热至 150℃时再冲转，减少了蒸汽与金属壁的温差，温升率容易控制，热应力较小。

（2）盘车状态加热到转子材料脆性转变温度以上，使材料脆性断裂现象也得到缓和。

（3）可以缩短或取消低速暖机，经过盘车预热后转子和汽缸温度都比较高（相当于热态启动时的缸温），故根据具体情况可以缩短或取消低速暖机。

（4）盘车暖机可以在锅炉点火前用辅助汽源进行，缩短了启动时间，降低了启动费用。

事实证明：只要汽缸保温良好、汽缸疏水畅通，采用上述方法暖机不会产生显著的上下缸温差。

42. 用高压内缸上缸内壁温度 150℃来划分冷热态启动的依据是什么？

答：高压汽轮机停机时，汽缸转子及其他金属部件的温度比较高，随着时间的延续才逐渐冷却下来，若在未达到全冷状态要求启动汽轮机时，就必须注意此时与全冷态下启动的不同特点，一般把汽轮机金属温度高于冷态启动额定转速时的金属温度状态称为热态，大型机组冷态启动至额定转速时，下汽缸外壁金属温度为120～200℃。这时，高压缸各部的温度、膨胀都已达到或稍为超过空负荷运行的水平，高、中压转子中心孔的温度已超过材料的脆性转变温度，所以机组不必暖机而直接在短时间内升到定速并带一定负荷。故以内缸内壁150℃区别为冷、热态启动的依据。

43. 轴向位移保护为什么要在冲转前投入？

答：冲转时，蒸汽流量瞬间较大，蒸汽必先经过高压缸，而中、低压缸几乎不进汽，轴向推力较大，完全由推力盘来平衡。若此时的轴向位移超限，也同样会引起动、静部分摩擦，故冲转前就应将轴向位移保护投入。

44. 为什么在启动、停机时要规定温升率和温降率在一定范围内？

答：汽轮机在启动、停机时，汽轮机的汽缸、转子是一个加热和冷却过程。启动、停机时，势必使内外缸存在一定的温差。启动时由于内缸膨胀较快，受到热压应力，外缸膨胀较慢则受到热拉应力；停机时，应力形式则相反。当汽缸金属应力超过材料的屈服应力极限时，汽缸可能产生塑性变形或裂纹，而应力的大小与内外缸温差成正比，内外缸温差的大小与金属的温度变化率成正比，启动、停机时没有对金属应力的监测指示，取一间接指标，即用金属温升率和温降率作为控制热应力的指标。

45. 国产200MW机组在启动、停机过程中，从胀差的变化规律来看，高、中、低压缸哪一级最危险？

答：在启动过程中，高、中压缸均为正胀差，由于动叶与下一级静叶的间隙大于本级的动、静部分间隙，其胀差的允许值比较大，所以高、中压缸的胀差比较容易控制在允许值以内，但是低压缸机头侧的第一级是比较危险的，因为启动过程中第一级动叶与静叶间隙更加减少，相当于出现负胀差。

停机过程是相反的，高、中压缸均出现负胀差，又因高、中压缸的第一级的动、静部分间隙都特别小，所以这两级是特别危险的。另外，考虑中压缸中压部分最后一级离转子死点较远，而离汽缸死点又较近，所以该级在停机时比高、中压缸第一级更危险，故掌握该级胀差的换算，才能灵活使用。

同样，停机时发电机侧低压缸第一级也是比较危险的。

46. 为什么机组达全速后要尽早停运高压启动油泵？

答：机组在启动冲转过程中，主油泵不能正常供油时，高压启动油泵代替主油泵工作。随着汽轮机转速的不断升高，主油泵逐步进入正常的工作状态，汽轮机转速达3000r/min时，主油泵也达到工作转速，此时主油泵与高压启动油泵并列运行。若设计的高压油泵出口

油压比主油泵出口油压低，则高压启动油泵不上油而打闷泵，严重时将高压启动油泵烧坏，引起火灾事故。若设计的高压启动油泵出口油压比主油泵出口油压高，则主油泵出油受阻，转子窜动，轴向推力增加，推力轴承和叶轮口环均会发生摩擦，并且泄漏油量大，会造成前轴承箱满油，所以机组达到全速，应检查主油泵出口油压正常后，及时停运高压启动油泵。

47. 汽轮机启动、停机时，为什么要规定蒸汽的过热度？

答： 如果蒸汽的过热度低，在启动过程中，由于前几级温度降低过大，后几级温度有可能低到此级压力下的饱和温度，变为湿蒸汽。蒸汽带水对叶片的危害极大，所以在启动、停机过程中蒸汽的过热度要控制在50～100℃较为安全。

48. 汽轮机启动过程中，主蒸汽温度达到多少度时，可以关闭本体疏水阀？为什么？

答： 主蒸汽温度达400℃时可以关闭本体疏水阀。因为汽温为400℃时，20MW负荷已经暖机结束，这时金属部件已有较长时间的稳定加热过程，金属与主蒸汽温差较小，凝结放热过程已经结束。另外，滑参数启动时，主蒸汽温度在400℃时，其过热度较高，不会形成疏水。

49. 汽轮机热态启动时应注意哪些问题？

答： 汽轮机热态启动时应注意的问题是：

（1）热态启动前应保证盘车连续运行，大轴弯曲值不得大于原始值0.02mm，否则不得启动，应连续盘车直轴，直至合格。连续盘车应在4h以上，不得中断。若有中断，应追加10倍于盘车中断时间连续盘车。

（2）先供轴封蒸汽，后抽真空。

（3）加强监视振动，如突然发生较大振动，必须打闸停机，查清原因，消除后才可重新启动。

（4）蒸汽温度不应出现下降情况。注意汽缸金属温度不应下降，若出现温度下降，无其他原因时应尽快升速、并列、带负荷。

（5）注意相对膨胀，当负值增加时应尽快升速，必要时采取措施控制负值在规定范围内。

（6）真空应保持高些（相对冷态）。

（7）冷油器出口油温不低于38℃。

50. 为什么热态启动时先送轴封蒸汽后抽真空？

答： 热态启动时，转子和汽缸金属温度较高，如先抽真空，冷空气将沿轴封进入汽缸，而冷空气是流向下缸的，因此下缸温度急剧下降，使上下缸温差增大，汽缸变形，动、静部分产生摩擦，严重时使盘车不能正常投入，造成大轴弯曲，同时，冷空气对大轴造成热冲

击，所以热态启动时应先送轴封蒸汽，后抽真空。

51. 低速暖机时，为什么真空不能过高？

答： 低速暖机时，若真空太高，暖机的蒸汽流量太小，机组预热不充分，暖机时间反而加长。另外，过临界转速时，要求尽快地冲过去，其方法有：

（1）加大蒸汽流量。

（2）提高真空。若一冲转就将真空提得太高，冲越临界转速的时间就加长了，机组较长时间在接近临界转速的区域内运行是不安全，也是不允许的。

52. 机组启动时，启动高压油泵前，为什么必须先用润滑油泵向高压油泵以及调节系统供油？

答： 机组启动时，启动高压油泵前，必须先用润滑油泵向高压油泵及调节系统供油，目的是：向调节系统缓慢充油赶走系统内的空气，以防管路振动或调节系统发生摆动现象。当然，调节系统赶空气，既可以用低压油泵，也可以用高压油泵，但由于高压油泵出油压力高，油流速度快，而调速元件的出气孔尺寸很小，一般直径仅为1mm左右，因此用高压油泵充油赶空气效果不理想，容易把空气赶进死角而残留在系统内。

53. 国产300MW汽轮机暖机分为哪几个主要阶段？各阶段暖机的目的和效果如何？

答： 国产300MW汽轮机暖机有低速暖机、中速暖机、初始负荷暖机、低负荷暖机等几个主要阶段。

低速暖机（500r/min）主要用于对机组全面检查，低速暖机因进汽量小，蒸汽参数低，换热系数不大，暖机效果不明显，一般停留30min。

中速暖机（1500～1800r/min）是300MW机组启动的重要暖机阶段，这是因为中速暖机后，机组要通过临界转速，届时升速较快，蒸汽流量变化较大，金属温升率也会增大，如果中速暖机不充分，会使金属各部件产生较大的温差，汽轮机变形，振动增大，胀差超限。中速暖机一般停留90～120min，待高压缸下缸外壁温度高于200℃，中压缸下缸外壁温度高于150℃，中压缸胀出后才可升速。

初始负荷暖机（10～20MW）可以弥补机组为避开临界转速而不能高速暖机的缺陷，进一步提高金属温度，防止材料脆性损坏，避免过大的热应力，初始负荷暖机一般为30min。

低负荷暖机（40～50MW）进一步提高金属温度，为汽轮机适应锅炉切分以后，汽温、汽压、负荷大幅度增加，准备必要的缸温和缸胀条件，避免金属热冲击、胀差超限、机组振动。低负荷暖机一为60～90min，待汽缸总膨胀大于20mm，中压缸膨胀高于6mm，高、中压缸下缸外壁温度高于350℃，胀差不过大时，锅炉才可投粉。

低负荷暖机后，若要解列进行超速试验，则暖机时间应维持4～5h，待转子中心孔内壁温度超过其低温脆性转变温度约121℃后，才可解列进行超速试验。

54. 为什么汽轮机正常运行中排汽温度应低于65℃，而启动冲转至空负荷阶段，排汽温度最高允许120℃？

答：汽轮机正常运行中蒸汽流量大，排汽处于饱和状态，若排汽温度升高，排汽压力也升高，凝汽器单位面积热负荷增加，真空将下降。凝汽器铜管胀口也可能松弛漏水，所以排汽温度应控制在65℃以下。

汽轮机由冲转至空负荷阶段，由于蒸汽流量小，加上调节汽阀的节流和中低压转子长叶片的鼓风摩擦作用，排汽处于过热状态，但此时排汽压力并不高，凝汽器单位面积热负荷不大，真空仍可调节，凝汽器铜管胀口也不会受到太大的热冲击而损坏，所以排汽温度可允许高一些，一般升速和空负荷时，排汽温度不允许高于120℃，在排汽温度高于80℃时应开启排汽缸喷水降温装置。

55. 为什么高、低压加热器最好随机启动？

答：高、低压加热器随机启动，能使加热器受热均匀，有利于防止钢管胀口漏水，有利于防止法兰因热应力大造成的变形。对于汽轮机来讲，由于连接加热器的抽汽管道是从下汽缸接出的，加热器随机启动，也就等于增加了汽缸疏水点，能减小上下汽缸的温差。

此外，还能简化机组并列后的操作。

56. 汽轮机启动时怎样控制胀差？

答：汽轮机启动时可根据机组情况采取下列措施控制胀差：

（1）选择适当的冲转参数。

（2）制定适当的升温、升压曲线。

（3）及时投入汽缸、法兰加热装置，控制各部金属温差在规定的范围内。

（4）控制升速速度及定速暖机时间，带负荷后，根据汽缸温度掌握升负荷速度。

（5）冲转暖机时及时调整真空。

（6）轴封供汽使用适当，及时进行调整。

57. 汽轮机冷态启动时，汽缸、转子上的热应力如何变化？

答：汽轮机的冷态启动，对汽缸、转子等零件是加热过程。汽缸被加热时，内壁温度高于外壁温度，内壁的膨胀受到外壁的制约，因而内壁受到压缩，产生压缩热应力，而外壁受内壁膨胀的拉伸，产生热拉应力。同样，转子被加热时，转子外表面温度高于转子中心孔的温度，转子外表面产生压缩热应力，而转子中心孔产生热拉应力。

58. 汽轮机汽缸的上、下缸存在温差有什么危害？

答：汽缸存在温差将引起汽缸变形，通常是上缸温度高于下缸，因而上缸变形大于下

缸，使汽缸向上拱起，俗称猫拱背。汽缸的这种变形使下缸底部径向间隙减小甚至消失，造成动、静部分摩擦，损坏设备。另外，还会出现隔板和叶轮偏离正常时所在的垂直平面的现象，使轴向间隙变化，甚至引起轴向动、静部分摩擦。

59. 汽轮机法兰内壁温度高于外壁超出规定值时，对法兰、汽缸的热变形有什么影响？

答：当汽轮机法兰内壁温度高于外壁时，法兰内壁金属伸长较多，法兰在水平面内产生热变形，中间段法兰出现内张口，前后两端出现外张口。由于法兰的变形，使汽缸中间段的横截面变为立椭圆，即垂直方向直径大于水平方向直径，使汽缸前后两端的横截面变为横椭圆，这样造成中间段各级两侧径向间隙变小，前后两端各级的上下径向间隙变小。

60. 汽轮机启动防止金属部件产生过大的热应力、热变形要控制好哪几个主要指标？

答：汽轮机启动防止金属部件产生过大的热应力、热变形要控制好以下几个主要指标：

（1）蒸汽温升速度。

（2）金属温升速度。

（3）上下缸温差。

（4）汽缸内外壁、法兰内外壁的温差。

（5）法兰与螺栓的温差。

（6）汽缸与转子的相对胀差。

61. 热态启动时，为什么要求新蒸汽温度高于汽缸温度50～80℃？

答：机组进行热态启动时，要求新蒸汽温度高于汽缸温度50～80℃，从而保证新蒸汽经调节汽阀节流，导汽管散热、调节级喷嘴膨胀后，蒸汽温度仍不低于汽缸的金属温度。因为机组的启动过程是一个加热过程，不允许汽缸金属温度下降。如在热态启动中新蒸汽温度太低，会使汽缸、法兰金属产生过大的应力，并使转子由于突然受冷而产生急剧收缩，高压胀差出现负值，使通流部分轴向动、静部分间隙消失而产生摩擦，造成设备损坏。

62. 汽轮机启动过程，汽缸膨胀不出来的原因有哪些？

答：汽轮机启动过程中，汽缸膨胀不出来的原因有：

（1）主蒸汽参数、凝汽器真空选择控制不当。

（2）汽缸、法兰螺栓加热装置使用不当或操作错误。

（3）滑销系统卡涩。

（4）增负荷速度快，暖机不充分。

（5）本体及有关抽汽管道的疏水阀未开。

63. 汽轮机冲转后，为什么要投入汽缸法兰加热装置？

答：对于高参数大容量的机组，其汽缸壁和法兰厚度达300～400mm。汽轮机冲转后，

最初接触到蒸汽的金属温升较快，整个金属温度的升高则主要靠传热。因此汽缸法兰内外受热不均匀，容易在上下汽缸间、汽缸法兰内外壁、法兰与螺栓间产生较大的热应力，同时汽缸、法兰变形，易导致动、静部分之间摩擦，机组振动，严重时造成设备损坏。故汽轮机冲转后应根据汽缸、法兰温度的具体情况投运汽缸法兰加热装置。

64. 汽轮机启动升速时，排汽温度升高的原因有哪些？

答：汽轮机启动升速时，排汽温度升高的原因是：

(1) 凝汽器内真空降低，空气未完全抽出，汽气混合在一起。而空气的导热性能较差，使排汽压力升高，饱和温度也较高。

(2) 主蒸汽管道、再热蒸汽管道、汽缸本体等大量的疏水疏至膨胀箱，其中扩容器出来的蒸汽排向凝汽器吼部，疏水及疏汽的温度要比凝汽器内饱和温度高 4～5 倍。

(3) 暖机过程中，蒸汽流量较少，流速较慢，叶片产生的摩擦鼓风热量不能及时带走。

65. 过临界转速时应注意什么？

答：过临界转速时应注意：

(1) 一般应快速平稳地越过临界转速，但也不能采取飞速冲过临界转速的做法，以防造成不良后果。现规定过临界转速时的升速率为 600r/min 左右。

(2) 在过临界转速过程中，应注意对照振动与转速情况，确定振动类别，防止误判断。

(3) 振动声音应无异常，如振动超限或有碰击摩擦异声等，应立即打闸停机，查明原因并确证无异常后方可重新启动。

(4) 过临界转速后应控制转速上升速度。

66. 机组暖机时间依据什么决定？

答：暖机时间是依据汽轮机的金属温度水平、温升率及汽缸膨胀值、胀差值决定。

暖机的目的是使汽轮机各部件温度均匀上升，温度差减小，避免产生过大的热应力。理想的办法是直接测出各关键部位的热应力，根据应力控制启动速度。我国一般通过试验，测定各部件温度，控制有关数据。

67. 机组并网初期为什么要规定最低负荷？

答：机组并网初期要规定最低负荷，主要是考虑负荷越低，蒸汽流量越小，暖机效果越差。此外，负荷太低往往容易造成排汽温度升高，所以一般规定并网初期的最低负荷。但负荷也不能过高，负荷越大，汽轮机的进汽量增加较多，金属又要进行一个剧烈的加热过程，会产生过大的热应力，甚至胀差超限，造成严重后果。

68. 为什么汽轮机转子弯曲超过规定值时禁止启动？

答：大多数汽轮机都是通过监视转子晃动度的变化，间接监视转子弹性弯曲大小的。当转子晃动度超过原始值较多时，说明转子的弹性弯曲已比较大，而此时汽缸的变形也一定较大，汽轮机动、静部分径向间隙可能消失，强行启动汽轮机、转子的弯曲部分会与隔板汽封摩擦，摩擦不仅造成汽封磨损，还会使转子弯曲部分产生高温，局部的高温又加大了转子的弯曲，使摩擦加剧，如此恶性循环，可能使转子产生永久性弯曲，所以转子弯曲超过规定值时禁止启动。

69. 汽轮机停机的方式有哪几种？

答：汽轮机停机方式有：正常停机和故障停机。

正常停机是指有计划的停机。正常停机中按停机过程中蒸汽参数不同又分为滑参数停机和额定参数停机两种方式。故障停机是指汽轮发电机组发生异常情况下，保护装置动作或手动停机以达到保护机组不致损坏或减少损失的目的。故障停机又分为紧急停机和一般性故障停机。

停机方式可根据停机的目的和设备状况来决定。正常停机，如果是以检修为目的的，希望机组尽快冷却，使检修早日开工，应尽可能采用滑参数停机，并且要尽量使滑参数停机的时间长一些，将参数滑的低一些。

70. 什么叫滑参数停机？

答：汽轮机从额定参数和额定负荷开始，开足高、中压调节汽阀，由锅炉改变燃烧，逐渐降低蒸汽参数，使汽轮机负荷逐渐降低。同时投用汽缸、法兰加热装置，使汽缸、法兰温度逐渐冷却下来，待主蒸汽参数降到一定数值时，解列发电机打闸停机，这一过程称为滑参数停机。

71. 滑参数停机有哪些注意事项？

答：滑参数停机的注意事项是：

（1）滑参数停机时，对新蒸汽的滑降有一定的规定，一般高压机组新蒸汽的平均降压速度为0.02～0.03MPa/min，平均降温速度为1.2～1.5℃/min。较高参数时，降温降压速度可以较快一些；在较低参数时，降温、降压速度可以慢一些。

（2）滑参数停机过程中，新蒸汽温度应始终保持50℃的过热度，以保证蒸汽不带水。

（3）滑参数停机过程中不得进行汽轮机超速试验。

（4）高、低压加热器在滑参数停机时应随机滑停。

72. 为什么滑参数停机过程中不允许做汽轮机超速试验？

答：在蒸汽参数很低的情况下做超速试验是十分危险的。一般滑参数停机到发电机解列

时，主汽阀前蒸汽参数已经很低，要进行超速试验就必须关小调节汽阀来提高调节汽阀前压力。当压力升高后蒸汽的过热度更低，有可能使新蒸汽温度低于对应压力下的饱和温度，致使蒸汽带水，造成汽轮机水冲击事故，所以规定大型机组滑参数停机过程中不得进行超速试验。

73. 为什么停机时必须等真空到零，方可停止轴封供汽？

答：如果真空未到零就停止轴封供汽，则冷空气将自轴端进入汽缸，使转子和汽缸局部冷却，严重时会造成轴封摩擦或汽缸变形，所以规定要真空至零，方可停止轴封供汽。

74. 为什么规定打闸停机后要降低真空，使转子静止时真空到零？

答：汽轮机停机惰走过程中，维持真空的最佳方式应是逐步降低真空，并尽可能做到转子静止，真空至零。这是因为：

（1）停机惰走时间与真空维持时间有关，每次停机以一定的速度降低真空，便于惰走曲线进行比较。

（2）如惰走过程中真空降得太慢，机组降速至临界转速时停留的时间就长，对机组的安全不利。

（3）如果惰走阶段真空降得太快，尚有一定转速时真空已经降至零，后几级长叶片的鼓风摩擦损失产生的热量多，易使排汽温度升高，也不利于汽缸内部积水的排出，容易产生停机后汽轮机金属的腐蚀。

（4）如果转子已经停止，还有较高真空，这时轴封供汽又不能停止，也会造成上下缸温差增大和转子变形不均产生热弯曲。

综上所述，停机时最好控制转速到零，真空到零，实际操作时用真空破坏阀控制调节。

75. 汽轮机停机后转子的最大弯曲在什么地方？在哪段时间内启动最危险？

答：汽轮机停运后，如果盘车因故不能投运，由于汽缸上下温差或其他某些原因，转子将逐渐发生弯曲，最大弯曲部位一般在调节级附近，最大弯曲值出现在停机后2～10h，因此在这段时间内启动是最危险的。

76. 停机后为什么要检查高压缸排汽止回阀关闭是否严密？

答：停机后如果高压缸排汽止回阀没有关严或卡死，将发生再热器及再热蒸汽管道中的余汽或再热器事故减温水倒入汽缸，而使汽缸下部急剧冷却，造成汽缸变形、大轴弯曲、汽封及各动、静部分摩擦，造成设备损坏。

77. 为什么负荷没有减到零，不能进行发电机解列？

答：停机过程中若负荷不能减到零，一般是由于调节汽阀不严或卡涩，或是抽汽止回阀

失灵，关闭不严，从辅助蒸汽联箱、供热，或其他外系统倒进大量蒸汽等引起。这时如将发电机解列，将要发生超速事故。故必须先设法消除故障，采用关闭自动主汽阀、电动主汽阀等办法，将负荷减到零，再进行发电机解列停机。

78. 为什么滑参数停机时，最好先降汽温再降汽压？

答： 由于汽轮机正常运行中，主蒸汽的过热度较大，所以滑参数停机时最好先维持汽压不变而适当降低汽温，降低主蒸汽的过热度，这样有利于汽缸的冷却，可以使停机后的汽缸温度低一些，能够缩短盘车时间。

79. 额定参数停机时，减负荷应注意哪些问题？

答： 额定参数停机时，减负荷应注意如下问题：

（1）汽轮机正常停机过程中应逐渐降负荷，降负荷速度不超过 2MW/min。

（2）由于汽缸、法兰金属厚重，各金属温度及温差应比启动时控制得更加严格，一般要求金属温度下降速度不超过 1.5℃/min。为保证这个温降速度，每下降一定负荷就须停留一段时间，使汽缸、法兰、转子温度均匀下降。

（3）减负荷时，蒸汽流量及参数均匀下降，机组内部逐渐冷却，汽缸及法兰内壁产生较大热拉应力，因此停机过程中，一定压力下蒸汽必须保持一定的过热度。

80. 盘车启动后胀差超限怎么办？需特别注意什么问题？

答： 盘车启动后，胀差超限应根据情况作如下处理：凝汽器通循环水或打开凝汽器汽侧人孔门，向轴封送一定温度的轴封汽（200～250℃），同时检查盘车电流升高或变化情况，倾听汽缸内部有无摩擦异声。若无异声且盘车电流无明显上升或变化，则应加强监视与检查。若盘车电流明显上升或变化较大或汽缸内部有摩擦异声时，应立即停止连续盘车，此时应改为手动每隔 15min 盘车 180°，并打开凝汽器人孔门送轴封汽，盘车不动时，不准送轴封汽。

81. 汽轮机喷嘴的作用是什么？

答： 汽轮机喷嘴的作用是把蒸汽的热能转变成动能，也就是使蒸汽膨胀降压，增加流速，按一定的方向喷射出来推动动叶片而做功。

82. 什么是汽轮机的盘车预热方式？

答： 汽轮机的盘车预热方式是指汽轮机在盘车状态下通入蒸汽或空气，预热汽轮机转子、汽缸金属部件，使金属温度尽量升高到其脆性转变温度以上。

83. 为什么大容量汽轮机一般要采用盘车预热的方式启动?

答: 为了避免启动时产生热冲击,减少转子的寿命损耗,要求进入汽轮机的蒸汽温度要与汽缸、转子金属温度相匹配,即温差要合理。汽轮机冷态启动时,进汽量小,调节级处于真空状态,汽缸和转子金属温度很低,甚至低于该真空下的饱和温度,此时蒸汽接触金属就要发生凝结放热,引起热冲击。所以,大容量汽轮机一般要采用盘车预热的方式启动。

84. 什么是汽轮机的程序启动?

答: 汽轮机的程序启动是单元机组自动监控的一个组成部分,它将自动完成汽轮机启动前的检查、冲转、暖机、定速并网、接带负荷及辅助设备的投入,直至带额定负荷的全过程。

85. 根据汽轮机程序启动构成的不同,其控制可分为哪几种?

答: 根据汽轮机程序启动构成的不同,程序启动控制可分为逻辑控制和连续控制两种。

86. 汽轮机启动中为什么要控制管道阀门金属温升速度?

答: 因为温升速度过小,会延长启动时间,造成浪费;温升速度太大,会造成管道、阀门热应力增大,同时造成强烈的水冲击,使管道阀门振动,以致损坏管道阀门。所以汽轮机启动中一定要根据要求严格控制管道、阀门的金属温升速度。

87. 汽轮机滑参数停机过程中,当滑至较低负荷时,可采用哪两种方法停机?

答: 汽轮机滑参数停机过程中,当滑至较低负荷时,可采用以下两种方法进行停机:一种是汽轮机打闸,锅炉熄火,发电机解列。另一种方法是锅炉维持最低负荷燃烧后熄火,此时汽轮机调节汽阀全开,利用锅炉余热发电,待负荷到零后发电机解列,汽轮机利用锅炉余热继续旋转至静止。

88. 简述汽轮机启停过程优化分析的内容。

答: 汽轮机启停过程优化分析的内容为:

(1) 根据转子寿命损耗率、热变形和胀差的要求确定合理的温度变化率。

(2) 蒸汽温度变化率随放热系数的变化而变化。

(3) 监视温度、胀差、振动等测点不超限。

(4) 盘车预热和正温差启动,实现最佳温度匹配。

(5) 在保证设备安全前提下尽量缩短启动时间,减少电能和燃料消耗。

89. 进入汽轮机的蒸汽流量变化时，对通流部分各级的参数有哪些影响？

答：对于凝汽式汽轮机，当蒸汽流量变化时，级组前的温度一般变化不大（喷嘴调节的调节级汽室温度除外）。不论是采用喷嘴调节，还是节流调节，除调节级外，各级组前压力均可看成与流量成正比变化，所以除调节级和最末级外，各级级前、后压力均近似地认为与流量成正比变化。运行人员可通过各监视段压力来有效地监视流量变化情况。

90. 在汽轮机停运减负荷过程中，应注意监视哪些参数？

答：在汽轮机停运减负荷过程中，应注意监视下列参数：主再热蒸汽压力、温度、轴振动、胀差、上下缸温差、低压缸排汽温度、轴向位移、轴承金属温度、汽缸内外壁温差，并监视各水室水位正常，轴封供汽倒由辅助汽源供给。

91. 法兰加热过度有什么危害？

答：法兰加热过度，即法兰外壁温度高于内壁温度或法兰温度高于汽缸温度的数值超限。此时，汽缸和法兰将产生热变形，使汽缸前后两端截面成为立椭圆，中间段截面成为横椭圆。这种变形将使汽缸前、后及隔板轴封的左右或上下径向间隙减小，同时汽缸上下温差增大而产生猫拱背现象，汽缸下部发生动、静部分之间摩擦的危险性就更大。此外，法兰加热过度，还将使靠法兰加热装置后部各段动叶片进汽侧的轴向间隙缩小甚至消失而发生摩擦。另外，还使螺栓紧力松弛，汽缸接合面松开而漏汽，甚至可能造成法兰外张口的塑形变形。

综上所述，法兰加热过度的危险性比加热不足还要大。

第二节　汽轮机运行中的维护和变压运行

1. 什么叫蠕变？

答：蠕变是在高温应力不变的条件下，不断地产生塑性变形的一种现象。

2. 什么叫应力松弛？

答：零件在高温和某一初始应力作用下，若维持总变形不变，则随时间的延长，零件的应力逐渐降低，这种现象叫应力松弛。

3. 什么叫窜轴？

答：习惯上称汽轮机转子的轴向位移为窜轴。

什么叫弹性变形？

答：金属部件在受外力作用后，无论外力多么小，部件均会产生内部应力而变形。当外力停止作用后，如果部件仍能恢复到原来的形状和尺寸，则这种变形称为弹性变形。

什么叫塑性变形？

答：当外力增大到一定程度时，外力停止作用后，金属部件不能恢复到以前的形状和几何尺寸，这种变形称为塑性变形。

什么叫凝汽器端差？

答：凝汽器压力下的饱和温度与凝汽器冷却水出口温度之差称为端差。

什么叫凝汽器的热负荷？

答：凝汽器的热负荷是指凝汽器内蒸汽和凝结水传给冷却水的总热量（包括排汽、汽封漏汽、加热器疏水等热量）。凝汽器的单位负荷是指单位面积所冷凝的蒸汽量即进入凝汽器的蒸汽量与冷却面积的比值。

什么叫凝结水的过冷度？

答：在凝汽器压力下的饱和温度减去凝结水温度称为过冷度。

什么叫汽轮机监视段压力？

答：除最末一、二级外的各抽汽段和调节级室的压力统称为监视段压力。

什么叫准稳态点？

答：汽轮机在启动过程中，当调速级的蒸汽温度达到满负荷时，所对应的蒸汽温度不再变化，即蒸汽温度变化率等于零。此时金属部件内部温差达到最大值，在温升率变化曲线上，这一点被称为准稳态点。

什么叫滑压运行？

答：保持调节汽阀开度不变，通过锅炉调整主蒸汽压力（主蒸汽温度不变）的方法达到调整负荷的目的运行方式，称为滑压运行。

12. 什么叫汽轮机的寿命？

答：汽轮机的寿命是指从初次投入运行至转子出现第一道宏观裂纹期间的总工作时间。

13. 怎样测量转子的晃度？

答：将转子的轴向窜动限制在0.10mm以内。把进行测量的部位打磨光滑，并在测量位置装上百分表，百分表跳杆应垂直与被测表面。将被测断面分成8等份，并逆着转子的转动方向顺序编号。从测点1开始测量，每点记录一次读数，盘动转子一周后，百分表指示应回到原有读数，否则应查明原因并重新测量。测量数据中最大值与最小值之差即为该截面处转子的晃度。

14. 怎样测量联轴器端面的瓢偏度？

答：将转子圆周分为8等份，按逆旋转方向顺序编号作为测点，1号测点位置应与1号危急遮断器飞锤飞出方向一致。在所需要测量的联轴器端面左右侧，靠近边缘处相对1800位置各装设一个百分表，百分表跳杆应垂直于端面，两表与边缘的距离应相等。转动百分表的表盘使两个百分表均匀对正在50的位置。盘动转子一圈，检查两个百分表指示应该相同。然后盘动转子，每转一等份记录一次，当转动一周回到起点位置后，两表读数仍应相等。两表所测得的各次读数差中的最大差值减去最小差值，然后除以2，即为所测端面的瓢偏度。

15. 怎样测量转子的弯曲度？允许值是多少？

答：将转子的轴向窜动限制在0.1mm以内。沿转子的全长在垂直方向架设6～8只百分表，并进行位置编号。测量时，先将转子全圆周分为8等份，顺序编号，以1号危急遮断器向上为第1点。各百分表的测量杆要垂直于转子表面，且装表的位置要尽量选择在转子表面光滑、无损伤的部位，测量前各百分表读数最好事先调整在同一数值。盘动转子一周，各表读数均应回到原始数值。然后盘动转子，每转一等份，记录一次各百分表的读数。分别将各百分表读数记录中相对1800的数值相减除以2，便是转子在各相应断面沿编号方向的弯曲度，每一测量断面有四个方向的弯曲度。所有弯曲度中最大的一个就是转子的弯曲度，转子弯曲度的允许值为0.03mm。

16. 汽轮机运行时监视监视段压力有什么意义？

答：汽轮机运行中各监视段压力均与主蒸汽流量成正比例变化。监视这些压力，可以监督通流部分是否正常及通流部分结盐垢情况，同时可分析各表计、各调节汽阀开关是否正常。

17. 汽轮机积盐有什么危害？

答：汽轮机的效率和出力显著降低。汽轮机参数越高，危害性就越大。这是因为蒸汽的压力越高，蒸汽的比体积越小，在高参数汽轮机内高压级的蒸汽流通截面越小，因此，即使在其中沉积少量的盐类，也会使汽轮机的效率和出力显著降低，使汽轮机的轴向推力增大，影响汽轮机的安全经济运行。

加速叶片腐蚀。某些化合物会引起汽轮机叶片的应力腐蚀。如微量的有机酸、氯化物、氢氧化钠等物质，蒸汽凝结时会形成腐蚀性环境，所以汽轮机在湿蒸汽区的前几级最容易遭受应力腐蚀，产生裂纹。某些化合物能引起汽轮机零部件的点蚀和腐蚀疲劳。如蒸汽中的氯化物可使汽轮机叶片、喷嘴表面或汽缸产生斑点状腐蚀。蒸汽中的固体微粒会引起汽轮机的磨蚀，如铁氧化物，容易引起调节汽阀、第一级喷嘴等的磨损。

18. 胀差大小与哪些因素有关？

答：汽轮机在启动、停机及运行过程中，胀差的大小与下列因素有关：

（1）启动机组时，汽缸与法兰加热装置投用不当，加热汽量过大或过小。

（2）暖机过程中，升速率太快或暖机时间过短。

（3）正常停机或滑参数停机时，汽温下降太快。

（4）增负荷速度太快。

（5）甩负荷后，空负荷或低负荷运行时间过长。

（6）汽轮机发生水冲击。

（7）正常运行过程中，蒸汽参数变化速度过快。

（8）轴向位移变化。

19. 简述汽轮机轴向位移零位的定法。

答：在冷状态时，轴向位移零位的定法通常是将转子的推力盘推向推力瓦工作瓦块，并与工作面靠紧，此时仪表指示应为零。也有的机组是转子推向推力瓦的非工作面作为零位。

20. 简述高压胀差零位的定法。

答：高压胀差的零位定法与轴向位移的零位定法相同。通常汽轮机在全冷状态下，将转子推向发电机侧，推力盘靠向推力瓦块工作面，此时仪表指示为零。机组在盘车过程中高压胀差指示表应为一定的负值（－0.3～－0.4mm）。

21. 轴向位移与胀差有什么关系？

答：轴向位移与胀差的零点均在推力瓦块处，而且与零点定位法相同。轴向位移变化时，其数值虽然较小，但大轴总位移发生变化。轴向位移为正值时，大轴向发电机方向位移，胀差向负值方向变化；当轴向位移向负值方向变化时，汽轮机转子向车头方向位移，胀差值向正值方向增大。

如果机组参数不变，负荷稳定，胀差与轴向位移不发生变化。机组启停过程中及蒸汽参数变化时，胀差将会发生变化，而轴向位移并不发生变化。

运行中轴向位移变化，必然引起胀差的变化。

22. 什么是汽轮机的膨胀死点？通常布置在什么位置？

答：横销引导轴承座或汽缸沿横向滑动并与纵销配合成为膨胀的固定点，称为“膨胀死点”，即纵销中心线与横销中心线的交点。“死点”固定不动，汽缸以“死点”为基准向前后左右膨胀滑动。对直接空冷凝汽式汽轮机来说，高中压缸的死点一般位于推力轴承处，低压缸死点多布置在低压排汽口的中心线或其附近。

23. 为什么胀差表须在全冷状态下校正？

答：对高压汽轮机来讲，汽缸体积庞大，汽缸法兰均很厚重，机组跨距大，只要汽缸与转子具有温度，就有一定的膨胀量，而且转子的膨胀量（或收缩量）大于汽缸，胀差变化幅度较大，一般为－1～＋6mm，而汽轮机内部动、静部分之间轴向间隙仅有2mm左右，汽轮机汽缸、转子至未冷透的情况下，相对零位找不准，因而为了保证机组在运行中动、静部分间隙安全可靠。

24. 机组启动过程中，胀差大如何处理？

答：机组启动过程中，胀差大，运行人员应做好如下工作：

（1）检查主蒸汽温度是否过高，必要时适当降低主蒸汽温度。

（2）使机组在稳定转速和稳定负荷下暖机。

（3）适当提高凝汽器真空，减少蒸汽流量。

（4）增加汽缸进汽量，使汽缸迅速胀出。

25. 造成下汽缸温度比上汽缸温度低的原因有哪些？

答：造成下汽缸温度比上汽缸温度低的原因有以下几个方面：

（1）下汽缸比上汽缸金属质量大，约为上汽缸的2倍，而且下汽缸有抽汽口和抽汽管道，散热面积大，保温条件差。

（2）机组在启动过程中，温度较高的蒸汽上升，而内部疏水由上而下流到下汽缸，从下汽缸疏水管排出，使下缸受热条件恶化。如果疏水不及时或疏水不畅，上下汽缸温差更大。

（3）停机后，机组虽在盘车中，但由于疏水不畅或下汽缸保温质量不高及汽缸底部挡风板缺损，空气对流量增大，使上下汽缸冷却条件不同，增大了温差。

（4）滑参数启动或停机时，蒸汽加热装置使用不得当。

（5）机组停运后，由于各级抽汽阀、新蒸汽阀关不严，汽水漏至汽缸内。

26. 如何减小上下汽缸温差？

答：为减小上下汽缸温差，避免汽缸的拱背变形，应该做好下列工作：

（1）改善汽缸的疏水条件，选择合适的疏水管径，防止疏水在底部积存。

（2）机组启动和停机过程中，运行人员应正确及时使用各疏水阀。

（3）完善高、中压下汽缸挡风板，加强下汽缸的保温工作，保温砖不应脱落，减少冷空气的对流。

27. 汽轮机转子发生摩擦后为什么会弯曲？

答：由于汽缸法兰金属温度存在温差，导致汽缸变形，径向动、静部分间隙消失，造成转子旋转时，机组端部轴封和隔板汽封处径向发生摩擦而产生很大的热量。产生的热量使轴的两侧温差很快增大。温差的增大，使转子发生弯曲。这样周而复始，大轴两侧温差越大，转子越弯曲。

28. 汽轮机胀差正值、负值过大有哪些原因？

答：汽轮机胀差正值大的原因有：

（1）启动暖机时间不足，升速或增负荷过快。

（2）胀差指示零位不准，或频率、电压变化影响。

（3）进汽温度升高。

（4）轴封供汽温度升高，或轴封供汽量过大。

（5）真空降低，引起进入汽轮机的蒸汽流量增大。

（6）转速变化。

（7）调节汽阀开度增加，节流作用减小。

（8）滑销系统或轴承台板滑动卡涩，汽缸胀不出。

（9）轴承温度太高。

（10）推力轴承非工作面受力增大并磨损，转子向机头方向移动。

（11）汽缸保温脱落或有穿堂冷风。

（12）多缸机组其他相关汽缸胀差变化，引起本缸胀差变化。

（13）双层缸夹层中流入冷汽或冷水。

负胀差过大的原因：

（1）负荷下降速度过快或甩负荷。

（2）汽温急剧下降。

（3）水冲击。

（4）轴封汽温降低。

（5）胀差表零位不准或频率、电压变化影响。

（6）进汽温度低于金属温度。

（7）轴向位移向负值变化。

（8）轴承油温过低。

（9）双层缸夹层中流入高温蒸汽（进汽短管漏汽）。

（10）多缸机组相关汽缸胀差变化。

29. 停机后盘车状态下，对氢冷发电机的密封油系统运行有什么要求？

答：氢冷发电机的密封油系统在盘车时或停止转动而内部又充压时，都应保持正常运行方式。因为密封油与润滑油系统相通，这时含氢的密封油有可能从连接的管路进入主油箱，油中的氢气将在主油箱中被分离出来。氢气如果在主油箱中积聚，就有发生氢气爆炸的危险和主油箱失火的可能，因此密封油系统和主油箱系统使用的排烟风机和防爆风机也必须保持连续运行。

30. 为什么氢冷发电机密封油装置设空气、氢气两侧？

答：在密封瓦上通有两股密封油，一个是氢气侧，另一个是空气侧，两侧油流在瓦中央狭窄处，形成两个环形油密封，并各自成为一个独立的油压循环系统。从理论上讲，若两侧油压完全相同，则在两个回路的液面接触处没有油交换。氢气侧的油独自循环，不含有空气。空气侧油流不和发电机内氢气接触，因此空气不会侵入发电机内。这样不但保证了发电机内氢气的纯度，而且也可使氢气几乎没有消耗，但实际上要始终维持空气、氢气侧油压绝对相等是有困难的，因而运行中一般要求空气侧和氢气侧油压差要小于 0.001MPa，而且尽可能使空气侧油压略高于氢气侧。

另外，这种双流环式密封瓦结构简单，密封性能好，安全可靠，瞬间断油也不会烧瓦，但由于瓦与轴间间隙大（0.1～0.15mm），故用油量大。为了不使大量回油把氢气带走，故空气、氢气侧各自单独循环。

31. 为什么要求空气、氢气侧油压差在规定范围内？

答：理论上最好空气、氢气侧油压完全相等，这样两侧油流不至于交换，在实际运行中不可能达到这个要求。为了不使氢气侧油流向空气侧窜引起漏氢，所以规定空气侧密封油压稍大于氢气侧密封油压 1kPa，如空气侧密封油压高得过多，则空气侧密封油就向氢气侧窜，一方面引起氢气纯度下降，另一方面易使氢气侧密封油箱满油。反之，若氢气侧密封油压大于空气侧密封油压，则氢气侧密封油即向空气侧窜，使氢气泄漏量大，还要引起密封油箱缺油，不利于安全运行。

32. 为什么要规定发电机冷却水压比氢压低 0.049MPa？

答：国产 200MW 机组的发电机为水氢氢冷却方式，其定子铁芯是氢冷，而定子绕组是

水内冷，转子绕组是氢内冷，其水冷铜管是嵌在静止线棒之间的。氢压高于水压，则铜管受压应力，况且铜管破裂时水也不致外漏。如水压高于氢压则铜管受拉应力，一般金属材料受压应力比拉应力允许数值大得多，故一般冷却水压比氢压低 0.049MPa。

33. 真空系统漏空气引起真空下降的象征和处理特点是什么？

答：漏空气引起真空下降时，排汽温度升高，端差增大，凝结水过冷度增大，凝结水含氧量升高，当漏空气量与抽气器的最大抽气量能平衡时，真空下降到一定值后，真空还能稳定在某一数值。真空系统漏空气，用真空严密性试验就能方便地鉴定。真空系统漏空气的处理，除积极消除漏空气外，在消除前应增开射水泵及射水抽气器，维持凝汽器真空。

34. 国产 300MW 机组的轴向位移为什么是负值？

答：国产 300MW 机组的低压缸，由于采用分流形式，轴向推力基本上能相互抵消。另外，高压缸产生反向推力，中压缸产生正向推力，因此轴向推力主要由高、中压缸轴向推力的差值所决定。如果高压缸推力比中压缸推力大，就会形成负方向的轴向推力，将转子向机头方向推，当中压缸推力大于高压缸推力时，轴向推力为正。300MW 机组在额定工况时，制造厂计算机组轴向推力正值为 137.2kN（14tf），最大轴向推力为 196kN（20tf），但实际运行时，高压缸产生的轴向推力大于中压缸的轴向推力，所以机组的轴向推力为负值，而轴向位移的零位是以推力盘向低压侧（紧靠工作面瓦片）推足时的位置为基准零位的，推力盘在非工作面侧和工作面侧有 0.4mm 的总间隙，运行中负轴向推力将转子推向非工作面瓦块。由非工作瓦块承力，所以轴向位移为负值。

35. 汽轮机主蒸汽温度不变时主蒸汽压力过高有哪些危害？

答：在主蒸汽温度不变的情况下，主蒸汽压力升高时的危害为：

（1）机组的末几级的蒸汽湿度增大，使末几级动叶片的工作条件恶化，水冲刷加重。对于高温高压机组来说，主蒸汽压力升高 0.5MPa 时，其湿度增加约 2%。

（2）主蒸汽压力升高，使调节级焓降增加，将造成调节级动叶片过负荷。

（3）主蒸汽压力过高，会引起主蒸汽承压部件的应力增高，将会缩短部件使用寿命，并可能造成这些部件的变形，以至于损坏部件。

36. 汽轮机主蒸汽压力不变，主蒸汽温度过高有哪些危害？

答：（1）调节级焓降增加，可能造成调节级动叶片过负荷。

（2）主蒸汽高温部件工作温度超过允许的工作温度，造成主汽阀、汽缸、高压轴封等紧固件的松弛，导致部件的损坏或使用寿命缩短。

（3）各受热部件的热膨胀、热变形加大。

37. 汽轮机真空下降有哪些危害？

答：汽轮机真空下降的危害为：

（1）排汽压力升高，可用焓降减小，不经济，同时使机组出力降低。

（2）排汽缸及轴承座受热膨胀，可能引起中心变化，产生振动。

（3）排汽温度过高时可能引起凝汽器铜管松弛，破坏严密性。

（4）可能使纯冲动式汽轮机轴向推力增加。

（5）真空下降使排汽的容积流量减小，对末几级叶片工作不利。末级要产生脱流及旋流，同时还会在叶片的某一部位产生较大的激振力，有可能损坏叶片，造成事故。

38. 为什么说中间再热式机组比凝汽式机组的甩负荷性能要差得多？

答：因为中间再热式机组的再热器及其管道在高、中压缸之间组成了一个庞大的中间蒸汽容积。另外，由于大功率机组转子飞升时间随着机组容量的增大而越来越小，增加了中间再热式机组甩去负荷后转速的超调量。所以，中间再热式机组增加了甩负荷时的动态超速；另外，还有中间再热式机组的功率滞延问题，这两方面的原因使中间再热式机组比凝汽式机组的甩负荷性能要差很多。

39. 汽轮机运行中变压运行与定压运行相比有哪些优点？

答：汽轮机运行中变压运行与定压运行相比有以下优点：

（1）机组负荷变化时可以减小高温部件的温度变化，从而减小转子和汽缸的热应力、热变形，提高机组的使用寿命。

（2）在低负荷时能保持机组较高的热效率。因为降压不降温，进入汽轮机的容积流量基本不变，汽流在叶片通道内流动，偏离设计工况小。另外，因调节汽阀全开，节流损失小。

（3）因变压运行时可采用变速给水泵，所以给水泵所耗功率减小。

40. 变压运行可分为哪几类？

答：变压运行可分为以下几类：

（1）纯变压运行。整个负荷变化范围内，所有调节汽阀全开，负荷变化全部由锅炉压力来控制。

（2）节流变压运行。为了弥补纯变压运行时负荷调整速度缓慢的缺点，可采用节流变压运行方式，即在正常运行情况下，调节汽阀不全开，对主蒸汽压力保持一定的节流，当负荷突然增加时，汽轮机原未开的调节汽阀迅速全开，以满足陡然增加的负荷需要，此后，随锅炉蒸汽压力的升高，汽轮机调节汽阀又重新关小，直至原滑压运行的调节汽阀开度。

（3）复合变压运行。变压运行和定压运行相结合的运行方式。

41. 简述变压运行时高压缸内效率的变化情况。

答：变压运行的汽轮机由于没有部分进汽的调节，也就是没有部分进汽损失；另外，由于压力降低，而蒸汽温度保持不变，进入汽轮机的容积流量近似不变，这样可以保证各级喷嘴出口流速基本不变，故各级速度比仍在最佳速度比范围之内。所以在部分负荷下高压缸内效率可基本上保持不变。相比，对于定压喷嘴配汽机组，在工况变化时调节级及其他各级的理想焓降会发生较大的变化，同时由于级内温度大幅度变化，容积流量发生变化，导致速度比变化较大，从而使高压缸内效率大为降低。

42. 什么是定一滑一定运行方式？

答：机组负荷在高负荷区时，用调节汽阀调节负荷，保持定压运行；中间负荷区域时，一个（或两个）调节汽阀关闭，处于滑压运行状态；低负荷区时，又维持在一个较低压力水平的定压运行，这种运行方式称为定一滑一定运行方式。

43. 纯变压与定一滑一定运行方式的比较有哪些优缺点？

答：纯变压运行机组由于温度工况稳定，汽轮机的负荷适应性很强，负荷变化率基本上不受汽轮机的限制，全部通过调节锅炉出口蒸汽压力来满足外界负荷的需要。但负荷变化需要一个调节过程，一般从调节脉冲输入至输出开始变化，约有 1min 的延缓，显然纯变压运行方式对负荷突然变化的响应性较差，不能满足机组一次调频能力的需要。而定一滑一定运行方式的机组，在大部分的滑压段里，具有纯变压方式的全部优点，同时由于汽轮机调节汽阀有 10%～15%的调节余度，在电网负荷变化时，瞬时可用调节汽阀余度进行负荷调节，以满足机组一次调频需要，锅炉调节过程结束后，汽轮机调节汽阀又恢复至滑压运行开度，但由于该方式大部分负荷情况下，调节汽阀未全开，存在节流损失，影响机组经济性，一般情况是最后一个调节汽阀未全开或未开，其他调节汽阀全开，这样就减小了节流损失，提高了机组的经济性。而在低负荷时定压运行便于锅炉燃烧调整。

44. 运行中发现主油箱油位下降应检查哪些设备？

答：运行中发现主油箱油位下降应检查下列设备：

（1）检查油净化器油位是否上升。

（2）油净化器自动抽水器是否有油。

（3）密封油箱油位是否升高。

（4）发电机是否进油。

（5）油系统各设备管道、阀门等是否泄漏。

（6）冷油器是否泄漏。

45. 如何保持油系统清洁、油中无水、油质正常？

答：要保持油系统清洁、油中无水、油质正常，应做好如下工作：

（1）机组大修后，油箱、油管路必须清洁干净，机组启动前需进行油循环冲洗油系统，油质合格后方可进入调节系统。

（2）每次大修应更换轴封梳齿片，梳齿间隙应符合要求。

（3）油箱排烟风机必须运行正常。

（4）根据负荷变化及时调整轴封供汽量，避免轴封汽压过高漏至油系统。

（5）保证冷油器运行正常，冷却水压必须低于油压。停机后，特别要禁止水压大于油压。

（6）加强对汽轮机油的化学监督工作，定期检查汽轮机油质和定期放水。

（7）保证油净化装置投运正常。

46. 影响汽轮发电机组经济运行的主要技术参数和经济指标有哪些？

答：影响汽轮发电机组经济运行的主要技术参数和经济指标有：汽压、汽温、真空度、给水温度、汽耗率、循环水泵耗电率、高压加热器投入率、凝汽器端差、凝结水过冷度、汽轮机热效率等。

第三节　汽轮机的热工仪表和保护自动装置

1. 大型机组热力过程自动化由哪几部分组成？

答：大型机组热力过程自动化一般由热工检测、自动调节、程序控制、热工信号及自动保护组成。

2. 压差式流量计产生测量误差的主要原因有哪些？

答：压差式流量计产生测量误差的主要原因有：节流装置设计计算不符合标准、加工误差、运行参数不符合标准、节流件结构和使用条件不符合标准。

3. 热工检测在生产中的作用是什么？

答：热工检测的任务就是给运行人员和自动控制装置提供必要的准确可靠的热力设备运行参数的测量信号。

4. 按保护作用的程度，热工保护可分为哪几种？

答：按保护作用的程度，热工保护可分为停止机组的保护、改变机组运行方式的保护和

进行局部操作的保护三种。

5. 什么是一次元件？其作用是什么？

答：一次元件又称为传感器或发送器。它的作用是：感受被测参数的变化，并将被测参数变化转换成为一个相应的信号输出。

6. 变送器的作用是什么？

答：变送器的作用是将一次元件输出的信号按一定的关系转换成电量后传送给二次仪表。

7. 二次仪表的作用是什么？

答：二次仪表的作用是直接显示或记录测量结果。

8. 如何表示仪表的准确度？

答：仪表的准确度是用测量误差来表示的。误差有以下几种：

（1）绝对误差，它等于被校表读数减去标准表读数。

（2）相对误差，等于仪表的绝对误差除以量程上限减下限乘 100％。

（3）允许误差，等于仪表的最大允许误差除以量程上限减下限乘 100％。

（4）变差，变差应小于允许误差。

9. 用什么标准衡量热工仪表的好坏？

答：通常用准确度、灵敏度和反应时间三项指标来衡量热工仪表的好坏。

10. 误差有几种？

答：误差有以下几种：

（1）绝对误差

$$\text{绝对误差} = \text{被校表读数} - \text{标准表读数} \tag{7-2}$$

（2）相对误差

$$\text{相对误差} = \frac{\text{绝对误差}}{\text{仪表量程}} \times 100\% \tag{7-3}$$

（3）允许误差

$$\text{允许误差} = \frac{\text{仪表的最大允许绝对误差}}{\text{仪表量程}} \times 100\% \tag{7-4}$$

（4）精度等级。允许误差去掉百分号以后的绝对值。

11. 什么是仪表的灵敏度？

答：仪表的灵敏度是仪表指针的位移量与被测量的变化量的比值。

12. 什么是反应时间？

答：反应时间是从被测量开始变化到仪表反映出这一变化所经历的时间。

13. 电触点水位计是根据什么原理测量水位的？

答：由于汽水容器中的水和蒸汽的密度不同，所含导电物质的数量也不同，因此它们的导电率存在着极大的差异。电触点式水位计就是根据汽和水的导电率不同来测量水位的。

14. 玻璃管液体温度计是由什么组成的？

答：玻璃管液体温度计基本上由装有工作液体的感温包、毛细管和刻度标尺三部分组成。按其结构形式可分为棒式温度计、内标式温度计和外标式温度计。

15. 压力式温度计的工作原理是什么？

答：压力式温度计的工作原理是：当被测温度改变时感温包中的压力随之改变，通过毛细管传到压力表头，根据压力指示就可确定温度的数值。根据感温包中的工质性质不同，压力式温度计可分为充液式、充气式和充蒸汽式三种。

16. 热电阻温度计是根据什么性质制成的？

答：热电阻温度计是根据物质的电阻随温度而变化的性质制成的。

17. 热电阻测温的工作原理是什么？

答：热电阻测温的工作原理是：根据物质的电阻值随温度变化而变化的特性制作的。热电阻测温系统一般由热电阻、连接导线及测量电阻的二次仪表（动圈温度表、数字温度表和温度巡测表）所组成。

18. 热电偶测温的工作原理是什么？

答：热电偶是利用两种金属之间的热电现象来测温的。在两种不同的金属导体焊成的闭

合回路中，若两焊接点的温度不同，就会产生热电动势，这种由两种金属导体组成的回路就称为热电偶。

19. 热电偶测温系统由哪些部件组成？

答： 热电偶测温系统，一般是由热电偶、补偿导线、冷端补偿器、连接导线及二次仪表（热电偶动圈表、热电偶数字显示表和热电偶巡测表）等组成的。

工业中常用的热电偶有镍铬-镍硅热电偶（K 型）和镍铬-考铜热电偶（E 型）两种。

20. 什么叫时滞？产生时滞的主要原因有哪些？

答： 时滞即反应时间，是指从被测量开始变化时起，到仪表反映出这一变化时所经历的时间。时滞越短越好。

产生时滞的主要原因是仪表的机械惯性、热惯性和阻力。

21. 弹簧式压力仪表的工作原理是什么？

答： 弹簧管压力仪表的工作原理是：当被测压力由取样管进入弧形的弹簧管内时，其密封自由端产生弹性位移（受大于大气压力的作用向外扩张；受小于大气压力的真空作用时向内收缩），然后通过传动机构放大，经过扇形齿轮、小齿轮，带动指针偏转，指示出压力的大小。

22. 现场哪些压力表为弹簧式压力表？

答： 一般现场弹簧管压力仪表是弹簧管压力表、真空表、压力真空表及电触点压力表的统称。

23. 使用压力表时应注意哪几点？

答： 使用压力表时应注意以下几点：

（1）应考虑引压管内液体高度所产生的压力误差。当仪表指示不准时，应向热工人员查询。

（2）测量高温物质或蒸汽时，压力表前应装环形管，防止弹性主件与高温介质长期接触而改变弹性。

（3）真空表应保证传达管严密不漏。

24. 压差式流量计的工作原理是什么？

答： 压差式流量计的工作原理是：在流体流动的管道内设置节流装置，流体流经节流装置时，在其前后产生局部收缩，部分位能转化为动能，平均流速增加，静压减小，产生静压差。测出其前后压差即可求出流量的大小。

电厂中蒸汽和水的流量常用压差式流量计来测量。

25. 热工参数的调节和控制分为哪几种方式?

答：热工参数的调节和控制分为两种，即人工调节方式和自动调节方式。

26. 热力过程自动调节中的常用语有哪些?

答：热力过程自动调节中的常用语有：

（1）调节对象。被调节的生产设备称为调节对象。

（2）调节系统。调节设备和调节对象构成的具有调节功能的统一体叫调节系统。

（3）被调量。调节对象中需要控制和调节的物理量。

（4）扰动。引起被调量变化的各种因素称为扰动。调节系统由于内部原因引起的扰动叫做内部扰动；由于外来因素引起的扰动叫做外部扰动。

（5）给定值。希望被调量达到并保持的规定值，称为被调量的给定值。

27. 如何评价一个自动调节系统的质量?

答：评价一个自动调节系统的质量主要应从以下几点进行：

（1）稳定性。若调节系统受到扰动后，经过自动调节达到新的稳定的数值，则称这种调节系统是稳定的调节系统，否则称为不稳定的调节系统。

（2）准确性。调节系统稳定以后，被调量的实际值与给定值之间的偏差程度。

（3）快速性。调节过程经历的时间越短越好。

稳、准、快三个指标是相互制约的，稳定性过高，调节过程时间要加长，从而影响快速性；反之，若片面要求快速性，则稳定性下降。因此，在实际生产中要根据实际情况综合考虑。一般是首先满足稳定性要求，再兼顾准确性和快速性。

28. 按设备结构形式，自动调节设备是如何分类的?

答：调节设备按其结构形式可分为基地式和单元组装式两类。

基地式仪表是以指示、记录仪表为主体，附加调节机构而组成，现代大型机组自动化水平高，控制设备多。一般次要的调节系统中采用基地式调节设备。

单元组装式仪表的各种功能部件自成一个独立的单元，使用时可根据需要组合成各种复杂的自动调节系统。各单元之间采用统一的标准信号，为使用提供方便。

29. 按设备使用的能源，自动调节设备是如何分类的?

答：调节设备按使用能源可分为电动式、气动式、液动式、电液式等形式。

电动调节设备以电能为能源，其特点是动作快、可远距离传送。

气动调节设备以压缩空气为能源，适用简单调节系统，多用于防火防爆场所。

液动调节设备是以具有一定压力的液体为能源，其结构简单，推动力大，但设备笨重。

电液式调节系统则用于大型机组的调节。

大型机组中，目前采用电动调节设备较多，其次是气动调节设备，旁路系统及汽轮机的调节一般采用液动调节。

30. 组装式仪表分为哪几部分？

答：组装式仪表分为基本组件和显示、操作两大部分。基本组件放在机柜中，是调节仪表的核心部件，它接受来自生产过程的各种信号，进行输入和输出信号的转换、调节、运算和信号限制等。显示、操作部分装在控制盘上，以便运行人员监视和操作。

31. 单元机组按运行方式可分为哪几种控制方式？

答：单元机组按运行方式可分为炉跟机、机跟炉和机炉协调控制三种控制方式。

32. 什么是炉跟机控制方式？

答：这种控制方式是锅炉跟踪汽轮机的一种控制方式。汽轮机根据电力系统负荷的需要，直接调整调节汽阀的开度，而锅炉根据主蒸汽压力（流量）的变化来调整燃烧，从而保证锅炉能量平衡和物质平衡。

33. 什么是机跟炉控制方式？

答：这种控制方式是汽轮机跟踪锅炉的一种控制方式。首先根据电网负荷的要求，直接改变锅炉燃烧，燃烧变化必然引起主蒸汽压力发生相应的变化，为了保证机前主蒸汽压力不变，主蒸汽压力调节器自动调节汽轮机调节汽阀的开度，改变汽轮机的进汽量，最后使发电机出力达到指令的要求。

34. 什么是机炉协调控制方式？

答：在机炉协调控制方式下，当外界负荷发生变化时，控制器对锅炉和汽轮机同时发出调节指令，平行地改变锅炉的给水、燃烧和汽轮机的进汽量，同时还根据主蒸汽压力偏差给定值的情况，适当地改变调节汽阀的开度，并加强锅炉的调节作用。在调节结束时，机组的输出功率达到负荷要求功率，而主蒸汽压力恢复为给定值，这样在整个过程中，主蒸汽压力变化不大，并且单元机组很快适应负荷的变化，因而使机组的运行工况比较稳定。这种机炉协调控制方式综合了炉跟机和机跟炉控制方式的特点，既能保证有良好的负荷跟踪性能，又

能保证锅炉运行的稳定性。

35. 热工信号的作用是什么？

答： 热工信号的作用是：在有关的热工参数偏离规定范围或出现某些异常情况时发出灯光和音响信号，引起运行人员的注意，以便及时采取相应的措施，避免事故发生或事故扩大。

36. 热工信号是如何实现的？

答： 大型机组热工信号的实现是由热工中央信号系统来完成的。热工信号系统一般由热工信号、光字牌、音响、试验回路、确认回路及中央信号装置等环节组成。当热工信号出现时，通过中央信号装置发出光字牌闪光信号并辅助以音响报警，确认按钮的作用是消除音响和闪光，使光字牌变为平光。运行人员可通过试验按钮来定期检查中央信号系统工作是否正常。

37. 热工信号可分为哪几类？

答： 热工信号一般可分为热工报警信号和热工事故信号两种。

38. 热工保护的作用是什么？

答： 热工保护的作用是：当设备运行工况发生异常或某些参数超越允许值时，根据故障异常的性质和程度，对相应的设备或系统按一定的规律进行自动操作，避免设备损坏和保证人身安全。

39. 单元机组保护的任务是什么？

答： 单元机组热工保护的特点是将锅炉、汽轮机及发电机等设备视为一个整体来考虑的。单元机组保护的任务：主要是当单元机组某一部分发生事故时，根据事故情况对单元机组进行紧急单元停机保护、改变机组运行方式的保护和进行局部操作的保护：

（1）当发电机内部故障时，保护动作紧急停机，锅炉维持低负荷运行。

（2）当发生事故停炉时，单元机组保护自动停机解列。

（3）当单元机组锅炉辅机出力不足时，单元机组保护则自动减负荷。

40. 汽轮机主机保护目前常用的有哪些？

答： 汽轮机主机保护目前常用的有：

（1）凝汽器真空低保护。凝汽器真空保护装置由弹簧管电触点真空表或真空压力开关、

继电器和保护开关组成。

(2) 汽轮机润滑油压低保护。低油压信号一般采用压力开关，低油压保护装置由压力开关、继电器和保护开关组成。

(3) 汽轮机超速保护。大型机组一般都有三套保护装置，即危急保安器超速保护装置、附加超速保护装置和电超速保护装置，有的机组还装有汽轮机危急保安器指示装置，用以指示危急保安器是否动作。在DEH系统中还有超速限制保护（OPC）。

(4) 汽轮机轴向位移保护。汽轮机轴向位移测量是指推力盘相对于推力瓦轴向位移的测量，在汽轮机的推力瓦处汽轮机轴上设有凸缘或利用联轴器的凸缘，把位移传感器放在凸缘的正前方3mm处，传感器固定在轴承座上，当凸缘和传感器的间隙变化时，经过前置器将位移量转换为一个相应的信号送到监视和保护装置。当其信号达Ⅰ值时报警，超过Ⅱ值时保护动作停机。

(5) 汽轮机胀差保护。大型机组高、中和低压缸都分别装有胀差测量传感器，一旦胀差达到允许极限Ⅰ值，发出声光报警信号，当胀差过大，超过其最大允许Ⅱ值，保护动作停机。

(6) 汽轮机轴振动和轴承振动保护。大型机组每个轴瓦都分别装有轴振动和轴承振动传感器，传感器出来的信号经过前置器将信号送到监视和保护装置上，来分别显示汽轮机各轴瓦的轴振动和轴承振动情况，当振动值超过其最大允许Ⅱ值时，保护动作紧急停机。

(7) 机炉电大连锁跳闸保护。单元机组当汽轮机、锅炉、发电机任何一个主要设备发生故障跳闸时，其他两设备将在规定的时间内相继跳闸，以保护各主要设备的安全。

此外，还有轴瓦温度高保护；主蒸汽、再热蒸汽温度低保护；发电机断水保护等。

41. 给水泵保护设有哪些？

答： 大型机组的给水泵有电动给水泵和汽动给水泵两种，它们的容量较大，为了保证安全，一般都设置如下保护：

(1) 支持轴承温度高。

(2) 推力轴承温度高。

(3) 轴承润滑油压低。

(4) 冷却器油温高。

(5) 汽动泵超速。

(6) 轴向位移大。

(7) 给水泵出口滤网压差大。

(8) 给水泵出口流量太小等。

42. 汽轮机旁路系统有哪些保护？

答： 汽轮机的旁路系统是单元机组热力系统的一个重要组成部分，它在机组启动、停机和事故中起着调节和保护作用。为了保证安全，对旁路系统的投入设计了必要的保护连锁

条件：

对于一级旁路装置（也称高压旁路装置），当减温水的压力低于规定值或再热器进口蒸汽温度高于规定值时，禁投或切除一级旁路系统。

对于二级旁路装置（也称低压旁路装置），当减温水压力低于规定值或凝汽器真空过低，或旁路出口温度过高时，禁投或切除二级旁路系统。

第八章 汽轮机的事故处理和预防

第一节 汽轮机技术的发展和事故原因分析

1. 大型汽轮机安全运行的技术特点有哪些？

答： 大型汽轮机具有高温、高压、高转速和结构复杂、动静部分间隙小等特点，特别是启动、停机、负荷大幅度变化等变工况过程中，动静部分膨胀、收缩引起的胀差变化及动静部分间隙的变化、热应力引起的变形和推力的变化、蒸汽容积时间常数大、转子飞升时间常数小等都严重威胁着汽轮机设备的安全运行。

2. 什么是汽轮机组的异常或故障？

答： 汽轮机组脱离正常运行方式的各种工作状态，统称为异常或故障。

3. 什么是汽轮机组的事故？

答： 凡汽轮机组正常运行的工况遭到破坏，被迫降低设备出力，减少或停止向外供电，甚至造成设备损坏、人身伤亡时，称为事故。

4. 事故处理的原则是什么？

答： 在处理事故时，应遵循以下原则：

（1）机组发生事故时，运行人员必须严守岗位，沉着冷静，抓住重点，采取正确措施，进行处理操作，不要急躁慌乱，顾此失彼，以致发生误操作，使事故扩大。

（2）根据仪表和机组外部的象征，确定机组或设备确已发生故障。

（3）根据有关表计指示、报警信号及机组状态进行综合分析，迅速查清故障的性质、发生地点和损伤范围。

（4）及时向有关领导汇报情况，以便在统一指挥下，迅速处理事故。

（5）迅速解除对人身和设备的威胁，必要时应立即解列故障设备，防止故障蔓延，以保证其他未受损害的设备正常运行。

（6）牢固树立保人身、保设备的思想，在紧急情况下要果断地按照规程规定打闸停机，切不可存在侥幸心理，硬撑硬顶，造成事故扩大。

（7）故障消除后，运行人员应将观察到的现象、故障发展的过程和时间，采取消除故障

的措施准确地记录在有关记录本上。

5. 汽轮机事故停机一般可分为哪两类？

答：当处理汽轮机事故需要停机时，一般应根据事故性质，分为紧急故障停机和一般故障停机两类。

6. 紧急故障停机的步骤有哪些？

答：紧急故障停机的步骤是：

（1）立即遥控或就地手打危急保安器。

（2）确证高、中压主汽阀、调节汽阀关闭，负荷到零后，迅速解列发电机，注意转速下降。

（3）启动辅助油泵，检查润滑油压、密封油压正常。

（4）根据情况决定是否要破坏真空，破坏真空时不得向凝汽器排汽水。

（5）注意机组惰走情况，并作详细记录。

（6）进行其他正常停机操作。

7. 紧急故障停机的条件有哪些？

答：一般在下列情况下，应采取紧急故障停机：

（1）转速升高超过危急保安器动作转速而未动作。

（2）转子轴向位移超过轴向位移保护动作值而保护未动作。

（3）汽轮机胀差超过规定极限值（对于正胀差超限，在停机前首先采取措施，如迅速降低负荷、降低汽封温度等。待胀差降到一定范围后再打闸停机，以防因泊桑效应胀差进一步加大，造成设备损坏）。

（4）油系统油压或油位下降，超过规定极限值。

（5）凝汽器真空下降或低压缸排汽温度上升，超过规定极限值。

（6）任一轴承的回油温度或轴承的乌金温度超过规定值。

（7）汽轮机发生水冲击或汽温 10min 内下降达 50℃。

（8）汽轮机内有清晰的金属摩擦声。

（9）汽轮机轴封异常摩擦产生火花或冒烟。

（10）汽轮发电机组突然发生强烈振动或振动突然增大超过规定值。

（11）汽轮机油系统着火或汽轮机周围发生火灾，就地采取措施而不能扑灭以致严重危及机组设备安全时。

（12）主要管道爆破又无法隔离或加热器、除氧器等压力容器发生爆破。

（13）发电机冒烟或氢气爆炸。

（14）励磁变压器冒烟着火。

第二节　汽轮机典型事故

一、汽轮机大轴弯曲

1. 造成汽轮机大轴弯曲的原因有哪些？

答：引起汽轮机大轴弯曲的原因是多方面的，但在运行现场，主要有以下几种情况：

（1）由于通流部分动静摩擦，转子局部过热，一方面显著降低了该部位屈服极限，另一方面受热局部的热膨胀受制于周围材料而产生很大压应力。当应力超过该部位屈服极限时，发生塑性变形。当转子温度均匀后，该部位呈现凹面永久性弯曲。

（2）在第一临界转速下，大轴热弯曲方向与转子不平衡力方向大致一致，动、静部分碰磨时将产生恶性循环，致使大轴产生永久弯曲；在第一临界转速以上，热弯曲方向与转子不平衡力方向趋于相反，有使摩擦脱离的趋向，所以高转速时引起大轴弯曲的危害比低速时要小。

（3）汽缸进冷汽、冷水。停机后在汽缸温度较高时，因某种原因使冷汽、冷水进入汽缸，汽缸和转子将由于上下缸温差产生很大的热变形，甚至中断盘车，加速大轴弯曲，严重时将造成永久弯曲。

（4）转子原材料存在过大的内应力。在较高的工作温度下经过一段时间的运行后，内应力逐渐得到释放，使转子产生弯曲变形。

（5）运行人员在机组启动或运行中由于未严格执行规程规定的启动条件、紧急停机规定等，硬撑硬顶也会造成大轴弯曲。

（6）对套装转子，紧配合的套装件在热套过程中偏斜、蹩劲也会造成大轴弯曲。

2. 防止汽轮机大轴弯曲事故发生的措施有哪些？

答：为防止汽轮机组大轴弯曲事故发生，通常可采取以下措施：

（1）认真做好各机组的基础技术工作。

1）每台机组必须备有机组安装和大修的资料，以及大轴原始弯曲度、临界转速、盘车电流及正常摆动值等重要数据，并要求有关人员熟悉掌握。

2）运行规程中必须编制各机组不同状态下的启动曲线及停机惰走曲线。

3）机组启停要有专门的记录。停机后仍要认真监视、定时记录各金属温度、大轴弯曲度、盘车电流、汽缸膨胀、胀差等。

（2）设备系统方面的技术措施。

1）汽缸应有良好的保温，保证机组停机后上下缸温差不超限。

2）机组在安装和大修中，必须考虑热状态变化的条件，合理地调整动静部分间隙，保证在正常运行中不会发生动静部分摩擦。

3）合理布置疏水系统，保证疏水畅通，不返汽、不互相排挤。

4）汽轮机各监视仪表完好，各部件金属温度表计齐全可靠，大轴弯曲指示准确。

(3）运行方面的技术措施。

1）每次启动前必须认真检查大轴的晃动度不超过原始值的0.02mm或不超过规程规定的数值。

2）上下缸温差在规定范围内。一般要求高压外缸上下缸温差不超过50℃，内缸上下缸温差不超过35℃。

3）汽轮机启动前应进行充分连续盘车，一般不少于2～4h（热态取大值），并避免盘车中断，否则延长盘车时间（一般应按中断时间的10倍再加2～4h进行连续盘车方可冲转)。

4）热态启动时，应先送汽封后抽真空，且应对机组进行认真全面地检查，保证汽封送汽温度，主蒸汽温度与金属温度相匹配，并充分疏水。

5）启动过程中要严格控制轴承振动，一阶临界转速（1300r/min）下不超0.03mm（因为在一阶临界转速以下出现较大的振动，即为明显的动静部分摩擦的象征，如果让大轴在更低的转速下继续摩擦显然是很危险的)，过临界转速时不超过0.1mm，否则立即打闸停机，严禁硬闯临界转速或降速暖机。

6）机组变工况运行时，要加强机组状态的监视，控制各个参数在规定范围内。

7）机组停机后应立即投入盘车，盘车电流大或有摩擦声时，严禁强行连续盘车，必须先进行180°直轴，待摩擦声消失后再投入连续盘车。

8）因故暂时停止盘车时，应监视转子弯曲度的变化，当转子热弯曲较大时也应先盘180°直轴，待转子热弯曲消失后再投入连续盘车。

二、汽轮机进冷汽、冷水

造成汽轮机进冷水、冷汽的原因有哪些?

答：从大量汽轮机进冷汽、冷水的事例来看，可能有以下几个方面的原因：

(1）来自锅炉和主、再热蒸汽系统。由于误操作或蒸汽温度、汽包水位失去控制，都有可能使水或冷汽进入汽轮机。主蒸汽流量突然增加，滑参数启动和停机过程中参数控制不好等都有可能使蒸汽带水。再热蒸汽管道中，减温水阀不严或误操作，也有可能使减温水进入汽轮机。此外，若主、再热蒸汽管道及锅炉过热器疏水系统不完善，还有可能将积水带入汽轮机。

(2）来自抽汽系统。当加热器运行中发生故障，例如：管束泄漏、水位调节装置失灵、疏水系统故障、抽汽止回阀不严等都有可能使加热器的积水进入汽轮机；除氧器满水也可能使水进入汽轮机。

(3）来自轴封系统。汽轮机启动时，轴封系统暖管或疏水不充分，在轴封送汽时，水将进入汽封，尤其是甩负荷时，需要迅速投入轴封高温汽源，如果这时暖管疏水不充分，将积水带入轴封，高温的大轴表面将受到不均匀的剧冷冲击，对大轴的危害十分严重。

(4）来自凝汽器。由于凝汽器满水，使水进入汽轮机的事例曾多次发生。汽轮机正常运行中，凝汽器的水位要严格监视，因为当水位升高后，凝汽器的真空将会受到严重影响，所以在机组正常运行中，凝汽器的水一般是不会倒灌入汽缸的。但停机后，则往往忽视对凝汽器水位的监视，如果进入凝汽器的补水阀等关闭不严，就会发生凝汽器满水，并灌入汽缸的

事故。

(5) 来自汽轮机本身的疏水系统。从疏水系统向汽缸返水，多数是设计方面的原因造成的。例如，把不同压力的疏水接到一个联箱上，而且疏水管的尺寸又偏小，这样压力大的疏水就有可能从压力低的管道返回汽缸。此外，疏水管路直径和节流孔板选择不当或在运行中堵塞，会使积水返回汽缸。级内疏水开孔不当，也有可能使汽缸积水。

显然，除了上述几种原因可能引起汽缸进水，由于不同机组的热力系统不同，还会有其他水源进入汽轮机的可能。所以运行人员要根据具体情况具体分析，并制定相应的防范措施。

4. 汽轮机进冷水、冷汽的特征有哪些?

答: 汽轮机进冷水、冷汽的特征为：上下缸温差增大；主、再热蒸汽温度突降，过热度减小；机组振动增大；抽汽管道振动；汽轮机盘车状态下盘车电流增大等。

5. 防止汽轮机进冷水、冷汽的技术措施有哪些?

答: 防止汽轮机进冷水、冷汽的主要技术措施有：

(1) 对有关设备和汽水系统应满足以下技术要求：

1) 主蒸汽系统除汽轮机电动主汽阀前疏水管外，在其他管段口也应装设内径不小于25mm的疏水管，并装设排水至地沟的检查管。

2) 主蒸汽管道的旁路系统和凝结水疏水管，除主要用以排汽外，还能起到良好的疏水作用，所以旁路和凝结水疏水管路布置应从蒸汽管道最低水平管路的底部引出并尽可能接近汽轮机。

3) 接到疏水扩容器的疏水，应按压力等级分别接到高、中、低压疏水联箱上，汽轮机本体疏水应单独接入扩容器或联箱，不得接入其他疏水。疏水管按压力等级由高到低的顺序成45°斜切连接，压力高的疏水远离疏水扩容器。扩容器通往凝汽器的连接管道应足够大。

4) 所有抽汽管道必须装设足够大的疏水管，各止回阀和截止阀前后的疏水管不要连接在一起，应单独接到通往凝汽器的疏水联箱上；凝汽器上所有疏水连接管均应安装在热井最高水位以上。抽汽止回阀在加热器满水时应能自动关闭。

5) 在抽汽管上应有两个温度测点，一个装在加热器附近，另一个装在抽汽口附近，以便根据这两个温度指示判断加热器工作是否正常。

6) 汽封供汽管应尽量缩短，在汽封调节器前后和汽封供汽联箱上都要装设疏水管。在接到低压加热器的轴封漏汽管上必须装设有止回阀。

7) 回热加热器和除氧器应有可靠的多重保护，防止水位升高返回汽轮机，并有提示运行人员注意的报警系统。

8) 再热冷段管应设置疏水罐，并设置高、低水位自动疏水装置。再热蒸汽减温水除调节阀外，还应装设动力操纵的截止阀，当再热器内蒸汽停止流动时，调节阀和截止阀应能迅速自动关闭；汽轮机甩负荷时，减温水阀应能自动关闭。

（2）在运行维护方面应做到如下几点：

1）加强运行监督，严防发生水冲击现象，一旦发生汽轮机水冲击现象，应果断地采取紧急事故停机措施。

2）在机组启动前应全开主、再热蒸汽管道疏水阀，特别是热态启动前，主蒸汽和再热蒸汽要充分暖管，并保证疏水畅通。

3）注意监督汽缸的金属温度变化和加热器、凝汽器的水位，即使在停机以后也不能忽视对水位的监视，当发现有进水危险时，要及时查明原因，注意切断可能引起汽缸进水的水源。

4）在汽轮机滑参数停机、启动过程中，汽温、汽压要严格按照运行规程规定，保证必要的蒸汽过热度。

5）高压加热器水位调整和保护装置要定期进行检查试验，保证其工作性能符合设计要求，高压加热器保护不能满足运行要求时，禁止高压加热器投入运行。

6）在锅炉熄火后，蒸汽参数得不到可靠保证的情况下，一般不应向汽轮机供汽。如因特殊要求（如快速冷却汽缸等），应事先制订必要的技术措施。

7）定期检查加热器管束，一旦发现泄漏情况应立即切断水源与汽轮机隔离，并及时检修处理。

8）加强除氧器水位监督，定期检查水位调节装置，杜绝发生满水事故。

9）汽封系统应能满足机组各种状态启动供汽要求，正常运行中要检查各个连续疏水情况正常。

10）运行人员应该明确：在汽轮机低转速下进水，对设备的威胁要比在额定转速下或带负荷运行状态时要大得多。

6. 为什么说在汽轮机低转速下进水，对设备的危害比在额定转速或带负荷状态时要大得多？

答：因为在低转速下一旦发生动静部分摩擦，容易造成大轴弯曲事故。另外，在汽轮机带负荷的情况下进水时，因蒸汽流量较大，汽流可以使进入的水均匀分布，从而使因温差引起的变形小一些，进水一旦排除后保持一定的流量，有利于汽缸变形的及早恢复。所以，在汽轮机低转速下进水，对设备的危害比在额定转速或带负荷状态时要大得多。

7. 汽轮机发生水冲击时为什么要破坏真空紧急停机？

答：因为汽轮机发生水冲击时会损坏叶片和推力轴承。水的密度比蒸汽大得多，随蒸汽通过喷嘴时被蒸汽带至高速，但速度仍低于正常蒸汽速度，高速的水以极大的冲击力打击叶片，使叶片应力超限而损坏，水冲击叶片本身就会造成轴向推力的大幅度增加。此外，水有较大的附着力，会使通流部分阻塞，使蒸汽不能连续顺利地向后移动，造成各级叶片前后压差增大，并使叶片反动度猛增，产生巨大的轴向推力，使推力轴承烧损，并有可能导致汽轮机动静部分之间摩擦而损坏机组。所以为了防止机组发生水冲击时严重损坏汽轮机，要果断地破坏真空紧急停机。

8. 汽轮机发生水冲击的象征有哪些？

答：汽轮机发生水冲击时的象征为：

（1）新蒸汽温度急剧下降。

（2）从主汽阀、调节汽阀阀杆及蒸汽管道法兰、阀门密封圈、轴封、汽缸接合面处冒出白色的湿汽。

（3）清楚地听到蒸汽管道或汽轮机有水击声。

（4）轴向位移增大，推力瓦温度升高，胀差往负方向变化。

（5）调节汽阀开度不变负荷降低。

以上现象不一定同时出现。

三、通流部分动静磨损

9. 通流部分动静部分摩擦的原因有哪些？

答：造成汽轮机动静部分摩擦事故的原因是多方面的，归纳起来主要有以下几种：

（1）动静部分加热或冷却膨胀不均匀。由于高压汽轮机相对于转子来说汽缸质量比较大，而受热面比较小，即转子和汽缸的质面比相差较大。在启动过程中转子加热和膨胀的速度要比汽缸快，这样就产生了膨胀差值，通常称为胀差，如果胀差超过了轴向的动静部分间隙，就会在轴向产生动静部分摩擦。另外，由于上下汽缸散热和保温条件等不同因素，上下汽缸也将会产生温差，汽缸法兰内外受热条件不同也会产生温差，这些温差都会使汽缸变形，从而改变了动静部分的间隙分配。当间隙变化值大于动静部分间隙时，就会产生动静部分摩擦。此外，如果在运行中滑销系统工作失常或汽缸变形，都会导致汽缸和转子偏心，从而造成动静部分摩擦。

（2）动静部分间隙调整不当。在汽轮机启动和运转过程中，汽缸热应力和热变形及各受力部件的机械变形，必然会引起动静部分间隙的变化。所以就要求全面地考虑各种因素的影响，制订出合理的动静部分间隙，在安装和检修过程中进行认真地检查与调整，若动静部分间隙调整不当，就会引起动静部分摩擦。

（3）汽缸法兰加热装置使用不当。合理的使用汽缸和法兰加热装置可以减小胀差，避免动静部分摩擦，如果加热过度就会使法兰外壁温度高于内壁，使汽缸产生危险的变形；或左右法兰加热不均匀等，均会产生严重的动静部分摩擦。

（4）受力部件机械变形超过允许值。通流部分的受力部件如隔板叶轮等由于设计刚度不足或在异常工况（如提高出力）下运行，使工作应力增加都会使这些部件产生过大的变形，从而造成严重的动静部分摩擦事故。

（5）推力瓦或支承轴瓦损坏。由于推力瓦或支承轴瓦损坏，转子随之产生大量的轴向或幅向位移，从而产生动静部分摩擦。

（6）转子套装部件的松动位移。当转子套装部件的松动位移超过规定轴向间隙时，显然要造成动静部分摩擦。

（7）机组的强烈振动。由于转轴的强烈振动，轴振动的振幅超出幅向动静部分间隙时将产生动静部分摩擦。

（8）在转子挠曲或汽缸严重变形的情况下强行盘车。

（9）通流部分部件破损或硬质杂物进入通流部分。

10. 防止动静部分摩擦的技术措施有哪些？

答：为了防止汽轮机动静部分发生磨损事故，应采取相应的技术措施，主要有以下几点：

（1）运行人员要根据机组的结构特点，认真分析转子和汽缸的膨胀特点及变化规律，制定有效的防范措施，并应熟练地掌握调整和控制胀差的方法。

（2）认真检查调整通流部分间隙，根据机组的实际情况和检查结果，分析鉴定动静部分间隙的合理性，必要时对规定值做适当的修改，使之适应正常运行需要，同时要求机组具备对胀差调整的必要设备手段，如汽封温度的调整手段。

（3）加强启动、停机和变工况时对胀差的监视，注意对胀差的控制和调整。

（4）在机组启动过程中严格控制上下汽缸温差和法兰内外壁温差不得超限，以防止汽缸变形造成动静部分摩擦。

（5）注意监视转子的挠曲度，运行人员在启动前和启动过程中应严格监视转子挠度指示不得超限。

（6）严格控制蒸汽参数的变化，以防止发生水冲击损坏推力瓦。主蒸汽温度突降是水冲击的主要象征，在汽轮机滑参数启、停过程中往往由于金属温度低，而在发生水冲击时看不到汽封、法兰冒白汽。故当主蒸汽温度直线下降50℃（10min内）时，应立即打闸。另外，推力瓦的监测和保护装置必须齐全，并及时地投入运行。

（7）加强对叶片的安全监督，防止叶片及其连接件断落。

（8）停机后应按规程规定投入连续盘车，如因汽缸上下缸温差过大等原因造成动静部分摩擦使盘车不能正常投入或手动也不能盘车，不可强行盘车（如用行车等）。待其摩擦消失后，方可投入连续盘车。

（9）严格控制机组振动，振动超限的机组不允许长期运行，要求机组在工作转速和临界转速振动都不应过大。

（10）机组运行中控制监视段压力，不得超过规定值，以防止隔板等通流部分过负荷、轴向推力过大及通流部分部件破损等情况发生。

四、汽轮机超速

11. 汽轮机超速有什么危害？

答：汽轮机超速的危害有：可使叶轮松动变形；叶片及围带脱落；轴承损坏；动静部分摩擦甚至断轴等。

12. 汽轮机超速的原因有哪些？

答：汽轮机超速的原因除由于汽轮机调节保安系统故障和设备本身的缺陷造成之外，与

运行操作维护也有着直接的关系。具体为：

（1）调节系统有缺陷：①调节汽阀不能正常关闭或漏汽量过大；②调节系统迟缓率过大或部件卡涩；③调节系统速度变动率过大；④调节系统动态特性不良；⑤调节系统整定不当，如同步器调整范围、配汽机构膨胀间隙不符合要求等。

（2）汽轮机超速保护系统故障：①危急保安器不动作或动作转速过高；②危急保安器滑阀卡涩；③自动主汽阀和调节汽阀卡涩；④抽汽止回阀不严或拒动作。

（3）运行操作调整维护不当：①油质管理不善，如汽封漏汽过大造成油中进水，引起调节保安系统部套卡涩；②运行中同步器调整超过了正常调整范围；③蒸汽带盐造成主汽阀和调节汽阀卡涩；④超速试验操作不当，转速飞升过快。

（4）在汽轮机升速过程中，因电调系统故障而导致转速失控。

（5）抽汽或供热系统止回阀不严或拒动作造成了甩负荷或停机解列后向汽轮机返汽。

13. 造成危急保安器不动作或动作过迟的原因主要有哪些？

答：造成危急保安器不动作或动作过迟的原因主要有：

（1）飞锤或飞环导杆卡涩。

（2）弹簧在受力后产生过大的径向变形，以致与孔壁产生摩擦。

（3）脱扣间隙过大，撞击子飞出后不能使危急保安器滑阀动作。

14. 防止汽轮机超速的技术措施有哪些？

答：防止汽轮机超速的技术措施有：

（1）各超速保护装置均应完好并正常投入且工作正常。

（2）在正常参数下调节系统应能维持汽轮机在额定转速下运行。

（3）在额定参数下，机组甩去额定电负荷后，调节系统应能将机组转速维持在危急保安器动作转速以下。

（4）调节系统的速度变动率不大于5%，迟缓率应小于0.2%。

（5）自动主汽阀、再热主汽阀及调节汽阀应能迅速关闭严密，无卡涩。

（6）调节保安系统的定期试验装置应完好可靠。

（7）坚持进行调节系统静态特性试验。汽轮机大修后或为处理调节系统缺陷更换了调节部套后，均应做汽轮机调节系统试验。

（8）对新装机组或对机组的调节系统进行技术改造后，应进行调节系统动态特性试验，以保证汽轮机甩负荷后，飞升转速不超过规定值。

（9）机组安装或大修后、危急保安器解体或调整后、停机一个月以后再次启动时、机组甩负荷试验前，都应做超速试验。

（10）机组每运行2000h后应进行危急保安器充油试验。但充油试验不合格时，仍需做超速试验。

（11）按照规定定期进行自动主汽阀、调节汽阀的活动试验，以及抽汽止回阀的开关试验。当汽水品质不合格时，要适当增加活动次数和活动行程范围。

(12) 运行中发现主汽阀、调节汽阀卡涩时，要及时消除汽阀卡涩。消除前要有防止超速的措施。主汽阀卡涩不能立即消除时，要停机处理。

(13) 加强对油质的监督，定期进行油质的分析化验，防止油中进水或杂物造成调节部套卡涩或腐蚀。

(14) 加强对蒸汽品质的监督，防止蒸汽带盐使阀杆结垢造成卡涩。

(15) 运行人员要熟悉超速象征（如声音异常、转速指示连续上升、油压升高、振动增大、负荷到零或仅带厂用电等），严格执行紧急停机规定。

(16) 机组长期停运时，应注意做好停机保护的工作，防止汽水或其他腐蚀性物质进入或残留在汽轮机及调节供油系统内，引起汽阀或调节部套锈蚀。

(17) 机组大修后应进行汽阀严密性试验，试验方法及标准应按制造厂的规定执行。运行中汽阀严密性试验应每年进行一次。

(18) 在汽轮机运行中，注意检查调节汽阀开度和负荷的对应关系及调节汽阀后的压力变化情况，若有异常，应及时查找、分析原因。

(19) 为防止大量水进入油系统，应加强监视和调整汽封压力不要过高。前箱、轴承箱内的负压也不宜过高，以防止灰尘及汽水进入油系统，一般前箱、轴承箱负压以12～20mmH_2O为宜（或轴承室油挡无油及油烟喷出即可）。

(20) 采用滑压运行的机组及在机组滑参数启动过程中，调节汽阀要留有裕度，不应开到最大限度，以防同步器超过正常调节范围，发生甩负荷超速。

(21) 在停机时，应先打危急保安器，关闭主汽阀和调节汽阀，确证发电机电流倒送后，再解列发电机，避免发电机解列后，由于主汽阀和调节汽阀不能严密关闭造成超速。但也应注意发电机解列至打闸的时间不能拖得过长，因这时属于无蒸汽运行状态，时间过长，会使排汽缸温度升高，胀差增大。

15. 进行危急保安器定期试验时应注意什么？

答：提升转速试验应进行两次，两次动作转速差不应超过0.6%，动作转速应为额定转速的108%～110%（后备保护的动作转速应为额定转速的112%）。提升转速试验时，应满足制造厂对转子温度要求的规定，一般冷态启动的机组应带25%～30%负荷连续运行3～4h后进行。提升转速试验时应注意机组不宜在高转速下停留时间过长，并注意升速平稳，防止转速突然升高。提升转速试验时应监视附加保安油压，防止误将附加保护动作当做危急保安器动作。

16. 汽阀严密性试验有什么标准？注意事项有哪些？

答：汽阀严密性试验的标准是：一般情况在单独关闭某一种汽阀（主汽阀或调节汽阀）而另一种汽阀全开时，机组转速可降到1000r/min以下为合格。试验时蒸汽参数应尽可能维持额定值。当试验压力低于额定值时（蒸汽压力应不小于1/2额定压力），要求转速下降到$n^1=p^1/p\times1000$（r/min）以下为合格，p^1为试验时实际主蒸汽压力。

试验时注意事项：应尽可能维持凝汽器真空正常，并注意轴向推力变化（注意监视轴向

位移和推力瓦温度），还应注意避免在临界转速附近长时间停留和监视机组振动。

五、凝汽器真空下降

凝汽器真空下降的主要象征有哪些？

答：凝汽器真空下降的主要象征有：排汽温度升高，真空表指示降低，凝汽器端差增大，在调节汽阀开度不变的情况下，汽轮机的负荷降低。当采用射汽抽气器时通常还会看到抽气器排气口冒汽量增大。

凝汽器真空急剧下降的原因有哪些？如何处理？

答：凝汽器真空急剧下降的原因有：

（1）循环水中断。

（2）后轴封供汽中断。

（3）抽气器故障。

（4）凝汽器满水。

（5）真空系统大量漏气。

处理方法：

（1）如不属于厂用电中断时的运行循环泵跳闸，就应立即启动备用泵或迅速切换系统由邻机供水，若属两台泵同时故障跳闸，水泵未出现倒转时，可立即强启一次跳闸泵。在处理过程中要根据真空变化情况减少汽轮机负荷并严密监视汽轮机真空。当真空下降到最低允许值仍不能恢复循环水系统正常运行，且真空值有继续下降趋势时，要采取紧急停机措施。

（2）及时查找原因，调整汽封压力在正常范围。

（3）切换备用抽气器，检查射水抽气器水泵或水环真空泵工作情况、水池水位情况。必要时，可启用辅助抽气器以保持汽轮机真空。

（4）启动备用凝结水泵迅速排水，必要时可将部分凝结水排入地沟，以尽快使真空、水位恢复正常。

（5）真空系统大量漏气通常是由于膨胀不均或机械碰撞造成管路破裂引起，必要时可在管路上加装膨胀补偿器。

19. 凝汽器真空缓慢下降的原因有哪些？如何处理？

答：凝汽器真空缓慢下降的原因有：

（1）真空系统不严密。

（2）凝汽器水位升高。

（3）循环水量不足。

（4）抽气器工作不正常或效率降低。此外，汽轮机凝汽器铜管结垢，循环水冷却设备工作效率低等情况都会造成汽轮机凝汽器真空降低。

处理方法：

（1）进行负压系统找漏，可用烛焰或专用的检漏仪进行检漏并及时消除。用烛焰检漏时要注意防火。

（2）检查凝结水泵工作是否正常，必要时启动备用泵。若凝汽器或加热器铜管破裂，可通过凝结水硬度、加热器水位判断。另外，还应检查凝结水再循环阀是否关闭等。

（3）注意检查循环水泵工作是否正常；进口滤网是否堵塞，循环水出口虹吸是否被破坏。

（4）应检查抽气器汽源或水源的压力是否正常；抽气器的喷嘴是否堵塞；对射汽抽气器还应检查疏水系统工作是否正常，冷却水量是否足够。对射水抽气器应检查水位、水温是否正常。必要时，可通过试验检查抽气器的工作效率与能力。此外，对凝汽器结垢的问题，可通过凝汽器端差、进水温度的变化进行分析。

20. 为防止真空降低引起设备损坏事故应采取的技术措施有哪些？

答：为防止真空降低引起设备损坏事故应采取的技术措施有：

（1）加强运行监视，保持凝汽器水位正常，凝汽器水位自动调整应投入。

（2）注意汽封压力调整。自动应投入正常运行。

（3）循环水泵、凝结水泵、抽气器应有备用设备，以便在需要时能进行切换，或连锁自动投入运行。

（4）循环水量和凝汽器进水温度应符合设计要求。

（5）加强对循环水质的监督，经常保持凝汽器铜管的清洁。应加强胶球清洗装置的维护，使其经常保持正常运行。

（6）严格检修工艺要求，保证真空系统严密性符合要求。

（7）加强对冷却塔等冷却设备的运行维护，以提高冷却效率。

（8）低真空保护装置应投入运行，整定值应符合设计要求，不得任意改变报警、停机的整定值。

21. 为什么真空降到一定数值时要紧急停机？

答：真空降到一定数值时要紧急停机的原因是：

（1）由于真空降低使叶片因蒸汽流量增大而造成过负荷。

（2）真空降低会使轴向位移增大，造成推力瓦过负荷而磨损。

（3）由于真空降低会使排汽缸温度升高，汽缸中心线发生变化，易引起机组振动增大。

（4）排汽缸温度升高后，为了不使低压缸安全阀动作，确保设备安全，所以在真空降到一定数值时应紧急停机。

六、汽轮机叶片损伤

22. 汽轮机叶片损伤的原因有哪些？

答：汽轮机叶片损伤的原因很多，归纳起来有以下几方面：

（1）机械损伤。

（2）水击损伤。

（3）腐蚀和锈蚀损伤。

（4）水蚀（水刷）损伤。

（5）叶片本身存在缺陷（如振动特性不合格，设计应力过高或结构不合理，材质不良或错用材料，加工工艺不良等）。

（6）运行管理不当（如偏离额定频率运行，过负荷运行，进汽参数不符合要求，蒸汽品质不良等）。

23. 造成叶片机械损伤的原因主要有哪几种？

答：造成叶片机械损伤的原因主要有：

（1）外来的机械杂物穿过滤网进入汽轮机，或滤网本身损坏进入汽轮机，造成叶片损伤。

（2）汽缸内部固定零部件脱落（如阻汽环、导流环、测温套管破裂等），造成叶片严重损伤。

（3）汽轮机因轴瓦（包括推力轴承）损坏，胀差超限，大轴弯曲，以及强烈振动造成动静部分摩擦使叶片损伤。此外，还包括在进出汽道打出微小的缺口或损伤，以致成为叶片疲劳裂纹的起源点，最终导致叶片断落。

24. 叶片断落或围带脱落的象征有哪些？

答：叶片断落或围带脱落的象征有：

（1）汽轮机内部或凝汽器内部可能产生突然的声响，并伴随着机组振动突然增大，有时会很快消失。

（2）机组振动包括振幅和相位均发生明显的变化，有时还会产生瞬间的强烈抖动。

（3）当叶片损坏较大时，将使通流面积改变，在同一个负荷下蒸汽流量、调节汽阀开度、监视段压力等都会发生变化。

（4）若有叶片掉入凝汽器，通常会打坏凝汽器的铜管，使循环水漏入凝结水中，表现为凝结水硬度和电导率突然增大，凝汽器水位升高等。

（5）若抽汽口部位的叶片断落，则叶片有可能进入抽汽管道，造成止回阀卡涩，或进入加热器使管束损坏，加热器水位升高。

（6）在停机惰走过程中或盘车状态下听到金属摩擦声，惰走时间减少。

（7）转子掉落叶片后，其转子平衡情况及轴向推力将会发生变化，有时会引起推力瓦温度和轴承回油温度的升高及引起振动明显增大。

25. 防止叶片断裂事故的措施有哪些？

答：防止叶片断裂事故，在运行监督方面要做到如下措施：

（1）加强对蒸汽品质的监督，防止叶片结垢造成叶片腐蚀。

（2）在汽轮机正常运行和启动过程中，要严格保持蒸汽参数符合要求，保持机组及管路系统疏水畅通。

（3）严格控制监视段压力，发现明显的变化时，要及时查明原因进行处理。

（4）电网要保持在额定频率或正常允许的范围内稳定运行。防止频率偏高或偏低，引起某几级叶片陷入共振区。

（5）保持加热器、凝汽器在正常水位运行，严防发生满水事故，杜绝水冲击。

（6）禁止汽轮机过负荷运行，特别要防止在低频率下过负荷。

（7）汽轮机进行低负荷冲洗叶片时，必须按规程严格进行。

（8）当机组需要在缺少个别级段等特殊工况下运行时，应经过详细的热力和强度核算并限制出力，制定运行措施。

（9）运行中注意倾听机内声音，认真监督机内的振动情况，发现叶片断落象征时，应立即进行检查处理，避免事故扩大。

（10）停机时间较长的机组，应注意做好停机保养工作，严防水、汽进入汽缸，引起叶片腐蚀。

26. 汽轮机叶片断落如何处理？

答：汽轮机叶片断落的处理为：

（1）汽轮机运行中发生叶片损坏或断落，各种现象不一定同时出现，发现可疑象征时，应逐级汇报，研究处理，当现象明显时，应破坏真空，紧急停机。

（2）通流部分有清晰的金属摩擦声时，应破坏真空紧急停机。

（3）通流部分有可疑声音，并伴随剧烈振动，应破坏真空，紧急停机。

（4）确证掉叶片且振动明显增大，并伴随凝结水硬度增大，立即减负荷停机。若掉叶片后只是凝结水硬度增大且能短时间维持运行，应减负荷到50%以下，停半侧凝汽器进行找漏处理，并注意监视真空值。当真空下降时，可投入备用抽气器。

（5）因掉叶片停机破坏真空后，应准确记录惰走时间，倾听内部声音，判断确定静止后是否投入盘车。

27. 频率升高或降低对汽轮机及电动机有什么影响？

答：频率升高或降低对汽轮机运行都是不利的。因为汽轮机叶片频率都调整在正常频率运行时是处于合格范围的，如果偏离了正常频率，过高或过低均有可能使某几级叶片陷入或接近共振区，造成应力显著增加而导致叶片疲劳断裂，还会使汽轮机各级速度比偏离最佳速度比使汽轮机效率降低。特别是低频率运行还易造成机组、推力轴承、叶片等过负荷。

频率升高或降低对电动机的影响为：频率过高，管道系统特性不变时，辅助设备出力增大，若原负荷就很大，可能引起电动机过负荷。频率过低，需维持原流量的辅助设备，电动机电流会升高，若低频率的同时电压也低，电动机过负荷的可能性更大，且电动机易发热。

28. 频率变化时应注意哪些问题？

答：频率变化时应加强对机组运行情况，特别是机组振动、声音、轴向位移、推力瓦块温度的监视。同时还应监视辅助设备的运行情况。如因频率下降引起出力不足，电动机发热时，视情况可启动备用设备。当频率下降时，还应加强检查发电机定子和转子冷却水压、水温，以及进、出口风温等运行情况，偏离正常值时及时调整。对液压调节系统，机组还应注意一次油压及调速油压的下降情况，必要时启动高压油泵，注意机组不过负荷。

七、汽轮机轴瓦损坏

29. 汽轮机轴瓦损坏的原因有哪些？

答：汽轮机轴瓦损坏的原因除水冲击事故会造成推力瓦损坏以外，还有以下几个方面的原因：

（1）轴承断油。

（2）机组强烈振动。

（3）轴瓦制造不良等。

30. 造成汽轮机轴承断油的主要原因有哪几点？

答：造成汽轮机轴承断油的主要原因有：

（1）汽轮机运行中，在进行油系统切换时，发生误操作。

（2）机组启动定速后，停止高压油泵时，未注意监视油压。当已出现射油器工作失常、主油泵出口止回阀卡涩等情况时，仍然盲目停止高压油泵，使主油泵失压而润滑油泵又未联动，引起断油。

（3）油系统积存大量空气未能及时排除，往往会造成轴瓦瞬间断油，烧坏轴瓦。

（4）启动、停机过程中润滑油泵工作失常。

（5）油箱油位过低，空气漏入射油器，使主油泵断油。

（6）厂用电中断，直流油泵不能及时投入时，造成轴瓦断油。

（7）供油管道断裂，大量漏油造成轴瓦供油中断。

（8）安装或检修时油系统存留棉纱等杂物，造成进油系统堵塞。

（9）轴瓦在运行中移位，如轴瓦转动，造成进油孔堵塞。

（10）由于系统漏油等原因，润滑油系统油压严重下降，低油压保护未能起到作用。

31. 防止汽轮机轴瓦损坏的技术措施有哪些？

答：防止汽轮机轴瓦损坏的技术措施有：

（1）油系统进行切换操作时，应在监护人监护下按操作票顺序缓慢进行。操作过程中要注意准备投入的冷油器、滤网等容器内的积存空气排尽，并严密监视润滑油压变化情况。

（2）润滑油系统的阀门应采用明杆阀，以便设别开关状态或开启程度，并应有开关方向指示和手轮止动装置。

（3）高、低压备用油泵和低油压保护装置要定期进行试验。润滑油压应以汽轮机中心线的标高距冷油器最远的轴瓦为准。启动前，直流油泵应进行全容量联动试验，以检查熔断器和直流电源的容量是否可靠。交流润滑油泵应有可靠的自投备用电源。

（4）机组启动前向油系统供油时，应首先启动低压润滑油泵，并通过压缩线排出调速供油系统积存的空气，然后启动高压调速油泵。

（5）机组启动定速后，停止高压油泵时，先缓慢关闭其出口阀，并注意监视油泵出口和润滑油压的变化情况。发现油压变化异常时，应立即开启高压油泵出口阀，查明原因并采取措施。高压油泵出口油压应低于主油泵出口油压。一般要求转速达 2800r/min 以后主油泵应能开始投入工作。

（6）加强对轴瓦的运行监督，汽轮机轴承应装防止轴电流的装置。在轴承润滑油的进出口管路上和轴瓦乌金面上应装温度测点，并保证指示可靠。

（7）油箱油位保持正常。滤网前后油位差超过规定值时，应及时清扫滤网。

（8）润滑油压要保持在设计要求的范围内运行。

（9）停机时，均应先试验低压润滑油泵，然后停机。在惰走过程中要注意润滑油压的变化，如发现润滑油压低，油压继电器又投不上或低压润滑油泵不上油时，要立即采取措施。如汽轮机转速尚能保持轴瓦供油，可再次挂闸（事故情况除外）使汽轮机恢复到额定转速运行，待查明原因，消除缺陷后再按正常步骤停机。

（10）在机组启停过程中，要合理控制润滑油温。润滑油温过高或过低对油膜的稳定均不利。机组启动过程中，转速达到 2000r/min 以前，轴承的进油温度应接近或达到正常要求。所以对滑参数启动及热态启动机组，由于其升速较快，冲转前油温应相对高一些，一般要求不低于 38℃。在停机过程中，若轴承已磨损或擦伤，则转速低到一定数值时，便会丧失形成油膜的能力，从而产生干摩擦或半干摩擦。此时应采取措施增加降速率迅速停机。大型轴承停机过程低速烧瓦问题，在国产机组上曾多次发生，据有关资料介绍，大型轴颈直径为 400～500mm，球面直径在 1m 以上时，停机过程中转速为 1200～50r/min，特别是在 700～200r/min 时，易出现轴瓦磨损。故规定在停机过程中转速降到 1000r/min 左右时，启动顶轴油泵。

（11）当发现在机组运行中有如下情况之一时，应立即打闸停机：

1）任一轴承回油温度超过 75℃或突然连续升高至 70℃时。

2）主轴瓦乌金温度超过厂家规定值。

3）回油温度升高，且轴承内冒烟。

4）润滑油泵启动后，油压低于运行规程允许值。

5）盘式密封瓦回油温度超过 80℃或乌金温度超过 95℃时。

八、油系统着火

32. 简述汽轮机油系统着火的危害。

答：汽轮机油系统着火，通常是瞬时爆发且火势凶猛，如不及时切断油源，火势将迅速蔓延扩大，以致烧毁设备和厂房，损失极大。

33. 汽轮机油系统着火的原因有哪些？

答：汽轮机油系统着火的主要原因有：

(1) 油系统着火，必须具备两个条件。①有油漏出；②附近有未保温或保温不良的热体。汽轮机油燃点只有200℃左右，当其落至表面温度高于200℃的热体表面时，就会立即起火。大型汽轮机组由于工作油压较高，油系统比较复杂，高温蒸汽管道很多，因此就更加剧了着火的危险。

(2) 设备的结构有缺陷或检修安装质量不良，如油管由于布置或安装不良，运行中发生振动；油管法兰与某些热体无隔离装置；油动机、阀门、管接头等部件没有紧固好；法兰接合面使用了胶皮垫或塑料垫不能耐高温；法兰垫未放正，螺栓未拧紧等。

(3) 发生事故前，常有漏油现象，甚至已冒烟或小火，但未能引起重视，没有采取措施迅速解决。

(4) 由于外部原因（如油管被击破、氢系统爆炸）造成油系统大量漏油，引起着火。

(5) 发生着火事故时，值班人员慌张，发生误操作，使事故扩大。例如：打闸停机时，忘了破坏真空，延长了惰走时间；没有停高压油泵，甚至误启动，使高压油大量喷出；忘记打开事故排油阀或着火后事故排油阀无法开启；汽轮机启停过程中，启动汽动给水泵不当造成油泵超速，或由于汽轮机主机超速使油管超压断裂；着火后，由于消防设备不齐全或消防设备使用不当，以致不能及时控制火势，使火势扩大蔓延。

防止汽轮机油系统着火的技术措施有哪些？

答：防止汽轮机油系统着火的技术措施有：

(1) 油系统的布置应尽量远离高温管道，油管最好能布置在低于高温管道的位置。油管应尽量少用法兰。

(2) 汽轮机油管道要有牢固的支吊架和必要的隔离罩、防爆箱。油系统仪表应尽量减少交叉，以防在运行中发生振动磨损。高压油管的管接头宜按高一级选用，不许采用铸铁或铸铜的阀门。

(3) 汽轮机油系统的安装与检修必须保证质量，阀门、法兰盘、接头的接合面必须认真研刮，做到接触良好，不渗不漏。管道不应蹩劲。油系统法兰接合面用的垫料，要采用软金属、隔电纸、青壳纸、耐油石棉板等耐油耐热的材料（厚度为1.5mm以内）；垫要放正；法兰螺栓要均匀拧紧；法兰螺栓的数量和质量要符合技术要求；锁母接头只能用软金属垫圈。

(4) 油系统的阀门、法兰盘及其他可能漏油的部位附近敷设有高温管道或其他热体时，这些热体的保温应牢固完整，外包铁皮或玻璃丝布涂油漆。压力油管的法兰接头处应有护罩，防止漏油时直接喷射。保温层表面温度一般不应超过50℃，如有油漏至保温层内，应及时更换保温。

(5) 油系统有漏油现象时，必须查明原因，及时修复。漏出的油要及时处理。运行中发生系统漏油时要加强监视，如运行中无法消除，而又可能引起火灾事故时，应采取果断措施，停机处理。

（6）事故排油阀的标志要醒目，油阀的操作把手应有两个以上的通道且操作把手与油箱或密集的油管区间应有一定的距离，以防油系统着火后被火焰包围无法操作。为了便于紧急情况下迅速开启，操作把手不应上锁。

（7）油系统安装完毕或大修后，应进行超压试验，以便于及早发现问题。

（8）各发电厂应根据自己的具体设备情况，对汽轮机油系统着火事故的处理，做出切合实际的规定。汽轮机在运行中发生油系统着火，如属于设备或法兰接合面损坏喷油起火，应立即破坏真空停机，同时进行灭火。为了避免汽轮机轴瓦损坏，在破坏真空惰走时间内，应维持润滑油泵运行，但不得开启高压油泵。有防火门的机组应按规定操作防火门。当火势无法控制或危及油箱时，应立即打开事故放油阀放油。

（9）现场应配备足够数量的消防器材，并经常检查，以保证其处于完好备用状态。现场消防水源应保持足够的水压，消防栓和消防带应统一规格，完整好用，禁止挪作他用。厂房内必须有消防通道，并经常保持畅通。现场应建立消防责任制度，有关人员应经过消防训练，熟悉消防器材的使用方法并应定期进行消防演习。

（10）在汽轮机平台下布置和敷设电缆时，要考虑防火的问题，电缆进入控制室电缆层处和进入开关柜处应采取严密的封闭措施。

第三节　其他事故及处理

1. 什么叫紧急停机？什么叫故障停机？

答：紧急停机是设备已经严重损坏或停机速度慢了会造成严重损坏的事故。操作上不考虑负荷情况，不需请示汇报，可随时打闸并破坏真空。

故障停机是不停机将危及机组设备安全，切断汽源后故障不会进一步扩大。操作上应先汇报，得到领导同意后迅速减负荷停机，无需破坏真空。

2. 蒸汽温度的最高限额是根据什么制定的？

答：蒸汽温度最高限额制定的依据是由主蒸汽管、自动主汽阀、电动主汽阀、调节汽阀、联合汽阀及调节级等金属材料的蠕变极限和持久强度等性能决定的。当蒸汽温度超过最高限额时，会使金属材料的蠕变速度急剧上升，允许应力大大下降。故运行中不允许在蒸汽温度的上限运行。

3. 新蒸汽的压力和温度同时下降如何处理？

答：新蒸汽压力降低将使汽耗增加，经济性降低，末级叶片易过负荷，应通知锅炉减负荷。汽温下降时，汽耗要增加，经济性降低，除末级叶片易过负荷外，其他压力级也可能过负荷，机组轴向推力增加，且末级湿度增大易发生水滴冲蚀，汽温突降是水冲击的预兆，所以汽温降低比汽压降低危险。汽温、汽压同时降低时，如负荷降低，则对设备安全不构成严重威胁，规程明确规定，汽温降低时要减负荷，所以汽温、汽压同时降低，按汽温降低处理比较合理；若不减负荷，末级叶片过负荷的危险较大。汽温降低处理中规定，负荷下降到一定的程度是以蒸汽过热度为处理依据的，这时的主要危险是水冲击，汽压降低对设备安全已不构成威胁，当然以汽温降低处理要求进行合理处理。

4. 主蒸汽温度、再热蒸汽温度两侧温差过大有什么危害？

答： 由于锅炉原因，使汽轮机高、中压缸两侧进汽温度产生偏差，如两侧汽温差过大，将使汽缸左右两侧受热不均匀，会产生很大热应力，使部件损坏或缩短使用寿命，热膨胀也不均匀，致使汽缸动静部分产生中心偏斜，造成动静部分间摩擦，机组振动，严重时将损坏设备。因此，当两侧汽温差太大时，应按规程规定进行处理，两侧汽温差超过 80℃时，应故障停机。

5. 汽轮发电机组甩负荷到零，汽轮机将有哪几种现象？

答： 汽轮发电机组甩负荷到零，汽轮机将有以下几种现象：

（1）汽轮机调速汽阀关小，监视段压力降低，抽汽止回阀关闭，发电机与电网未解列，转速保持不变。

（2）若发电机与电网系统解列，汽轮机调节系统正常，能维持空负荷运转，转速上升又下降到一定值。

（3）发电机与电网解列，汽轮机调速系统不能维持空负荷运转，危急保安器动作，转速上升后又下降，主汽阀关闭。

（4）发电机与电网解列，汽轮机调速系统不能维持空负荷运转，危急保安器拒动作，将会造成汽轮机严重超速。

6. 汽轮发电机组突然甩负荷，汽轮机维持转速，危急保安器未动作有什么象征？

答： 汽轮发电机组突然甩负荷，汽轮机维持转速，危急保安器未动作的象征为：

（1）电负荷指示到零。

（2）光字牌“主油开关跳闸”信号出现。

（3）机组声音突变。

（4）机组转速升高，光字牌“汽轮机转速高”信号出现。高中压调节汽阀瞬间关闭 1.5～2s 后又部分开启，维持机组空转。

7. 汽轮发电机组突然甩负荷，危急保安器动作有什么象征？

答： 汽轮发电机组突然甩负荷，危急保安器动作的象征为：

（1）电负荷指示到零，光字牌“主油开关跳闸”信号出现。

（2）转速升高后又下降，光字牌“汽轮机超速”信号出现。

（3）1、2 号危急遮断器动作，高中压自动主汽阀、高中压调节汽阀及各段抽汽止回阀

关闭。

8. 汽轮发电机组突然甩负荷，危急保安器动作的原因是什么？

答：汽轮发电机组突然甩负荷，危急保安器动作的原因是发电机主油开关跳闸及调速系统异常。

9. 汽轮发电机组突然甩负荷，危急保安器动作后如何处理？

答：汽轮发电机组突然甩负荷，危急保安器动作的处理方法为：

（1）确证自动主汽阀、调节汽阀、各段抽汽止回阀应关闭严密，转速下降。

（2）启动高、低压交流油泵。

（3）检查凝汽器水位正常，轴封系统自密封切换为高压汽源供给。

（4）若为供热机组，应关闭抽汽阀。

（5）其他按正常停机步骤操作。

（6）转子静止后，联系消除调节系统故障，超速试验合格后，方可启动机组。

10. 厂用电部分中断的象征有哪些？

答：部分 6kV（10kV）或 380V 厂用电中断，备用泵应自动投入，负荷下降。

11. 部分厂用电中断如何处理？

答：部分厂用电中断应做如下处理：

（1）若备用设备全部自动投入，将各有关设备的联动开关、操作开关放在“断开”位置，调整运行参数至正常。

（2）若备用设备未自动投入，应手动启动，如无备用设备可强合一次跳闸设备。假如手动启动仍无效，降负荷维持，直到负荷到零停机。

（3）通知电气专业人员尽快恢复厂用电，若不能尽快恢复，应注意机组情况，各参数达停机极限，按规定进行处理。

（4）若需打闸停机，应先启动直流润滑及直流密封油泵。

12. 厂用电全部中断的象征有哪些？

答：厂用电全部中断的象征有：交流照明熄灭，事故照明灯亮。机房内声音突变，事故喇叭报警。所有运行设备突然停止转动，电流到零，出口压力、流量迅速下降。各电动阀、调节阀失去电源，维持原来开度不变。备用设备不能投入。汽温、汽压、凝汽器真空下降，油温升高。

13. 厂用电全部中断如何处理？

答：厂用电全部中断应做如下处理：

（1）立即打闸停机。

（2）启动直流润滑油泵、直流密封油泵，注意密封油压正常。

（3）将各辅助机组的联动开关、操作开关放在“断开”位置。

（4）注意辅助汽源站系统自动投入。

（5）低压旁路系统应自动闭锁，否则应手动关闭。

（6）若油泵、盘车启动不了，应及时汇报，尽快恢复保安电源。

（7）待厂用电源恢复后，启动盘车，注意转子挠度值在规定范围。如转子出现暂时弯曲，先盘车180°，进行直轴。

（8）厂用电正常后，对机组进行全面检查，根据机组状况进行启动或停机的后续工作。

14. 厂用电全部中断为什么要打闸停机？

答：厂用电全部中断，所有的电动设备均停止了转动，真空将急剧下降，处理不及时会引起低压缸排大气安全阀动作。润滑油温将迅速升高，定子冷却水泵的停止又引起发电机温度升高，对双水内冷发电机的进水支座将因无水冷却和润滑而产生漏水，对于氢冷发电机氢气温度也将会急剧上升。给水泵的停止，又将引起锅炉断水。由于各种电气仪表无指示，失去监视和控制手段。可见，厂用电全部中断，机组已无法维持运行，必须紧急停机。

15. 一台机组6kV（10kV）厂用电源一段失电和两段全部失电处理原则有什么不同？

答：一台机组6kV（10kV）厂用电源一段失电，处理正确，则可保持机组一半负荷运行。具体处理方法为：首先检查有关备用辅助机组自动联动正常，否则应手动投入，断开失电辅助设备开关；注意调节汽封及各油、水、风温度正常。

两段同时失电，机组已无法维持运行，处理原则为：按不破坏真空紧急停机，停机过程中不得向凝汽器排汽水；启动直流润滑油泵、直流密封油泵；断开各辅助设备联动开关及操作开关；转子静止后应手动定期盘动转子180°。

16. 锅炉灭火后应如何处理（不联跳汽轮机）？

答：锅炉灭火后应立即解除协调，手动减负荷到10～20MW，随着锅炉压力的降低注意防止逆功率动作。关闭给水泵中间抽头阀，视主、再热蒸汽温度情况，决定是否开启主、再热蒸汽管道疏水，调整除氧器及凝汽器水位正常，调整汽封压力，必要时切换为备用汽源（主汽）供给；检查胀差、轴向位移、机组振动的变化情况；特别要注意主、再热蒸汽温度的变化，任一主、再热蒸汽温度在10min内突降达到50℃，应立即打闸停机。锅炉点火后，全面检查机组无异常时，逐步恢复机组原工况运行。

17. 新蒸汽温度突降有什么危害？

答：新蒸汽温度突降，可能是机组发生水冲击的预兆，而水冲击将会引起整个机组的严重损坏。此外，汽温突降将引起机组部件温差增大，热应力增大，还会使机组胀差负向增大，甚至发生动静部分摩擦，严重时导致设备损坏。所以在发生汽温突降时，应按规程规定进行处理，同时还应加强对机组运行情况的监视与检查。汽温突降往往不是两侧同时发生，故还要注意两侧温差，超限后按有关规定处理。

18. 新蒸汽温度下降应如何处理？

答：新蒸汽温度下降应联系锅炉恢复汽温，汽温继续下降应按规程规定减负荷，同时开启主蒸汽管及本体疏水阀。减负荷过程中，汽温过热度不应低于150℃，否则应故障停机。蒸汽温度降低，联系锅炉恢复无效时，应采用开启旁路降压；如汽温下降较快，10min内突降50℃，应立即打闸停机。

19. 在启动过程中，如何监督机组的振动？

答：在启动过程中，监督机组振动的方法有：

（1）实时振动表和常规振动表不齐全，不应启动机组。

（2）下列各项任一项不符合要求时，禁止冲转：大轴挠度、上下缸温差、胀差及蒸汽温度。

（3）大小修后机组的启动，在暖机时，必须测量和记录机组各个轴承的振动。以后每次启动在相同的转速下发现振动变化，应查明原因，延长暖机时间。

（4）在启动升速时，应迅速平稳地通过临界转速。一阶临界转速以下，汽轮机的任一轴承振动值超过0.03mm，应立即打闸停机，查找原因。

20. 汽轮机膨胀不均匀为什么会引起振动？

答：汽轮机膨胀不均匀，通常是由于汽缸膨胀受阻或受热不均匀造成的，这时便会引起轴承的位置和标高发生变化，从而导致汽轮机转子中心发生变化。同时，还会使轴承的刚度减弱，改变轴承的荷载，有时还会引起动静部分摩擦，故汽轮机膨胀不均匀会引起振动。

21. 机组发生异常振动的原因有哪些？

答：机组发生异常振动的原因有：

（1）轴承油压低或油膜不稳定。

（2）轴承进油温度过高或过低。

（3）通流部分损坏或掉入杂物。

（4）大轴弯曲，转子中心改变。

（5）主蒸汽温度过高或过低。

（6）汽缸膨胀不均匀。

（7）其他电气设备原因。

22. 汽轮机组发生振动应如何处理？

答：汽轮机组发生振动的处理方法为：

（1）汽轮机组突然发生强烈振动或清晰地听到汽轮机内有金属摩擦声时，应立即打闸停机。

（2）汽轮机轴承振动超过正常值 0.03mm 以上时，应设法消除。当机组内部发生故障或轴承振动突增 0.05mm，或振动增大到 0.1mm 时，应立即打闸停机。

（3）机组振动异常时，应注意检查蒸汽参数、真空、胀差、轴向位移、汽缸缸壁温度等是否发生了变化；润滑油压、油温、轴承温度是否正常。

（4）停机过程中应注意惰走时间，并倾听内部声音。

（5）启动升速过程中，在转子一阶临界转速以下，汽轮机轴承振动超过 0.03mm 时，应打闸停机；过临界转速时，机组轴承振动值达 0.10mm，应打闸停机，并查明原因。

（6）当机组的振动值增加或产生不正常声音时，根据需要减负荷直到振动减小至正常为止，同时分析原因并设法消除。

总之，引起机组振动的原因很多，因此要求值班人员发现振动增大时，要及时汇报有关领导，同时要对当时的各种运行参数进行仔细检查，以便查明原因进行处理。

23. 为防止机组发生油膜振荡，可采取哪些措施？

答：为防止机组发生油膜振荡，可采取如下措施：

（1）控制好润滑油温度，适当降低润滑油的黏度。

（2）增加轴承的比压。具体为增大轴承荷载，缩短轴瓦长度，以及调整轴瓦的中心来实现。

（3）减小轴瓦顶部间隙使之等于或略小于两侧间隙之和。

（4）各顶轴油管上加装止回阀。

24. 汽轮机轴向位移增大的原因有哪些？

答：汽轮机轴向位移增大的原因有：

（1）主蒸汽参数不合格，汽轮机通流部分过负荷。

（2）汽轮机蒸汽带水。

（3）静叶片结垢严重。

（4）凝汽器真空降低。

（5）汽轮机各缸进汽不匹配。

（6）推力轴承损坏。

（7）通流部分损坏。

（8）动静部分摩擦。

(9) 供热抽汽工况突然有较大的变化。

(10) 电网频率下降。

(11) 主、再热蒸汽压力不匹配等。

25. 汽轮机轴向位移增大应如何处理?

答: 汽轮机轴向位移增大的处理方法为:

(1) 转子轴向位移增大到极限值而轴向位移保护未动作时，应立即破坏真空，紧急停机。

(2) 若转子轴向位移上升并伴有不正常的异声或发生剧烈振动时，应立即破坏真空紧急停机。

(3) 发现转子轴向位移增大时，应特别注意推力瓦块温度和推力轴承回油温度，并加强对汽轮机运行情况及参数的检查，倾听机组有无异声，测振动是否上升。

(4) 当转子轴向位移上升到报警值时，应采取减负荷或适当调整抽汽量等方法，使转子轴向位移至正常。

26. 调速油泵工作失常应如何处理?

答: 调速油泵工作失常的处理方法为:

(1) 机组在启动过程中，转速在2500r/min以下时，调速油泵发生故障，应立即启动润滑油泵停机。

(2) 转速在2500r/min以上时，应立即启动润滑油泵，迅速提高转速至3000r/min。

(3) 转速在2500r/min以下，调速油泵发生故障时，若交直流润滑油泵启动也发生故障，应迅速破坏真空紧急停机。

27. 发电机失火和氢爆有什么象征?

答: 发电机失火和氢爆的象征为:

(1) 发电机或励磁机失火。

(2) 发电机处有爆炸声。

(3) 发电机铁芯线圈温度升高或有绝缘烧焦气味及冒烟。

(4) 氢气压力、发电机进出风温度增高。

28. 发电机失火和氢爆如何处理?

答: 发电机失火和氢爆的处理方法为:

(1) 就地或主控打闸破坏真空紧急停机。

(2) 向发电机内充二氧化碳排氢。

(3) 用二氧化碳灭火器灭火。

（4）氢气排尽后，停止密封油系统运行。

（5）转子静止后，立即启动盘车进行连续盘车，危急油系统时，应立即停止润滑油循环，禁止进入连续盘车状态。

29. 转动设备跳闸如何处理？

答：转动设备跳闸的处理方法为：

（1）转动设备跳闸，备用设备应自动投入。

（2）备用设备不能自动投入时应手动合闸，若无效可强行启动一次故障泵。

（3）强合闸不成功时，应将操作开关、联动开关置“断开”位置。

（4）内冷泵、氢冷泵等设备跳闸，备用设备强合闸无效，危及机组安全时，按不破坏真空紧急停机处理。

30. 汽水管道故障的处理原则是什么？

答：汽水管道故障的处理原则是：

（1）尽可能不使工作人员和设备遭受损害。

（2）尽可能不停运运行设备。

（3）先关闭来汽阀、来水阀，后关送汽、送水阀。

（4）先关闭离故障点近的阀门，如无法接近隔绝总阀，再扩大隔绝范围，待可以接近隔绝点时，应迅速缩小隔绝范围。

31. 对双水内冷汽轮发电机组，定子和转子冷却水箱水位下降应如何处理？

答：发电机定子和转子冷却水箱水位下降的处理方法为：

（1）立即开大转子、定子冷却水箱补水阀，维持水位正常，如水源中断，应立即切换成凝结水供，并保证补水阀前压力正常，同时联系化学专业人员尽快恢复除盐水源。

（2）如因冷却器或管道泄漏引起，应迅速隔绝故障点；如因放水阀误开引起应立即关闭；如因补水阀失灵，应用旁路阀维持水位，并通知检修人员尽快处理。

32. 发电机定子绕组个别点温度升高应如何处理？

答：发电机定子绕组个别点温度升高的处理方法为：若个别点温度比正常运行最高点高5℃，应加强检查监视，并适当增加冷却水流量或降低机组负荷。若仍不能使温度下降或继续有上升趋势以致达到限额时，应根据电气规程处理，必要时停机。

33. 如何判断电动机一相断路？

答：判断电动机一相断路的方法为：

（1）如果电动机原来在静止状态，则转动不起来。如果电动机原来在运行状态，则转速下降。

（2）电动机一相断路运行时，有不正常声音。

（3）若电流表接在断路的这一相上时，电流指示为零，否则电流应大幅度上升。

（4）电动机外壳温度将明显上升。

（5）此电动机所带的设备流量、压力将下降。

34. 为了防止锅炉断水，高压加热器投入、停运应注意什么问题？

答：为了防止锅炉断水，高压加热器投入时应注意的问题是：先应将高压加热器的灌水阀打开，排尽空气。由于高压加热器进、出水阀从结构上来看，进口阀与旁路阀位于同一壳体内，且公用一个阀芯，两者合并一起称为联成阀。出口阀实际是一个止回阀，靠给水压力将阀芯顶开或压下。所以投入高压加热器时应先开出口电动阀，后开入口电动阀，确认出入口电动阀开启时，再关闭其旁路电动阀。

停运高压加热器时，确认旁路电动阀全开后，先关入口阀，后关出口阀。

35. 凝结水硬度增大应如何处理？

答：凝结水硬度增大的处理方法为：

（1）开机时发现凝结水硬度大，应加强冲洗放水。

（2）如判断为凝汽器铜管有轻微泄漏，可加锯末，并停用胶球清洗装置。

（3）若凝结水硬度较大，应在运行中停半侧凝汽器找漏。

36. 轴封供汽带水对机组有什么危害？应如何处理？

答：轴封供汽带水在汽轮机组运行中有可能使轴端汽封损坏，重者将使机组发生水冲击，危害机组安全运行。

处理轴封供汽带水事故时，根据不同的原因，采取相应措施。如发现机组声音变沉，机组振动增大，轴向位移增大，胀差减小或出现负胀差，应立即破坏真空，打闸停机。打开轴封供汽系统及本体疏水阀，疏水疏尽后，待各参数符合启动要求后，方可重新启动。

37. 推力瓦烧瓦的事故象征有哪些？

答：推力瓦烧瓦的事故象征主要表现在轴向位移增大，推力瓦温度及回油温度升高，推力瓦处的外部象征是推力瓦冒烟。为确证轴向位移指示值的准确性，还应和胀差表对照：如果正向轴向位移增大，高压胀差表指示减小，中、低压胀差表指示增大；反之，高压胀差表指示增加，中、低压胀差表指示减小。

38. 运行中如何判断高压加热器内部水侧泄漏？

答：运行中判断高压加热器内部水侧泄漏的方法为：

(1) 相同负荷下，高压加热器水位升高或自动疏水调节阀开度增加（泄漏较大时两者同时出现）。

(2) 高压加热器疏水温度下降。

(3) 给水泵流量增加，与主蒸汽流量偏差较大。

(4) 高压加热器内部压力有可能升高。

(5) 倾听高压加热器内部有泄漏声。

确证高压加热器内部水侧泄漏后应立即停运，以防引起其他设备的损坏。

39. 除氧器压力升高应如何处理？

答：除氧器压力升高的处理方法为：

(1) 检查凝结水至除氧器的自动上水阀是否正常，如有问题应倒为手动调整，或开启补水旁路阀增加进水量。

(2) 检查各高压加热器的水位是否正常，以防高压加热器抽汽直接进入除氧器。

(3) 检查除氧器进汽调节阀开度是否正常，必要时可改为手动调节。

(4) 当除氧器压力高到安全阀应动作而未动作时，应立即开启电动排汽阀，关闭除氧器进汽阀，瞬时减小高压加热器疏水量甚至切除高压加热器汽侧运行等。

40. 除氧器水位降低应如何处理？

答：除氧器水位降低的处理方法为：

(1) 检查校核除氧器水位计指示是否正确。

(2) 若化学除盐水是补向除氧器的系统，应检查除盐水母管压力是否正常，必要时可增开除盐泵，增大补水量，保持正常水位。

(3) 检查除氧器放水阀是否误开。

(4) 检查给水系统是否有泄漏。

(5) 检查锅炉承压部件是否有爆破。

(6) 检查锅炉安全阀是否自开等。

(7) 检查除氧器上水阀是否故障或误关，若误关及时开启；若故障，视情况降低负荷使除氧器水位正常。

(8) 检查凝结水泵运行是否正常，否则切为备用凝结水泵运行。

41. 给水溶氧不合格应如何处理？

答：给水溶氧不合格的处理方法为：

(1) 若除氧器进汽量不足，应增加进汽量。同时开大再沸腾阀。

（2）若进除氧器的凝结水含氧量不合格，溶氧量偏大，应提高进水温度和采取措施使凝结水溶氧合格。

（3）若除氧器排氧阀开度过小，应调整开度。

（4）若化学给水采样方式不对，应改正取样方式。

（5）若除氧器淋水雾化不好，应在停机后检修喷头。

42. 循环水泵出口液压蝶阀打不开的原因有哪些？

答：循环水泵出口液压蝶阀打不开的原因有：

（1）出口蝶阀油泵电动机及热工控制电源失电。

（2）泵的启停控制回路、出口蝶阀电动机及热工保护故障闭锁。

（3）油箱油位太低，油泵吸入空气或油系统大量漏油。

（4）电磁阀内漏或调压阀误开。

（5）电动油泵故障，手动泵也故障。

（6）出口蝶阀机械卡涩。

43. 循环水泵出口液压蝶阀打不开应如何处理？

答：循环水泵启动后，若出口蝶阀打不开，应迅速查明原因并处理。若不能尽快开启出口蝶阀，要及时停泵并处理，避免长时间打不开出口阀，损坏循环泵。

44. 什么情况下应紧急停运循环水泵？

答：发生下列情况应紧急停运循环水泵：

（1）水泵发生剧烈振动或内部有清晰的金属摩擦声。

（2）电动机冒烟或着火时。

（3）轴承冒烟或着火时。

（4）严重威胁人身安全及设备安全时。

（5）轴承油位急剧下降，加油无效或冷油器破裂，油中带水时。

（6）水泵大量跑水，泵房有被水淹没的危险时。

45. 紧急停运循环水泵应如何处理？

答：紧急停运循环水泵的处理方法为：

（1）打事故泵事故按钮。

（2）检查备用泵联动正常，保证正常供水。

（3）检查故障泵电流到零，出口蝶阀应联动关闭，否则手动关闭。同时注意惰走时间。

（4）解除联动开关，合上联动泵操作开关，拉故障泵开关。

（5）检查备用泵启动后的运行情况。

46. 循环水泵跳闸的象征有哪些？

答：循环水泵跳闸的象征有：

（1）电流表指示到零，泵绿灯闪光，红灯熄灭，事故喇叭响。

（2）电动机转速下降。

（3）水泵出水压力下降。

（4）备用泵应联动。

47. 循环水泵跳闸后应如何处理？

答：循环水泵跳闸后的处理方法为：

（1）合上联动泵操作开关，断开跳闸泵开关。

（2）将联动开关退出。

（3）备用泵若未联动，应迅速启动备用泵。

（4）迅速检查跳闸泵出口蝶阀是否联动关闭，泵是否倒转。

（5）检查联动泵运行情况是否正常。

（6）联系电气人员检查跳闸原因。

（7）当无备用泵或备用泵联动后又跳闸，且强启运行泵无效时，应立即汇报有关人员，并根据真空下降情况，按规程规定处理。

48. 循环水泵吸入空气的象征有哪些？

答：循环水泵吸入空气的象征有：

（1）电流表大幅度摆动。

（2）循环水泵出口压力下降或摆动。

（3）泵内声音突增，噪声加大；泵体及出水管道振动增大。

第九章 汽轮机的附属系统

第一节 凝汽器及真空系统

1. 对凝汽器有什么要求？

答：对凝汽器的要求是：

（1）有较高的传热系数和合理的管束布置。

（2）凝汽器本体及真空管系统要有高度的严密性。

（3）汽阻及凝结水过冷度要小。

（4）水阻要小。

（5）凝结水的含氧量要小。

（6）便于清洗冷却水管。

（7）便于运输和安装。

2. 凝汽器的分类方式有哪些？

答：按换热形式，凝汽器可分为混合式、表面式及空气冷却式三大类。

表面式凝汽器又可分为：

（1）按冷却水的流程，分为单道制、双道制、三道制。

（2）按水侧有无垂直隔板，分为单一制和对分制。

（3）按进入凝汽器的汽流方向，分为汽流向下式、汽流向上式、汽流向心式、汽流向侧式。

3. 什么是混合式凝汽器？什么是表面式凝汽器？

答：汽轮机的排汽与冷却水直接混合换热的凝汽器叫混合式凝汽器。这种凝汽器的缺点是凝结水不能回收，一般应用于地热电站（间接空冷系统也用混合式凝汽器，能回收凝结水。）

汽轮机排汽与冷却水通过铜管表面进行间接换热的凝汽器叫表面式凝汽器。现在一般电厂都采用表面式凝汽器。

4. 表面式凝汽器的构造由哪些部件组成？

答：凝汽器主要由外壳、水室、管板、铜管、与汽轮机连接处的补偿装置和支架等部件

组成。凝汽器有一个圆形（或方形）的外壳，两端为冷却水水室，冷却水管固定在管板上，冷却水从进口流入凝汽器，流经管束后，从出水口流出。汽轮机的排汽从进汽口进入凝汽器与温度较低的冷却水管外壁接触而放热凝结。排汽所凝结的水最后聚集在热水井中，由凝结水泵抽出。不凝结的气体流经空气冷却区后，从空气抽出口抽出。以上就是凝汽器的工作过程。

大型机组的凝汽器外壳由圆形改为方形有什么优缺点？

答： 凝汽器外壳由圆形改方形（矩形），使制造工艺简化，并能充分利用汽轮机下部空间。在同样的冷却面积下，凝汽器的高度可降低，宽度可缩小，安装也比较方便。但方形外壳受压性能差，需用较多的槽钢和撑杆进行加固。

汽流向侧式凝汽器有什么特点？

答： 汽轮机的排汽进入凝汽器后，因抽气口处压力最低，所以汽流向抽气口处流动。汽流向侧式凝汽器有上下直通的蒸汽通道，保证了凝结水与蒸汽的直接接触。一部分蒸汽由此通道进入下部，其余部分蒸汽从上面进入管束的两半部分，空气从两侧抽出。在这类凝汽器中，当通道面积足够大时，凝结水过冷度很小，汽阻也不大。国产机组多数采用这种形式。

汽流向心式凝汽器又有什么特点？

答： 汽流向心式凝汽器，蒸汽被引向管束的全部外表面，并沿半径方向流向中心的抽气口。在管束的下部有足够的蒸汽通道，使向下流动的凝结水及热水井中的凝结水与蒸汽相接触，从而凝结水得到很好的回热。这种凝汽器还由于管束在蒸汽进口侧具有较大的通道，同时蒸汽在管束中的行程较短，因此汽阻比较小。此外，由于凝结水与被抽出的蒸汽空气混合物不接触，保证了凝结水的良好除氧作用。

其缺点是：体积较大。国产 200MW 机组就采用这种凝汽器。

什么叫多背压凝汽器？

答： 凝汽器汽侧分隔为几个互不相通的汽室，排汽分别引入相应的汽室，冷却水窜行通过各汽室的管束，由于进入各汽室中相应管束的冷却水进口温度不同，使各汽室中的压力也就不同，因此相应的汽轮机排汽口就工作在不同的背压下，这样的凝汽器就是多背压凝汽器。

什么叫单流程凝汽器？什么叫双流程凝汽器？

答： 同一股冷却水不在凝汽器内转向流经凝汽器冷却管的凝汽器称为单流程凝汽器。同一股冷却水在凝汽器内转向前后两次流经冷却水管的凝汽器称为双流程凝汽器。

10. 多背压凝汽器为什么能提高机组运行的经济性？

答：（1）多压和单压凝汽器相比，当传热面积和冷却水量相同时，多压凝汽器的折合排汽压力较低，因此采用多压凝汽器可以提高机组的循环热效率。特别是在冷却水温较高，水量不太充足的情况下，这个特点尤为突出。

（2）在汽轮机组功率一定时，采用多压凝汽器可以减少传热面积和增加冷却效果，从而节省投资和厂用电。

（3）在相同条件下，单压凝汽器的压力介于多压凝汽器折合压力和高压凝汽器压力之间，在多压凝汽器中一般将低压水箱中的凝结水送入高压凝汽器的汽室，利用高压汽室中温度较高的蒸汽对其进行回热，减小了凝结水的过冷度，使得循环热效率进一步得以提高。

11. 国产 300MW 汽轮机的 N-17660-1 型凝汽器有哪些主要特点？

答：国产 300MW 汽轮机 N-17660-1 型凝汽器的主要特点是：

（1）喉部由厚 16mm 的钢板焊成，内部由钢管支撑，支撑分为水平支撑、斜支撑和桁架支撑。

（2）管束布置为卵形排列，其内根据需要设置了挡汽板和挡水板，空气管由前水室的顶部接出。

（3）循环水由前水室下部进入，经过双流程后再由前水室上部侧面排出，冷却水为双流程系统。

（4）蒸汽由汽轮机排汽口进入凝汽器，均匀分布到管子全长上，通过管束中央通道及两侧通道全面进入主管束，部分蒸汽由中间通道和两侧通道进入热井对凝结水进行回热，消除过冷度并除氧。

12. 凝汽器铜管在管板上如何固定？

答：凝汽器铜管在管板上的固定方法主要有垫装法、胀管法、焊接法（钛管）。

垫装法是将管子两端置于管板上，再用填料加以密封，优点是当温度变化时，铜管能自由胀缩；但运行时间长了，填料会腐烂而造成漏水。

胀管法是将铜管置于管板上后，用专用的胀管器将铜管扩胀，扩管后的铜管管端外径比原来大 1～1.5mm，与管板间保持严密接触，不易漏水。这种方法工艺简单、严密性好，现在广泛在凝汽器上采用。

焊接法是将钛管焊接于管板上，优点是严密性好；缺点是钛管泄漏后更换不方便。

13. 凝汽器与汽轮机排汽口是怎样连接的？排汽缸受热膨胀时如何补偿？

答：凝汽器与排汽口的连接方式有焊接、法兰连接、伸缩节连接三种。

大型机组为保证连接处的严密性，一般用焊接连接。当用焊接方法或法兰盘连接时，凝汽器下部用弹簧支承。排汽缸受热膨胀时，靠支承弹簧的压缩变形来补偿。

小型机组用伸缩节连接时，凝汽器放置在固定基础上，排汽缸的温度变化时，膨胀靠伸缩节补偿。

也有的凝汽器上部用波形伸缩节与排汽缸连接，下部仍用弹簧支承。

什么是凝汽器的端差？影响凝汽器端差增大的原因有哪些？

答： 凝汽器压力下的饱和温度与凝汽器冷却水出口温度之差称为端差。

对一定的凝汽器，端差的大小与凝汽器冷却水入口温度、凝汽器单位面积蒸汽负荷、凝汽器铜管的表面清洁度，凝汽器内的空气漏入量及冷却水在管内的流速有关。一个清洁的凝汽器，在一定的循环水温度和循环水量及单位蒸汽负荷下就有一定的端差值指标，一般端差值指标是当循环水量增加，冷却水出口温度越低，端差越大，反之亦然；单位蒸汽负荷越大，端差越大，反之亦然。实际运行中，若端差值比端差指标值高得太多，则表明凝汽器冷却表面铜管污脏，致使导热条件恶化。

影响凝汽器端差增大的原因有：

（1）凝器铜管水侧或汽侧结垢。

（2）凝汽器汽侧漏入空气。

（3）冷却水管堵塞。

（4）冷却水量减少等。

15. 什么是凝汽器的热力特性？什么是凝汽器的热力特性曲线？

答： 凝汽器内压力的高低是受许多因素影响的，其中主要因素是汽轮机排入凝汽器的蒸汽量、冷却水的进口温度、冷却水量。这些因素在运行中都会发生很大的变化。

凝汽器的压力与凝汽量、冷却水进口温度、冷却水量之间的变化关系称为凝汽器的热力特性。

在冷却面积一定，冷却水量也一定时，对应于每一个冷却水进水温度，可求出凝汽器压力与凝汽量之间的关系，将此关系绘成曲线，即为凝汽器的热力特性曲线。

凝汽器热交换平衡方程式如何表示？

答： 凝汽器热交换平衡方程式的物理意义是：排汽凝结时放出的热量等于冷却水带走的热量，方程式为

$$q_c(h_c - h'_c) = q_w(t_2 - t_1)c_w \tag{9-1}$$

式中 q_c——进入凝汽器的蒸汽量，kg/h；

h_c——汽轮机排汽的焓值，kJ/kg；

h'_c——凝结水的焓值，kJ/kg；

t_1、t_2——冷却水的进、出水温度，℃；

c_w——冷却水的比热容，kJ/(kg·℃)；

q_w——进入凝汽器的冷却水量，kg/h。

式中$(h_c-h'_c)$的数值为(510～520)×4.186kJ/kg，近似取520×4.186kJ/kg。

17. 什么叫凝汽器的冷却倍率？

答： 凝结1kg排汽所需要的冷却水量，称为冷却倍率。其数值为进入凝汽器的冷却水量与进入凝汽器的汽轮机排汽量之比，一般取50～80。

18. 凝汽器铜管腐蚀、损坏造成泄漏的原因有哪些？

答： 运行中的凝汽器铜管腐蚀损伤大致可分为三种类型：

(1) 电化学腐蚀。由于铜管本身材料质量关系引起电化学腐蚀，造成铜管穿孔，脱锌腐蚀。

(2) 冲击腐蚀。由于水中含有机械杂物在管口造成涡流，使管子进口端产生溃疡点和剥蚀性损坏。

(3) 机械损伤。造成机械损伤的原因主要是铜材的热处理不好，管子在胀接时产生的应力及运行中发生共振等原因造成铜管裂纹。

凝汽器铜管的腐蚀，其主要形式是脱锌。腐蚀部分的表面因脱锌而变成海绵状，使铜管变得脆弱。

19. 防止铜管腐蚀的方法有哪些？

答： 防止铜管腐蚀有如下方法：

(1) 采用耐腐蚀金属制作凝汽器管子，如用钛管制成冷却水管。

(2) 硫酸亚铁或铜试剂处理。经硫酸亚铁处理的铜管不但能有效地防止新铜管的脱锌腐蚀，而且对运行中已经发生脱锌腐蚀的旧铜管，也可在锌层表面形成一层紧密的保护膜，能有效地抑制脱锌腐蚀的继续发展。

(3) 阴极保护法。阴极保护法也是一种防止溃疡腐蚀的措施，采用这种方法可以保护水室、管板和管端免遭腐蚀。

(4) 冷却水进口装设过滤网和冷却水进行加氯处理。

(5) 采取防止脱锌腐蚀的措施，添加脱锌抑制剂。防止管壁温度上升，消除管子内表面停滞的沉积物，适当增加管内流速。

(6) 加强新铜管的质量检查试验和提高安装工艺水平。

20. 什么是阴极保护法？它的原理是什么？

答： 阴极保护法是防止铜管电腐蚀的一种方法，常用外部电源法和牺牲阳极法两种。

阴极保护法的原理：不同的金属在溶液中具有不同的电位，同一种金属浸在溶液中，由于表面材质的不均匀性，表面的各部位的电位也不同。所以不同的金属（较靠近的）或同一种金属浸泡在溶液中，便会在金属之间（或各部位之间）产生电位差，这种电位差就是产生电化学腐蚀的动力。腐蚀发生时只有金属的阳极遭受腐蚀，而阴极不受腐蚀，要防止这种腐蚀的产生，就得消除它们的电位差。

21. 什么是牺牲阳极保护法?

答： 牺牲阳极保护法就是在凝汽器水室内安装一块金属作为阳极，它的电位低于被保护物（管板、管端、水室），而使整个水室、管板和管端成为阴极。在溶液（冷却水）的浸泡下，电腐蚀就只腐蚀装上的金属板，就是牺牲阳极保护了管板等金属免受腐蚀。受腐蚀的金属板阳极可以定期更换，材料为高纯度锌板、锌合金或纯铁。

22. 什么是外部电源法?

答： 外部电源法是在水室内装上外加电极接直流电源。水室接电源的负极作为阴极，外加电极接电源的正极作为阳极。当电源接入通以电流时，水室、管板、管端各部分成为阴极免受腐蚀，从而得到保护。

阳极材料一般选择磁性氧化铁及铝合金。

23. 制造凝汽器的铜管材料有哪几种?

答： 用淡水冷却时，原来都采用 H68A 黄铜管，因其抗腐蚀能力较差，目前国内已不采用，代之以含锡 1%的锡黄铜 HSn 70-1A（又名海军黄铜），其抗腐蚀性能比 H68A 强。黄铜管中加砷（As）0.08%～0.5%，能防止脱锌和减少腐蚀，故近年来已开始使用含砷的黄铜管。

用海水冷却时，由于海水腐蚀性能强，必须用抗腐蚀性能强的材料，采用较多的有铝黄铜 HAl 77-2A 和镍白铜 BFe10-1-1、BFe30-1-1。

钛管对海水、淡水都有较高的耐腐蚀性能，高温下强度大，但传热系数比铝黄铜低，且成本高。

24. 凝汽器为什么要设置热井?

答： 热井的作用是集聚凝结水，有利于凝结水泵的正常运行。

热井储存一定数量的水，保证甩负荷时不使凝结水泵马上断水。热井的容积一般要求相当于满负荷时 0.5～1min 内所聚集的凝结水流量。

25. 凝汽器汽侧中间隔板的作用是什么?

答： 为了减少铜管的弯曲和防止铜管在运行过程中振动，在凝汽器壳体中设有若干块中间隔板。中间隔板中心一般比管板中心高 2～5mm，大型机组隔板中心抬高 5～10mm。管子中心抬高后，能确保管子与隔板紧密接触，改善管子的振动特性；管子的预先弯曲能减少其热应力；还能使凝结水沿弯曲的管子中央向两端流下，减少下一排管子上积聚的水膜，提高传热效果，放水时便于把水放净。

26. 清洗半侧凝汽器时，为什么要关闭汽侧空气阀？

答：由于凝汽器半侧的冷却水停止，此时凝汽器内的蒸汽未能被及时冷却，故使抽气器抽出的不是空气和不凝结汽的混合物，而是未凝结的蒸汽，从而影响了抽气器的效率，使凝汽器真空下降，所以清洗半侧凝汽器时，应先将该侧空气阀关闭。

27. 凝汽器底部弹簧支架的作用是什么？为什么灌水时需要用千斤装置顶住凝汽器？

答：凝汽器底部弹簧支架除了承受凝汽器的重力外，当排汽缸和凝汽器受热膨胀时，还可补偿其热膨胀量。如果凝汽器的支持点没有弹簧，而是硬性支持，凝汽器受热膨胀时向上，就会使低压缸的中心破坏而机组造成振动。

停机时，为了查漏，需要对凝汽器汽侧灌水。由于灌水后增加了凝汽器支持弹簧的负荷，会使凝汽器弹簧严重过负荷，使弹簧产生不允许的残余变形，故应预先用千斤装置将凝汽器顶住，防止弹簧负荷过大，造成永久变形。在灌水试验完毕放水后，应拿掉千斤装置，否则凝汽器受热向下膨胀时，由于受阻只能向上膨胀，会引起低压缸中心线改变而出现机组振动。

28. 如何投入凝汽器？

答：投入凝汽器的步骤为：

（1）全面检查凝汽器系统，循环水进、出口电动阀送电，开关试验正常，各放水阀关闭，顶部排空气阀开启（开式循环投入虹吸装置）。

（2）全开出口水阀。

（3）缓慢开启进口阀或开启进水旁路阀充水排空气，待空气阀有水流出后关闭，全开进水阀（带虹吸装置应全开进口水阀，关小出口水阀排空气，排空后调整出口水阀至所需位置）。

注：对开式循环系统，无凝汽器出口阀时，应视循环水母管压力，开凝汽器进水阀，投凝汽器出口虹吸装置，保持真空正常，检查温升正常。

29. 运行中如何停运半侧凝汽器？应注意什么？

答：运行中停运半侧凝汽器的步骤是：

（1）降低机组负荷至60%。

（2）关闭停运一侧汽侧空气阀。

（3）开大运行一侧循环水阀（对于单元制的机组）。

（4）关闭停运一侧凝汽器的进、出口水阀并手动关严。

（5）打开停运侧进水阀后或出水阀前放水阀，开启该侧水室排空阀。

（6）凝汽器水侧水放尽后，真空稳定正常后，可打开人孔门进行查漏或清洗（若因铜管大面积泄漏，打开人孔门应特别注意真空变化）。

应当注意凝汽器真空值的变化，根据凝汽器真空值带相应的负荷。

30. 凝汽器水位升高有什么危害？

答：凝汽器水位过高，会使凝结水过冷却。影响凝汽器的经济运行。如果水位过高，将铜管（底部）淹没，会使整个凝汽器冷却面积减少，严重时淹没空气管，抽气器带水，使凝汽器真空严重下降。

31. 凝结水硬度大的原因有哪些？

答：凝结水硬度大的原因是：

（1）凝汽器铜管胀口处泄漏或者铜管破裂使循环水漏入汽侧。

（2）备用射水抽气器的空气阀和进水阀，空气止回阀关闭不严或卡涩，使射水箱的水吸入凝汽器内。

32. 凝汽器凝结水导电度增大的原因有哪些？

答：凝汽器凝结水导电度增大的原因是：

（1）凝汽器铜管泄漏。

（2）软化水水质不合格。

（3）阀门误操作，使生水吸入凝汽器汽侧。

（4）汽水品质恶化。

（5）低负荷运行。

33. 凝汽器水位升高的原因有哪些？

答：凝汽器水位升高的原因有：

（1）凝结水泵故障停止。

（2）凝结水泵轴封或进水部分漏空气，造成水泵打不出水。

（3）凝结水泵进口滤网脏污阻塞。

（4）由于负荷增加、补水量增加等原因，凝结水泵不能及时地将凝结水排出。

（5）凝结水出水不畅，如出水阀关小，除氧器喷嘴堵塞。

（6）凝结水再循环阀误开。

（7）凝结水泵出入口阀未开。

（8）凝汽器泄漏（铜管）。

34. 凝汽器的真空是如何形成的?

答：当比体积很大的排汽在密闭的凝汽器中冷却成水时，其体积会急剧缩小（如在0.004MPa下蒸汽被凝结成水时，体积约缩小3万多倍），原来被排汽充满的密闭空间便形成了高度真空。

35. 凝汽器的真空形成和维持必须具备的条件是什么?

答：凝汽器的真空形成和维持必须具备的三个条件是：

（1）凝汽器铜管必须通过一定的冷却水量。

（2）凝结水泵必须不断地把凝结水抽走，避免水位升高，影响蒸汽的凝结。

（3）抽气器必须把漏入的空气和排汽中的其他气体抽走。

36. 什么是汽轮机的极限真空?

答：凝汽设备在运行中应该从各方面采取措施以获得良好真空。但真空的提高也不是越高越好，而有一个极限。这个真空的极限由汽轮机最后一级叶片出口截面的膨胀极限所决定。当通过最后一级叶片的蒸汽已达到膨胀极限时，如果继续提高真空，汽轮机功率不再增大。

简单地说，当蒸汽在末级叶片中的膨胀达到极限时，所对应的真空称为极限真空（又称阻塞背压），也有的称为临界真空。

37. 什么是凝汽器的最佳真空?

答：对于结构已确定的凝汽器，在极限真空内，当蒸汽参数和流量不变时，提高真空使蒸汽在汽轮机中的可用焓降增大，就会相应增加发电机的输出功率。但是在提高真空的同时，需要向凝汽器多供冷却水，从而增加循环水泵的耗功。由于凝汽器真空提高，使汽轮机功率增加与循环水泵多耗功率的差数为最大时的真空值称为凝汽器的最佳真空。超过此真空时不但不能增加经济效益，反而会降低经济效益。

影响凝汽器最佳真空的主要因素是：进入凝汽器的蒸汽量、汽轮机排汽压力、冷却水的进口温度、循环水量（或是循环水泵的运行台数）、汽轮机的出力变化及循环水泵的耗电量变化等。实际运行中则是根据凝汽量及冷却水出口温度来选用最有利真空下的冷却水量，也即是合理调度使用循环水泵的容量和台数。

38. 什么是凝汽器的额定真空?

答：一般汽轮机铭牌排汽绝对压力对应的真空是额定真空。这是指机组在设计工况、额定功率、设计冷却水温时的真空。这个数值并不是机组的极限真空值。

39. 真空系统灌水试验应注意什么？

答：真空系统灌水前，应确证凝汽器内部检修工作结束，并将处于灌水水面以下的真空表计全部切除。凝汽器底部支持弹簧为了防止受力变形需加装临时支撑，然后方可开始灌水。试验完毕放水后，应拆除临时支撑。

40. 如何对真空系统进行灌水试验？

答：汽轮机大、小修后，必须对凝汽器的汽侧、低压缸的排汽部分，以及空负荷运行处于真空状态的辅助设备及管道做灌水试验，检查严密性。灌水高度一般应在汽封洼窝处，水质为化学车间来的除盐水，灌水后运行人员配合检修人员共同检查所有处于真空状态下的管道、阀门、法兰接合面、焊缝、堵头、凝汽器冷却水管胀口等处是否有漏泄。凡有不严之处，应采取措施解决。

41. 抽气器的作用是什么？

答：抽气器的作用是：不断地将凝汽器内的空气及其他不凝结的气体抽走，以维持凝汽器的真空。

42. 抽气器有哪些种类和形式？

答：电厂用的抽气器大致可分为两大类：

（1）容积式真空泵。主要有滑阀式真空泵、机械增压泵和液环泵等。

（2）射流式真空泵。主要是射汽抽气器和射水抽气器等，射汽抽气器按其用途又分为主抽气器和辅助抽气器。国产中、小型机组用射汽抽气器较多，大型机组一般采用射水抽气器。

43. 射水抽气器的工作原理是什么？

答：射水抽气器的工作原理是：从射水泵来的具有一定压力的工作水经水室进入喷嘴。喷嘴将压力水的压力能转变为速度能，水流高速从喷嘴射出，使空气吸入室内产生高度真空，抽出凝汽器内的汽、气混合物，一起进入扩散管，水流速度减慢，压力逐渐升高，最后以略高于大气压力排出扩散管。在空气吸入室进口装有止回阀，可防止抽气器发生故障时，工作水被吸入凝汽器中。

44. 射水抽气器主要有哪些优缺点？

答：射水抽气器具有结构紧凑、工作可靠、制造成本低等优点，因而广泛用于汽轮机凝汽设备中；缺点是：要消耗一部分电力和水，占地面积大。

45. 射汽抽气器的工作原理是什么?

答：射汽抽气器由工作喷嘴、混合室和扩压管三部分组成。其工作原理是：工作蒸汽经过喷嘴时焓降很大，流速增高，喷嘴出口的高速蒸汽流使混合室的压力低于凝汽器的压力，因此凝汽器里的空气就被吸进混合室里。吸入的空气和蒸汽混合在一起进入扩压管，在扩压管中流速逐渐降低，而压力逐渐升高。对于一个二级的主抽气器，蒸汽经过一级冷却室冷凝成水，空气再由第二级射汽抽气器抽出。其工作过程与第一级完全一样，只是在第二级射汽抽气器的扩压管里，蒸汽和空气的混合气体压力升高到比大气压力略高一点，经过冷却器把蒸汽凝结成水，空气排到大气里。

46. 射汽抽气器有什么优缺点?

答：射汽抽气器的优点是：效率比较高，可以回收蒸汽的热量；缺点是：制造较复杂、造价高，喷嘴容易堵塞。抽气器用的蒸汽，使用主蒸汽节流减压时损失比较大。

随着汽轮机蒸汽参数的提高，使得依靠新蒸汽节流来获得汽源的射汽抽气器的系统显得复杂且不合理；大功率单元机组多采用滑参数启动，在机组启动之前也不可能有足够的汽源供给射汽抽气器，所以射汽抽气器现在在大型机组上应用较少。

47. 启动抽气器主要有什么特点?

答：启动抽气器一般为单级射汽抽气器。它的作用是在汽轮机启动之前建立启动真空，以缩短汽轮机启动时间。有时还用来抽出循环水泵内的空气以利其充水启动。

启动抽气器具有结构简单（无冷却器）、启动快、容量大等特点。但启动抽气器耗汽量大，形成真空较低，并且是排大气运行，蒸汽的热量全部损失，也无法回收洁净的凝结水。因此，启动抽气器只是在汽轮机启动时，用来抽出凝汽器中的空气。

48. 离心真空泵有哪些优点?

答：近年来的大型机组，其抽气器一般都采用离心真空泵。与射水抽气器比较，离心真空泵具有耗功低、耗水量少的优点，并且噪声也小。国产射水抽气器比耗功（即抽 1kg 空气在 1h 内所耗的功）高达 3.2kW·h/kg，而较先进的离心真空泵比耗功一般为 1.5～1.7kW·h/kg。

离心真空泵的缺点是：过负荷能力很差，当抽吸空气量太大时，真空泵的工作恶化，真空破坏。这对真空严密性较差的大型机组来说是一个威胁。故可考虑采用离心真空泵与射水抽气器共用的办法，当机组启动时用射水抽气器，正常运行时用真空泵来维持凝汽器的真空。

49. 简述离心真空泵的结构。

答：离心真空泵主要由泵轴、叶轮、叶轮盘、分配器、轴承、支持架、进水壳体、端盖、泵体、泵盖、止回阀、喷嘴、喷射管、扩散管等零部件组成。泵轴是由装在支持架轴承室内的两个球面滚珠轴承支承，其一端装有叶轮盘，在叶轮盘上固定着叶轮；在叶轮内侧的泵体上装有分配器，改变分配器中心线与叶轮中心线的夹角 α（一般最佳角度为 8℃），就能改变工作水离开叶轮时的流动方向，如果把分配器的角度调整到使工作水流沿着混合室轴心线方向流动，这时流动损失最小，而泵引射蒸汽与空气混合物的能力最高。

50. 离心真空泵的工作原理是什么？

答：当泵轴转动时，工作水从下部入口被吸入，并经过分配器从叶轮的流道中喷出，水流以极高速度进入混合室，由于强烈的抽吸作用，在混合室内产生绝对压力为 3.54kPa 的高度真空，这时凝汽器中的汽气混合物，由于压差作用冲开止回阀，被不断地抽到混合室内，并同工作水一道通过喷射管、喷嘴和扩散管被排出。

51. 多喷嘴长喉部射水抽气器的结构有什么特点？

答：多喷嘴长喉部射水抽气器与传统的射水抽气器相比，结构上有以下区别：

（1）将单喷嘴改成 7 只（也有 6 只）喷嘴。

（2）扩散管改为 7 根 ϕ108 的长喉部管子。

（3）抽气器除空气入口止回阀外，均系焊接制作，制作比较方便。

52. 多喷嘴射水抽气器有哪些优点？

答：多喷嘴射水抽气器的优点是：

（1）采用多个喷嘴和长喉部结构，抽气器的效率比较高。

（2）同样的抽空气能力需用的工作水量少，可配用较小的射水泵，消耗功率减少。

（3）根据试验，比耗功减小到 1.65kW·h/kg，接近进口机组的水平。

（4）消除了壳体的振动，减小了射水抽气器运行中的噪声。

53. 射水抽气器的工作水供水有哪几种方式？

答：射水抽气器的工作水供水有如下两种方式：

（1）开式供水方式。工作水是用专用的射水泵从循环水入口管引出，经抽气器后排出的气、水混合物引入凝汽器循环水出口管中。

（2）闭式循环供水方式。设有专门的工作水箱（射水箱）；射水泵从进水箱吸入工作水，至抽气器工作后排到回水箱，回水箱与进水箱有连通管连接，因而水又回到进水箱。为防止水温升高过多，运行中连续加入冷水，并通过溢水口，排掉一部分温度升高的水。

54. 射水抽气器容易损坏的部位有哪些？

答：射水抽气器在运行中进水管口处由于受工作水的冲刷，容易发生冲蚀损伤，工作水如含有泥沙，这种损伤将会加剧。在抽气器内部，因水已混入大量空气，常常引起腐蚀，尤其是在扩散管部分腐蚀比较严重，检修时要注意检查。

55. 射水抽气器的抽吸能力与工作水温度之间有什么关系？

答：一般地说，工作水的温度越低，射水抽气器能建立的真空越高，即抽吸能力大；反之，工作水温度高，抽气器的抽吸能力就小。水的饱和温度同压力是一一对应的，根据水的温度可以查到抽气器能达到的最低抽吸压力。

考虑抽气管沿程的阻力，一般正常工作的抽气器，喷嘴后的压力必须低于汽轮机背压0.001MPa左右（如汽轮机背压为0.005MPa，抽气器空气吸入室的压力应低于0.0035MPa）。

汽轮机排汽背压随凝汽器冷却水进水温度变化而变化，抽气器必须达到的压力也跟着变化，所以实际上射水抽气器工作水温度没有一个确定的数值。根据推算，射水抽气器工作水温度低于当时汽轮机排汽饱和温度5～6℃，就不会因抽气器抽吸能力下降影响凝汽器真空。

56. 凝汽器冷却水管在管板上的排列方法有哪几种？

答：凝汽器冷却水管在管板上的排列方法有顺列、错列和辐向排列三种。

57. 射汽抽气器主要由哪几部分组成？

答：射汽抽气器主要由喷嘴、混合室和扩压管三部分组成。

58. 汽轮机运行中，影响凝汽器汽侧压力高低的因素主要有哪些？

答：汽轮机运行中，凝汽器内汽侧压力的高低受很多因素影响。其中主要因素是凝结的蒸汽量、冷却水量和冷却水进口温度。

59. 回热式凝汽器有什么优点？

答：回热式凝汽器的铜管在排列时中间留有通路，这样部分蒸汽可以直接流向底部加热凝结水，使凝结水的温度接近或等于凝汽器内排汽压力下的饱和温度，从而提高了运行的经济性及安全性。

60. 什么是凝汽器的空气冷却区？

答：为降低抽出空气的温度、减少随空气一起被抽出的蒸汽量，降低抽气器的负荷，在凝汽器内的抽气口附近，专门布置有一簇管束，并用带孔的挡板将它和其他管束分开，称为凝汽器的空气冷却区。

61. 混合式凝汽器按冷却水流分布形式可分为哪几种？

答：混合式凝汽器按冷却水流分布形式可分为液柱式、液膜式和喷射式三种。

62. 真空系统的检漏方法有哪几种？

答：真空系统的检漏方法有：

（1）蜡烛火焰法。它是传统的查找漏气点的方法。检查时，将点燃的蜡烛置于真空系统的法兰及阀门的连接处及其他可疑的漏气点，如有泄漏，火焰将被吸向漏气点。应当注意，此法不适用于氢冷发电机的系统。

（2）汽侧灌水试验法。它是一种最有效的检漏方法，但是必须在汽轮机停运并已达到冷态后进行。方法是：把所有与真空系统相连的管道用阀门切断，对凝汽器下部的弹簧支座进行支垫，然后向凝汽器汽侧空间注水。灌水高度应在汽封洼窝以下100mm处。灌水后检查，不严密的地方便会有水渗漏出来。

（3）氦气检漏仪法。它是近年来用于运行中的真空系统进行检漏。使用时，将氦气释放于真空系统可能泄漏的地方，然后由检漏仪测出氦气的浓度，从而分析确定泄漏的位置和泄漏的严重程度。

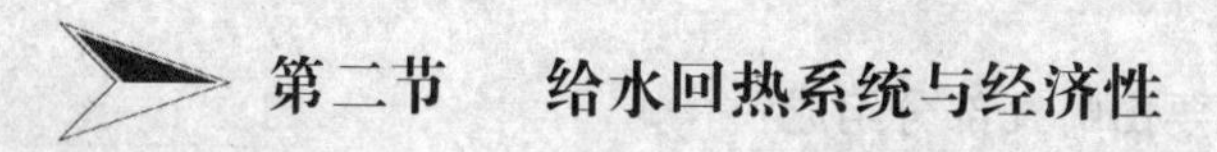

第二节　给水回热系统与经济性

1. 什么叫给水回热循环？

答：在热力系统中，为减小循环的“冷源损失”，设法从汽轮机的某些中间级引出部分做过功的蒸汽，用来加热锅炉的给水，此过程叫做给水回热过程，与这相应的热力循环叫做给水回热循环。

2. 为什么采用给水回热循环可以提高汽轮机组热力循环的经济性？

答：采用给水回热加热以后，一方面从汽轮机中间部分抽出一部分蒸汽，加热给水提高了锅炉给水温度，减少了凝汽器中的冷源损失 q_2，使蒸汽的热量得到了充分的利用，这部分抽汽的循环热效率可以认为是100%，故可以提高整个循环的热效率。另一方面，提高了给水温度，减少给水在锅炉中的吸热量 q_1，从给水加热过程来看，利用汽轮机抽汽对给水加热时，换热温差要比利用锅炉烟气加热时小得多，因而减少了给水加热过程的不可逆性。因此，在蒸汽初、终参数相同的情况下，采用给水回热循环的热效率比朗肯循环热效率高。

一般回热级数不止一级，中参数的机组，回热级数为3～4级；高参数机组为6～7级；超高参数机组不超过8～9级。

3. 为什么采用回热加热器后，汽轮机的总汽耗增大了，而热耗率和煤耗率却是下降的？

答：汽耗增大是因为进入汽轮机的1kg蒸汽所做的功减少了，而热耗率和煤耗率的下降是由于冷源损失减少，给水温度提高使给水在锅炉的吸热量减少。

4. 影响给水回热循环热经济性的因素主要是什么？

答：影响给水回热循环热经济性的因素很多，归纳起来主要有以下三点：给水最佳加热温度、各级回热加热器的热量分配、回热加热的级数。

5. 什么叫最佳给水温度？

答：以单级循环为例，若给水温度等于凝汽器压力下的饱和水温度，此时没有回热，循环热效率就是朗肯循环的热效率，即热效率的增值为零。当利用回热抽汽来加热给水时，给水温度随着抽汽压力的升高而提高，循环的热经济性也随之提高；在抽汽压力达到某一数值时，回热的热经济性达到最大值，此时的给水温度称为理论上的最佳给水温度。

6. 什么是最经济的给水温度？

答：由于给水温度的提高，固然提高了系统的热经济性，使得燃料消耗量相对节省，但却使得排烟温度升高，锅炉效率下降，故需要增大尾部受热面，以减少排烟损失，又使锅炉投资增大。另外，由于回热使得锅炉的蒸汽产量和汽轮机高压端的通流量增大而凝汽流量相应减少，因而不同程度地影响锅炉、汽轮机、新汽管路和主给水管路、回热加热装置和给水泵、凝汽设备和冷却水系统、燃料运输、制粉系统、引送风机，以及除尘、除灰系统的投资、折旧费和厂用电。它同时又与机组容量及蒸汽参数、设备利用小时数和燃料价格等密切相关。通过技术经济比较确定的最佳给水温度，称为最经济给水温度，它一般低于理论上的最佳给水温度。

7. 多级回热系统中加热器最有利的加热分配方法有哪几种？

答：多级回热系统中加热器最有利的加热分配方法有等温升分配法、几何级数分配法和等焓降分配法。

8. 什么是等温升分配法？

答：等温升分配法是指在回热系统中各加热器间最有利的热量分配是按等加热或等温升的原则进行的。也就是说，最有利的各段抽汽点的分配是把给水的总加热温度平均分配于各加热器之间，即主凝结水在各级加热器中温度的增加数值相等

$$\Delta t = \frac{t_s^b - t_c}{Z+1} \tag{9-2}$$

式中　Δt——各回热加热器中的温升,℃；

t_s^b——锅炉工作压力下的饱和水温度,℃；

t_c——凝结水温度,℃；

Z——回热加热器数目。

将给水在锅炉省煤器中的吸热量 $t_s^b - t_{fw}$ 除外，上式为

$$\Delta t = \frac{t_{fw} - t_c}{Z}$$

即

$$t_{fw} = t_c + Z\Delta t \tag{9-3}$$

9. 什么是几何级数分配法？

答：回热加热器各级间的加热份额，按几何级数法分配时，各加热器中给水温度升高值按下式进行分配，即

$$T_i = r^i T_c \tag{9-4}$$

$$r = \sqrt[Z]{\frac{T_{fw}}{T_c}}$$

式中　T_i——第 i 级加热器出口水的绝对温度，K；

i——计算级数；

T_c——第一级加热器入口处主凝结水的绝对温度，K；

r——几何级数系数值；

T_{fw}——锅炉给水的绝对温度。

10. 什么是等焓降分配法？

答：等焓降分配法是将主凝结水在某一级加热器中的吸热量设计成等于相邻高一级抽汽与该级抽汽之间在汽轮机中的有效焓降。

11. 回热加热器级数的选择原则是什么？

答：在选择回热加热级数时，应考虑每增加一台加热器就需要增加一些设备费用，所增加的费用应当能从节约燃料的收益中得到补偿。同时，还应尽量避免发电厂的热力系统过于复杂，以保证系统运行的安全可靠性。

12. 什么叫加热器的端差？运行中有什么要求？

答：进入加热器的蒸汽饱和温度与加热器出水温度之间的差称为“端差”。在运行中应尽量使端差达到最小值。对于表面式加热器，此数值不得超过 5～6℃。

13. 加热器端差增大的原因有哪些？

答： 加热器端差增大的原因有：

（1）加热器受热面结垢，增大了传热热阻，使管子内外温差增大。

（2）加热器汽空间聚集了空气，空气是不凝结气体，会附着在管子表面形成空气层，空气的放热系数比蒸汽小得多，增大了传热热阻，使传热恶化。因此，加热器抽空气管路上的阀门开度与节流孔应调整合理，开度小，空气的抽出会受到限制；开度大，高一级加热器内的蒸汽会被抽吸到低一级加热器中去排挤一部分低压抽汽，降低回热的经济性。

（3）凝结水水位过高，淹没了一部分受热面的管子，减少了放热空间，被加热水达到设计温度，使端差增大。其原因多为疏水器或疏水阀工作不正常，若检查疏水装置正常，就应停止加热器运行，检查管子的严密情况。

（4）加热器旁路阀漏水，使传热端差增大。运行中应注意检查加热器出口水温与相邻高一级加热器入口水温是否相同，若相邻高一级加热器入口水温降低，则说明旁路阀漏水。

14. 什么叫排挤现象？排挤现象对经济性有什么影响？如何减少排挤现象的发生？

答： 由于高一级压力加热器的疏水流入低一级压力加热器的蒸汽空间时放出热量，而减少了一部分较低压力的回热抽汽量，这种现象叫做排挤。

在保持汽轮机输出功率一定的条件下势必造成抽汽的做功减少。凝汽循环的发电量增加，这样就增加了附加的冷源损失，降低了机组的热经济性。

减少排挤现象的措施有：

（1）采用疏水泵。

（2）采用疏水冷却段。

15. 什么是混合式回热加热器？什么是表面式回热加热器？各有什么优缺点？

答： 加热蒸汽和被加热的给水直接混合的回热加热器称为混合式回热加热器。其优点是：传热效果好，水的温度可达到加热蒸汽压力下的饱和温度（即端差为零），结构简单，造价低；缺点是：每台加热器均需要设置给水泵，使厂用电消耗大，系统复杂，增加了维护量。故混合式回热加热器主要作除氧器使用。

加热蒸汽和被加热的给水不直接接触，其换热通过金属表面进行的加热器叫表面式回热加热器。这种加热器由于金属的传热阻力，被加热的给水不可能达到蒸汽压力下的饱和温度，所以其热经济性比混合式回热加热器低，但由它组成的回热加热器系统简单，且运行方便，监视工作量小，因而被电厂普遍采用。

16. 除氧器的汽耗量如何计算？

答： 除氧器汽耗量的计算公式是

$$q = \frac{Q_1 + Q_2 + Q_3}{(h - h_d)\eta} + q_{ex} \tag{9-5}$$

其中

$$Q_1 = q_c(h_d - h'_c),\ Q_2 = q_m(h_d - h_m),\ Q_3 = q_n(h_n - h_d)$$

式中 Q_1——加热凝结水所需热量，kJ/h；

Q_2——加热补给水所需热量，kJ/h；

Q_3——疏水放热量，kJ/h；

q——除氧器汽耗量，kg/h；

q_c——凝结水流量，kg/h；

q_m——补给水流量，kg/h；

q_n——高压加热器疏水量，kg/h；

h'_c——凝结水比焓，kJ/kg；

h_m——补给水比焓，kJ/kg；

h_n——高压加热器疏水比焓，kJ/kg；

h——加热蒸汽比焓，kJ/kg；

h_d——除氧器饱和水比焓，kJ/kg；

η——除氧器热效率；

q_{ex}——排汽量，kg/h。

17. 什么是除氧器的定压运行？

答： 所谓除氧器定压运行，即运行中不管机组负荷多少，始终保持除氧器在额定的工作压力下运行。除氧器定压运行时抽汽压力始终高于除氧器压力，用进汽调节阀节流调节进汽量，保持除氧器额定工作压力。

18. 什么是除氧器的滑压运行？

答： 所谓除氧器滑压运行是指除氧器的运行压力不是恒定的，而是随着机组负荷与抽汽压力而改变。机组从额定负荷至某一低负荷范围内，除氧器进汽调节阀全开，进汽压力不进行任何调节，机组负荷降低时，除氧器压力随之下降；负荷增加时，除氧器压力随之上升。

19. 除氧器滑压运行有哪些优点？

答： 除氧器滑压运行有如下优点：

（1）除氧器滑压运行可以提高机组运行的热经济性，这是因为低负荷时不必切换至压力高一级的抽汽，避免了抽汽的节流损失。

（2）热力系统简化，设备投资降低。

（3）使汽轮机抽汽点得到分配更加合理，使除氧器真正作为一级加热器用，起到加热和除氧两个作用，提高了机组的热经济性，其焓升的提高对防止除氧器自生沸腾也是有利的。

（4）可避免出现除氧器超压。

20. 除氧器滑压运行防止给水泵汽蚀的措施有哪些?

答: 除氧器滑压运行防止给水泵汽蚀的措施有:

(1) 提高除氧器的安装高度。

(2) 减缓除氧器在暂态过程中的压降速度。

(3) 在给水泵入口处加速水的温降。

21. 什么是无除氧器的回热系统?

答: 在中性水工况下，给水已无除氧的必要。与此相应的给水回热系统在设计时就取消了除氧器，而在原除氧器的位置上设置了一级混合式加热器，作为汇集高压加热器疏水、各种溢汽及高压与低压加热器的分界线而使用。国内一些试验性的中性水工况系统中，关闭除氧器的排氧阀运行，则相当于一个无除氧器的回热系统。

22. 无除氧器的回热系统有什么优点?

答: 无除氧器的回热系统有下述优点:

(1) 系统简单，可降低投资费用。

(2) 回热系统设计可不考虑除氧器的影响，使设计更趋合理，可提高系统的经济性。

(3) 运行调节简化，回热系统的变工况适应性增强。

(4) 使用中性水工况减缓了系统的腐蚀，延长了凝结水精处理装置的使用周期并节约了大量的化学用药量。

23. 无头除氧器设置汽水平衡管的作用是什么?

答: 无头除氧器每个加热蒸汽管路上均设一路蒸汽平衡管，并在蒸汽平衡管上装有止回阀，起到平衡供汽管和除氧器压力的作用。在正常运行时蒸汽平衡管不起作用，当供汽压力突降时止回阀打开，使除氧器的压力跟随汽源压力一同变化，减小除氧器和供汽管的压差，进而防止供汽管内进水。

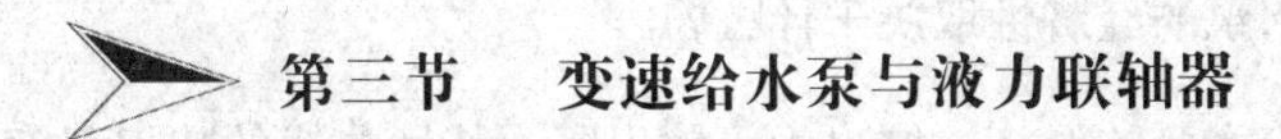

第三节　变速给水泵与液力联轴器

1. 大型机组为什么要采用高速给水泵?

答: 随着汽轮机单机容量的增加，蒸汽参数也在不断提高，导致给水泵耗功占主机功率的份额也急剧增加。此时若仍采用3000r/min或以下的给水泵，不仅给水泵的级数增加很多，而且使给水泵长度和质量增加，将严重影响给水泵的安全运转。以500～600MW亚临界参数机组为例，若给水泵为3000r/min，水泵重50t；若转速为6000r/min，泵重仅为15t。故目前200MW以上的机组均采用高速给水泵。

2. 给水系统运行的经济性及可靠性与什么有直接关系？

答：给水系统运行的经济性及可靠性与给水泵的流量调节方式有直接关系。

3. 高速给水泵目前均采用什么调节？其中应用最广的是哪几种？

答：高速给水泵目前均采用变速调节。其中以升速齿轮和液力联轴器来控制变速的电动给水泵及给水泵汽轮机直接变速驱动的汽动给水泵应用最广。

4. 直接变速驱动与间接变速驱动给水泵在应用上是如何划分的？

答：根据技术经济比较，单机容量在250～300MW以上时（国内以300MW为限），采用给水泵汽轮机直接变速驱动较为合理（空冷机组除外）；在此容量以下时，则多采用间接变速驱动，其中尤以采用液力联轴器的变速驱动为好。

5. 什么是水泵的变速性能曲线？

答：在水泵性能曲线中考虑转速这一参数，就可以绘制出变速的性能曲线，它是由一束近似平行的不同转速的性能曲线所组成。

6. 变速给水泵的工作点是如何确定的？

答：变速给水泵的工作点是由变速性能曲线和输出阻力特性来决定的。

7. 水泵输出阻力特性曲线取决于哪些因素？

答：水泵输出阻力特性曲线取决于锅炉工作压力、送水高度及克服管件等阻力。这与给水系统的组成形式、锅炉的结构形式及机组的运行方式有密切的关系。

8. 变速调节给水泵的经济性取决于什么？

答：变速调节给水泵的经济性取决于：输出阻力特性曲线的陡坦程度，曲线越陡直，越趋向于等效曲线的斜率，则变速调节的范围及其获得的经济性也越大。

9. 变速给水泵运行时，目前采用的调节方式一般为哪几种？

答：变速给水泵运行时，目前采用的调节方式一般为两种：①调节阀控制流量，变速调节机构调整调节阀前后差压为一定值；②保持调节阀固定开度或取消调节阀，直接通过变速调节机构调整其流量。从新装机组的调节方式看，已趋向取消调节阀，直接通过变速调节机构调节给水量。显然这种方式的经济性更好。

10. 从经济性上看，为什么说凝汽式给水泵汽轮机比背压式给水泵汽轮机好？

答：从经济性上看，凝汽式给水泵汽轮机比背压式给水泵汽轮机好是因为：凝汽式给水泵汽轮机的相对热耗率增加得较少；凝汽式理想喷嘴调节比节流调节好，但滑压运行下节流调节比实际喷嘴调节为好。凝汽式节流调节的效率曲线最为平坦，热耗增长率也较小，所以凝汽式给水泵汽轮机节流调节是所有方案中最经济和合适的方案。而背压式给水泵汽轮机喷嘴调节的经济性最差。

11. 在大型机组中给水泵为什么均采用变速调节？

答：高速给水泵采用变速调节，其经济性及运行可靠性比节流调节要好，所以在大型机组中给水泵均采用变速调节。

12. 变速泵的给水控制系统有哪几种基本类型？

答：变速泵的给水控制系统有两种基本类型。一种为两段控制系统，另一种为全程控制系统。

13. 两段给水控制系统的缺点是什么？

答：两段给水控制系统的缺点是用改变泵的转速去间接地维持给水调节阀的压差，其变速调速范围受到限制，不能充分发挥变速泵的优点。

14. 什么是给水全程控制系统？

答：所谓给水全程控制系统是指机组在正常运行、负荷变化和启停过程中均能进行自动控制的系统。全程控制系统能实现从锅炉点火、升温升压、开始带负荷、带低负荷、大小负荷变化、锅炉停运后冷却降温降压的各过程中，控制锅炉的进水量，满足锅炉蒸发量的需要。

15. 给水全程控制系统具有哪些特点？

答：给水全程控制系统具有的特点是：

（1）给水全程控制系统，不仅可满足给水调节的要求，同时可保证给水泵工作在安全工作区内。

（2）由于机组在不同负荷下呈不同的对象特性，全程控制系统在不同工况范围内，采取不同的控制方式与手段，以适应上述变化。

（3）能够完成不同控制回路、测量系统、执行机构之间的无扰切换。

（4）可适应机组定压运行和滑压运行工况的运行要求。

16. 给水泵安全工作区是如何形成的？

答：给水泵安全工作区是由上限特性线、下限特性线、最高转速特性线、泵出口最高压力限制线、泵最低转速特性线及泵出口压力最低压力限制线 6 条曲线形成的区域。

17. 液力联轴器驱动变速给水泵，其动态时间常数主要取决于什么？

答：液力联轴器驱动变速给水泵，其动态时间常数主要取决于液力联轴器工作腔中改变充油量的惯性，这与液力联轴器的结构和调节方式有关。因为液力联轴器和给水泵改变转矩时的设备惯性甚小，对整个动态时间常数影响较小。

18. 给水泵汽轮机变速驱动给水泵，其动态时间常数主要取决于什么？

答：给水泵汽轮机变速驱动给水泵，其动态时间常数主要取决于给水泵汽轮机改变转速的惯性。而对给水泵改变转矩的惯性，相对地影响较小。

19. 滑压运行能提高机组热经济性的主要原因之一是什么？

答：除机组本身的热力性能外，滑压运行能提高机组热经济性的主要原因之一是：由于给水泵采用变速调节后给水泵出口压力随着锅炉压力的降低而减小，从而减少了给水泵耗功，提高了单元机组热能的有效利用程度。

20. 液力联轴器的主要组成部件是什么？

答：液力联轴器主要由泵轮、涡轮和旋转内套组成。

21. 给水泵采用液力联轴器变速的优点有哪些？

答：给水泵采用液力联轴器变速的优点是：

（1）能靠改变转速来适应机组的启动工况。

（2）液力联轴器是以油压来传递动力的变速联轴器。由于油压大小不受等级的限制，因此它是一个无级变速的联轴器，由液力传动，调节方便，稳定性好，噪声小，经久耐用。

（3）使用液力联轴器的给水泵可在较低的转速下启动，启动转矩较小，可减小电动机的配置容量。

（4）如采用进、出油联合调节转速，调速的升降速度快，能适应单元机组直流锅炉对快速启动的特殊要求。

（5）可调节的范围大。

22. 什么是液力联轴器的滑差率？

答： 液力联轴器工作时，它的泵轮转速必须大于涡轮转速，这是液力联轴器传递转矩的必要条件，这种转速差称为液力联轴器的滑差率，即

$$s=\frac{n_1-n_2}{n}=1-\frac{n_2}{n_1}=1-i \tag{9-6}$$

式中　s——液力联轴器的滑差率；

n_1——泵轮转速，r/min；

n_2——涡轮转速，r/min；

i——传动比。

23. 液力联轴器工作油量的调节基本上有哪几种方式？

答： 液力联轴器工作油量的调节基本上有两种方式：一种是调节工作油的进油量；另一种是调节工作油的出油量。

24. 给水泵为什么要设置前置泵？

答： 为提高除氧器在滑压运行时的经济性，同时又确保给水泵的运行安全，通常在给水泵前加设一台低速前置泵，与给水泵串联运行。由于前置泵的工作转速较低，所需的泵进口倒灌高度（即汽蚀余量）较小，从而降低了除氧器的安装高度，节省了主厂房的建设费用，并且给水经前置泵升压后，其出水压头高于给水泵所需的有效汽蚀余量和在小流量下的附加汽化压头，有效地防止了给水泵的汽蚀。

25. 液力耦合联轴器有哪些损失？

答： 液力耦合联轴器有机械损失和液力损失两种。机械损失是指轴承密封损失、外部转子摩擦鼓风损失及为了冷却需向液力耦合器通入若干工作流体，从而造成系统、泵轮能量的消耗等。液力损失是指在泵轮和涡轮叶片之间的流道中，由于涡流和流体的内部摩擦及进入工作轮入口的冲击损失等所造成的能量损失。

26. 采用给水泵汽轮机驱动给水泵有什么优点？

答： 现代大型机组都配有给水泵汽轮机驱动的给水泵，主要有减少厂用电耗、提高机组的电力输出等优点。

27. 给水泵汽轮机有哪些保护？

答： 给水泵汽轮机的保护有轴承振动大、排汽压力高、超速、润滑油压低、轴向位移大

等保护。

28. 给水泵汽轮机启动及其并泵如何操作？

答：给水泵汽轮机的启动步骤如下：

（1）投运润滑油系统，并检查油系统运行正常。

（2）投运盘车装置，控制盘车转速为120r/min左右。

（3）投入给水泵汽轮机轴封系统。

（4）确认主机真空正常，缓慢开启给水泵汽轮机排汽蝶阀旁路阀，建立给水泵汽轮机真空。

（5）确认给水泵汽轮机两路汽源隔离阀均已开启并充分疏水。

（6）启动汽动给水泵前置泵。

（7）检查给水泵汽轮机调节保安油系统工作正常。

（8）给水泵汽轮机复位。

（9）给水泵汽轮机暖缸。

（10）冲转、升速、带负荷。

给水泵汽轮机的并泵操作如下：

（1）确认机组运行正常，稳定负荷，除氧器水位正常。

（2）在DCS站上，缓慢提高待并的给水泵的转速，注意监视其振动、油温、出口压力、除氧器的水位、再循环阀的开度等。

（3）当待并给水泵的出口压力略高于给水母管压力时，打开其出口电动阀。在这个过程中还要注意监视给水流量与蒸汽流量匹配，不正常时，及时调整运行泵的转数；注意监视主蒸汽的温度、压力的变化，否则，调整燃烧；在锅炉启动初期，还可以通过储水箱的水位来调整并泵时运行泵的转数；视情况而定，可以停运另外的运行泵。

（4）全面检查给水泵的运行状态。

29. 给水泵汽轮机抽真空如何操作？

答：给水泵汽轮机抽真空操作步骤如下：

（1）确认主机真空正常，可以接受给水泵汽轮机排汽。

（2）投入盘车装置，控制转数为120r/min左右。

（3）投入给水泵汽轮机轴封系统。

（4）缓慢开启给水泵汽轮机排汽蝶阀旁路阀，建立给水泵汽轮机真空。

（5）全开给水泵汽轮机排汽电动蝶阀。

（6）全关给水泵汽轮机排汽蝶阀旁路阀。

（7）根据真空调整好轴封压力，全面检查正常。

（8）操作中如出现主机真空下降过快，应立即停止操作，恢复到操作前的状态，全面查找原因，处理后再进行操作。

第四节　离心水泵的试验与经济调度

1. 离心水泵试验的目的是什么？

答：离心水泵试验的目的是：在正常运行条件下测取压头 H（m）、需要功率 P（kW）、水泵效率 η_p（%）及水泵装置效率 η_d（%）与输水量 q_V（m^3/s）的关系曲线，以此与其设计性能进行比较。

2. 离心水泵现场试验通常主要测取的特性曲线有哪几种？

答：离心水泵现场试验通常主要测取的特性曲线有以下三种：

（1）扬程-流量特性曲线（H-q_V特性曲线）或压力-流量特性曲线（p-q_V特性曲线）。

（2）功率-流量特性曲线（P-q_V特性曲线）。

（3）效率-流量特性曲线（η- q_V特性曲线）。

3. 离心水泵试验一般分哪几个工况点进行？如何选取？

答：离心水泵试验一般可分 6～8 个工况点进行。

试验各工况点分别在水泵的输水量由零（压力水管阀门全关时）到最大值（即制造厂保证输水量的 0、0.2、0.4、0.6、0.8、1.0 及更大的输水量值），处于稳定的情况下运行。

4. 在测量离心水泵扬程时应注意哪几点？

答：在测量离心水泵扬程时应注意：

（1）当泵压力低于 0.15MPa 时，最好用水银压力计。

（2）测量孔应位于泵的入口法兰和出口法兰附近，测压孔应该与管内壁垂直，并无毛刺。测压孔直径通常为 3～16mm。小口径泵取小值。

（3）在测读数前应将压力表连接管内的空气排除，因此压力表应装在三通旋塞上。在测真空时，连接管内允许充气。

（4）压力表应直立放置，否则读数有误差。

5. 目前流量的测量采用哪些表计？主要采用哪种？

答：目前流量的测量一般采用孔板、文丘里管、喷嘴等节流式流量计；也采用涡轮流量计、电磁流量计、超声波流量计和激光流量计。

由于节流式流量计结构简单，而且已经标准化了，精度较高，故在中小型水力机械试验中，仍主要采用节流式流量计。

6. 在测量管道上装测量孔板的流量计算式是什么？

答：在测量管道上装测量孔板的流量计算式是

$$q_V = \mu A_0 (2\Delta p/\rho)^{1/2} \tag{9-7}$$

式中 q_V——管道中流体的容积流量，m^3/s；

μ——流量系数；

A_0——孔板的内孔断面面积，m^2；

ρ——所输送液体的密度，kg/m^3；

Δp——喉部前后的压力差，Pa 或 mmH_2O。

7. 如何计算水泵的输入轴功率？

答：由电动机直接驱动的水泵，其输入轴功率可以通过测量电动机的输入电功率和电动机效率求得。计算式为

$$P_a = P_e \eta_e \tag{9-8}$$

式中 P_a——给水泵的轴功率，kW；

P_e—— 电动机输入功率，kW；

η_e——电动机的效率。

8. 如何确定电动机的输入功率？

答：电动机的输入功率可以通过精密的电能表和功率表测量确定。

9. 在水泵试验中，如何进行转速的测量？

答：在水泵试验中，转速的测量可以采用手持机械转速表、电脉冲式转数计或频闪测速仪进行测量。

10. 什么是液力效率？滑差率与液力损失有什么关系？

答：在液压联轴器的泵轮和涡轮叶片之间的流道中，液体有液力损失，这种损失由液力效率计算。由理论分析得知，液力效率等于涡轮转速与泵轮转速之比，即

$$\eta_e = n_2/n_1 = i \tag{9-9}$$

式中 n_2、n_1——液压联轴器的涡轮、泵轮转速，r/min。

滑差率越大，液力损失越大，液力效率下降越多。液力损失是液压联轴器的主要损失，可达液压联轴器额定功率的15%，并且在 $i=2/3$ 时，液压联轴器传动损失功率的绝对值达最大。

11. 液压联轴器的效率有几种确定方法？其中哪一种较为合适？

答：液压联轴器的效率有三种确定方法：

（1）热平衡计算法。

（2）以空载功率计算液压联轴器效率。

（3）测定前置泵和主给水泵特性确定液压联轴器效率。

在测量精确的基础上，一般认为，根据油量、油温进行液压联轴器能量平衡计算确定液压联轴器效率较为合适。

12. 凝结水泵和疏水泵应在什么条件下试验？

答：凝结水泵和疏水泵应在下列条件下试验：

（1）在汽轮机停止运行的情况下，且在凝汽器汽侧灌到正常水位，水通过再循环管（连接在节流装置后）输入凝汽器或量水箱（当校验节流装置时）。

（2）在汽轮机运行的情况下，改变其负荷工况。在正常运行工况时，估算汽蚀的影响。节流装置必须在压力管道上。

13. 什么是液压联轴器的外特性？

答：液力联轴器的外特性是指勺管在一定位置时，传递力矩的系数或力矩与滑差率的关系。液力联轴器传递的力矩由式（9-10）决定

$$M_2=\lambda_M\rho\omega_1{}^2D^5 \tag{9-10}$$

式中　ρ——工作油密度，kg/m^3；

ω_1——泵轮的角速度，rad/s；

D——有效直径，mm；

λ_M——力矩系数。

14. 什么是节流调节？其又可分为哪几种？

答：节流调节就是在管路中装设节流部件（各种阀门、挡板等），利用改变阀门开度来进行调节。

节流调节又可分为出口端节流和吸入端节流两种。

15. 什么是汽蚀调节？汽蚀调节时应注意什么？

答：凝结泵的汽蚀调节就是把泵的出口调节阀全开，当汽轮机负荷变化时，借凝汽器热井水位的变化来调节泵的出水量，达到汽轮机排汽量的变化与泵输水量的相应变化自动平衡。

汽蚀调节时应注意：凝结水泵的 q_V-H 性能曲线与管路特性曲线的配合要适当，泵的出

口压力不应过分大于管路阻力，即性能曲线平坦，泵的正常工作点应在泵的 q_V-H 曲线上，这样泵在进行汽蚀调节时工作才能稳定。

16. 什么是变速调节?

答：变速调节就是不改变管路特性曲线，而是改变水泵的转速，从而改变泵本身的特性曲线，使其工作点发生变化。

17. 单元制机组一般如何配置给水泵？机组负荷在一半运行时，经济性如何?

答：单元制机组的一般配置是：半容量给水泵三台。

机组负荷在一半运行时，给水泵单泵运行的经济性最好，单泵运行加给水调节次之，两台泵一起运行最差。

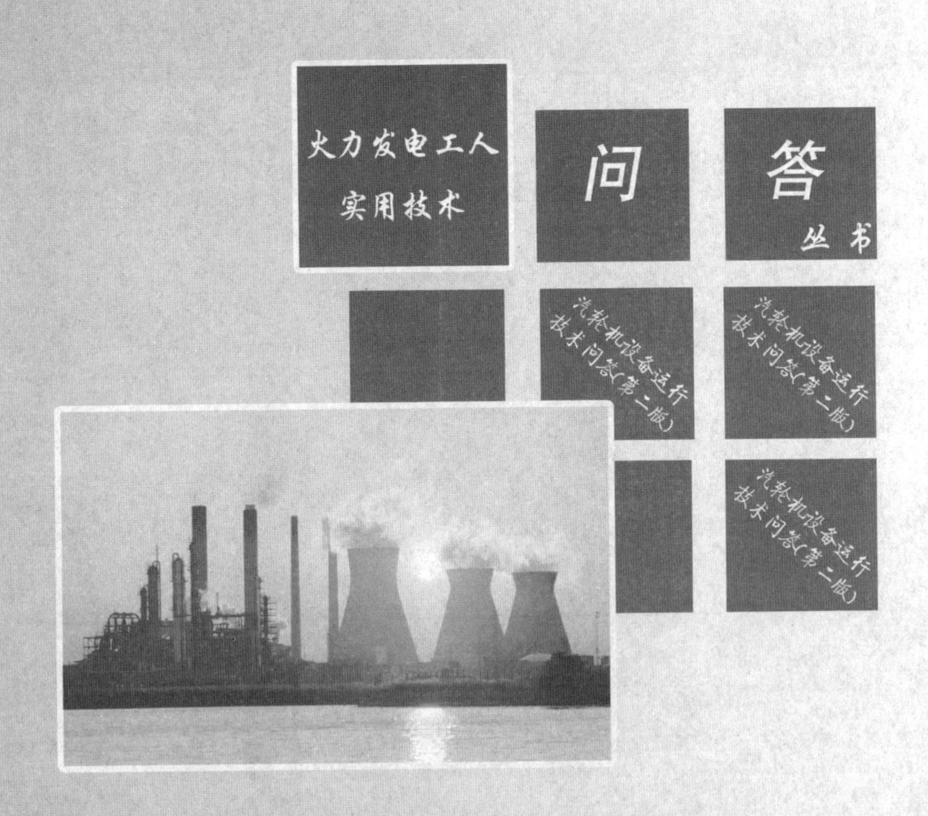

高级工

第三篇

第十章 汽轮机的应力分析与寿命管理

第一节 汽轮机的热应力、热膨胀和热变形

1. 简述蒸汽在汽轮机内部做功时的传热过程。

答：蒸汽在汽轮机内部做功时，发生能量的转换，并以对流、传导的方式将热量传递给转子及汽缸等金属部件。以对流的方式将热量传递给汽缸、转子的表面。以传导的方式，由汽缸的内壁传到外壁，由转子的表面传到中心。

2. 汽缸内外壁产生温差的原因是什么？

答：因为金属导热存在一定热阻，金属导热有一定的时间，换热过程的剧烈程度取决于换热系数的大小，导热过程的快慢则取决于金属材料的热导率。因此，在汽缸内外壁及转子表面和中心之间便形成了温差。换热系数越大，热导率越小，在金属部件内形成的温差越大。

3. 什么是导热时间？它与哪些因素有关？

答：汽轮机启停和工况变化时，热量在金属内部导热需要一定时间，这个时间称为导热时间。

导热时间的数值与金属部件的结构、厚度、材质等因素有关。

4. 凝结换热的形式分哪几种？

答：凝结换热的形式分为两种：蒸汽在金属表面凝结成水膜，通过水膜将汽化潜热传递给金属表面，这种形式叫做膜状凝结。如果发生凝结换热时，金属表面未形成水膜，叫做珠状凝结。

5. 凝结换热的特点是什么？

答：凝结换热的特点是：第一，放热系数较大，换热剧烈，膜状凝结换热的放热系数为 4652～17445W/（m^2·K）。而珠状换热系数是膜状换热系数的 15～20 倍。第二，由于凝结换热剧烈，易在金属部件内形成较大的温差。

6. 什么是对流换热？

答：流体与固体表面的热量传输，叫做对流换热。

7. 影响对流换热的因素有哪些？

答：影响对流换热的因素有以下五个方面：

（1）流体介质的流态、流速。蒸汽的流速越高，放热系数越大。介质流态处于紊流时，流体各部分的流动剧烈，换热系数也越大。

（2）金属的几何形状。如转子的径向厚度越大，换热速度越慢，产生的温差越大。

（3）流体是否发生相变。通常在换热时发生流体相变，对流换热更剧烈。

（4）蒸汽参数的变化。蒸汽的温度、压力越高，对流放热系数越大。

（5）流体的流动动力。强迫流动的换热系数要比自然流动的换热系数大。

8. 影响转子或汽缸内外壁温差变化的因素有哪些？

答：影响转子或汽缸内外壁温差变化的因素有：

（1）汽缸、转子金属材料的热导率。

（2）转子或汽缸的几何尺寸。

（3）蒸汽温度的变化速率。

（4）蒸汽温度的变化范围。

（5）蒸汽与金属表面的换热系数。

对于确定形式的汽轮机，由于部件的几何尺寸及材质已确定，金属部件温差的大小仅取决于运行条件。如果蒸汽温度变化越剧烈，温度变化的范围越大，则产生的温差也越大。在实际运行中，要求运行人员合理控制，以便达到控制温差的目的。

9. 什么是准稳态区？

答：在一定的温升率条件下，随着蒸汽对金属放热时间的增长和蒸汽参数的升高，蒸汽对金属的放热系数不断增大，即蒸汽对金属的放热量不断增加，从而使金属部件内的温差不断加大。当调节级的蒸汽温度升到满负荷所对应的蒸汽温度时，蒸汽温度变化率为零，此时金属部件内部温差达到最大值，在温升率变化曲线上这一点称为准稳态点，准稳态点附近的区域为准稳态区。

汽轮机启动进入准稳态区时热应力达到最大值。

10. 机组启动时暖机的目的是什么？

答：机组启动时，需要在某一转速或某一负荷下停留一段时间，进行暖机。其目的是：

（1）使汽缸、转子受热均匀，胀差在正常范围之内，防止发生动静部分受热膨胀不均匀，导致动静部分摩擦。

（2）将蒸汽参数稳定在某一水平，减小温度的变化，降低汽缸内外壁温差。

（3）使汽轮机转子受热均匀，整体温度水平高于转子的脆性转变温度，防止转子发生脆性断裂。

11. 什么是热变形？

答：由于温度变化引起的物体变形称为热变形。如果物体的热变形受到限制、约束，则在物体内就会产生应力，这种应力称为热应力。当温度变化时如果物体内的温度变化是均匀的，并且其变形不受约束，即可以自由膨胀或收缩，则物体只存在热变形而不产生热应力。如果物体的热膨胀受到约束，物体内将产生压应力；如果物体冷却收缩受到约束，物体内将产生拉应力。物体内部加热或冷却不均匀，温度分布不均匀时，物体即使未受到外部约束，其内部也会产生热应力。高温区产生压应力，低温区产生拉应力，汽轮机金属部件应力的产生，主要是由于温度分布不均匀引起的。

12. 汽轮机启、停和工况变化时，哪些部位热应力最大？

答：汽轮机启、停和工况变化时，最大热应力发生的部位通常是：高压缸的调节级处，再热机组中压缸的进汽区，高压转子在调节级前后的汽封处，中压转子的前汽封处等。

13. 试分析机组冷态启动时，转子及汽缸承受的热应力。

答：机组冷态启动时，汽缸、转子均处于加热状态。汽缸内壁、转子外表面温度首先升高，汽缸外壁、转子中心则受热滞后，这样，在汽缸内外壁、转子外表面和中心孔产生温差。汽缸内壁的膨胀受到外壁的制约，产生压应力，汽缸外壁则产生拉应力。转子外表面产生压应力，中心产生拉应力。

14. 试分析停机过程中的转子及汽缸承受的热应力。

答：汽轮机停机时是金属零部件的冷却过程，但汽缸外壁、转子中心的冷却速度滞后于汽缸内壁、转子外表面。这样，在汽缸外壁和转子中心产生压应力，在汽缸内壁和转子外表面产生拉应力。

15. 试分析热态启动时转子及汽缸承受的热应力。

答：汽轮机热态启动时，如果进汽参数高于汽缸金属温度，转子表面及汽缸内壁受到加热将产生压应力。如果由于旁路系统容量的限制，主蒸汽温度升不高，或者冲转前暖管暖阀不充分，那么冲转时进入调节级处的蒸汽温度可能比该处的金属温度低，使其先受到冷却，在转子表面和汽缸的内壁产生拉应力。随着蒸汽温度不断提高，并高出金属温度，转子表面及汽缸内壁温度将产生压应力，这样在整个热态启动过程中，汽轮机部件的热应力要经历一个拉—压循环。

16. 试分析汽轮机负荷变化时的热应力。

答：汽轮机负荷变化较大时，调节级后汽温也会出现大幅度波动。汽轮机处于减负荷状态时，蒸汽温度下降，转子表面和汽缸内壁产生拉应力；加负荷状态时，转子表面和汽缸内壁产生压应力。减小负荷变化时金属部件热应力的可行办法就是采用复合变压运行方式。

17. 汽轮机汽缸的膨胀数值取决于什么？

答：汽轮机汽缸的膨胀数值取决于汽缸的长度、材质和热力过程。

18. 产生热冲击的原因有哪些？

答：产生热冲击的原因有：

(1) 启动时，冲转参数与汽缸金属温度不匹配。

(2) 极热态启动，特别是甩 1/2 负荷时，为缩短启动时间，采用负温差启动。

(3) 汽轮机甩负荷时，通流部分金属温度发生急剧变化。

19. 汽轮机在哪些运行工况下，会发生热冲击现象？

答：在以下运行工况下会发生热冲击现象：

(1) 汽轮机启动时，由于蒸汽温度与汽缸金属温度不匹配，两者温差相差很多，启动时，就会发生金属部件的热冲击。

(2) 汽轮机极热态启动时，由于提高蒸汽参数很困难，往往只能在蒸汽参数温度低于金属温度的情况下冲转，蒸汽对汽缸及转子就会产生热冲击现象。

(3) 汽轮机发生水冲击事故时，进入汽轮机的冷水、冷汽对汽缸和转子会产生热冲击现象。

(4) 汽轮机出现甩负荷现象时，由于进入汽轮机的蒸汽流量、压力、温度发生急剧变化，使蒸汽的对流放热系数发生大的突变，对汽缸和转子产生很大的热冲击。

20. 为什么对汽轮机甩负荷后，带厂用电运行或空转工况的时间要严格限制？

答：因为甩负荷后，调节级后较大流量的低温蒸汽掠过通流部分，使汽缸、转子急剧冷却而产生较大的热应力，如甩掉全部负荷，开始由于低温蒸汽的流量小，金属的蓄热释放，蒸汽被加热，蒸汽的冷却作用较小，但长时间运行，同样，也会产生热应力。

21. 为什么蒸汽温度变化时，转子膨胀、收缩的速度比汽缸快？

答：汽缸与转子相比，汽缸的质量大而接触蒸汽面积小，转子质量小而接触蒸汽面积大，而且由于转子转动时，蒸汽对转子的放热系数比对汽缸的要大，因此转子随蒸汽温度的变化膨胀或收缩都更为迅速。

22. 汽轮机部件受到热冲击时产生的热应力取决于什么？

答：汽轮机部件受到热冲击时产生的热应力，取决于蒸汽和部件表面的温差、蒸汽的放热系数。

23. 为什么汽轮机正胀差的数值大于负胀差？

答：在汽轮机制造时，为了减小汽轮机级内损失，汽轮机各级动静叶间的轴向间隙小于该级动叶与下一级静叶间的轴向间隙，故允许的正胀差大于负胀差。

24. 监视胀差的意义是什么？

答：在稳定工况下汽缸和转子的温度趋于稳定值，相对胀差也趋于一个定值。在正常情况下，这一定值比较小。但在启停和工况变化时，由于转子和汽缸温度变化的速度不同，可能产生较大的胀差，这就意味着汽轮机动、静部分相对间隙发生了变化，如果相对胀差值超过了规定值，就会使动、静部分轴向间隙消失，发生动、静部分摩擦，可能引起机组振动增大，甚至发生掉叶片、大轴弯曲等事故。因此应严密监视和控制胀差。

25. 汽轮机冷态启动时胀差的变化有什么规律？

答：冷态启动初期，投入轴封供汽，胀差变化为正向变大。冲转时，蒸汽流量较小，温度不会出现波动，胀差均匀变化。并网后，由于流量、温度的变化较快，胀差变化的幅度较大。因此，并网后的胀差控制很重要，锅炉制粉系统的投入，油枪、燃烧器投入时需要相互协调，控制汽温不出现剧烈变化。当汽轮机进入准稳态区时，胀差达到最大。

26. 汽轮机热态启动、甩负荷、停机时胀差的变化有什么规律？

答：当汽轮机甩负荷或停机时，流过汽轮机通流部分的蒸汽温度会低于金属温度。由于转子质量小，与蒸汽接触面积相对大，所以转子比汽缸冷却快，即转子比汽缸收缩得多，因而出现负胀差。热态启动时，转子、汽缸的金属温度高，若冲转时蒸汽温度偏低，则蒸汽进入汽轮机后对转子和汽缸起冷却作用，也会出现负胀差，尤其对极热态启动，几乎不可避免地会出现负胀差。

27. 为什么汽轮机打闸停机后，在惰走阶段胀差有不同程度的增加？

答：汽轮机打闸停机后，在惰走阶段胀差有不同程度的增加，是因为：

（1）打闸后高中压主汽阀、调节汽阀关闭，没有蒸汽进入通流部分，转子鼓风摩擦产生的热量无法被蒸汽带走，使转子温度升高。

（2）转子高速旋转时，受离心力作用，使转子发生径向和轴向的变形，即大轴在离心力作用下变粗、变短，这种现象称为回转效应（又称泊桑效应）。当转速降低时，离心力作用减小，大轴的径长又回到原来的状态，即大轴变细、变长，使胀差向正的方向增加；对于低压转子，由于其直径大，其回转效应更明显。

28. 影响胀差的因素有哪些？

答：影响汽轮机胀差的因素主要有以下几点：

（1）汽轮机滑销系统畅通与否。

（2）蒸汽温升（温降）和流量变化速度。这是控制胀差的有效方法，在汽轮机启停过程中，控制蒸汽温度和流量变化速度，就可以达到控制胀差的目的。

（3）轴封供汽温度的影响。由于轴封供汽直接与汽轮机大轴接触，故其温度变化直接影响转子的伸缩。

（4）汽缸法兰、螺栓加热装置的影响。有效地减小汽缸内外壁、法兰内外壁、汽缸与法兰、法兰与螺栓的温差，加快汽缸的膨胀或收缩，起到控制胀差的目的。

（5）凝汽器真空的影响。在汽轮机启动过程中，当机组维持一定转速或负荷时，改变凝汽器真空则改变了汽缸进汽量，可以在一定范围内调整胀差。

（6）汽缸保温和疏水的影响。

29. 汽轮机上下缸温差过大有什么危害？

答：汽轮机上、下汽缸存在温差，会引起汽缸的变形。一般上缸温度高于下缸温度。因而上缸变形大于下缸，引起汽缸向上拱起，发生热翘曲变形，俗称猫拱背。汽缸的这种变形使下缸底部径向动静部分间隙减小甚至消失，造成动静部分摩擦。尤其当转子也存在热弯曲时，动静部分摩擦的危险更大。汽缸发生猫拱背变形后，还会出现隔板和叶轮偏离正常时所在的垂直平面的现象，使轴向间隙发生变化，进而引起轴向摩擦。

30. 引起汽轮机上下缸温差的主要原因是什么？

答：引起汽轮机上下缸温差的主要原因是：

（1）上下缸具有不同的质量和散热面积，下缸布置有回热抽汽管道，不仅质量大，散热面积也大，在同样的加热或冷却条件下，下缸加热慢而散热快，所以上缸的温度要高于下缸温度。

（2）在汽缸内，蒸汽上升而其凝结水流至下缸，使下缸受热条件恶化，在周围空间，运转平台以上的空气温度高于运转平台以下的空气温度，气流从下向上流动，造成上下汽缸的

冷却条件不同，使上缸的温度高于下缸。

(3) 当调节汽阀开启的顺序不当造成部分进汽时，也会使上下缸温度不均匀。

(4) 在汽轮机启动过程中，汽缸疏水不畅，停机后有冷蒸汽从抽汽管道返回汽缸，都会造成下缸温度突降。

(5) 下缸保温不良，或保温层与下缸脱离，使保温层与汽缸之间有空隙，空气冷却下缸，使下缸温度低于上缸。

31. 汽缸法兰内壁温度高于外壁温度时，法兰如何变形？

答：当法兰内壁温度高于外壁时，法兰内壁金属伸长量相对法兰外壁金属伸长较多，这时法兰在水平面内产生热变形。法兰的变形使汽缸中间段横截面变为立椭圆，而汽缸前后两端的横截面变为横椭圆，变形的结果使汽缸中间级两侧的径向间隙变小，汽缸前后两端的上下径向间隙变小。汽缸内外壁温差和法兰内外壁温差也会引起法兰在垂直方向上的变形，当法兰内壁温度高于外壁时，内壁金属膨胀多，增加了法兰接合面的热压应力，热应力超过材料的屈服极限，金属就会产生塑性变形。当法兰内外壁温差趋于零后，接合面又会发生永久性的内张口，这是法兰接合面漏汽的原因。

32. 如何防止汽轮机转子发生热弯曲？

答：防止汽轮机转子发生热弯曲的措施为：

(1) 机组启动停机时，应正确使用盘车装置。

(2) 机组冲转前应按规定连续运行盘车。

(3) 盘车的停运应在汽缸金属温度降至规定值以下之后。

(4) 盘车停运后，润滑油应保持运行一段时间。

(5) 盘车运行期间，注意盘车电流及大轴弯曲值、偏心度的监视测量。

(6) 机组停运后，应切断冷汽、冷水进入汽轮机的可能。

33. 汽轮机汽缸及转子的主要工作应力是什么？

答：汽轮机汽缸的主要工作应力是蒸汽的压力作用；转子主要承受离心力的作用。

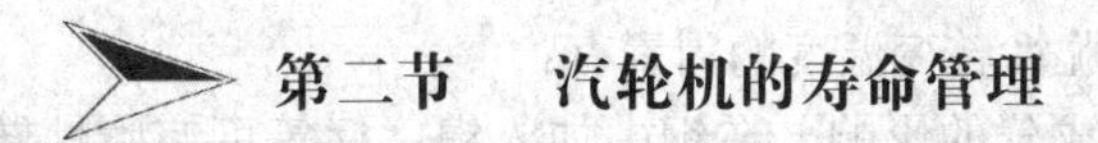

第二节　汽轮机的寿命管理

1. 什么是残余寿命？

答：金属部件出现裂纹后还能工作一段时间，这段时间称为残余寿命。

2. 金属蠕变分为哪三个阶段？

答：开始部分，是加负荷后所引起的瞬时变形，它不属于蠕变变形。蠕变第一阶段，也

称蠕变的不稳定阶段，其特点是塑性变形的增长速度随时间的增长而逐渐减小，经过一段时间后，蠕变速度不再发生变化。蠕变第二阶段，也称蠕变的稳定阶段，金属材料以恒定的蠕变速度变形，该阶段的长短决定金属在高温下工作的蠕变寿命。蠕变第三阶段或称蠕变最后（失稳）阶段，在此阶段蠕变速度增加很快，金属部件一般不允许在这一阶段状态下运行。

3. 影响金属蠕变快慢的原因有哪些？

答：影响金属蠕变快慢的原因有：

（1）承受的应力。金属承受的应力越大，蠕变越快。

（2）工作温度。处于不同的温度水平，即使应力相同，温度越高，蠕变越快。

4. 什么是松弛？

答：松弛是在变形量不变的条件下由弹性变形逐渐变为塑性变形的一种现象。

5. 为什么说松弛的本质与蠕变相同？

答：因为蠕变是在高温和应力的作用下不断产生塑性变形的现象，而松弛是在高温和变形的作用下，应力逐渐降低，由弹性变形逐渐变成塑性变形的一种现象。所以，松弛现象可视为应力不断变小的一种蠕变过程。

6. 什么是低周疲劳？

答：低周疲劳是相对于高周疲劳，在周期较长交变应力作用下产生的疲劳现象。例如，汽轮机零件热应力交变作用产生的疲劳即属于低周疲劳。通常指金属部件承受10^4～10^5次应力和应变循环而产生裂纹或断裂的现象称为低周疲劳，在承受10^7次应力应变循环的作用而不发生破坏的应力称为疲劳强度极限。

7. 影响金属材料脆性转变温度的因素有哪些？

答：影响金属材料脆性转变温度的因素有：

（1）金属合金元素成分的影响。在钢中加入镍、锰等可使脆性转变温度降低，随着含碳、磷元素的增加，脆性转变温度明显升高。

（2）加负荷速度的影响。缓慢加负荷可降低脆性转变温度，相反，会使脆性转变温度升高。

（3）晶粒度的影响。细晶粒钢要比粗晶粒钢具有较高的冲击韧性和较低的脆性转变温度。

（4）热处理的影响。采用不同的热处理方法，可以得到不同的金相组织，提高钢材的冲击韧性，最好的热处理方法是进行调质处理。

（5）材料的厚度和缺陷对脆性转变温度也有影响。

8. 为什么启动及进行超速试验时，需要将转子温度提高至脆性转变温度以上？

答： 在汽轮机启动和超速试验过程中，应通过暖机等措施将转子温度提高至脆性转变温度以上的一定范围，以增加转子承受较大的离心应力和热应力的能力。

9. 什么是金属的热脆性？

答： 金属材料在高温短时荷载作用下，金属材料的塑性增加；但在高温长时荷载作用下的金属材料冷却后，其塑性会显著降低，缺口敏感性增加，往往呈现脆性断裂现象，金属材料的这种特性称为热脆性。

10. 发生低温脆性断裂事故的必要和充分条件是什么？

答： 低压转子的脆性转变温度一般都在 0～100℃以下，发生低温脆性断裂事故的必要和充分条件是：

（1）金属材料在低于脆性转变温度的条件下工作。

（2）具有临界应力或临界裂纹，这是指材料已有一定尺寸的裂纹且应力很大。

11. 汽轮机的使用为什么不能单纯追求长寿？

答： 因为机组的使用年限要根据国家的能源政策、机械加工水平等因素综合分析，不能单纯追求长寿。

12. 汽轮机寿命由哪几部分组成？

答： 影响汽轮机寿命的因素很多，总的来说汽轮机寿命由两部分组成，即受到高温和工作应力的作用而产生的蠕变损耗，以及受到交变应力作用引起的低周疲劳寿命损耗。

13. 为什么进行汽轮机寿命管理？

答： 在高温下长期运行的汽轮机，由于零部件的材料性能发生变化，使其强度降低。另外，由于零部件长期承受静态和动态应力，以致出现裂纹甚至断裂。因此为确保安全运行，正确判断汽轮机部件的维修或更新时间，必须进行汽轮机的寿命管理。

14. 转子产生第一条宏观裂纹，是否意味着转子使用寿命到达终点？

答： 汽轮机转子产生第一条宏观裂纹，并不意味着转子使用寿命到达终点，因为如果裂

纹是表面或近表面的，经过适当的处理，消除裂纹后，仍可使转子寿命保持相当高的值，即使是内部埋藏裂纹，也不能简单认为转子完全报废，因为裂纹从初始尺寸扩展到临界尺寸仍有相当长的寿命，工程上通常把这种寿命称为残余寿命。

15. 汽轮机寿命管理的内容有哪些？

答：汽轮机的寿命管理应该包括两个方面的内容：

（1）对汽轮机在总的运行年限内的使用情况作出明确的切合实际的规划。

（2）根据寿命分配方案，制订出汽轮机启停的最佳启动及变工况运行方案，保证在寿命损耗不超限的前提下，汽轮机启动最迅速，经济性最好。

16. 汽轮机的寿命是怎样划分的？

答：汽轮机的寿命是指从初次投入运行，至转子出现第一条宏观裂纹期间的总工作时间（一般认为宏观裂纹等效直径为0.2～0.5mm），不包括出现裂纹后的残余寿命。

17. 如何科学地进行汽轮机寿命管理？

答：目前，通常认为汽轮机的服役年限为30年。在这30年的时间里，如何合理分配汽轮机的寿命，充分利用汽轮机的寿命，以取得最大的经济效益是汽轮机寿命分配的出发点。对于带基本负荷的机组，汽轮机寿命的损耗主要为高温蠕变和正常检修启停所需低周疲劳对汽轮机寿命的损耗。对调峰机组，除检修、维护需要正常启停以外，还应根据电网要求，安排一定次数的热态启动和一定范围内的负荷变化。热态启停次数（速率）和负荷变化量（率）应视电网的要求而定。在分配寿命损耗时，既要考虑汽轮机寿命的合理损耗，又要考虑电网的调峰需要。

第十一章 汽轮机的优化启停

第一节 汽轮机的优化启动

1. 什么是机组的最优化启停?

答:机组最优化启停就是指在保证机组零部件应力、胀差、轴向位移等指标不超限的前提下,机组以最高的经济性,在最短时间内启动、停机。机组的启停过程,实质上是个升温、降温过程,它由升温、降温速度和幅度决定。

2. 缩短机组启动时间的方法有哪些?

答:缩短机组启动时间的方法有:

(1)主、再热蒸汽温度与金属温度相匹配,主蒸汽温度必须有50℃过热度,这就可以在零部件安全的基础上缩短启动时间。

(2)合理安排升温、升负荷速度及暖机时间。

3. 汽轮机启动操作,可分为哪三个性质不同的阶段?

答:汽轮机启动过程可分为下列三个阶段:

(1)启动准备阶段。

(2)冲转、升速至额定转速阶段。

(3)发电机并网和汽轮机带负荷阶段。

4. 什么是额定参数停机?

答:额定参数停机是利用节流调节汽阀的办法,逐渐减小机组负荷,主汽阀前的蒸汽参数保持不变,汽缸内蒸汽温度的降低靠调节汽阀节流来实现。这种停机方式不能使汽轮机零部件的温度降低到较低的水平,经济性较差。

5. 中间再热机组与非中间再热机组的滑参数停机有什么差别?应注意哪些问题?

答:中间再热机组在滑参数减负荷停机过程中,再热蒸汽温度下降有滞后现象,因此,每进行一挡降温时,应等待再热器出口温度跟上主蒸汽温度后,方可进行降压。

中间再热机组进行滑参数停机时应注意以下问题：

（1）由于再热蒸汽温度下降有滞后现象，故新蒸汽与再热蒸汽温度相差不能太大。

（2）旁路系统的使用要恰当，防止发生中压缸处于无蒸汽运行的情况。

（3）当负荷较低时，若锅炉燃烧不稳，可用开启旁路系统的办法，使汽轮机继续滑参数降负荷，使汽缸温度再降低一些。

6. 简述滑参数停机的过程。

答：在额定负荷时，保持调节汽阀在较大的开度，先降低蒸汽温度、控制温降速度，当蒸汽温度的过热度接近50℃时，该阶段结束。然后降低主蒸汽压力，逐渐减小汽轮机负荷，当负荷减至某一数值时，再停留一段时间，待金属温降速度减慢，温差减小后，再降温、降压，重复以上步骤，直到降至较低负荷为止。在滑停过程中，主、再热蒸汽应始终保持有50℃以上的过热度，以避免蒸汽带水。对中间再热机组滑停时，应控制再热蒸汽温度与主蒸汽温度变化一致，不允许两者相差过大，对于高中压合缸的机组，两者温差应小于30℃左右。

7. 什么是高排压比？

答：高排压比是指高压缸调节级压力与高压缸排汽压力的比值，用于衡量高压缸通流量。机组正常运行时，一般保持在3～4之间，当冲转时高压缸排汽止回阀不能打开或运行中高压旁路误开时会造成该比值减小，当该比值小于1.7时，高压缸通流量不足以带走鼓风摩擦产生的热量，会造成高压缸排汽温度升高，对高压缸末级叶片造成损坏，同时再热器少汽或无汽运行，容易造成干烧，损坏再热器。为了防止高压缸排汽温度超过末级叶片的允许温度，机组设置高排压比低保护，有的机组设置高压缸排汽温度高或高压排汽缸金属温度高保护。

8. 汽轮机在什么情况下应做超速试验？

答：汽轮机在下列情况下应做超速试验：

（1）机组大修后。

（2）危急保安器解体检修后。

（3）机组在正常运行状态下，危急保安器误动作。

（4）停机备用一个月后，再次启动。

（5）甩负荷试验前。

（6）机组运行2000h后无法做危急保安器喷油试验或喷油试验不合格。

9. 开机前应对主、辅设备进行哪些检查？

答：开机前应对主、辅设备进行检查的内容是：

（1）检查并确认所有的检修工作全部结束。

（2）工具、围栏、备用零件都已收拾干净。

（3）所有的安全设施（接地装置、保护罩、保护盖）均已就位。

（4）拆卸下来的保温层均已装复，工作场所整齐清洁。

（5）热工仪表齐全，指示正确。

（6）主、辅设备启动前，保护装置处于投入状态。

（7）检查操作日志，在主、辅机组上从事检修工作依据的检修工作票已经注销。

10. 冲转后，为什么要适当关小主蒸汽管道的疏水阀？

答：主蒸汽管道从暖管到冲转这一段时间内，暖管已经基本结束，主蒸汽管温度与主蒸汽温度基本接近，不会形成多少疏水。另外，冲转后，汽缸内要形成疏水，如果这时主蒸汽管疏水阀还是全开，疏水膨胀器内会形成正压，排挤汽缸的疏水，造成汽缸的疏水疏不出去，这是很危险的。疏水扩容器下部的存水管与凝汽器热井相通，全开主蒸汽管疏水阀，疏汽量过大，使水管中存在汽水两相流，形成水冲击，易振坏管道，影响凝汽器真空；另外，疏水阀全开，热损失大，所以冲转后应适当关小主蒸汽管上的所有疏水阀。

11. 汽轮机滑参数启动应具备哪些必要条件？

答：汽轮机滑参数启动应具备的必要条件是：

（1）非再热式机组的凝汽器疏水管必须有足够大的直径，满足锅炉从点火到冲转前所产生的蒸汽能直接排入凝汽器。

（2）汽缸和法兰螺栓加热系统有关管道的直径应予以适当加大，以满足法兰和螺栓及汽缸加热需要。

（3）采用滑参数启动的机组，其轴封系统供汽、射汽抽气器工作用汽和除氧器加热蒸汽须装设辅助汽源。

12. 什么是冷态滑参数压力法启动和真空法启动？

答：压力法启动是指汽轮机启动时，电动主汽阀前应有一定的蒸汽压力，利用调节阀控制蒸汽流量冲动转子和升速暖机。要求新蒸汽温度要高于调整段上金属温度50～80℃，还应保证有50℃的过热度。

真空法启动是指启动时锅炉点火前，从锅炉汽包至汽轮机之间所有阀门全部开启，汽轮机盘车状态下开始抽真空。让汽轮机新蒸汽管道、锅炉的汽包、过热器全部处于真空状态，然后锅炉点火，锅炉压力温度缓慢上升，当蒸汽参数还很低时，汽轮机转子即被冲动，此后汽轮机的升速及加负荷全部依靠锅炉汽压汽温的滑升。

13. 采用真空法启动应注意什么？

答：采用真空法启动时，应及时开启蒸汽管道疏水阀，进行充分疏水，防止过热器积水

和新蒸汽管道的疏水进入汽轮机。加强凝汽器真空的监视、控制，从而达到控制汽轮机升速率及暖机转速的目的。

14. 什么是中压缸启动？

答：中压缸启动是指中间再热式机组在冲转前倒暖高压缸，启动初期高压缸不进汽，由中压缸进汽冲转，机组带到一定负荷后或达到一定转速后（一般在中速暖机后进行），再切换到常规的高、中压缸联合进汽方式，直到机组带满负荷。

15. 早期投产的国产机组能否采用中压缸启动方式，应从哪几个方面考虑？

答：早期投产的国产机组应考虑以下几方面问题，进行相应改进后，可采用中压缸启动。

（1）高压缸进汽参数不同。采用中压缸启动时，由于高压缸采用了倒暖，使金属温度水平提高，因此，进汽参数及升速过程与高中缸联合进汽时有所差别。

（2）核算轴系轴向推力情况。对于高中压缸反向布置的机组，中压缸单独进汽时轴向推力比较恶劣的情况是在切换进汽方式之前。

（3）可靠的汽轮机调节系统。保证启动时中压缸进汽，而高压调节汽阀关闭。达到切换负荷时，高压调节汽阀又能迅速缓慢打开。

（4）改进高压缸排汽止回阀的可控制性能及严密性，以便实现高压缸倒暖。

（5）改进高压缸抽真空系统，增强高压缸温度的可控性。

16. 采用中压缸启动方式冷态启动的主要操作有哪些？

答：采用中压缸启动方式冷态启动的主要操作有：

（1）机组冷态启动时，锅炉点火后投入旁路系统开始升参数，当再热器冷段蒸汽温度比高压内缸温度高出50℃左右，即可打开高压缸排汽止回阀，对高压缸进行倒暖。

（2）在进行倒暖的同时，主蒸汽、再热蒸汽的参数仍按规定的方式升高，注意控制温升速度。

（3）待蒸汽参数达到冲转要求时，采用中压缸进汽启动。

（4）中压缸冲转至中速暖机后，可停止倒暖，同时开大高压缸至凝汽器管道上的真空阀，使高压缸处于真空状态控制其温度水平。

（5）暖机结束后，继续升速至额定转速。

（6）用真空调节阀将温度控制在适当的水平，防止汽轮机进行电气试验时，高压缸由于鼓风作用导致缸温升高。

（7）当机组具备并网条件后，即可并网接带初始负荷。然后根据规定的升负荷方式继续升负荷。

（8）升负荷至切换负荷时，关闭抽真空阀进行进汽方式的切换，将中压缸进汽方式切换成高、中压缸联合进汽方式。再热蒸汽压力由中压调节汽阀控制。高压缸进汽后，应关小高

压旁路至全关，切换过程结束。

(9) 按照常规启动方式完成带负荷。

17. 中压缸启动切缸操作时应注意什么？

答：将中压缸进汽方式切换成高中压缸联合进汽方式一般称为切缸。当高压调节汽阀开始开启时，高压缸排汽通风阀关闭，应密切监视高压缸排汽温度和高压排汽缸内壁金属温度，及时调整高、低旁开度及高压调节汽阀开启速度，因高压缸排汽止回阀不能打开或其他因素导致高压缸排汽温度或高压排汽缸内壁金属温度超过规定值保护不动作时，应紧急停机。

18. 超临界机组冲转前为什么要进行高压调节汽阀室预暖？

答：超临界机组与亚临界机组最大的区别在于高压调节汽阀室。由于高压调节汽阀室承受超临界压力24.2MPa，壁厚且形状不规则，不能做成双层缸结构，加热后温度分布不均匀，容易产生较大的热应力，进而产生裂纹，故要进行高压调节汽阀室预暖。

19. 怎样进行高压调节汽阀室预暖？

答：东方汽轮机厂600MW超临界机组高压调节汽阀室预暖操作如下：当调节汽阀室的内壁或外壁温度低于150℃时，在汽轮机启动前必须对调节汽阀室进行预热，以免汽轮机一旦启动调节汽阀室遭受过大的热冲击。汽轮机挂闸成功后，点击“阀壳预暖”按钮，1号主汽阀在全关位置，2号主汽阀缓慢微开至21%，主蒸汽依次通过2号主汽阀、高压调节汽阀室、1号主汽阀阀座上部疏水管至凝汽器，对高压调节汽阀室进行预暖；当调节汽阀室内外壁金属温差超过80℃时关闭2号主汽阀，当温差小于70℃时继续开启2号主汽阀至21%，直至高压调节汽阀室的内壁或外壁温度达到150℃以上，且内外壁金属温度小于50℃时，认为蒸汽室的预热操作完成。

20. 汽轮机采用中压缸启动有什么优点？

答：汽轮机采用中压缸启动方式有以下几个优点：

(1) 缩短启动时间，在启动初期，启动速度不受高压缸热应力和胀差的限制。

(2) 进入中压缸的蒸汽流量大、暖机充分迅速，有利于中压缸膨胀，缩短了整个启动过程的持续时间。

(3) 汽缸加热均匀。中压缸启动时，高中压缸加热均匀，温升合理，汽缸易于胀出，胀差小。

(4) 提前越过脆性转变温度。中压缸启动初期，中压缸进汽量大，这样可使转子尽早越过脆性转变温度，提高了机组高转速运转的安全可靠性。

(5) 对特殊工况具有良好的适应性。机组启动并网过程中，汽轮机可以安全地长时间空

负荷运行，为进行试验、排除故障创造条件。

(6) 采用中压缸进汽，流经低压缸的蒸汽流量较大，能更有效地带走低压缸尾部由于鼓风产生的热量，保持低压缸尾部温度在较低的水平，有利于末级叶片的安全运行。

21. 滑参数启动主要应注意什么？

答：滑参数启动主要应注意：

(1) 严格控制新蒸汽升压和升温速度。

(2) 机组必须在稳定转速下或稳定负荷下进行充分暖机，达到暖机要求后，方可继续升速或加负荷。

(3) 调整凝汽器的真空或用增大汽缸法兰加热进汽量的方法加以调整金属温差。

22. 二级旁路的机组高压缸启动冲转前，为什么要将再热器压力降为零？

答：二级旁路的机组高压缸启动时挂闸冲转前，一般先关闭高压旁路，待再热压力到零后再关闭低压旁路。若再热器存有压力，当汽轮机挂闸，点击“运行”后，中压主汽阀、中压调节汽阀将大开，此时再热器的残留蒸汽将进入中压缸直接冲转，转速失去控制，有时甚至会引起 OPC 或超速保护动作。关闭旁路后，锅炉再热器会短时间干烧，锅炉侧应控制炉膛出口烟气温度，防止再热器超温。

23. 事故排放阀（BDV 阀）的作用是什么？

答：东方汽轮机厂高中压合缸的机组，为了防止机组甩负荷，尤其在高中压缸间的汽封齿磨损，汽封间隙增大的情况下，高压缸、高压缸导汽管内的余汽窜到中、低压缸继续做功造成机组超速，在高中压缸的中间汽封处接有事故排放阀，机组故障甩负荷时，开启事故排放阀，将余汽直接引至凝汽器；启动及暖机时，利用 BDV 阀可排除疏水，较好预暖高中压缸之间的转子部件。

24. 汽轮机启动时为什么必须对新蒸汽管道进行暖管？

答：汽轮机启动时必须对新蒸汽管道进行暖管的原因为：

(1) 汽轮机启动时，如果不预先暖管并充分排放疏水，由于较长的管道要吸热，这就保证不了汽轮机冲动参数达到要求值。

(2) 防止管道中的凝结水进入汽轮机将造成水冲击。

(3) 暖管时应避免新蒸汽管道突然受热造成过大的热应力和水冲击，使管道产生变形与裂纹。

25. 汽轮机启动前进行暖管时应注意什么？

答：汽轮机启动前进行暖管时应注意：

（1）升压暖管时，应严格控制升压速度。

（2）主汽阀应关闭严密，防止蒸汽漏入汽缸。电动主汽阀后的防腐阀及调节汽阀和自动主汽阀前的疏水应打开。

（3）暖管时应投入连续盘车，并加强对盘车电流、大轴挠度的监测。

（4）整个暖管过程中，应不断检查管道、阀门有无漏水、漏汽现象，管道膨胀补偿、支吊架及其他附件有无不正常现象。

26. 为什么汽轮机启动前要保持一定的油温？

答： 机组启动前先投入油系统，油温控制在35～45℃，当温度低时，可启动交流润滑油泵，用加强油循环的办法或使用暖油装置来提高油温。

保持适当的油温，主要是为了在轴瓦中建立正常的油膜。如果油温过低，油的黏度增大会使油膜过厚，使油膜不但承载能力下降，而且工作不稳定。油温也不能过高，否则油的黏度过低，以致难以建立油膜，失去润滑作用。

27. 启动前向轴封送汽要注意什么问题？

答： 启动前向轴封送汽要注意的问题是：

（1）轴封供汽前应进行暖管，充分疏水。

（2）必须在连续盘车状态下向轴封送汽。

（3）热态启动应先送轴封供汽，再抽真空。

（4）向轴封供汽时间必须恰当，冲转前过早地向轴封供汽，会使上、下缸温差增大，或使胀差正值增大。

（5）轴封供汽的温度与金属温度应匹配。

28. 额定参数启动汽轮机时怎样控制减小热应力？

答： 额定参数下冷态启动汽轮机时，利用低速或低负荷暖机控制金属的加热速度及限制新蒸汽流量，减小因受热不均产生过大的热应力和热变形，防止高温蒸汽与低温金属发生剧烈的凝结换热，产生很大的热应力。

29. 高、中压缸联合启动有什么优缺点？

答： 高、中压缸联合启动的优点：蒸汽同时进入高、中压缸冲动转子，这种方法可使高、中压合缸的机组分缸处加热均匀，减小热应力，并能缩短启动时间；缺点是：汽缸转子膨胀情况较复杂，胀差较难控制。

30. 机组启动升速至调节系统动作时，值班人员应注意什么？

答： 机组启动升速至2800r/min左右时，调节系统应动作，调节汽阀将有关小现象，此时运行人员应注意：

（1）记录调节系统实际动作转速。

（2）启动阀实际行程。

（3）母管二次油压。

（4）一次油压。

（5）各调节汽阀汽室压力数值。

（6）各调节汽阀油动机动作情况。

31. 启动、停机过程中应怎样控制汽轮机各部温差？

答：启动、停机过程中汽轮机各部温差的控制为：

（1）应按汽轮机制造厂的规定，控制好蒸汽的升温或降温速度，金属的温升、温降速度、上下缸温差、汽缸内外壁、法兰内外壁、法兰与螺栓温差及汽缸与转子的胀差。

（2）进行充分暖机，在暖机指标合格后，继续升速或加负荷。

（3）及时投入夹层加热系统或法兰加热系统。

（4）及时开启管道、汽缸疏水。

（5）对于汽缸下部抽汽管道较多的机组及时投入回热抽汽系统。

32. 为什么阀杆溢汽压力高于除氧器内部压力时，才允许打开阀杆溢汽至除氧器的阀门？

答：因为如果过早地打开阀杆溢汽至除氧器的阀门，若遇管道上止回阀不严，使阀杆溢汽管道中的汽水倒流，造成主汽阀和调节汽阀阀杆急剧冷却，产生很大的热应力，并且易将管道中的铁锈、杂物带入阀杆处，引起汽阀卡涩，所以要等阀杆溢汽压力高于除氧器内部压力时，才允许打开阀杆溢汽至除氧器的阀门。

33. 汽轮机启动过程中应注意什么？

答：汽轮机启动过程中应注意：

（1）严格执行规程制度，机组不符合启动条件时，不允许强行启动。

（2）在启动过程中要根据制造厂规定，控制好蒸汽、金属温升速度，上下缸、汽缸内外壁、法兰内外壁、法兰与螺栓等温差、胀差等指标。

（3）启动时，进入汽轮机的蒸汽不得带水，参数与汽缸金属温度相匹配，要充分疏水暖管，带有疏水自动控制系统的机组，应投入疏水自动控制。

（4）严格控制启动过程的振动值，达到紧急停机规定应执行紧急停机，因振动大打闸后，不允许进行低速暖机，应进入盘车状态，查明原因，消除故障后，方可重新启动。

（5）在启动过程中，按规定的曲线控制蒸汽参数的变化，保持足够的蒸汽过热度。

(6) 在任何情况下，汽温在 10min 内突降或突升 50℃，应打闸停机。

(7) 控制汽轮机转速，不能突升过快，通过临界转速时，不能人为干预转速自动控制系统，如人为手动控制转速，应以 400r/min 的速度快速通过临界转速。

(8) 并网前，检查蒸汽参数符合要求，防止并网后调节汽阀突然大开。

(9) 并网后应注意各风、油、水、氢气的温度，调整正常，保持发电机氢气温度不低于规程规定值。

34. 汽轮机暖机时应注意什么？为什么应避开临界转速 150～200r/min 进行暖机？

答： 汽轮机暖机时应注意：

(1) 稳定蒸汽参数、真空，防止由于参数变化造成转速波动。

(2) 做好汽缸、轴承箱的膨胀记录。

(3) 对机组振动情况进行监测。

(4) 检查轴承温度、回油温度正常，各瓦回油窗回油情况良好。

暖机稳定转速应避开临界转速 150～200r/min，是为了防止工况变动时机组转速可能会落入共振区而发生更大的振动。

35. 锅炉点火后，参数达到一定水平，发生汽轮机自动冲转是什么原因？如何处理？

答： 汽轮机发生自动冲转，是由于汽轮机主汽阀、调节汽阀严密性差而造成的，随着冲转参数的升高，蒸汽进入汽缸，尤其建立真空后，汽缸内的蒸汽做功膨胀，冲动转子。

处理方法为：

(1) 开启旁路系统，降低汽缸进汽参数。

(2) 开启蒸汽管道疏水阀。

(3) 降低凝汽器真空。

(4) 检查润滑油系统工作正常，适时启动顶轴油泵。

(5) 转速到零，启动盘车。

(6) 对主汽阀、调节汽阀进行解体检查。

36. 汽轮机冲转前，为什么要建立一定的真空？

答： 汽轮机冲转前应有一定的真空，一般为 60kPa 左右，若真空过低，转子转动就需要较多的新蒸汽，而过多的乏汽突然排至凝汽器，凝汽器真空会下降，甚至使凝汽器汽侧形成正压，造成排大气安全薄膜损坏，同时也会给汽缸和转子造成较大的热冲击。冲动转子时，真空也不能过高，真空过高不仅要延长建立真空的时间，也因为通过汽轮机的蒸汽量较少，放热系数也小，使得汽轮机加热缓慢，转速也不易稳定，从而会延长启动时间。

37. 汽轮机在升速过程和空负荷时，为什么排汽缸温度较高？如何降低排汽缸温度？

答：汽轮机在升速过程和空负荷时，排汽缸温度较高是因为：

（1）凝汽器的排汽缸温度与真空是对应关系，而凝汽器的真空是由于大量蒸汽的凝结形成的。汽轮机在升速过程及空负荷时，进汽量较小，故产生的真空较低。

（2）汽轮机在升速过程及空负荷时，蒸汽进入汽缸后主要在高压段膨胀做功，至低压段时压力已降至接近排汽压力数值，低压级叶片很少做功或者不做功，形成较大的鼓风摩擦损失，加热了排汽，使排汽缸温度升高。

降低排汽缸温度的措施为：

（1）大机组通常在排汽缸设置喷水减温装置，启动时，喷入凝结水以降低排汽温度。

（2）应尽量缩短空负荷运行时间。当汽轮发电机并列带部分负荷后，排汽温度即会降低至正常值。

38. 汽轮机升速和加负荷过程中，为什么要监视机组振动情况？

答：汽轮机升速和加负荷过程中，进汽量变化较大，在汽缸、转子产生热应力，并产生变形，特别是通过临界转速的过程中，机组振动将大幅度增加，在此阶段中，如果振动较大，最易导致动静部分摩擦，汽封磨损，转子弯曲。转子一旦弯曲，振动越来越大，振动越大摩擦就越厉害。这样恶性循环，易使转子产生永久性变形弯曲，使设备严重损坏。因此要求暖机或升速过程中，如果发生较大的振动，应该立即打闸停机，进行盘车直轴，消除引起振动的原因后，再重新启动机组。机组全速并网后，每增加一定负荷，蒸汽流量变化较大，金属内部温升速度较快，主蒸汽温度再配合不好，金属内外壁最易造成较大温差，使机组产生振动，因此每增加一定负荷时，需要暖机一段时间，使机组逐步均匀加热。

39. 汽轮机启动时为什么要进行暖机？

答：汽轮机启动时要进行暖机的原因是：

（1）减小汽缸法兰内外壁、法兰与螺栓之间的温差，转子表面和中心孔的温差，从而减少金属内部应力。

（2）使汽缸、法兰及转子均匀膨胀，高压差胀值在安全范围内变化，保证汽轮机内部的动静部分间隙不致消失而发生摩擦。

（3）使带负荷的速度相应加快，缩短带至满负荷所需要的时间，达到节约能源的目的。

40. 汽轮机启动与停机时，为什么要加强汽轮机本体及主、再热蒸汽管道的疏水？

答：汽轮机在启动过程中，汽缸金属温度较低，进入汽轮机的主蒸汽温度及再热蒸汽温度虽然选择得较低，但均超过汽缸内壁温度较多。蒸汽与汽缸温度相差超过200℃。暖机的最初阶段，蒸汽对汽缸进行凝结放热，产生大量的凝结水，直到汽缸和蒸汽管道内壁温度达到该压力下的饱和温度时，凝结放热过程才结束，凝结疏水量才大大减少。

在停机过程中，蒸汽参数逐渐降低，特别是滑参数停机，蒸汽在前几级做功后，蒸汽内含有湿蒸汽，在离心力的作用下甩向汽缸四周，负荷越低，蒸汽含水量越大。

另外，汽轮机打闸停机后，汽缸及蒸汽管道内仍有较多的余汽凝结成水。

由于疏水的存在，会造成汽轮机叶片水蚀，机组振动，上下缸产生温差及腐蚀汽缸内部，因此汽轮机启动或停机时，必须加强汽轮机本体及蒸汽管道的疏水。

41. 过临界转速时应注意什么？

答： 过临界转速时应注意：

（1）过临界转速时，一般应快速平稳地越过临界转速。

（2）在过临界转速过程中，应注意对照振动与转速情况确定振动类别，防止误判断，一阶临界转速之下，振动不应超过 3 丝，过临界时振动不应超过 10 丝。

（3）振动声音应无异常，如振动超限或有碰击摩擦异声等，应立即打闸停机，查明原因并确证无异常后方可重新启动。

（4）过临界转速后应控制转速上升速度。

42. 暖机时间依据什么来决定？

答： 暖机时间是由汽轮机的金属温度水平、温升率及汽缸膨胀值、胀差值决定。通过试验，测定部件温度控制有关数据。国产 300MW 机组各控制数据如下：

（1）汽轮机汽缸与转子相对膨胀正常。

（2）各部件温升速度及温差正常。

（3）中速（1200r/min）暖机结束标志：

1）高压外缸外壁温度达 200℃以上，中压外缸外壁温度达 180℃以上，高、中压内缸内壁温度在 250℃以上。

2）金属温升各部温差、胀差、机组振动正常。

3）高压缸总膨胀达 10mm 以上，中压缸膨胀已达 3mm 以上（热态启动要求已开始胀出）。

43. 300MW 机组并网后为什么要将 15MW 规定为初负荷？

答： 机组并网初期要规定最低负荷，主要是考虑负荷越低，蒸汽流量越小，暖机效果越差。此外，负荷太低往往容易造成排汽温度升高，所以一般规定并网初期的最低负荷。但负荷也不能过高，负荷越大，汽轮机的进汽量增加较多，金属又要进行一个剧烈的加热过程，会产生过大的热应力，甚至胀差超限，造成严重后果。

44. 增负荷过程中，应特别注意哪些问题？

答： 增负荷过程中，应特别注意：

（1）汽轮机的振动情况。

（2）轴向位移、推力瓦温度及胀差变化。

（3）注意调节凝汽器、除氧器水位、发电机冷却水温度及风温。

（4）注意调节系统动作是否正常，调节汽阀有无卡涩、跳动现象。

（5）随着负荷增加应及时调整轴封供汽，防止油中大量进水。

45. 汽轮机停机的方式有哪几种？如何选用各种不同的停机方式？

答：汽轮机停机方式有正常停机和故障停机。

所谓正常停机是指有计划地停机。故障停机是指汽轮发电机组发生异常情况下，保护装置动作或手动停机以达到保护机组不致损坏或减少损失的目的。故障停机又分为紧急停机和一般性故障停机。正常停机中按停机过程中蒸汽参数不同又分为滑参数停机和额定参数停机两种方式。

46. 汽轮机停机应注意哪些问题？

答：汽轮机停机应注意的问题是：

（1）停机前，辅助蒸汽系统应切换为备用汽源。

（2）供热机组停机前，应将供热负荷转移至邻机，并将供汽电动阀、止回阀、快关阀关闭。

（3）减负荷过程必须严格控制汽缸和法兰金属的温降速度及各部温差的变化。

（4）停机过程应注意汽轮发电机组胀差指示的变化。

（5）减负荷时，系统切换和附属设备的停运应根据各机组情况按规定执行。

（6）减负荷过程中，应注意凝结水、给水系统的调整。

（7）减负荷过程中，要检查调节汽阀有无卡涩。

（8）注意轴封供汽的调整。

（9）注意发电机冷却水量的调整。

（10）负荷减至零，汽轮机打闸后即可解列发电机，解列后抽汽止回阀应关闭，同时密切注意此时汽轮机转速应下降，防止超速。

（11）停止后检查自动主汽阀、调节汽阀是否关闭。

（12）机组解列前，应进行润滑油交、直流辅助油泵，直流密封油泵的启动试验，汽轮机转速降低后，应及时启动低压油泵。

47. 汽轮机的停机包括哪些过程？

答：汽轮机的停机包括从带负荷运行状态减去全部负荷、解列发电机、切断汽轮机进汽到转子静止、进入盘车等过程。

48. 停机时，为什么汽轮机的温降速度比温升（启动时）速度控制得更严一些？

答：滑参数停机过程中，主、再热蒸汽温度下降的速度是汽轮机各部件能否均匀冷却的

先决条件，也是滑参数停机成败与否的关键，因此，滑参数时温降率要严格控制。与滑参数启动一样的道理，滑参数停机也是采用低参数、大流量的蒸汽冷却汽轮机，一般以调节级处的蒸汽温度比该处金属低20～50℃为宜。由于滑参数停机时，调节汽阀大开，蒸汽全周进入汽轮机，可以使金属部件均匀冷却，而且金属温度可以降低到很低的水平。另外，降温过程中，转子表面受热拉应力和机械拉应力的叠加应力，因此，蒸汽降温率要小于启动时的温升率。

49. 惰走时间过长或过短说明什么？

答：汽轮机打闸后，从自动主汽阀和调节汽阀关闭起，转子转速从额定转速到零的这段时间称为转子惰走时间，表示转子惰走时间与转速下降数值的关系曲线称为转子惰走曲线。

如果惰走时间急剧减少时，可能是轴承磨损或汽轮机动静部分发生摩擦；如果惰走时间显著增加，则说明新蒸汽或再热蒸汽管道阀门或抽汽止回阀不严，致使有压力蒸汽漏入了汽缸。顶轴油泵启动过早，凝汽器真空较高时，惰走时间也会增加。

50. 停机时真空未到零，停止轴封供汽对汽轮机会产生什么影响？

答：如果真空未到零就停止轴封供汽，则冷空气将自轴端进入汽缸，使转子和汽缸局部冷却，严重时会造成轴封摩擦或汽缸变形，所以规定要真空至零，方可停止轴封供汽。

51. 为什么打闸后，规定转子静止时真空到零？

答：（1）停机惰走时间与真空维持时间有关，每次停机以一定的速度降低真空，便于惰走曲线进行比较。

（2）如惰走过程中真空降得太慢，在临界转速时停留的时间就长，易产生振动。

（3）如果尚有一定转速时真空已经降至零，则后几级长叶片的鼓风摩擦损失产生的热量多，易使排汽温度升高，也不利于汽缸内部积水的排出，容易产生停机后汽轮机金属的腐蚀。

（4）如果转子已经停止，还有较高真空，这时轴封供汽又不能停止，也会造成上下缸温差增大和转子变形不均匀发生热弯曲。

52. 汽轮机盘车过程中，能否退掉油泵连锁开关？

答：汽轮机在盘车状态时，必须投入辅助油泵的连锁开关，防止润滑油压过低时，盘车未跳闸，以保护机组各轴瓦。同时，油泵连锁开关投入后，若交流油泵发生故障可联动直流油泵开启，避免轴瓦损坏事故。

53. 盘车过程中应注意什么问题？

答：盘车过程中应注意如下问题：

(1) 监视盘车电动机电流是否正常，电流表指示是否晃动。

(2) 定期检查转子弯曲指示值、偏心度是否有变化。

(3) 定期倾听汽缸内部及高低压汽封处有无摩擦声。

(4) 定期检查润滑油泵的工作情况。

54. 停机后盘车结束，为什么润滑油泵必须继续运行一段时间？

答：润滑油泵连续运行的主要目的是冷却轴颈和轴瓦。停机后转子金属温度仍然很高，顺轴颈向轴承传热。如果没有足够的润滑油冷却转子轴颈，轴瓦的温度会升高，严重时会使轴承乌金熔化，轴承损坏；轴承温度过高还会造成轴承中的剩油急剧氧化，甚至冒烟起火。

低压油泵运行期间，冷油器也需继续运行并且使润滑油温不高于40℃。

高压汽轮机停机以后，润滑油泵至少应运行8h以上。

55. 停机后应做好哪些维护工作？

答：停机后需做好如下工作：

(1) 严密切断与汽缸连接的汽水来源，防止汽水倒入汽缸，引起上下缸温差增大，甚至设备损坏。供热机组还应检查供热管道疏水处于开启状态，截止阀处于关闭状态，截门电动机停电。

(2) 严密监视低压缸排汽温度及凝汽器水位、加热器水位，严禁满水。

(3) 停运循环水系统前，应检查有无蒸汽排向凝汽器。

(4) 除氧器无水时，切断加热汽源。

(5) 锅炉泄压后，应打开机组的所有疏水阀及排大气阀门；冬天应做好防冻工作，所有设备及管道不应有积水。对于闭式循环冷却水系统，在锅炉灭火后，应将循环水上凉水塔门切至近路门，防止填料层损坏。

(6) 做好汽机房通风、防冻工作。

56. 停机后高压缸排汽止回阀严密性差对机组有什么影响？

答：停机后如果高压缸排汽止回阀没有关严或卡死，将发生再热器及再热蒸汽管道中的余汽或再热器事故减温水倒入汽缸，而使汽缸下部急剧冷却，造成汽缸变形、大轴弯曲、汽封及各动静部分摩擦，造成设备损坏。

57. 为什么负荷没有减到零，不能进行发电机解列？

答：停机过程中若负荷不能减到零，一般是由于调节汽阀不严或卡涩，或是抽汽止回阀失灵，关闭不严，从供热系统倒进大量蒸汽等引起。这时如将发电机解列，将要发生超速事故。故必须先设法消除故障，采用关闭自动主汽阀、电动主汽阀，或开启旁路系统等办法，将负荷减到零，再进行发电机解列停机。

58. 停机后盘车状态下，对氢冷发电机的密封油系统运行有什么要求？

答：氢冷发电机的密封油系统在盘车时或停止转动而内部又充压时，都应保持正常运行方式。因为密封油与润滑油系统相通，这时含氢的密封油有可能从连接的管路进入主油箱，油中的氢气将在主油箱中被分离出来。氢气如果在主油箱中积聚，就有发生氢气爆炸的危险和主油箱失火的可能，因此油系统和主油箱系统使用的排烟风机和防爆风机也必须保持连续运行。

第二节　汽轮机停机后的冷却和保护

1. 汽轮机停运后，投入强制冷却系统有什么意义？

答：随着机组容量增大、蒸汽参数的不断提高，保温条件的改善，使得停机后自然冷却时间也越来越长，额定参数下停机到允许停止盘车一般需要 7 天时间，滑参数停机也需要 4 天左右时间，在这段时间内汽轮机处于连续盘车状态，无法对汽轮机的本体及轴承等设备进行检修工作。自然冷却大量占用了消缺检修的时间，降低了机组的可用率。在事故抢修情况下尤为突出。一般快速冷却可以使机组由停机到停盘车的时间缩短 2～5 天，有明显的经济效益，与滑参数停机相比，还有节约厂用电和节油的效益。

2. 汽轮机强制冷却采用什么介质？有哪几种方法？

答：汽轮机强制冷却采用空气或蒸汽作为冷却介质。

冷却方式有：蒸汽顺流冷却、蒸汽逆流冷却；空气顺流冷却、空气逆流冷却几种方式。

3. 为了保证机组的长期安全运行，对快速冷却系统有什么要求？

答：为了保证机组的长期安全运行，对快速冷却系统的要求为：

(1) 要正确选择热应力敏感部位，检查和增设监测仪表，制定快速冷却运行措施，减小快速冷却对汽轮机的寿命消耗。

(2) 快速冷却系统要因地制宜，尽量利用电厂已有的条件，操作力求简单。

(3) 冷却介质的接入和引出要有合理的设计，防止运行中积水或部件脱落。

(4) 如使用空气作为冷却介质，空气含水量及清洁度应合格，必要时对快速冷却装置进行吹扫。

(5) 通过试验，制定操作性较强的运行规程，指导运行操作。

(6) 建立快速冷却运行记录，对膨胀、振动、盘车运行情况加强监视。

(7) 统筹选取最佳冷却速度，必须确保热应力敏感部位的长期安全。

(8) 快速冷却过程中转子必须处于转动状态，绝对禁止在停止状态下导入冷却介质。

(9) 快速冷却应该和停机保护一起考虑，特别是用蒸汽作为冷却介质，冷却后机内湿度大，加剧停机腐蚀。

4. 什么是蒸汽逆流冷却方式？

答：这种冷却方式是在汽轮机低转速状态下（约500r/min以下）进行的，冷却介质是蒸汽，冷却汽源由邻机抽汽（汽温在400℃左右）和除氧器的汽平衡管供给，采用高压缸逆流、中压缸顺流的冷却方式。蒸汽进入汽缸的温度由上述两种汽源根据冷却各阶段的汽缸金属温度进行混合调节。混合后的蒸汽分成三路：

（1）从高压缸排汽止回阀前进入高压缸。一部分逆流经通流部分到高压导管、调节汽阀及防腐汽阀等排出，另一部分经高压内外缸夹层、外缸调节级处疏水及高压汽封第一段溢汽管到抽汽疏水管排出。

（2）引入法兰螺栓加热系统。

（3）从高压缸排汽止回阀后经锅炉再热器、中压联合汽阀顺流进入中压缸。一部分蒸汽经中压通流部分后，从中压缸后部及抽汽疏水管排出，大部分蒸汽流到低压缸做功后进入凝汽器。

5. 如何投入蒸汽逆流快速冷却？

答：投入蒸汽逆流快速冷却的方法为：

（1）关闭锅炉再热器的对空排汽阀。

（2）顶轴油泵、盘车装置、循环水泵、凝结水泵、射水泵和真空泵正常运行。

（3）轴封送汽，维持真空在较低的范围。

（4）关闭电动主汽阀，开启电动主汽阀后疏水阀、导管疏水阀、调节级疏水阀、前轴封到抽汽管道阀门。

（5）停机后开启法兰加热系统。

（6）关闭其他管道疏水阀，防止蒸汽短路。

（7）限制高、中压调节汽阀开度。

（8）调整好汽温，开始冷却。

6. 如何停运蒸汽逆流快速冷却？

答：停止蒸汽逆流快速冷却的步骤为：

（1）启动顶轴油泵，调整各轴承油压至正常数值。

（2）关闭快冷蒸汽阀，转子静止后投入盘车。

（3）关闭高、中压主汽阀和调节汽阀。

（4）按规程规定的正常停机操作进行停机。

7. 什么是蒸汽顺流冷却方式？

答：蒸汽顺流冷却是利用停炉后锅炉的余热及邻机或炉的蒸汽，对锅炉底部加热产生少量蒸汽，通过过热器等受热面后蒸汽具有一定的过热度，进入汽轮机内，在低速下带走汽轮

机内部的热量，达到冷却金属部件的目的。

8. 蒸汽顺流快速冷却操作过程中的注意事项是什么？

答：蒸汽顺流快速冷却操作过程中的注意事项如下：

（1）保持真空系统运行。维持凝汽器真空在73～80kPa。

（2）保持凝汽器和除氧器水位正常。

（3）严格控制主蒸汽温度和汽缸的温降率不大于30℃/h。

（4）锅炉汽包压力降至2MPa时，开启邻机汽源投入炉底加热。

（5）快速冷却过程中调整并保持汽轮机转速在500r/min以下，当高压缸上缸内壁金属温度降到允许停运盘车时，停止快速冷却。

9. 什么是空气逆流冷却？

答：压缩空气逆流快速冷却是从高压缸排汽止回阀前导入经过加热的纯净空气。一般高压缸部分为逆流冷却，空气温度主要考虑与高压缸及高压排汽管温度匹配。中压缸为顺流冷却，空气导入温度考虑与中压调节汽阀温度匹配，并有分路供法兰螺栓和夹层冷却。

10. 简述空气逆流冷却的流程。

答：空气逆流冷却的流程为：由厂内压缩空气站来的压缩空气经过过滤器，滤去空气中的水分和油等杂质，进入加热器加热到需要的温度，分成三路进入汽缸：

（1）经高压缸排汽止回阀前→高压通流部分→高压调节汽阀→高压疏水导管排出。

（2）去法兰、螺栓和夹层冷却。

（3）经再热器热段→中压调节汽阀→中压通流部分→低压缸→排大气安全阀。

11. 空气逆流冷却的优缺点有什么？

答：空气逆流冷却的优点是：一般需要30～40m^3/min压缩空气量（标准状况下），加热器功率为150～250kW。系统连接方便，容易实现自动，热冲击风险小。

空气逆流冷却的缺点是：由于高压缸进空气口在高压缸排汽部分，而汽缸上的金属温度测点大部分在高压缸的前部，对压缩空气的温度控制直观性较差。逆流空气阻力也大，高压缸排汽止回阀漏气量大。

12. 什么是压缩空气顺流冷却？

答：压缩空气顺流冷却是目前普遍采用的一种冷却方式，压缩空气经过滤和加热后，高压部分经高压导管、疏水管进入高压缸。中压缸为顺流冷却，空气导入温度考虑与中压调节汽阀温度匹配，并有分路供法兰螺栓和夹层冷却。

13. 快速冷却投停的操作步骤有哪些？

答： 快速冷却投停的操作步骤如下：

（1）计划停机时可以采用滑参数停机，降到锅炉最小负荷。

（2）汽轮机打闸停机并启动盘车装置。

（3）破坏真空。

（4）停止轴封供汽。

（5）引压缩空气经加热器预热后投入使用。

（6）控制降温率在12～16℃/h之间，调整压缩空气的进入气温和流量。

（7）金属温度降到可以停盘车时，停止向汽缸供气。

（8）保持盘车状态2h左右，确定金属温度不再升高后停运盘车，停止快速冷却。

14. 如何评价快速冷却是否安全？

答： 评价快速冷却是否安全的关键在于金属热应力的大小。热应力的大小主要取决于金属温度的变化量、变化率及金属截面的温度梯度。所以，快速冷却的控制指标主要为冷却速度和冷却介质与金属表面的温差。

15. 空气与蒸汽作为快速冷却介质有什么不同？

答：（1）压缩空气作为冷却介质，放热系数小、比热容小、无相变换热。一般电厂都有检修用的空气压缩机，可以满足快速冷却的需要。

（2）在相同流速、相同管径的条件下，蒸汽冷却的对流放热系数为空气的3倍以上，从传热观点来说，采用蒸汽冷却，冷却速度大于空气冷却，而且不需要增加设备，系统改动也不大。

（3）采用空气加热作为冷却介质对机组防腐保护是有益的。

16. 顺流冷却和逆流冷却相比较有什么优缺点？

答：（1）顺流冷却可以利用原有的蒸汽管道，而且汽轮机的高温部分处在介质压力较高、流速较大的范围内，冷却速度快。

（2）顺流冷却可利用原有的金属温度测点，便于监视进汽区的温度。但介质流量和温度控制不当将会引起较大的热冲击。

（3）逆流冷却从热应力的角度来说比较合理，因为冷却介质先接触汽缸温度较低的部分，待达到高温部分时，介质已吸收了金属的热量，温度有所升高，热冲击小。

（4）逆流冷却过程中由于无法利用原有的金属温度测点，给操作带来很大的不方便。

17. 停机后，低压缸为什么容易腐蚀？

答： 汽轮机停机后，汽缸内部必然充有大量蒸汽，蒸汽和由真空破坏阀、排大气疏水及

轴封等处进入的空气混合，构成了氧腐蚀的必要条件，对汽轮机金属造成严重的氧腐蚀。由于高、中压缸热容量大，温度高，腐蚀表现集中在低压缸的后部及叶轮、叶片等部位，严重的氧腐蚀直接影响机组的经济性，缩短使用寿命，严重时还会使金属强度降低，诱发掉叶片等事故。

18. 发生氧腐蚀与湿度的关系如何？

答：发生氧腐蚀与湿度的关系是：当相对湿度小于35%时，不发生腐蚀，当相对湿度超过60%时，腐蚀急剧增加。一般机组在停机后排汽缸的相对湿度高达85%以上，属于严重腐蚀范围。

19. 防止腐蚀的方法有哪几种？

答：防止腐蚀的方法可以概括为化学吸附和通风干燥两种。电厂一般采用通风干燥，具体方法是金属降到一定温度后向低压缸送入经过加热后的热风，热风在低压缸吸收水分后由真空破坏阀排出。一般在运行2～3h后排汽缸湿度由85%降至15%左右，达到了防止腐蚀的目的。另外，汽轮机快速冷却时，空气在高、中压缸吸热，空气中的水蒸气过热度升高，湿度下降，在低压缸吸收水分后排出。同样可以起到与上述热风干燥法同理的防腐蚀保护作用。

20. 为什么停机后防腐，应尽量放掉热井内的凝结水？

答：决定除湿干燥效果的因素除快速冷却的风量、风温、湿度外，还须考虑热水井是否有水，抽汽管路疏水是否排净及与汽水系统连接的阀门是否严密的问题。因为在冷却过程中，汽缸内相对湿度逐渐降低，空气中水蒸气分压力相应降低，上述各部的积水加快蒸发，制约了湿度的降低。同时，若上述问题存在，整机的冷却过程停止后，排汽缸的湿度将逐渐回升，以致恢复腐蚀条件而失去保护作用，因此，可根据冷却工作的需要，在冷却前或冷却中适时地排尽凝结水。

第三节　新机组的启动和试运行

1. 新机组依据哪些规定进行调整与试运行？

答：汽轮发电机组安装完毕，在投入生产前，必须按照《电力建设施工及验收技术规范》相关篇章的规定、制造厂的有关技术规定，以及调试单位编制的启动调试措施，进行调整、启动、试运行。未经调整试运行的设备，不得投入生产。

2. 新机组经调整与试运行后，应达到哪些要求？

答：通过全面认真的调整与试运行工作，应达到下列要求：

（1）检查各系统设备的安装质量，应符合设计图纸、制造厂技术文件及《电力建设施工及验收技术规范（汽轮机组篇）》的要求。

（2）检查各项系统及设备的设计质量，应满足安全经济运行和操作、检修方便的要求。

（3）检查、调整并考核各设备的性能，应符合制造厂的规定。

（4）吹扫或冲洗各系统达到充分洁净，以保证机组安全经济地投入运行。

（5）有关单位及部门提出整套设备系统交接试验的技术文件，作为生产运行的原始资料。

3. 新机组启动调试及验收包括哪些程序？

答： 启动调试及验收的一般程序包括：建筑工程验收，分部试运行，整套启动，技术资料，备品备件的移交及工程验收书，试生产，竣工验收。

4. 生产单位在调试期间负责什么工作？

答： 生产单位在整个调整试运行期间，根据调试要求或运行规程的规定，负责电厂的运行操作。根据需要或通过协商，在安装结束至试生产期间，做好设备代保管工作。从试生产期开始，生产单位将接收机组的管理，对机组的运行和维护负责。

5. 新机组调试对运行人员有什么要求？

答： 新机组调试对运行人员的要求是：

（1）参加试运行的运行人员，试运行前必须全面掌握新机组的设计特点，自动化水平及该类型机组的运行特性。

（2）通过专业培训，熟知汽轮机全部设备，包括汽轮机本体、调节系统、凝汽设备、加热器、除氧器、各种水泵等构造和工作原理，熟知每个阀门的位置、仪表的用途、各种保护及自动装置的动作原理和作用。

（3）熟练地掌握汽轮机设备的启动、停机和正常运行操作；能根据规程要求正确迅速地处理所发生的各种事故和异常情况。

（4）试运行前运行人员必须对设备及系统的安装情况进行全面系统的检查，在熟悉设备及系统的基础上，及时提出安装缺陷及错误及设计问题，以保证试运行工作的顺利进行，并保证移交生产后能安全经济运行和满足运行操作及检修方便的要求。

（5）运行人员应在学习掌握运行规程、安全运行规章制度及部颁反事故措施要求的同时，认真学习掌握有关试运行单位制定的调试措施及技术方案，了解调试内容、步骤及方法，以便配合安装部门及调试部门搞好分部试运行工作和整套试运行工作，并通过试运行工作，全面掌握设备特性。

（6）随着科技进步，新装机组广泛采用高科技及新工艺，并推广使用先进的运行技术，这就要求运行人员需不断提高自身素质，全面掌握新机组的相关技术。要求运行人员掌握常规机组运行技术的同时，尽快掌握机组热控系统的工作原理及操作使用方法，并能对一般热

工故障做出初步判断，只有这样才能顺利完成试运行操作工作，并保证机组投产后的安全稳定运行。

6. 试运行现场应具备哪些条件？

答：试运行前参加试运行的有关部门应对汽轮发电机及其附属机械、辅助设备的试运行现场进行全面检查，并具备下列条件：

（1）厂区内场地平整，道路畅通。

（2）试运行范围内的施工脚手架已全部拆除，环境已清理干净，现场的沟道及孔洞的盖板齐全，临时孔洞装好护栏或盖板，平台有正规的楼梯、通道、过桥、栏杆及其底部护板，试运行机组范围内的各层地面应按设计要求做好。

（3）现场有足够的消防器材，消防水系统有足够的水源和压力，并处于备用状态，事故排油系统处于备用状态。

（4）厂房及厂区的排水系统及设施能正常使用，积水能排至厂外，生活用的上下水道畅通，卫生设施能正常使用。

（5）现场有足够的正式照明，事故照明系统完整可靠并处于备用状态，电话等通信设备安装完毕，可以使用。

（6）试运行有关的空调设施可以投入使用，在寒冷气候下进行试运行的现场，应做好厂房封闭和防冻措施，室内温度能保持5℃以上。

7. 试运行前，设备系统应具备哪些条件？

答：试运行前参加试运行的有关人员应对汽轮发电机组及其附属机械、辅助设备和系统进行全面检查，并具备下列条件：

（1）试运行设备及系统按要求安装完毕，并经检验合格，安装技术记录齐全。

（2）完成设备及管道的保温工作，管道支吊架调整好。

（3）基础混凝土及二次浇灌层达到设计强度。

（4）具备可靠供电系统及压缩空气气源，工业水系统完备。

（5）各水位计和油位计标好最高、最低和正常工作位置的标志。

（6）转动机械加好符合要求的润滑油脂，油位正常。

（7）各有关的手动、电动、气动、液动阀门，经逐个检查调试，动作灵活、正确，并标明名称及开闭方向，处于备用状态。

（8）各指示和记录仪表及信号、音响装置已装设齐全，并经校验调整准确，有关保护装置可投入运行。

（9）参与试运行的各种容器，已进行必要的清理和冲洗，设备及表计清理擦拭干净并标注名称。

（10）具备足够的启动用汽源，并能稳定供汽，其压力和温度应能满足轴封供汽、汽动给水泵、除氧器等用汽的需要。

（11）做好必要的生产准备。主要包括运行人员配备和培训，运行规程和事故处理规程的制定、学习、考试，切合实际的系统图绘制，阀门编号及工具、仪表、记录表格的准备。

8. 新机组启动前，应进行哪些检查试验工作？

答：新机组启动前，需进行下列检查试验工作：

（1）检查辅助机组分部试运行情况应良好，各辅助设备工作特性符合厂家设计要求，并能满足机组整套启动的需要。

（2）检查汽、水系统，冲洗、吹扫质量应满足机组安全、经济运行的需要。

（3）油系统（润滑油系统、密封油系统、高压抗燃油系统）油循环合格。

（4）对汽轮机真空系统严密性进行检查，确认真空系统严密性良好。

（5）对辅助设备进行分部试运行及调整，使之具备投运条件。

（6）进行调节、保安、旁路系统的试验调整，使其静态特性符合设计要求。

（7）进行热控系统的检查试验，保证机组运行时能正常投入。

（8）各辅助系统的检查、调整及投运试验。

（9）全面检查各监视仪表的正确性，注意取样位置正确。

9. 新机组启动前应进行哪些系统的试验调整及投运试验？

答：新机组启动前应进行下列系统的试验调整及投运试验：

（1）油系统试验调整。

（2）调节、保安系统（电液调节系统）静态试验。

（3）旁路系统的试验调整。

（4）主机保护连锁试验和机炉电大连锁试验。

（5）各辅助设备及系统连锁、保护、信号试验。

（6）盘车和顶轴油系统的启动和调整。

（7）除氧给水系统的启动和调整试验。

（8）高低压加热器系统的启动和调整试验。

（9）真空系统的启动和调试。

（10）密封油系统和水冷、空冷系统、氢系统的启动调试。

（11）辅助蒸汽系统的检查与投运。

（12）有关电动阀、调节阀、手动阀的操作试验。

（13）轴封冷却器、轴封风机试验与调整。

（14）冷水塔、胶球清洗系统的试验与调整。

（15）低压缸喷水系统检查。

10. 新机组分步试运行的主要内容有哪些？

答：新机组分步试运行的主要内容有：

（1）真空系统严密性检查。

（2）附属机械分步试运行。

（3）汽水管道的吹扫和冲洗。

（4）汽轮机辅助设备试运行。

（5）油系统试运行和油循环。

（6）调节系统和自动保护装置试验。

11. 进行凝汽器灌水试验的目的是什么？

答：凝汽器灌水试验的目的是：检查凝汽器的汽侧、低压缸的排汽部分，以及空负荷运行处于真空状态的辅助设备及管道的严密性。

12. 进行凝汽器灌水的要求是什么？

答：真空系统灌水时，应确证凝汽器内部检修工作结束，并将处于灌水水面以下的真空表计全部切除。为了防止凝汽器底部支持弹簧受力变形需加装临时支撑，然后方可开始灌水，试验完毕放水后，应拆除临时支撑。

13. 如何对真空系统进行灌水试验？

答：（1）灌水前，要求所有与汽轮机连接的管道及严密性检查范围内的管道与设备均安装完好并经检查合格，焊口和法兰不得保温。

（2）凝汽器汽侧内部已清理干净。

（3）各水位计玻璃管及其他测点及表计已安装完好，在灌水水面以下连接的真空表计应切除。

（4）底部具有支持弹簧的凝汽器为了防止弹簧受力过负荷要加装临时支撑。

（5）灌水高度一般应在汽封洼窝以下 100mm 处，灌注用水采用化学水或澄清的生水。

（6）灌水后，运行人员配合安装人员共同检查所有处于真空状态下的容器、管道、阀门、法兰、接合面、焊缝、堵头、测点等可能泄漏不严处和凝汽器铜管及其胀口，若有泄漏之处，应采取措施及时处理，处理后需重新灌水检查，直至系统无泄漏为止。

14. 附属机械分步试运行条件是什么？

答：附属机械分步试运行条件是：

（1）转动机械的电动机应经单独空负荷试运行合格，旋转方向正确，事故按钮试验正常。

（2）手盘转子检查，设备应无摩擦和卡涩等异常现象。

（3）裸露的转动部分应装好保护，有关连锁自动保护装置应经过调整，模拟试验动作灵敏、准确，参与试运行的容器、冷却水系统应已冲洗合格。

（4）对于入口无滤网的水泵试运行前应加装有足够通流面积的临时滤网，运行至水质清洁后拆除。

15. 给水泵具备分步试运行的条件是什么？

答：给水泵具备分步试运行的条件是：

（1）强制循环的油系统应经油循环和滤油，达到管路清洁，油质化验及检验达到主机运行油质的标准。

（2）各轴承进油节流孔应按设计孔径装好，调整润滑油压达到规定值，检查确认各轴承回油正常。

（3）自动再循环阀动作应灵活可靠。

（4）具有暖泵系统的高压给水泵试运行前应进行暖泵。使泵体上下温差小于15℃，泵体与给水温差小于20℃。

（5）检查冷风室不漏风，冷风器不漏水，系统流量正常。密封系统的冷却水和冲洗水应畅通，水质清洁。

（6）对带液力联轴器的给水泵还要求，试运行前做好液力联轴器的静态试验，凸轮转角和勺管行程的对应关系应符合设计要求。

（7）主电动机经空负荷试运行合格后再接带液力联轴器，对调速工作油及润滑油系统进行油循环，油压调整正常，油质清洁无渗漏，进行各项保护程控装置的动作试验，并应灵敏正确。

（8）给水泵组启动试运行前还应根据其自动保护、程控装置情况进行必要的试验或模拟试验，其中关系到设备或系统安全的保护装置必须投入。

16. 对驱动给水泵的汽轮机分步试运行前的要求是什么？

答：对驱动给水泵的汽轮机分步试运行前还有以下要求：

（1）汽轮机的主蒸汽管道经过吹扫合格。

（2）油系统经循环冲洗合格，油质符合标准。真空系统严密性试验合格，调节保安系统试验调整合格。

（3）凝结水系统或排汽系统经冲洗或吹扫合格，并严密不漏，排汽阀水封能正常供水。

（4）汽轮机的主汽阀、调节汽阀及有关阀门开闭正确、严密不漏。

17. 循环泵试运行前应具备哪些条件？

答：循环泵试运行前应具备的条件是：

（1）循环水泵试运行前泵的进水侧，包括前池、进水间隔、进水及全部冷却系统的沟道、管道、水池等都必须清理干净，经检查无任何杂物，水池水位及吸入口淹没深度应达到设计要求。

（2）启动抽真空装置，经试验达到要求；轴流式或混流式循环水泵的出口阀门经试验开闭应灵活，连锁动作应准确，真空破坏阀动作应灵活，出口开关时间应符合厂家设计要求，

将泵的电动机电源切断，泵事故跳闸，同时应能联关出口阀，以防泵倒转。

（3）带橡胶轴瓦的水泵，启动前应先注入清水或肥皂水，待泵正常出水后再停。

（4）当橡胶轴瓦备有专用润滑水泵时，润滑水泵应经试运行正常，水质清洁，滤网前后压差正常，并须用清水冲洗橡胶轴承 20min 以上。

（5）抽空气阀处于工作状态，泵与排空气阀必须同时开启。

（6）全调节式轴流泵的油系统和压缩空气系统应经试验工作良好，叶片角度调整试验合格。

（7）水轮在水面下的水泵启动时应做好防止管路内水冲击的措施，管路支架必须紧固。

（8）泵在真空状态下不得启动，重新启动前必须有足够的时间使空气进入泵内。

（9）有条件时应进行胶球冲洗装置的试验，并投入旋转滤网等过滤设备。

18. 附属机械试运行应达到什么要求？

答：附属机械试运行应达到的要求是：

（1）在试运行过程中，泵的出口压力稳定并达到额定数值，电动机在空负荷及满负荷工况下，电流均不超过额定值。

（2）轴承振动应符合要求。

（3）轴承油温不高于制造厂规定值，一般使用润滑油的温度为 65～70℃，用润滑脂的温度不超过 80℃；油泵油压、供油及轴承回油正常，轴承无渗油现象。

（4）各转动齿轮啮合良好，无不正常音响、振动和发热现象。各转动部分音响正常，泵内无冲击现象。

（5）对于附属机械的各项连锁装置，综合试运行进行试验调整，并应符合设计要求。

19. 给水泵试运行应达到什么要求？

答：给水泵试运行应达到的要求是：给水泵组启动过程中应全面检查，并定时作出运行记录，对于带液力联轴器的泵组应进行下列各项调试与测定工作，并达到设计及运行要求：

（1）完成电动机定子绕组超温保护及低电压延时跳闸等试验。

（2）勺管位置（%）与水泵转速、凸轮转角、相关流量的特性测试，并进行调整。同时，检验变速泵的工作特性。

（3）液力联轴器工作油温与水泵转速关系及进油调节阀与工作油温的关系试验。

（4）自动再循环阀根据流量自动开闭试验，应正确可靠。

（5）并列运行的给水泵进行调整，使各泵凸轮转角、勺管位置、转速和流量关系趋于一致。

20. 驱动给水泵的汽轮机试运行应完成哪些调整项目？

答：驱动给水泵的汽轮机按制造厂的有关规定进行试运行，通过试运行完成下列试验调整项目：

（1）单机空负荷额定转速试转，调节系统试验调整。

（2）备用高压油泵、交直流润滑油泵等连锁试验合格。

（3）注油试验、超速试验合格。

（4）高、低压主汽阀开、闭试验合格。

（5）有关保护连锁试验合格。

（6）真空系统与主汽轮机连接者，其真空的建立应与主机保持一致。

（7）对于全调节式轴流泵，应在试运行中进行叶片角度调整试验，并应符合设计要求。

（8）水泵吸入口底阀能维持住启动时需要的水位。

21.《电力建设施工及验收技术规范》对蒸汽管道的冲洗如何规定？

答：《电力建设施工及验收技术规范》对蒸汽管道的冲洗规定是：

（1）主汽管道、主汽隔离阀旁路管、主蒸汽旁路系统管道，再热机组冷热段再热汽管道及其旁路系统等管道，必须按规定，用蒸汽吹扫合格。

（2）高温高压机组的凝汽器、除氧器及其水箱、高低压给水管、主凝结水管、减温水管、给水泵机械密封水管、抽汽止回阀，低压缸喷水系统及其他有关的容器和中、低压水管，应冲洗至水质透明。

（3）对于超高压及以上参数机组的炉前水管道应进行化学清洗（碱洗、酸洗）。清洗范围一般为从凝结水泵出口至锅炉省煤器入口这个区间的主凝结水、高低压给水管道。

（4）化学清洗后要求一个月内必须点火，否则应充联胺溶液防腐，锅炉点火前须用除盐水冲至含铁量合格。

（5）主蒸汽及再热蒸汽的导汽管在安装焊接过程中应确保内部清洁。否则，应进行管道的蒸汽吹扫。

（6）汽动油泵、汽动给水泵驱动汽轮机的进汽管的吹扫要求与主蒸汽管道相同。

（7）轴封蒸汽进汽管、轴封高温汽源管、汽轮机尾部加热进汽管、汽缸及夹层加热进汽管、蒸汽抽气器进汽管等应用主蒸汽或辅助汽源进行吹扫。

（8）吹扫蒸汽应有足够的压力与流量，每次吹 10～15min，直至排汽洁净为止，但不得少于 3 次，每次应间隔一定时间使管道冷却。

（9）冲洗或吹扫前，必须由调试单位及安装单位结合现场特点制定措施，经批准后执行，并在必要时加装临时消声装置，吹扫与汽轮机连接的管道时，必须严防蒸汽或疏水进入汽缸。

22.汽轮机辅助设备试运行前应具备哪些条件？

答：汽轮机辅助设备试运行前应具备的条件是：

（1）除氧器、减温减压站、热交换器试运行前有关安全阀、脉冲安全阀及其附件安装正确，并已经过冷态整定，排汽管的截面积应符合设计要求；一般安全阀动作压力定为工作压力的 1.1～1.25 倍，回座压力符合制造厂规定。

（2）各热工自动装置、仪表、远方操作装置经初步通电检查性能良好。

（3）除氧器、加热器就地水位计应清晰可见并有足够的照明，水位调节器、高低水位报警保护装置传动试验正常、疏放水系统设计合理。

（4）管道及其有关设备，应能自由膨胀，注意除氧水箱支座及底座应清扫干净，以防妨碍膨胀。

（5）真空系统抽真空前应具备的条件：真空系统严密性检查合格，排大气各阀门均应关闭，密封水系统投入。对各密封阀门供水正常，凝结水泵及循环水泵和有关系统试运行完毕，能投入使用。

（6）润滑油、密封油系统和盘车装置等均试运行完毕，能投入使用。

（7）射水抽气器的射水泵或真空泵的射水槽应彻底清理，有关设备分部试运行合格；射汽抽气器及轴封用的辅助蒸汽应有足够的汽源。机械真空泵试运行时还应注意：泵底阀严密，能使泵内充满水，并于真空泵启动后建立真空；无底阀或底阀不严时，须用压力水作工作水注入泵内，真空泵启动后建立真空，达到规定的真空后渐开虹吸阀，停供压力水。当真空泵运行正常后，关闭抽气系统的阀门及辅助进气口，应能达到理论上的真空，否则进行调整。试运行时工作水温应低于30℃。

23. 除氧器试运行后应达到什么要求？

答：除氧器试运行后应达到的要求为：除氧器的水位调节装置工作正常，溢流装置及高低水位报警信号动作可靠，就地和远方水位计指示一致。蒸汽压力调节装置工作正常，能稳定地维持除氧器压力在要求范围内，安全阀动作正确可靠，排汽畅通；运行过程无汽水冲击现象和显著振动现象。在铭牌出力下正常运行时，除氧水含氧量应符合标准，并能达到铭牌出力。

24. 减温减压装置试运行后应达到什么要求？

答：减温减压装置试运行后应达到的要求是：设备运行参数应能达到铭牌规定，安全阀的整定值应为铭牌压力的1.1倍加0.1MPa，动作与回座压力应符合要求，疏水畅通，减温水调节阀关闭后应严密不漏，管道及其有关设备，应能自由膨胀。

25. 热交换器试运行后应达到什么要求？

答：热交换器试运行后应达到的要求为：各台加热器投入前，应分别通过事故放水充分吹扫，各部分操作灵活，无泄漏现象；运行正常后，各部分参数应能达到制造厂的规定；加热器水位稳定，各自动调节保护装置经调试能正常工作，高压加热器水位高保护按要求试验正常。安全阀经整定后，其动作压力应为设计压力的1.1倍加0.1MPa。

26. 抽真空设备试运行后应达到什么要求？

答：抽真空设备试运行后应达到的要求是：抽气器或真空泵工作时，本身的真空应不低于设计值；在不送轴封蒸汽时真空系统投入后，系统的真空应不低于同类机组的数值，一般为40kPa左右，供轴封蒸汽和投入轴封抽气器后，系统的真空应能保持正常运行的真空值。

27. 油系统试运行和油循环的主要工作内容是什么？

答： 油系统试运行和油循环的主要工作内容是：油箱清理及灌油，各辅助油泵试运行；按照部颁验收技术规范要求，进行油系统循环冲洗，启动调速油泵进行调速油系统充压试验及严密性检查，并对各油系统油压进行初步调整；配合热工、电气人员进行油系统设备连锁保护装置的试验与整定，油质合格后，恢复系统，重新对系统充入合格的汽轮机油。

28. 油系统试运行及冲洗前应具备的条件是什么？

答： 油系统试运行及冲洗前应具备的条件：油系统设备及管道全部装好并清理干净，系统承压检查无渗漏；准备好循环所需临时设施，装好冲洗回路，将供油系统中所有过滤器的滤芯、节流孔板等可能限制流量的部件取出，备有足够量符合制造厂要求且油质化验合格的汽轮机油。油系统各油泵及排油烟机电动机空转试运行正常；油系统设备及环境应符合消防要求，并备好足够的消防器材；确证事故排油系统符合使用条件。

29. 油循环的一般程序是什么？

答： 油循环的一般程序是：

（1）通过滤油机向油箱灌油，并检查油箱及油系统有无渗漏现象，同时注意检查油位指示是否与实际油位相符，并调整高低油位信号正确。

（2）冲洗主油箱、储油箱、油净化装置之间的油管路至清洁。

（3）在轴承润滑油的入口管不进油的条件下，单独冲洗主油泵的主管路至油质清洁。

（4）各径向轴承进、出油管路短接，以不使油进入乌金与轴颈的接触面内，推力轴承的推力瓦拆去，进行油循环将前箱内调节保安部套的压力油管与部套断开，直排油箱或其油管短路连接进行冲洗。

（5）冲洗时可使交、直流润滑油泵同时投运，必要时密封油备用泵也投入冲洗，油净化装置应在油质接近合格时投入循环，各轴承管路采取轮流冲洗的方法，以加大流速和流量；顶轴油管也应参加冲洗。

（6）当油样经外观检查基本无杂质后，对调节保安油系统进行冲洗，并采取措施不使脏物留存在保安部套内。

（7）循环过程中，定期放掉冲洗油，清理油箱、滤网及各轴承座内部，然后加入合格的汽轮机油。

（8）油质化验合格后，将全部系统恢复至正常运行状态。

（9）油循环完毕，及时拆掉各轴承进油管的临时滤网，恢复各节流孔板。

30. 油循环时应符合什么要求？

答： 油循环应符合下列要求：

（1）管道系统上的仪表取样点除留下必要的油压监视点外，都应隔断。

（2）进入油箱与油系统的循环油应始终用滤油机过滤，循环过程中油箱内滤网应定期清理，循环完毕应再次清理。

（3）冲洗油温宜交变进行，高温一般为75℃左右，但不得超过80℃，低温为30℃以下，高、低温各保持1～2h，交替变温时间约1h。

（4）对密封油系统要求，密封油泵试运行合格；密封瓦处应进行短路循环；冲洗前应做好防止冲洗油漏入发电机内的措施，与润滑油系统相连接的密封油管在发电机轴承冲洗合格后，才可使油从发电机到油箱进行反冲洗。冲洗油应不经油氢压差调节阀和油压平衡阀，走旁路，冲洗完毕，应清理油氢分离箱、油封箱、过滤器等。

（5）对高压抗燃油的电液调节系统，油循环时应注意，向抗燃油箱灌油时，必须经过规格为10μm的过滤器；拆除汽阀执行机构组件上的有关部件，安装冲洗组件。系统上永久性金属滤网更换为临时冲洗滤网；抗燃油再生装置也应投入循环冲洗；采取措施保证冲洗流量，保持循环油温为54～60℃；每2h清理油箱磁棒一次，及时清理油滤网。

31. 油循环冲洗后应达到什么标准？

答： 油循环冲洗后应达到下列标准：

（1）从油箱和冷油器放油点取油样化验，达到油质透明，水分含量在规定值以下。

（2）采用标准规定的检查方法确定系统冲洗的清洁度合格：

1）称重检查法。

2）颗粒计数检测法。

（3）引进型数字电液调节系统的高压抗燃油系统，油循环冲洗工作的清洁程度要求从回油母管的过滤网前取油样100mL，在试验室中按规定方法用微分显微镜观测油样中杂质的粒径和数量，符合要求，则系统清洁度为合格。

32. 进行调节系统和自动保护装置的调整试验前应具备什么条件？

答： 进行调节系统和自动保护装置的调整试验前，要求油系统油循环完毕，油质化验合格，油温保持在（50±5)℃，调节系统各油压表安装齐全，并经校验合格。主要压力表应更换为标准表，有关部件的行程指示标尺或百分表，以及试验时必须加装的临时设施，应按试验要求正确安装；电动高压油泵试运行合格；各调节部套初步试验动作应平稳、灵活，无卡涩、突跳或摆动。

33. 什么是液压调节系统静态试验？

答： 液压调节系统静态试验是在汽轮机静止状态下启动高压调速油泵，对调节系统进行检查，以测取各部套之间的关系曲线，并与制造厂设计曲线相比较，如偏离较大应进行调整及处理，以保证汽轮机整套启动试运行的顺利进行。

34. 对于采用高速离心调速器为敏感元件的调节系统，进行静态试验时，应进行哪些项目？

答：对于采用高速离心调速器为敏感元件的调节系统，一般应测取同步器和挂闸油压、各自动主汽阀行程、中间继动滑阀行程、各油动机行程之间的关系，油动机行程与调节汽阀开度的关系。对于全液压调节系统，静态试验前应临时加接油源，以建立一次油压，经整定后，测取同步器在不同行程的一次油压与二次油压的关系，二次油压与各油动机行程的关系和油动机行程与调节汽阀开度的关系。启动阀、功率限制器或其他类似装置的行程与调节汽阀油动机行程的关系。抽汽式供热汽轮机应在调压器的压力敏感元件内用接入油压表校验台等办法建立压力，进行调压器的静态整定，再与调速部套一起做各油动机的静态调试，测取各调压器的压力、调压器行程、同步器行程和各油动机行程之间的关系。

35. 液压保安系统的调整试验有哪些内容？

答：液压保安系统的调整试验内容为：危急遮断器挂闸后，测取同步器、启动阀或其他有关装置行程与主汽阀开度的关系；主汽阀开度与安全油压、主汽阀油动机活塞下油压的关系。手动就地、远方打闸试验，模拟保安系统隔离试验。测取主汽阀、调节汽阀关闭时间，一般要求关闭时间不大于0.5s。对于功率限制器的调整应达到这样的要求：功率限制器行程与调节汽阀油动机行程关系符合设计要求；在退出位置时，应不妨碍调节汽阀全开；在投入位置时，应能根据给定值限制负荷，但不应妨碍调节汽阀的关闭；操作装置灵活，投入与退出的声光信号应正确。

36. 大型汽轮机保护有哪些？

答：大型汽轮机保护有：

（1）超速跳闸保护。包括转速升至110%～112%额定转速时危急保安器动作的超速保护，还包括当转速升至112%额定转速时而未动作的后备超速保护，附加液压保护及电超速保护。

（2）轴向位移保护。当轴向位移超过允许数值时，自动跳闸停机。试验时，注意轴向位移保护的零位要准确，指示方向正确，模拟动作正确可靠。

（3）低油压保护。当润滑油压低于正常要求数值时，首先发出信号，油压继续下降至某一数值时，自动投入辅助油泵以提高油压；即使辅助油泵启动后，油压仍然继续下跌到某数值时自动停机；当停机后，油压再下降至某数值则停止盘车。调速油压低时，联动高压启动油泵。抗燃油在低Ⅰ值，启动备用泵，低Ⅱ值停机。低油压试验时，应实际升降油压检查低油压触点开关，误差应小于3kPa。动作值准确，对润滑油压还应根据接有开关的标高与轴承中心线的标高不同对动作值进行修正。

（4）低真空跳闸保护。当真空降至动作整定值时，该保护应动作、发出声光信号，使机组跳闸。

（5）其他保护项目，大型机组通常还有轴承温度高保护，胀差大保护，主蒸汽、再热蒸汽温度高保护和发电机氢、水、油系统保护及甩负荷防止超速的保护等。

（6）机炉电大连锁跳闸保护。单元机组当汽轮机、锅炉、发电机任何一个主要设备发生故障跳闸时，其他两设备将在规定时间内相继跳闸，以保护各主要设备的安全。

37. 什么是抽汽止回阀、高压缸排汽止回阀连锁试验？

答：当汽轮机组跳闸使电磁装置动作时，应能及时使抽汽止回阀及高压缸排汽止回阀关闭。

38. 什么是高压加热器水位高自动旁路保护？

答：当高压加热器水位高保护动作时，液动给水旁路阀应在3s之内迅速打开，入口阀和出口阀应在5s内关闭，同时动作应不影响锅炉正常供水；抽汽止回阀及事故疏水阀连锁动作正常。电动旁路系统应注意检查动作时间是否符合设计要求。

39. 装设低压缸喷水装置的目的是什么？

答：装设低压缸喷水装置的目的是：当排汽缸温度高至60℃时，该装置应开始喷水，以降低排汽缸温度。

40. DEH调节系统的静态试验内容有哪些？

答：DEH调节系统的静态试验内容是：主要测取DEH系统各环节的静态特性，并检查其特性是否满足设计要求。

（1）LVDT-L位置反馈装置的静态特性：线性位移变送器的电压和油动机行程的关系。

（2）凸轮特性：DEH输出的信号电压与凸轮环节输出电压之间的关系。

（3）油动机静态特性：阀位指令和油动机行程之间的关系。

（4）伺服系统的静态特性：DEH输出到油动机位移变化关系。

（5）转速回路的静态特性：通过模拟转速变化，测取转速与油动机行程的关系。

41. DEH系统的功能检查有哪些内容？

答：DEH系统的功能检查内容有：

（1）汽轮机自动调节的功能和精度。模拟不同的启动方式与运行状态，全面检查其调节功能及精度应满足设计要求。

（2）汽轮机自停和运行监控系统的功能。检查监控系统工作正常，具备使用条件。

（3）汽轮机超速保护系统的功能。为了避免机组的超速，DEH系统一般具有三种保护功能：①甩全负荷时，快关调节汽阀延迟开启，保持机组空负荷运行；②甩负荷保护，当电网发生相间短路或某一相发生接地故障，引起发电机功率突降时，快关中压调节汽阀后重新开启，以维持机组正常运行。③超速保护，设置有103％和110％两种。103％超速保护，迅

速将高、中压调节汽阀关闭；110%超速保护，迅速关闭高、中压主汽阀及调节汽阀。

（4）汽轮机自动（ATC）功能。DEH系统的自动（ATC），包括自启动ATC和带负荷ATC。

什么是整套试运行？

答： 整套自动试运行是指由机、炉、电第一次联合启动开始到72h或7天试运行合格移交生产为止的全过程。

43. 对于大功率汽轮机组，启动调试主要程序有哪些？

答： 首次启动冲转的启动调试程序主要有：冷态启动试验—升速—定速摩擦检查—升速—定速运行检查—调节系统有关参数整定和调试—电气试验—主汽阀严密性试验—并网带负荷10%～15%稳定运行4～6h—解列超速试验—高低压旁路系统试验、锅炉洗硅—带25%负荷磨煤机及燃烧初调整试验、锅炉洗硅—带50%负荷磨煤机及燃烧初调整试验、锅炉洗硅、机组甩负荷试验—短时停机检查清扫凝汽器和消除缺陷—机组停运试验—温态启动试验—热态启停试验—带75%负荷、制粉系统或磨煤机调整试验、燃烧调整试验、自动调节和控制系统调整投入及切换试验、汽轮机真空严密性试验、锅炉洗硅—带100%负荷，调试项目同75%负荷时的项目并做甩负荷试验、负荷变动试验—MFT动作试验—停机检修。

汽轮机首次启动应具备哪些条件？

答： 汽轮机首次启动，除应满足试运行应具备的基本要求外，还应具备以下条件：

（1）锅炉点火前真空系统应试抽真空，并达到规定要求。

（2）各有关公用系统和附属设备系统均已分部试运行合格，冷却水塔或水池、凝结水处理设备等都处于备用状态。

（3）调节系统与自动保护装置经过静态整定与试验合格。

（4）空冷发电机应装好灭火装置，氢冷发电机和水氢氢冷发电机的氢气系统风压试验合格，具备投氢条件。

（5）水氢氢冷发电机和双水内冷发电机的水冷却系统经冲洗水质合格，具备投水条件。低压缸喷水装置经试验喷雾均匀，方向正确，不致喷溅到本级叶片上。

45. 汽轮机首次启动及空负荷运行时，应作哪些记录？

答： 汽轮机首次启动及空负荷运行时，应记录如下各有关项目：

（1）汽轮机大轴原始偏心度（晃度）及其高点值在转子的圆周方向的位置，以及轴向位移、胀差等其他仪表的原始读数。

（2）在每次重大操作后均要记录操作前后的参数变化。

（3）汽轮机及其附属机械、辅助设备的启停时间。

(4) 冲转时间、汽温、汽压、真空和油温，暖机各阶段的转速和维持时间。

(5) 轴承和轴颈在各暖机阶段和额定转速下的振动值，过临界最大振动，以及各阶临界转速的实测值。

(6) 各瓦乌金及回油温度。

(7) 盘车工作情况。

(8) 汽轮机各部分金属温度及膨胀值，轴向位移及胀差值。

(9) 发电机氢、水、油系统各项参数。

(10) 停止汽轮机的时间和原因，以及停机冷却时间内的汽缸温度、膨胀值等参数的变化情况。

(11) 汽轮机惰走曲线。正常停机后，下汽缸各主要金属温度测点的降温曲线。

(12) 缺陷故障处理情况。

46. 如何进行汽轮机的第一次启动?

答：汽轮机从开始冲动转子至达到额定转速，应按下列要求进行：

(1) 运行应统一指挥，明确分工，运行操作应由有运行经验的人员担任。

(2) 第一次冷态启动，冲转前应连续盘车 4h 以上，冲转后暖机时间应比正常运行规程中所规定的时间适当延长，以使各部件大部分加热均匀，并有足够时间进行检查，测试调整。

(3) 汽轮机启动，对单元制机组一般应采用滑参数启动，合理选择启动参数，并注意汽轮机启动旁路系统的各减压减温装置在启动过程中的调节方式应符合制造厂要求。

(4) 冲转后应切断汽源在低速下迅速进行“摩擦检查”，倾听汽轮机内动静部分、轴封、各轴承内部及发电机内部等处应无异声。如情况正常，应在转子仍在转动时进行升速，法兰螺栓加热和汽缸加热装置应按规程及时投入并调整，对投入前后的汽缸、法兰温度、胀差、热膨胀变化规律进行全面的记录。

(5) 在升速过程中，及时调整润滑油温在 40～45℃，并保持规定的氢油压差，及时投入风氢冷却水。

(6) 汽轮机各部的温差、胀差值及汽缸内壁温升率应符合制造厂规定并注意汽缸热膨胀，不应出现不均匀、不对称和卡涩现象；各主要控制参数应始终在此规程规定的范围内，超限时执行有关紧急停止的规定。

47. 进行空负荷试验的目的是什么?

答：进行空负荷试验的目的就是：检查本体机械部分运转情况并检查调节系统的空负荷特性及危急保安装置的可靠性、旁路系统的运行特性等是否符合技术要求。

48. 调节系统整定及工作特性检查内容有哪些?

答：调节系统整定及工作特性检查内容为：

（1）在额定转速下，按制造厂规定再次调整各部润滑和调速油压。

（2）记录调节系统开始动作时的转速。

（3）按要求调整同步器的高低限，并记录同步器的行程与汽轮机转速的关系，以及当时的蒸汽参数及真空值。

（4）检查空负荷工况调节系统工作是否稳定，是否有明显摆动、卡涩现象，油动机是否同步，高、中压油动机开度关系是否符合设计要求。

49. 为什么规定超速试验应在带一定负荷后进行？

答： 对于大型机组，为避开脆性转变温度（FATT），超速试验应在带一定负荷后再进行，防止损坏汽轮机金属部件。

50. 进行自动主汽阀和调节汽阀严密性试验的目的是什么？如何进行汽阀严密性试验？

答： 进行自动主汽阀和调节汽阀严密性试验的目的是检查自动主汽阀及调节汽阀的严密程度。试验方法为：试验在额定汽压、正常真空和汽轮机空负荷时进行，在主汽阀（或调节汽阀）单独全关而调节汽阀（或自动主汽阀）全开的情况下，中压机组的最大漏汽量应不致影响转子降速至静止，对于进汽压力为 9MPa 以上的汽轮机，最大漏汽量应不致影响转子降速至 1000r/min 以下。当主蒸汽压力偏低，但不低于额定压力的 50%时，转子转速下降值，可按式（11-1）修正，即

$$n=(p/p_0)\times 1000(\mathrm{r/min}) \tag{11-1}$$

式中 p——试验时的主蒸汽压力，MPa；

p_0——额定主蒸汽压力，MPa。

具有左右两侧主汽阀的汽轮机，两侧应同时进行试验。

51. DEH 系统有哪几种运行方式？

答： DEH 系统允许汽轮机有四种运行方式，即操作员自动操作方式、汽轮机自启停方式、遥控自动操作方式和汽轮机手动操作方式。

52. 什么是调节系统空负荷试验？

答： 调节系统空负荷试验是汽轮机组空负荷无励磁条件下，在额定参数及不同同步器位置下，用主汽阀或其旁路阀来改变转速，测取转速感应机构特性曲线、传动放大机构特性曲线、感应机构和传动放大机构的迟缓率、检验同步器的工作范围及检查汽轮机空负荷运转的特性。

53. 如何进行调节系统空负荷试验？

答： 进行调节系统空负荷试验时，将同步器分别放在上、中、下限三个位置（相当于

3150、3000、2850r/min）进行。首先把同步器放在下限位置，由发令人发出第一个信号，同时做好第一个记录。再逐渐关小主汽阀使转速缓慢下降，下降速度应尽量慢一些，一般可以做到转速下降速度不大于10～15r/min。待转速至第二点时，发第二个信号并记录。依次继续测量其余各点，直至油动机全关。测量各点的转速间隔应能保证油动机全开范围内不少于8～10点，降速试验完毕再按上述方法逐渐开启主汽阀做升速试验。注意在一个试验过程中，转速不得反复。

低限位置试验完毕，用同样方法进行同步器在中限及高限位置的试验。

试验时应做好全面记录，根据所测数据，绘制各环节特性曲线。

对于中间再热式机组，一般在静态下可模拟该项试验，而且空负荷进行升降转速试验，转速不易控制，因此仅测取同步器控制范围即可，一般要求同步器转速控制范围在额定转速－5%～7%的范围内变化。

54. 汽轮机带负荷试运行的目的是什么？

答：汽轮机带负荷试运行的目的是：进一步检查调节系统的工作特性及其稳定性，以及真空系统的严密程度，检查回热系统的工作情况，检查主机出力及运行经济性能否达到设计要求，检查分路系统及机组控制系统工作是否正常。

55. 汽轮机带负荷试运行应具备哪些条件？

答：汽轮机带负荷试运行应具备的条件为：

（1）带负荷试运行必须在空负荷试运行正常、调节系统空负荷试验合格。

（2）主、辅机保护系统各项目静态调试合格，全部具备投入条件，影响机组安全运行的保护装置已投入。

（3）程序控制系统各程序经模拟试验能够根据运行参数和条件投入。

（4）各项自动调节装置经分别调试，具备投入条件，并在启动试运行过程中已逐步投入，发电机空负荷电气试验完毕，氢冷发电机完成投氢工作等一系列条件都满足的条件下进行。

56. 汽轮机带负荷试运行应进行哪些参数的记录？

答：汽轮发电机组带负试运行时，在各不同负荷阶段，除全面记录空负荷试运行要求的有关参数外，还应记录：负荷、主汽参数、再热蒸汽参数、调整段压力、抽汽压力、排汽温度、给水和蒸汽流量及调节系统、旁路系统有关参数。

57. 汽轮机组带负荷试运行应符合什么要求？

答：汽轮机组带负荷试运行应符合下列要求：

（1）汽轮机第一次接带负荷的升负荷率可比正常运行所规定的适当放宽。

（2）注意带负荷试运行的汽水品质要在各负荷阶段进行洗硅冲洗；凝结水达到规定质量标准后，才允许回收。

（3）为了暖机均匀，第一次带负荷应采用滑参数启动方法；随着负荷增加，逐个投入回热加热器；满负荷时，主蒸汽参数的偏差范围、真空度、排汽温度、凝汽器端差等应符合制造厂的规定；在各负荷工况下，机组振动应符合要求。

58. 机组带负荷过程中，应进行哪些试验及试验的意义是什么？

答：在机组带负荷过程中，应进行以下试验：

（1）超速试验。危急保安器是防止汽轮机超速的一种保安装置，为了确保汽轮机运行的安全，新装机组或大修后的机组必须进行超速试验，以检查危急保安器的动作转速是否在规定范围内及其动作是否可靠。

（2）真空系统严密性试验。汽轮机真空系统严密性好坏，直接影响汽轮机运行的经济性，因为空气量增加，将使凝汽器内真空降低，而真空每降低1%，汽耗将近似增加1%，因此，新装机组及大修后机组必须进行真空系统严密性试验，以确保真空系统的严密。

（3）调节系统带负荷试验。目的是测取配汽机构特性曲线、即负荷与油动机行程关系曲线、DEH 指令与油动机行程的关系曲线、油动机与调节汽阀开度的关系曲线、调节汽阀之间开启的重叠度，并检查调节系统在各种负荷下的稳定情况。具有阀门切换功能的机构应在不同运行方式下进行试验。

（4）甩负荷试验。甩负荷试验就是汽轮发电机组在并列带负荷的情况下，突然断开发电机断路器与系统解列，以观察记录有关特性参数的变化过程及调节系统各主要部件在过渡过程中的动作情况，从而对调节系统动态品质作出评价，同时检验机、电、炉、热控及主要辅机对甩负荷的适应能力。

59. 如何进行机组的超速试验？

答：超速试验应在带额定负荷10%～15%运行4～6h后进行，以使转子温度达到转子脆性转变温度以上。超速试验前，危急保安器充油试验应正常，远方、就地打闸试验正常，机组振动特性合格；具有全周进汽系统的机组，应切换为全周进汽运行方式。

对于液压调节系统，首先应用同步器提升转速，当同步器到达高限位置时，改用超速试验滑阀继续缓慢提升转速直至危急保安器动作，并注意记录动作的转速。当转速达到危急保安器最高动作转速，而未动作时，应打闸停机，重新调整后，再进行试验。

超速试验时动作转速应在厂家规定的范围内，试验应连续做两次，两次动作转速差不应超过0.6%；脱扣后应能复归，复位转速一般不应低于3030r/min，跳闸及复位信号也应正确。

对于DEH系统，可按下超速试验按钮，以闭锁DEH系统的超速保护，再提升转速进行试验。

60. 如何进行真空系统严密性试验?

答: 进行真空系统严密性试验时，负荷稳定在额定负荷的80%以上，真空不低于85～90kPa，关闭连接抽气器的空气阀，最好停真空泵，30s后开始每半分钟记录机组真空值一次，共记录8min，取其中后5min的真空下降值，平均每分钟下降值应不大于400Pa。

61. 凝汽式汽轮机如何进行调节系统带负荷试验?

答: 试验从汽轮机带额定负荷开始（也可从空负荷开始），在此负荷下稳定3～5min后，发令人发出第一个信号，并做记录，然后降负荷至第二测点稳定3～5min发第二个信号并做第二次记录。以后各点的测试均按此法进行，直至负荷到零为止。测点不得少于12点。降负荷试验完毕，视试验情况，决定是否进行升负荷试验。根据试验记录，结合调节系统静态试验及空负荷试验结果，作出调节系统静态特性曲线，最后求得调节系统速度变动率、迟缓率及同步器的工作范围、各调节汽阀重叠度，并对该系统的静态特性作出全面的评价。

62. 进行调节系统带负荷试验时，调节系统应达到什么要求?

答: 试验过程中，调节系统应达到下列要求：调节系统应工作稳定；带负荷后在任何负荷点均能维持稳定运行；油动机应移动平稳，无卡涩、突跳或摆动现象。速动变动率应在3%～6%，局部速度变动率不小于2.5%；机组容量大于100MW的机组，其迟缓率应不超过0.2%，具有DEH系统的机组，迟缓率应不超过0.06%。

63. 供热式汽轮机如何进行调节系统带负荷试验?

答: 供热机组除了进行凝汽式工况下带负荷试验外，还应进行调节抽汽的性能试验，测取抽汽压力和抽汽量的关系。

试验时，在投入调压器自动，保持电负荷（应能满足最大抽汽量的需要）稳定，逐渐降低供热抽汽压力，增加机组的抽汽量，从零直到最大。记录抽汽压力、抽汽量、负荷和抽汽压力调整器行程。然后反方向重复上述试验，求取调压器的压力变动率和迟缓率。

64. 进行甩负荷试验应具备哪些条件?

答: 进行甩负荷试验应具备的条件是：

（1）调节系统空负荷试验、带负荷试验、超速试验、主辅机保护试验合格。

（2）旁路系统工作正常。

（3）锅炉、电气设备运行情况良好。

（4）各类安全阀调试动作可靠。

（5）甩负荷试验措施得到调度批准。

65. 甩负荷试验结束后，应对哪些数据进行研究、整理，判断机组的动态品质？

答：甩负荷试验结束后，应对以下数据进行研究、整理，判断机组的动态品质：

（1）转速、调速器输出、油动机、调节汽阀行程及调速油压等起始值、最大最小值与稳定值。

（2）主蒸汽参数、再热蒸汽参数、旁路站各参数的起始值、最大最小值与稳定值。

（3）油动机、调节汽阀、自动主汽阀、旁路系统各阀门从开始到完全开启（关闭）的时间，并求出最大速度和平均速度。

（4）甩负荷后转速、转速感应机构、中间放大机构、油动机、调汽阀、自动主汽阀、抽汽止回阀、高压缸排汽止回阀、旁路系统及各部油压的动作时滞。

（5）作出甩负荷后转速飞升曲线和确定调节汽阀关闭后的转速继续上升的数值。

（6）求取转子飞升时间常数及有关中间容积时间常数。

66. 甩负荷试验时，一般应符合哪些规定？

答：甩负荷试验时，一般应符合如下规定：

（1）试验时汽轮机的蒸汽参数、真空值为额定值，频率不高于 50.5Hz，回热系统应正常投入。

（2）根据情况决定甩负荷的次数和等级，一般甩半负荷和额定负荷各一次。

（3）甩负荷后，如转速升高到危急保安器动作转速，危急保安器尚未动作，应手动将危急保安器停机。

（4）将抽汽作为除氧器汽源或汽动给水泵汽源的机组，应注意甩负荷时备用汽动给水泵能自动投入。

（5）甩负荷过程中对有关数据要有专人记录。

67. 做汽阀严密性试验应具备哪些条件？

答：做汽阀严密性试验应具备如下条件：

（1）汽轮机空负荷运行。

（2）自动主汽阀前蒸汽参数为额定值或自动主汽阀前压力不小于 1/2 额定压力，此时合格转速修正为

$$n=(p/p_0)\times 1000(\mathrm{r/min}) \tag{11-2}$$

式中　p——试验时的主蒸汽压力，MPa；

p_0——额定主蒸汽压力，MPa。

（3）真空正常。

（4）中压主汽阀前压力不超过规定值。

（5）定期记录转速、蒸汽参数、时间的运行人员齐备。

（6）运行主任主持，技术人员把关，值长监视、值班员操作。

68. 汽轮机总体试运行的目的是什么？

答：汽轮机总体试运行的目的是：在调节系统静态试验的基础上进一步检查并考核其动态特性及其稳定性，检查危急保安器动作的可靠性及汽轮机本体机械部分运转情况。

第十二章 机、炉控制协调与火力发电机组的调峰运行

第一节 机炉协调控制

1. 简述采用机炉协调控制的必要性。

答： 随着大型热力发电机组日益增多，单机容量不断增大，采用中间再热的机组也逐渐增加。为便于进行燃烧调整，提高循环效率，汽轮机、锅炉联合运行时，大容量机、炉都采用了单元制热力系统，单元机组的负荷适应性相对较差，汽轮机中、低压缸功率滞后明显，一次调频能力降低。为改善单元机组的调节性能，提高电网自动化水平，加强机、炉运行的稳定性，目前单元制机组都采用机、炉联合控制的方式进行运行调节。

2. 什么是协调控制？

答： 为改善单元机组的调节特性，增强其负荷适应性，提高一次调频能力，在单元机组中，一般都采用机、炉联合控制方式进行运行调节，也即将功率、转速或汽压信号同时输入汽轮机、锅炉控制器，使两者进行协调控制，同时由于采用协调控制后，机组自动化水平得到提高，可很方便地进行电网负荷调度中心（以下简称中调）远方控制，实现机组二次调频，并可进一步实现自动发电功能（AGC）。

3. 协调控制的主要任务有哪些？

答： 协调控制的主要任务是：

（1）根据机炉具体运行状态及控制要求，选择协调控制的方式和恰当的外部负荷指令。

（2）对外部负荷信号进行适当处理，使之与机炉的动态特性及负荷变化能力相适应，并对机炉发出负荷指令。

（3）根据不同的负荷指令，锅炉确定相应的风、水、煤量，汽轮机确定相应的高、中压调节阀开度。

4. 协调控制系统具有什么特点？

答： 协调控制系统具有如下普遍特点：

（1）为了迅速地满足电网调频的要求，尽量从控制系统方面提高机组的负荷适应性，增加了超前回路，目的是尽量利用锅炉蓄热能力。

（2）为保证机、炉更加协调控制，增加了反馈回路的稳定性和超前回路的静态补偿。

（3）协调控制系统的范围不断扩大，不仅要在正常运行时能实现负荷自动控制，而且要求在机组（或辅助设备）异常时能在保护系统配合下自动处理故障，有时需要自动切换控制系统，使其能达到低一级水平的控制状态。

（4）为提高整个控制系统的可靠性，在实现手段上，使其功能和结构进一步分散，并增加了冗余功能。

5. 协调控制系统具有什么功能？

答：协调控制系统具有如下功能：

（1）根据机组的运行状态，选择不同的外部负荷指令信号。

（2）根据辅助设备的运行状况、运行台数及燃烧率偏差信号计算出机组最大允许出力。

（3）根据机组金属部件的热应力状况，计算出到达目标负荷所需要的负荷变化率。

（4）迫降功能。在运行中，如果辅助设备发生故障，其最大允许负荷将发生阶跃变化，由100%降至50%或某一指定值。

（5）负荷限制功能。当机组运行参数不利于运行设备时，对机组负荷加以限制。

6. 协调控制系统的外部负荷指令有哪些？

答：协调控制系统的外部负荷指令有：

（1）频差信号（一次调频）。

（2）值班员指令（二次调频）。

（3）中调指令。

7. 哪些辅助设备故障后协调控制系统迫降机组出力？

答：下列辅助设备故障后协调控制系统迫降机组出力：

（1）一台风机跳闸。

（2）一台循环水泵跳闸。

（3）火嘴（燃烧器）故障。

（4）给水泵故障。

（5）空气预热器发生故障。

8. 协调控制系统的负荷限制功能是什么？

答：协调控制系统的负荷限制功能是指：

（1）真空低限制。当凝汽器真空下降到某一数值时，限制机组负荷，使负荷与凝汽器真

空度相匹配。

（2）主蒸汽压力限制。当锅炉因某种原因使主蒸汽压力下降，或汽轮机增负荷太快，造成机前主蒸汽压力急骤下降时，该功能可及时修正机组负荷指令，并适当降负荷，以维持锅炉和汽轮机的稳定运行。

协调控制系统的工作原理是什么？

答：协调控制系统的工作原理是：根据外部负荷指令回路算出机组允许出力后，直接把该负荷指令信号送入锅炉燃烧率运算回路进行风量、煤量和水量控制。同时，负荷指令信号送入加法器中与实发负荷信号进行比较后得出负荷偏差信号，负荷偏差信号同时送入阀位运算回路和燃料量运算回路，汽轮机调汽阀位运算回路根据负荷偏差信号的大小确定调节汽阀开度，并在负荷产生波动时，通过燃料量运算回路使锅炉风、煤、水实现提前控制，以提高机组的负荷适应能力。

协调控制系统的结构是什么？

答：协调控制系统主要由两大部分构成，第一大部分是协调控制主控制系统，包括功率指令处理器和机组主控制器，前者主要用来处理不同类型的功率指令信号，后者根据前者给定的功率信号进行必要的运算，发出汽轮机调节汽阀开度及锅炉燃烧率指令信号。协调控制系统的第二大部分是机、炉独立控制系统，即锅炉燃烧控制系统、锅炉风量控制系统、锅炉给水控制系统、汽轮机阀位控制系统。

协调控制系统有哪几种运行方式？

答：协调控制系统共有五种不同的运行方式：

（1）协调控制方式。

（2）汽轮机跟随锅炉（机炉值班员通过控制锅炉负荷来控制机组功率），机组输出功率可调。

（3）锅炉故障不能调负荷时，汽轮机跟随锅炉，机组输出功率不加调节。

（4）汽轮机故障不能调负荷时，锅炉跟随汽轮机，机组输出功率不加调节。

（5）机炉独自控制。

协调控制方式的工作原理是什么？

答：协调控制方式的工作原理是：进行协调控制时，主控制系统中的功率指令处理回路可同时接受中调指令、机组值班员手动指令和电网频差信号，负荷回路根据当时机组运行状况（如辅助设备运行台数、燃烧率偏差）运算出可接受的外部指令信号，并把这一信号与运行条件相比较，即把外部指令与机组可能最大出力相比，若在机组允许负荷之内，此指令即可直接发至锅炉、汽轮机主控制器，进行燃煤、风量、给水和汽轮机阀位控制。若该指令大于机组许可负荷值时，则给锅炉、汽轮机主控制器发出机组许可负荷值，外部指令多余部分，机组可拒不执行。

13. 机跟炉控制方式的工作原理是什么？

答：机跟炉控制方式的工作原理是：机跟炉控制方式下，机组不能接受中调指令和频差信号，只有机组值班员才能控制机组负荷指令，一般在机组带固定负荷时，采用这种方式运行。这种方式的功率运算回路与协调方式基本相同，运算处理后得出的功率指令信号仅送往锅炉主控制器，保证实发功率与值班员手动功率指令相等，汽轮机主控制器此时进行机前压力控制。如锅炉设备发生故障，机组功率不可调时，锅炉不参与调节，处于手动方式，主控制器发出负荷指令，负荷回路处于跟踪状态。

14. 炉跟机控制方式的工作原理是什么？

答：炉跟机控制方式的工作原理是：当锅炉运行正常而汽轮机部分设备发生故障时，负荷已不能调节，但机组仍能维持运行时，汽轮机主控制器处于手动状态，不再接受负荷回路来的信号，负荷回路跟踪机组实发功率，锅炉主控制器主要任务是保证锅炉出力能满足机组的实发功率，在此前提下，维持机前主蒸汽压力的稳定。

15. 协调控制系统“跟踪状态”的作用是什么？

答：协调控制系统“跟踪状态”的作用是：跟踪状态可以使机跟炉、炉跟机等方式互相切换或事故工况时，从高级控制方式自动切换到机跟炉方式的过程成为没有任何扰动的切换。

16. 协调控制系统的“降负荷”功能是什么？

答：协调控制系统的“降负荷”功能是指：实际负荷指令以 $P\%$/min 速度降负荷到某一数值 $H\%$MCR，同时也转为机跟炉方式。如果原实际负荷值小于 $H\%$MCR，则不发生降负荷。

17. 什么情况下，机组负荷指令增加闭锁？

答：下列情况下，机组负荷指令增加闭锁：

（1）机组负荷在正常运行范围内增闭锁。

1）给水流量<（给水指令＋允许偏差）。

2）燃料量<（燃料量指令＋允许偏差）。

3）送风量<（风量指令＋允许偏差）。

4）发电机功率<（功率指令＋允许偏差）。

5）在炉跟机方式下，锅炉出口压力＜（汽压定值＋允许偏差）。

（2）指令达上限后产生增闭锁。

1）汽动给水泵、电动给水泵指令达上限。

2）机调节阀门达上限。

3）电调限开调汽阀。

4）送风自动时送风指令达上限。

5）引风自动时引风指令达上限。

6）给煤自动时给煤指令达上限。

7）机组实际负荷达最大值。

18. 什么情况下，机组负荷指令降闭锁？

答：下列情况下，机组负荷指令降闭锁：

（1）机组负荷在正常范围内降闭锁。

1）给水流量＞（给水指令＋允许偏差）。

2）燃料量＞（燃料量指令＋允许偏差）。

3）发电机功率＞（机组实际负荷指令＋允许偏差）。

4）炉跟机时，锅炉出口压力＞（压力定值＋允许偏差）。

（2）指令达下限的降闭锁。

1）实际负荷达最低限制值。

2）汽动给水泵、电动给水泵投自动时其指令达最低值。

3）给煤机自动时给煤指令达最低值。

19. 什么情况下，机组负荷指令自动升？

答：下列情况下，机组负荷指令自动升：

（1）自动时，燃料量指令在最小值，且燃料量 B＞（燃料量指令 B_0＋某一偏差）。

（2）自动时，汽动给水泵指令在低限，电动给水泵指令在低限，且给水流量＞（给水流量指令＋某一偏差）。

（3）实际负荷指令＜机组负荷允许的最低值。

20. 什么情况下，机组负荷指令自动降？

答：下列情况下，机组负荷指令自动降：

（1）在自动状态下，送风指令在高限，且送风量＜（送风指令＋某一偏差）。

（2）在自动状态下，燃料量指令在高限，且燃料量＜（燃料指令＋某一偏差）。

（3）在自动状态下，汽动给水泵（或电动给水泵）指令在高限，且给水流量＜（给水流量指令＋某一偏差）。

（4）实际负荷指令＞机组允许最高负荷值。

第二节　负荷自动调节系统

1. DEH 调节系统由几部分组成？

答：DEH 调节系统主要由五部分组成。

（1）电子控制器。用于给定、接受反馈信号、逻辑运算和发出指令进行控制。

（2）操作系统。为运行人员提供运行信息、监督、人机对话和操作。

（3）油系统。采用高压抗燃油或独立系统的汽轮机油为调节保安系统提供动力用油。

（4）执行机构。由伺服放大器、油动机组成。

（5）保护系统。设有两个 OPC 电磁阀和四个 AST 电磁阀。

2. DEH 调节系统具有什么功能？

答：DEH 调节系统具有主要四项功能：自动程序控制功能、负荷自动控制功能、自动保护功能、监控功能。

3. DEH 调节系统的控制模式有几类？

答：DEH 调节系统的控制模式有两大类，即主汽阀控制模式和调节汽阀控制模式，每种模式又可进行细分为许多具体控制方式。

4. 什么是主蒸汽压力控制方式（TPC)？

答：主蒸汽压力控制方式是指在该方式下，主蒸汽压力下降时限制汽轮机的负荷、避免锅炉汽压急剧下降。

5. 汽轮机自动程序控制的功能有几项？

答：汽轮机自动程序控制的功能有 ATC 启动和 ATC 加负荷两个方面。

6. 卸荷阀的作用是什么？

答：卸荷阀的作用是：当汽轮机故障时，通过卸荷阀的快速动作，泄掉油动机下腔的油压，使油动机在弹簧的作用下，快速关闭，起到保护汽轮机的目的。

7. 油动机供油管安装截止阀的作用是什么？

答：油动机供油管安装截止阀的作用是：在机组运行中，如果某执行机构出现故障，可以关闭截止阀实现在线检修。

在油动机的控制油路安装止回阀的作用是什么？

答：在油动机的控制油路安装止回阀的作用是：当油动机在线检修时，可以防止从供油管或回油管的油倒灌进油动机。

什么情况下汽轮机组超速保护（OPC）电磁阀动作？

答：下列情况下汽轮机组超速保护（OPC）电磁阀动作：

（1）汽轮机转速达到额定转速的103%。

（2）当汽轮机负荷大于30%，发生主开关掉闸。

OPC动作时，关闭高中压调节汽阀及低压蝶阀，汽轮机转速低于额定值时，高中压调节汽阀及低压蝶阀恢复至开启位置。

DEH危急遮断系统在设置上有什么特点？简述其动作过程。

答：DEH遮断系统接受所有电气停机信号，系统采用了双通道连接方法，共配置了四个电磁阀，电磁阀的连接方式为串、并联混合方式，每一通道均由相应的继电器控制。机组正常运行时，电磁阀处于通电状态，并关闭泄油口，建立起安全油压，当其中的两个电磁阀同时动作，并能导通安全油的泄油通道，使安全油总管油压泄掉时，主汽阀、调节汽阀迅速关闭。这样的设置，增强了保护的可靠性，将误动作的可能性降至最小。

什么是多阀控制？

答：多阀控制就是根据阀位指令，顺序开启调节汽阀的控制方式，相当于喷嘴调节方式。

什么是单阀控制？

答：单阀控制就是各调节汽阀按照一个统一的阀位指令，同时开启的控制方式，相当于节流调节。

蓄能器的作用是什么？

答：EH系统蓄能器分为高压蓄能器和低压蓄能器，高压蓄能器根据安装位置不同，起到不同的作用。主油泵出口高压蓄能器起消除脉动的作用，增强系统压力的平稳性。高压管路安装的蓄能器的作用是存储油压及事故状态下，供油量大时，提供系统用油，满足油动机快速关闭的需要。低压蓄能器的作用是系统大量泄油时，能吸收一部分泄油量，提高油动机

的动作速度。

14. EH系统油压低的原因有哪些？

答： EH系统油压低的原因有：

（1）油管断裂造成大量油外泄。

（2）安全溢油阀失灵。

（3）油泵的调压装置失灵。

（4）油泵的泄漏量过大或损坏。

（5）高压油至回油的截止阀没关。

15. EH油温过高的原因有哪些？

答： EH油温过高的原因有：

（1）安全溢油阀失灵。

（2）伺服阀泄漏。

（3）油动机外部环境温度高。

（4）冷却水电磁阀故障。

（5）冷却水系统手动截止阀未开启。

16. 分散处理单元（DPU）何时发生双机切换？

答： 当一对DPU中间有双机切换电缆连接时，先启动的DPU处于主控状态，后启动的DPU处于初始态。主控DPU发现另一DPU启动后，会自动把组态数据拷贝到副控DPU，使其与主控DPU保持算法一致而处于跟踪态。主控DPU与跟踪DPU可任意切换，且当主控DPU状态欠佳时会自动切换。主控机在从机是跟踪态时可切至跟踪态，而从机是初始态时不能切换，从机处于跟踪态或初始态时可随时切至主控态，而主控机变到从机原来所处状态。只有当双机组态完全一致时，双机才能自动切换，而双机组态不一致时，双机不能自动切换，切换只能通过人工干预，且只能从处于初始态的机器切至主控机。

17. 如何对DPU进行组态？

答： DPU组态工具有两个组态方式：离线和在线。离线方式时，仅打开一个数据文件，进行页、块功能的编辑、连接块的输入输出，然后存入这个数据文件。在线方式组态时，须先向被组态的DPU登录，获得权限后，才能对DPU读写。在线对DPU页、功能块执行修改、删除、插入等操作，同时可看到DPU的运行数据，进行直观的在线调试。结束后须退出登录。

18. 转速输入信号正常，但CRT无转速指示，怎样处理？

答： 转速输入信号正常，但CRT无转速指示的处理方法为：

（1）检查 MCP 测速通道是否故障。

（2）检查端子板到 MCP 板的电缆线信号是否开路。

（3）MCP 板在总线板上接触是否良好。

（4）检查计算机内转速采样是否被禁止。

19. 为什么 DEH 调节汽阀在中间位置时，*S* 值为零，便需更换伺服阀？

答：因为调节汽阀在中间位置时，*S* 值代表伺服阀机械偏置的大小，一般设计在额定值 10%，即 0～4V 左右。闭环下为“+”说明是负偏置，线圈失电后，伺服阀对油动机在放油状态，油动机能关下来，这是失电保护功能，闭环 *S* 值太小，说明伺服阀机械偏置不正确，需更换。

20. 简述在线更换智能型阀门伺服控制卡（VCC 卡）的步骤。

答：当 VCC 卡控制的阀门处于全关位置，且 DEH 输出指令为 0 时：

（1）将机组控制切至手动控制。

（2）然后拔下该 VCC 卡，确认新的 VCC 卡型号、跳线及软件版本与原 VCC 卡相同。

（3）插入新的 VCC 卡，并检查其工作是否正常。

（4）按照 VCC 卡 LVDT 调整方法，整定零位、满度、放大倍数及偏置电压等。调整过程中，必须保证机组安全及负荷稳定。

（5）确认控制系统正常、状态正确、跟踪良好后，投入自动。

当该 VCC 卡控制的阀门不处于全关状态或 DEH 输出指令不为 0 时，必须通过阀门全行程试验，专用的维护按钮或强制指令使阀门开度逐渐到 0 后，再更换 VCC 卡。指令到 0，阀门全关后，处理方法及步骤同前。

21. DPU 故障时如何处理？

答：DPU 是 DEH 控制的核心设备，如机组在运行过程中发生 DPU 故障，应先尽量保持机组运行在稳定状态下，分析原因，并联系有关人员进行处理。如发生故障时机组正处于升速阶段，应要求打闸停机后再处理；如机组已并网正常运行时发生 DPU 故障，应通知值班人员尽量保持目前状态，减少操作，必要时停止一切软操作，切至手动；如发生单 DPU 故障，且不影响另一 DPU 正常控制，可仍保持在自动状态运行，在更换硬件前再切手动；如双 DPU 同时发生故障，应将 DEH 切手动，让值班人员监视参数。此时不能急于复位或更换 DPU，应在查清故障原因后再进行处理。

22. 简述操作员站、工程师站故障时的注意事项。

答：操作员站、工程师站故障时的注意事项为：

（1）应检查该站是否具有其他功能，如历史数据记录、通信等，当更换部件时，可能会

暂时影响这些功能。

（2）操作员站故障，可暂用工程师站代替，或让机组处于手动运行。

（3）更换人机接口站网卡时，注意不可造成网络短路、负荷失去等问题。

（4）更换好人机接口站后，必须保证该站的配置，包括网络地址、级别等与原站完全相同，尤其是点目录必须完全相同，否则将造成整个网络混乱。

（5）在检查一切正常后，才可运行 NETWIN，使该站上网。

23. OPC 板的在线更换措施是什么？

答： OPC 板直接控制 OPC 电磁阀，当 OPC 板故障需更换时，为安全起见，应暂时切断 OPC 板与电磁阀的联系，并让值班人员密切注意机组情况；更换时仔细核对新板的跳线及芯片是否一致，有条件的情况下，应对新的 OPC 板进行试验。更换结束后，确认 OPC 板工作正常，在未发出 OPC 动作信号的情况下，恢复 OPC 板与电磁阀的连接。

24. DEH-IIIA 系统具有什么功能？

答： DEH-IIIA 系统具有以下功能：

（1）汽轮机挂闸。可以在控制室内实现远方挂闸。

（2）转速控制。操作员可调目标转速与升速率。

（3）转速反馈回路。转速全程大范围闭环控制，可以精确地控制转速。

（4）负荷控制。操作员可调目标负荷与升负荷率，高低负荷限制。

（5）功率反馈回路、调节级压力回路。

（6）主蒸汽压力控制 TPC、主汽阀转速控制。

（7）调节汽阀转速控制和负荷控制。

（8）高压主汽阀/高压调节汽阀切换。

（9）中压调节汽阀/高压主汽阀切换。

（10）阀门管理、阀门线性化、单阀与顺序阀转换。

（11）阀门试验、超速试验、阀门位置控制。

（12）阀门位置限制。操作员可调与遥控阀位限制。

（13）快速阀门控制。

（14）油开关闭合时带初始负荷与主蒸汽压力补偿。

（15）手操控制器、自动与手动切换、RUNBACK。

（16）转速、功率、主蒸汽压力、第一级蒸汽压力、挂闸状态、油开关状态采用三选二。

（17）超速控制及保护（103%、110%）。

（18）快速通过轴系共振区。

（19）彩色 CRT 显示。

（20）报警打印、屏幕打印、追忆打印。

（21）ATC 应力监视、ATC 应力控制。

（22）中压缸启动控制。

（23）接口。自动同步、锅炉控制、自动调度。

（24）通信接口。与 DCS 系统通信的标准接口。

（25）可选功能。汽轮发电机组转子扭振监视。

25. DEH 系统由哪几部分组成？

答： DEH 系统的组成：

（1）DEH-IIIA 是采用高压抗燃油的纯电调系统，其电气部分采用计算机分散控制，液压部分采用高压抗燃油电液伺服控制，电-液的连接与转换采用计算机伺服控制回路。

（2）电气系统由人机接口（MMI）、主控制器（DPU）、数据高速公路（D/W）和过程输入/输出单元（I/O）四大部分组成。

（3）DEH-IIIA 的 DPU 操作员站、工程师站之间由冗余的数据高速公路相连，数据高速公路采用以太网符合 IEEE802.3 标准，通信速率为 10Mbit/s，各 DPU 控制处理单元的 I/O 站通过冗余的 Bitbus 工业控制网络与 DPU 相连。

26. 在什么情况下，功率回路切手动方式运行？

答： 功率回路切手动条件（以下任一条件满足即有效）：

（1）功率回路已投入或按下功率回路投入按钮。

（2）汽轮机在手动。

（3）汽轮机未挂闸。

（4）主蒸汽压力低保护限制动作。

（5）协调控制系统（CCS）投入运行。

（6）机组未并网。

（7）机组 RB 动作。

（8）发电机功率突跳 60MW。

（9）功率信号故障。

27. 在什么情况下，调频回路切手动方式运行？

答： 调频回路切手动条件（以下任一条件满足即有效）：

（1）调频回路已投入或机组已并网或按下调频回路投入按钮。

（2）机组并网或汽轮机在手动。

（3）汽轮机转速信号故障。

（4）机组并网瞬间。

28. 在什么情况下，调节压力回路切手动方式运行？

答： 调节压力回路切手动条件（以下任一条件满足即有效）：

（1）调节压力回路已投入或按下调压回路投入按钮。
（2）抽汽投入。
（3）调节级压力信号故障。
（4）汽轮机手动。
（5）汽轮机未挂闸。

29. 在什么情况下，主蒸汽压力低保护动作？

答：主蒸汽压力低保护动作条件如下：
（1）CCS 投入。
（2）机组未并网。
（3）RB 动作。

30. 在什么情况下，抽汽回路切除？

答：抽汽切除条件（以下任一条件满足即有效）：
（1）负荷小于抽汽回路投入时的功率允许值。
（2）抽汽已投入或按下抽汽投入按钮。
（3）油开关跳闸。
（4）汽轮机未挂闸。
（5）中压缸排汽（简称中排）压力大于 1.0MPa。

31. 在什么情况下，抽汽回路切手动方式运行？

答：抽汽回路切手动条件（以下任一条件满足即有效）：
（1）抽汽回路已投入或按下抽汽回路投入按钮。
（2）汽轮机在手动。
（3）中排压力信号故障。
（4）抽汽未投入。
（5）抽汽软手操在手动。

32. 在什么情况下，DEH 自动方式切为手动运行？

答：DEH 自动切硬手操（以下任一条件满足即有效）：
（1）钥匙在手动位。
（2）DPU 在上电过程。
（3）发电机未并网或转速信号故障。
（4）单阀控制或 VCC 卡故障。

33. DEH系统提供哪些报警信号，触发报警的条件是什么？

答：DEH系统提供的报警信号及触发报警的条件是：

（1）OPC动作（机组转速超过3090r/min，触发OPC电磁阀动作，关高压调节汽阀，中压调节汽阀，低压调整蝶阀，同时光字牌报警）。

（2）110%超速（机组转速超过3300r/min，触发AST继电器，送汽轮机保护柜DEH超速信号，机组跳闸）。

（3）汽轮机未挂闸。

（4）DEH失电（以下任一条件满足即有效）：

1）OPC电磁阀失电。

2）工作电源失（厂用UPS）。

3）备用电源失（保安电源）。

（5）DEH故障（以下任一条件满足即有效）：

1）A路直流电源丧失。

2）B路直流电源丧失。

3）双机通信故障。

4）功率信号故障。

5）主蒸汽力压信号故障。

6）调节级压力故障。

7）转速信号故障。

8）中排压力信号故障。

9）VCC卡故障。

10）LVDT反馈系统故障。

11）EH油泵A和B停运。

12）阀门的两路位置反馈信号偏差大于20%。

34. EH油泵联启备用泵的条件是什么？

答：EH油泵联启备用泵的条件是（以下任一条件满足即有效）：

（1）EH油压小于11.2MPa联启备用泵。

（2）运行泵电气故障跳闸，自动联启备用泵。

35. EH液压控制系统由哪几部分组成？

答：EH液压控制系统由供油系统、执行机构、危急遮断系统等部分组成。

36. 简述EH油系统的组成。

答：由抗燃油供油装置、再生装置及油管路系统组成的EH供油系统，它由变量泵提供

14.5MPa 的恒定压力来驱动伺服执行机构，同时内部独立滤油系统和冷却系统使 EH 油工作在合格的状态下，确保执行机构安全、可靠、正确运行。该供油系统具有足够的容量可以同时满足 DEH、MEH 和 BPC 液压控制系统的用油，即 DEH、MEH、BPC 三个系统可以用一个油箱。

37. 简述 EH 执行机构的特点。

答： 300MW 引进型汽轮机液压控制系统由 12 个执行机构组成。2 个由电磁阀控制的开关型执行机构分别控制 2 个再热主汽阀的开启。10 个伺服型执行机构分别控制 2 个高压主汽阀、6 个高压调节汽阀、2 个再热调节汽阀的开度，它们可以根据计算机指令使阀门控制在任意要求的位置上。

600MW 引进型汽轮机液压控制系统由 12 个执行机构组成。与 300MW 机组的 EH 系统相比，除其配置有所不同，即高压调节汽阀伺服机构数量为 4 个，再热调节汽阀伺服机构为 2 个之外，其余动作原理均相同。

200MW 国产型汽轮机液压控制系统由 12 个执行机构组成。除接口尺寸、油缸口径等差别外，动作原理同 600MW 引进型汽轮机液压控制系统。

38. DEH 的危急遮断系统（AST/OPC）的作用是什么？

答： DEH 的危急遮断系统（AST/OPC）的作用是：当机组发生紧急情况或机组运行参数超出限制值时，ETS 装置将发出紧急停机信号。AST 电磁阀动作，EH 安全油泄压，蒸汽阀门在操纵座弹簧力作用下迅速全部关闭，机组自动停机。

39. 简述 EH 自循环滤油系统的作用及构成。

答： 在机组正常运行时，系统的流量较小故滤油效率较低。因此，经过一段时间的运行以后，EH 油质会变差，要达到油质的要求则必须停机重新进行油循环。为了不影响机组的正常运行，保证油系统的清洁度，使系统长期可靠运行，在供油装置中增设独立自循环滤油系统。油泵从油箱内吸入 EH 油，经过两个过滤精度为 1μm 的过滤器回油箱。油泵可以由 ER 端子箱上的控制按钮直接启动或停止。泵流量为 20L/min，电动机功率为 1kW，采用交流 380V、50Hz、三相电源。

40. 简述 EH 自循环冷却系统的构成。

答： 供油系统除正常的系统回油冷却外，还增设一个独立的自循环冷却系统，以确保在非正常工况（如环境温度过高）下工作时，油箱油温能控制在正常的工作温度范围之内。

冷却泵可以由温度开关 23/CW 控制，也可以由人工控制启动或停止。

冷却泵的流量为 50L/min，电动机功率为 2kW。采用交流 380V、50Hz、三相电源。

41. 简述EH油管路系统。

答： EH油管路系统主要由一套油管及附件和四个高压蓄能器组成。油管的作用是连接供油系统、危急遮断系统与执行机构，并使之构成回路。四个高压蓄能器分别装在两个支架上，两个支架分别位于汽轮机左右两侧靠近高压调节汽阀伺服机构旁。蓄能器通过一个蓄能器块与油系统相连，蓄能器块上有两个截止阀，这两个阀组合使用能将蓄能器与系统隔绝并放掉蓄能器中的高压EH油，对蓄能器进行测量氮气压力与在线维修。

42. 隔膜阀的作用是什么？

答： 隔膜阀连接着汽轮机油系统与EH油系统，其作用是当汽轮机油系统的压力降到不允许的程度时，可通过EH油系统遮断汽轮机。

隔膜阀装于前轴承箱的侧面，当汽轮机正常运行时，汽轮机油通入阀盖内隔膜（或活塞）上面的腔室中，克服了弹簧力，使阀保持在关闭位置，堵住EH危急遮断油母管通向回油的通道，使EH系统投入工作。

机械超速遮断机构或手动超速试验杠杆的单独动作，或同时动作，均能使汽轮机油压力降低或消失，因而使压缩弹簧打开隔膜阀，把EH危急遮断油排到回油管，AST安全油迅速失压将关闭所有的进汽阀。

43. 功频电液调节系统的基本原理是什么？

答： 汽轮机调节的基本要求是要得到转速与功率之间一定的静态特性，并且要求动态偏差不能太大。对于非再热式机组，由于蒸汽容积的影响不大，在蒸汽参数保持不变的条件下，调节阀开度基本上代表了汽轮机的功率，动态偏差也可满足要求。所以，汽轮机的液压调节系统采用了比例式调节器，即油动机行程相对变化值与转速相对变化值成比例关系。

对于大功率中间再热式汽轮机，由于中间再热器的容积很大，因此动态过程中转速与功率之间的变化关系与稳态时的特性相比较，差异很大。为解决这一问题，采用了汽轮机功率信号与转速信号直接比较，其偏差信号则与同步器信号综合后送入积分作用为主的PID调节器，以保持功率与转速之间的线性关系。这就是功频电液调节系统的基本原理。

44. 功频电液调节系统应具有什么性能？

答： 功频电液调节系统能自动调节和控制汽轮发电机组的功率和频率。为适应不同运行工况的要求，系统应具有以下性能：

（1）稳定性。以发电机功率信号代替汽轮机功率信号，汽轮机功率是调节回路中的一个变量，在系统中作为反馈信号，对系统的稳定性是有利的。

（2）负荷适应性。功频调节系统本身具有使调节阀动态过开的特性，从而具有改善汽轮机负荷适应性的能力。

（3）甩负荷特性。当汽轮发电机组甩负荷时，将机组的飞升转速限制在较低的范围，并

保持额定转速运行。

45. DEH的汽轮机基本控制功能有哪些?

答: DEH的汽轮机基本控制功能包括:DEH调节系统的转速控制回路和负荷控制回路,能根据电网要求参与一次调频和二次调频。机组启动时,系统控制调节汽阀维持转速为给定值。系统能适应汽轮机定压运行和滑压运行方式。根据锅炉、汽轮机状态,系统能实现锅炉跟踪、汽轮机跟踪、机炉协调控制等运行方式,并具有自动同期的接口,实现自动并网。系统还能按照中调的负荷指令,自动地控制汽轮发电机组的输出功率。

46. DEH的超速保护功能是如何实现的?

答: 当机组满负荷运行时,如果发电机跳闸,系统将快速关闭调节汽阀,防止高温、高压蒸汽进入汽轮机而引起超速。经过一段迟延时间后,再开启调节汽阀,维持汽轮机空转并准备并网。超速保护动作情况为:103%超速保护动作时,关闭高、中压调节汽阀;110%超速保护动作时,关闭主汽阀和全部调节汽阀,汽轮发电机组停机。

47. 什么是DEH系统的自动汽轮机控制功能(ATC)?

答: 大功率汽轮机的启动过程是一个极其复杂的过程,需要进行多项操作。ATC可简化操作,减少误操作的可能性。当汽轮机具备启动条件后,操作人员只要按动一个专用按钮,就能够使汽轮机从盘车转速升到额定转速;同时尽可能降低启动过程的热应力,使启动过程和机组升负荷所需时间最短,从而降低启动费用,提高经济效益。

48. DEH静态调试内容有哪些?

答: DEH调节系统设备安装并检查完毕后,可投入UPS电源。检查确认电压正确无误后,可进行静态调试。DEH静态调试工作主要项目有:

(1) 计算机诊断。送入计算机诊断程序,分别对计算机主机、CRT、打印机、输入输出接口等部分进行诊断,发现问题及时处理。

(2) 输入/输出卡件通道校验。根据I/O清单分别逐个对模拟量、开关量加信号进行校验,以检查量程、类型、地址、扫描周期等是否正确,如需修改,则应调出相应组态,并填写校验报告。

(3) 一次元件校验。对压力变送器、功率变送器、电流变送器、转速传感器、压力开关等进行校验,并认真填写好校验报告。

(4) 系统仿真试验。采用仿真器对DEH调节系统的各种功能进行仿真测试,主要项目有:

1) 手动系统测试。

2) 自动系统测试。主要是转速控制回路、功率控制回路、调压控制回路、一次调频回路等。

3）超速保护（OPC）测试。

4）接口功能测试。主要有AS、CCS、BYPASS、RUNBACK等。

5）汽轮机启动、停机模拟试验。此项试验应在手动、操作员自动和ATC等三种方式下进行。

（5）DEH调节系统联合调试。当DEH控制柜带仿真器的纯仿真试验完成后，EH系统安装结束，油质合格，EH各部套试验结束，便可以进行联合试验。联调的主要内容有伺服系统调试、带实际油动机的仿真试验及系统全部复位准备冲转等。

49. 如何进行阀门关闭时间测试？

答：阀门快速关闭时间测试方法如下：

（1）在伺服线圈加阶跃信号＋40mA，油动机全开，而后阶跃－40mA，油动机全关。标准为TV＜2s、GV＜1s、IV＜5s。

（2）手动操作OPC或AST继电器动作，利用挂闸开关信号作为动作时间标准，记录阀门关闭时间。标准为T＜0.15s。

（3）额定开度下，伺服阀突然失电，测量阀门关闭时间。伺服阀失电后，在伺服阀本身的机械偏置作用下，油动机高压腔与回油相通，阀门弹簧力使油动机全关，确保机组安全。如果机械偏置为零或为正，伺服阀失电后，阀门关的很慢或者反开，必须更换伺服阀。正常时间为10～30s。

50. 转速信号故障的原因有哪些？

答：转速信号故障的原因有：测速头线圈断线；线圈阻抗为零；信号线中断；屏蔽线两端接地；屏蔽线全浮空；测速头安装间隙大；测速头性能差；MCP测速通道故障；端子板到MCP板的电缆线信号开路；计算机内转速采样被禁止等。

51. 伺服系统故障的原因有哪些？

答：伺服系统故障的原因有：阀门全开，*S*值大于1V；一只LVDT变送器坏；伺服阀堵；伺服阀失电；VCC卡功放故障等。

52. 什么是功率-负荷不平衡（PLU）保护？

答：汽轮机功率（用再热器压力表征）与汽轮机负荷（用发电机电流表征）不平衡时，会导致汽轮机超速。当再热器压力与发电机电流之间的偏差超过设定值（40%）并且发电机电流的减少超过40%/10ms时，功率-负荷不平衡继电器动作，快速关闭高压和中压调节阀，抑制汽轮机的超速。当这个条件偏差恢复到正常值时，则该继电器自动回位。

53. 如何进行EH油泵联动试验？

答：EH油泵联动试验过程如下（B泵运行，A泵备用）：

（1）油压低联动。打开“EH油泵”控制面板，按下EH供油泵“连锁”开关；按下“低油压联泵电磁阀”，打开电磁阀，当压力低至（11.2±0.2）MPa，联动A油泵。用同样方法做A联B试验。

（2）事故联动试验。按B号EH油泵事故按钮。B号EH油泵应跳闸，A号EH油泵联动。用同样方法做A联B试验。

试验正常后，保持一台泵运行，进行油循环。

54. 进行阀门活动试验的条件有哪些？如何进行？

答：进行阀门活动试验的条件为：

（1）只允许在并网状态下进行。

（2）DEH应处于操作员自动。

（3）单阀运行方式下，可进行高压调节阀活动试验。

（4）在纯凝汽工况下，可进行低压蝶阀的活动试验。

进行阀门活动试验的方法是：

（1）按下“试验进入/退出”键，灯亮。

（2）选择阀门。

（3）按“关闭”键，被选中的阀门的指令相应关小15%。

（4）按复位键，所有阀门恢复原开度。

（5）做其他阀门的松动试验。

（6）按“试验进入/退出”退出试验。

55. 进行阀门活动试验时注意什么？

答：进行阀门活动试验时应注意：

（1）阀门试验应一侧一侧有序地进行。

（2）在手动状态下不进行阀门活动试验，防止负荷发生扰动。

（3）在试验期间，如遇到控制装置切手动时，应立即终止试验，此时应把手动开关置向手动，并通过手操的“增”“减”键来保持一定功率。

试验期间，机组出现异常应停止试验。

56. 如何进行EH油压低试验？

答：进行EH油压低试验的方法为：

（1）汽轮机挂闸，选择“GV控制”，检查主汽阀应全开。

（2）手动将调节汽阀开至50%。

（3）投入 EH 油压低保护。

（4）联系热控人员逐渐开启 1 号 EH 低油压试验放油阀。

（5）就地油压表至 9.5MPa 时，主控低油压开关 63-1/LP、63-3/LP 动作发信号。

（6）联系热控人员逐渐开启 2 号 EH 低油压试验放油阀。

（7）就地油压表至 9.5MPa 时，主控低油压开关 63-2/LP、63-4/LP 动作发信号。

（8）这时，高、中压主汽阀、调节汽阀迅速关闭，相应“高中压主汽阀关闭”信号出现，DEH 显示器“脱扣”发信号。

（9）关闭 1、2 号 EH 低油压试验放油阀。检查低油压开关 63-1/LP、63-3/LP、63-2/LP、63-4/LP 全部复位。

（10）主控打开 1 号 EH 低油压试验放油电磁阀，低油压开关 63-1/LP、63-3/LP 动作发信号。

（11）关闭 1 号 EH 低油压试验放油电磁阀，低油压开关 63-1/LP、63-3/LP 动作信号复位。

（12）主控打开 2 号 EH 低油压试验放油电磁阀，低油压开关 63-2/LP、63-4/LP 动作发信号。

（13）关闭 2 号 EH 低油压试验放油电磁阀，低油压开关 63-2/LP、63-4/LP 动作信号复位。

（14）试验时四个压力低开关动作值不应偏差大，试验一组低油压信号时，另一组低油压不应发信号。

57. 如何进行 AST 电磁阀试验？

答：进行 AST 电磁阀试验的方法为：

（1）启动一台抗燃油泵，检查系统压力正常。

（2）启动高压启动油泵后挂闸。

（3）检查压力开关 63-1/ASP、63-2/ASP，电磁阀 20-1/AST、20-2/AST、20-3/AST、20-4/AST 全部复位。

（4）打开电磁阀 20-1/AST，检查 63-1/ASP 压力开关发信号。

（5）打开电磁阀 20-2/AST，检查 63-2/ASP 压力开关发信号。

（6）打开电磁阀 20-3/AST，检查 63-1/ASP 压力开关发信号。

（7）打开电磁阀 20-4/AST，检查 63-2/ASP 压力开关发信号。

（8）试验结束，退出 AST 电磁阀试验。

58. AGC 投入前的检查项目有什么？

答：AGC 投入前的检查项目有：

（1）引风自动已投入，且工作正常，信号准确，执行机构动作灵活，无卡涩。

（2）送风自动已投入，氧量满足锅炉燃烧要求。

（3）燃烧自动已投入，给粉机转速无突变现象，运行给粉机搭配合理。

(4) 炉主站自动已投入，能保证主蒸汽压力稳定。

(5) DEH 系统工作正常，允许 CCS 投入。

(6) 机主站自动已投入，运行方式为 CCBF 方式。

59. 如何投入 AGC?

答： 投入 AGC 的步骤为：

(1) 检查中调指令正常，无抖动现象。

(2) 联系中调，申请投入 AGC。

(3) 中调同意后，在 LDC 画面上，按下 AGC 投入按钮。

(4) 通知中调，AGC 已投入，且回报信号正常。

60. AGC 投入运行时的注意事项有哪些?

答： AGC 投入运行时的注意事项有：

(1) AGC 投入前，要求中调负荷指令与现负荷指令相同，保证无扰切换。

(2) AGC 投入后，应观察机、炉主站输出无突变，若有异常，应立即切除，通知热工值班人员。

(3) AGC 运行中，运行人员应加强监视，若遇辅机故障，应立即切除自动，手动进行调整。

(4) AGC 自动切除后，应及时通知中调，热工人员，查明原因后才允许投入。

(5) AGC 投入，运行人员应将一台停运给粉机投入备用，并把该给粉机的火检信号解除强制，使其联启正常。

(6) AGC 投入，中调负荷指令一次性加负荷超过限定值，会自动联启已投入备用的给粉机。

(7) AGC 投入，设计要求中调负荷指令一次加减不超过限定值。

(8) AGC 投入时，中调指令增减时，BTG 盘会报警，提醒操作员注意。

(9) AGC 投入，负荷调整范围在锅炉稳燃范围内，负荷加减速率适当。

61. AGC 自动切除条件有哪些?

答： AGC 自动切除条件有：

(1) LDC 退出自动运行。

(2) 在 LDC 画面，操作员按下 CCBF 或 CCTF 按钮。

(3) 在 LDC 画面，操作员按下就地控制按钮。

(4) 实际负荷超出规定范围。

(5) 中调负荷指令突变且幅度过大。

(6) 设备异常，发生辅助设备闭锁增减信号时。

(7) 中调指令品质坏。

（8）设备故障，RUN 信号动作。

第三节　火力发电机组的调峰运行

机组参与调峰对机组有什么影响？

答：机组参与调峰运行，由于启动频繁或负荷大幅度变动，要承受剧烈的温度变化和交变应力，从而缩短使用寿命，参与调峰还要求机组在一些特殊工况下长时间运行，从而对机组的安全和经济运行带来不利的影响。

2. 参与调峰的机组应具备什么性能？

答：参与调峰运行的机组要求具备如下性能：

（1）良好的启动特性，如两班制机组。从锅炉点火到汽轮机带满负荷，要求启动损失小，设备可靠性高，寿命损耗小。

（2）良好的低负荷运行特性，能在低谷负荷时间内带较低的负荷安全运行。通常要求至少要在不大于50%额定负荷的负荷范围内在锅炉不投油助燃的情况下稳定运行，有时要求调峰机组能在20%额定负荷工况下稳定运行。

（3）快速的变负荷能力。为了适应电网负荷快速变化的需要，要求机组能够承受较高的负荷变化率，通常要求参与调峰运行的机组能以不低于5%/min的速率安全、稳定地升降负荷。

（4）较好的热经济性能。机组在低负荷运行时，必然要降低机组的经济性能，要求参加带中间负荷的调峰机组具有较平缓的热力特性曲线，也就是说在低负荷运行时热效率降低较小。

（5）有条件采用滑压运行方式。采用滑压运行方式进行调峰可以大大改善机组的运行工况，减小热应力，降低机组寿命损耗。同时还可以提高低负荷运行时的经济性。

3. 火力发电机组的调峰运行方式有哪几种？

答：火力发电机组的调峰运行方式主要有：①变负荷调峰运行方式；②两班制调峰运行方式；③少汽无负荷调峰运行方式。

什么是变负荷运行方式？

答：通过改变机组的负荷来适应电网负荷变化的方式称为变负荷调峰运行方式，又称为旋转调峰运行方式或负荷跟踪运行方式，也有人称为负荷平带。变负荷调峰就是在电网高峰负荷时间，机组在铭牌出力或可能达到的最高负荷下运行；在电网的低谷时间，机组在较低的负荷下运行；当电网负荷变化时，还要以较快的速度来升降负荷。

采用变负荷调峰的机组应具备什么技术性能？

答：采用变负荷调峰的机组应具备以下技术性能：

（1）能带满设计允许的最大负荷，高峰负荷时，机组应能在设计允许的最大出力工况下安全运行。通常机组的最大出力为能力工况（BMCR）。

（2）低负荷工况能长期安全运行。电网低谷期间，往往要求参加变负荷调峰运行的机组尽可能降低负荷运行。在汽轮机组降低负荷时，要注意汽水系统的切换操作，如疏水系统、汽封供汽系统、除氧器供汽系统、厂用汽系统的切换操作等。

（3）具有能够适应电网负荷变化的负荷变化率。现代大功率汽轮机通常都能满足下述负荷变化率，100%～50%额定负荷，不小于5%/min；50%～最低负荷，负荷变化率不小于3%/min。

6. 汽轮机长时间在低负荷下运行应注意什么？

答：汽轮机长时间在低负荷下运行时，需要注意以下几个方面的问题：

（1）负荷过低时会引起低压缸排汽温度的升高，在投入喷水减温时要注意检查喷出的雾水是否会造成低压缸叶片的侵蚀，必要时可对喷水压力及喷射角度进行适当的调整。

（2）负荷降低时低压缸长叶片根部将会产生较大的负反动度，造成蒸汽回流和根部出汽边的冲刷，甚至形成不稳定的旋涡使叶片产生颤振。解决这一问题只能改变叶片的结构，如调整叶片的冲角，增加叶片宽度、减小动静叶片面积比等。

（3）对于高、中压合缸的机组，还应注意主蒸汽和再热蒸汽的温差不能超出制造厂规定的范围。因为锅炉在低负荷时主蒸汽与再热蒸汽温差将会增大。

（4）低负荷时给水加热器疏水压差很小，容易发生疏水不畅和汽蚀，因此，要采取相应的保护措施，如从凝结水系统向加热器充水以防止疏水管道和设备的汽蚀。

7. 为什么采用变负荷方式调峰运行的机组，通常都采用滑压运行方式？

答：对于采用变负荷方式调峰运行的机组，通常都采用滑压运行方式，因为滑压运行不但对汽轮机具有降低寿命损耗、改善低负荷运行的经济性、减少切换操作等优点外，而且有利于锅炉的燃烧工况。一般来说，火力发电机组低负荷运行，尤其是采用滑压运行方式时，对汽轮机的安全运行不会造成严重的威胁。

8. 限制调峰机组负荷变化率的原因有哪些？

答：限制负荷变化率的关键因素，一般来说仍在锅炉。尤其是当采用变压运行方式时，蒸汽温度和汽轮机各部位温度的变化基本稳定不变，负荷变化的快慢对汽轮机的安全寿命损耗影响甚微。限制机组负荷变化率的重要因素是锅炉汽包上下壁温差和蒸汽的压力变化速率等。

9. 什么是两班制调峰运行方式？

答：所谓两班制调峰运行方式，就是通过启、停部分机组来进行电网的调峰，即在电网

低谷时间将部分机组停运，在次日电网高峰负荷到来之前再投入运行，通常这些机组每天停用 6～8h，故称为两班制运行方式。

10. 对于原设计带基本负荷的机组，进行启停调峰运行时汽轮发电机组需要注意什么问题？

答：原设计带基本负荷的机组，进行启停调峰运行时，对汽轮发电机组来说通常需要注意解决以下问题：

（1）热应力引起的疲劳损伤。两班制运行的机组，停机时都尽可能保持较高的金属温度，而在启动时进汽温度如不能合理地匹配或在启动过程中金属部件温升过快，都会产生过大的热应力。

（2）汽缸上下缸温差过大引起的热变形。汽缸由于结构上的特点，往往在停机后下缸冷却快于上缸，产生过大的上下缸温差，引起汽缸的热变形使径向间隙变小。

（3）启停过程中出现过大胀差。在机组启停的过程中往往会出现胀差过大的问题，制约机组调峰的机动性，多数情况是出现过大的负胀差。

（4）再热蒸汽温度滞后于主蒸汽温度。当机组采用两班制调峰运行时，在热态启动中往往会遇到再热蒸汽温度上升速度滞后于主蒸汽温度上升速度的问题。

（5）发电机方面可能出现的问题。在机组采用两班制调峰运行方式时，由于频繁启停将会对发电机带来不利的影响，发电机组的频繁启停，使铁芯和绕组发生差动膨胀，会导致端部结构振动，以致造成绝缘磨损、开裂、接头开焊、接地等故障。此外，发电机转子、护环、中心环和转子绕组在每次启停中也同样承受交变应力，在启停过程中通过临界转速时应力还要加大，从而引起疲劳损伤。

11. 为了减少疲劳损伤，需要采取什么相应的措施？

答：为了尽可能减少疲劳损伤，需要在运行上采取以下相应措施：

（1）采用合理的停机方式。尽量提高停机时的主蒸汽温度，为了有利于再启动，要求停机时维持金属有较高的温度，试验证明，定温滑压方式停机比额定参数停机和滑参数停机要好。

（2）选择合理的冲转参数。为了减小调节级汽室内汽温与金属温度的偏差值，启动时应尽可能地提高进汽温度，减小在调节级汽室内汽温的降落幅度，为了减小对调节级的热冲击，冲转时的蒸汽压力不应过高，以增大冲转的进汽量。为在启动时能尽快使锅炉的汽温和汽压满足汽轮机冲转的要求，机组应具有足够的旁路容量。

（3）采用中压缸进汽启动方式。在汽轮机达到某一转速或带一定负荷之前使高压缸处于真空状态，蒸汽进入中压缸启动，待转速或负荷达到一定值后，快速开启高压缸调节汽阀和排汽止回阀继续升速或带负荷，这样就可以减少或避免冲转时小蒸汽流量带来的热冲击，但要注意轴向推力的变化。

（4）采用全周进汽方式启动。因为全周进汽启动可以减小蒸汽在调节级的温降幅度，并使喷嘴室及附近区段全周方向温度分布均匀，故能够有效地减小对转子的热冲击和启动过程中产生的热应力。

（5）加强监测和检查。在启停过程中要注意加强各部分金属温度和膨胀系统的监测，尤其是变化最大的调节级后，所有的测点要保证正确可靠。

12. 为防止汽缸上下缸温差过大引起的热变形，应采取什么措施？

答： 为防止汽缸上下缸温差过大引起的热变形，在运行上可以采取如下措施：

（1）投运汽缸加热装置。

（2）采用定温滑压方式停机。

（3）打闸停机时，及时调整汽封新蒸汽供汽压力，直到真空到零后方可停止汽封供汽。

（4）尽可能缩短停机时的空负荷运行时间。

（5）打闸停机时及时关闭阀杆漏汽至除氧器的阀门。

（6）严格防止停机过程中和停机后汽轮机进冷水或冷汽。

13. 为防止启停过程中出现过大胀差，在运行上可采取什么措施？

答： 为防止启停过程中出现过大胀差，在运行上可采取如下措施来减小：

（1）合理选择启动冲转参数，防止热态启动时转子过度冷却。

（2）合理地调节汽封供汽参数，防止转子过度加热或冷却。

（3）缩短启动时的空负荷运行时间，适当延长低负荷暖机时间。

（4）采用定温滑压停机方式。

（5）尽可能缩短停机时的空负荷运转时间。

14. 防止再热蒸汽温度滞后于主蒸汽温度，在运行上可采取什么措施？

答： 为防止再热蒸汽温度滞后于主蒸汽温度，在运行上可采取的措施是：提高机组热态启动时蒸汽管道系统的温度水平，是行之有效的措施。机组热态启动冲转以前，必须充分地疏水暖管，尤其是对双管布置的蒸汽管道更要注意，通过疏水暖管保持两个蒸汽管道蒸汽温度的一致，防止因汽缸进汽温度的差异带来的不利影响，避免冲转后出现汽温先降后升的现象。

15. 什么是少汽无负荷运行方式？

答： 少汽无负荷运行，又称为调相运行或电动机方式运行，就是在夜间电网低谷时间将机组减负荷到零但不从电网解列，保持发电机带无功运行，可发出或吸收无功电力并可调节系统电压，同时为冷却由鼓风摩擦产生的热量，向汽轮机供给少量低参数蒸汽。到次日早晨电网负荷升起时转为发电机方式，接带有功负荷运行。

16. 少汽无负荷运行方式与两班制运行方式比较有什么优点？

答： 少汽无负荷调峰运行方式，因为始终维持汽轮机额定转速运行状态，比两班制运行对汽轮机造成的热冲击要小得多，从而有效地降低了机组的寿命损耗。少汽无负荷运行方式比两班制操作简单，可以省去抽真空、冲转、升速、并列等操作。从调相运行方式转入发电运行方式时间短，而且基本上可以避免汽缸上下缸温差和胀差超限的问题。因为少汽无负荷运行方式在转入带负荷工况时，没有冲转、升速和并列阶段，故调节级汽温在开始带负荷时下降幅度要比两班制开停方式小得多。

17. 少汽无负荷调峰运行方式，在运行上要注意什么问题？

答：少汽无负荷调峰运行方式，在运行上要注意如下一些问题：

（1）确定合适的供汽点和冷却蒸汽的参数。冷却蒸汽参数和送入口的选择主要考虑转子温度的控制和低压缸长叶片及蒸汽温度的控制，既要保持负荷转变的机动性，也要考虑锅炉汽温调节的需要，保证低压缸长叶片温度和排汽温度不能超限。一般要求汽轮机的排汽温度保持在80℃以内。

（2）尽可能采用滑压减负荷方式。采用滑压减负荷方式，可比额定参数和滑参数减负荷方式能使汽轮机各部分的金属温度保持较高的水平，更有利于提高加负荷的速度。

（3）转入发电工况时主蒸汽温度应足够高，这样做可使调节级和其他各级的温度不致陡降。

（4）在工况转换操作时及时送上冷却蒸汽，这样做的目的是避免出现无汽状态。在由发电工况转为调相工况时，先投冷却蒸汽；而在转为发电工况时要在带上一定负荷后再切断冷却蒸汽。

（5）适当加快初始阶段的升负荷速度。为了减小低负荷初始阶段蒸汽参数不匹配对汽轮机的热冲击，此时应适当地提高升负荷速度，并同时快速提高主蒸汽和再热蒸汽温度。

（6）尽量维持较高的凝汽器真空。对于少汽无负荷运行方式，凝汽器真空除了直接影响排汽温度以外，还对通流部分各级都产生不同程度的影响。

（7）保持冷却汽源的参数稳定。不论机组冷却汽源如何，本机都应具有冷却蒸汽温度和流量的自动调节手段。

（8）适当增设温度监测点。因此，在冷却蒸汽进汽段附近和末级喷嘴、动叶顶部应能装设温度测点以便于运行监督。

（9）适当改变循环水和凝结水系统。为了降低少汽无负荷工况的电耗，可将两台机组的凝结水和循环水系统各自连接起来，以便合理地选择循环水泵和凝结水泵的运行方式，或另设一台容量较小的循环水泵和凝结水泵，专供少汽无负荷运行方式使用，以减少此种调峰运行方式的耗电量。

18. 简述各种调峰运行方式的性能特点。

答：各种调峰运行方式的性能特点：

（1）安全性。对调峰运行的安全性来讲，在允许的负荷变化幅度范围内，采用变负荷运行方式，不论从设备使用寿命和操作的安全性来看都是最好的。

（2）调峰幅度。两班制启停调峰和少汽无负荷调峰方式，调峰幅度均能达到100%，而变负荷调峰方式对早期投产的机组在锅炉不投油助燃的情况下，从调峰幅度来看启停和少汽无负荷调峰运行方式比变负荷调峰方式更具有优越性。

(3) 机动性。变负荷运行方式通常可将负荷变化率控制在2%/min。变负荷调峰方式机动性最好，少汽无负荷方式较差，两班制方式最差。

(4) 运行操作量。变负荷运行方式操作量最小。

(5) 经济性。机组在低谷负荷时间采用何种调峰运行方式最为经济，取决于电网的峰谷差值、各类机组的热力特性和可能的负荷变化幅度及启动时间。

调峰运行对给水泵产生的影响有哪些？

答： 调峰运行对给水泵的不利影响主要表现在以下几个方面：

(1) 应力的变化导致寿命损耗。当机组停运后，因给水泵的质量很大，其热容量比管道大得多，在未完全冷却之前，泵体的温度高于管道，在启动时，管道内温度较低的水流入给水泵将产生热冲击，使泵体产生热应力。在机组升负荷过程中，除氧器中的压力和温度随之升高，高温的水流入低温的泵体内，将发生热冲击，在叶轮表面和泵壳内壁产生压应力。因此，在启停过程中，水泵承受的是交变应力，必将导致水泵的寿命损耗。

(2) 汽蚀损伤加快。在机组低负荷运行时，因除氧器中压力下降，温度也降至较低的水平，管道中积存的温度较高的水将有一部分蒸发使汽水混合物流入泵内，叶轮中发生两相流，将会引起汽蚀和水锤现象，同时还会引起水泵振动，甚至发生动静部分摩擦。在低流量时，当水泵的流量降低到一定程度时，叶轮入口将产生涡流，这时将会产生给水压力的波动和脉动现象，造成叶轮入口区金属的汽蚀。

(3) 热挠曲。在正常运行工况下，给水泵内的水温为130～220℃，当机组因调峰停运后，泵内存的温度低的水沉到泵底部，导制泵体上下产生温差。上部温度较高，下部较低，使泵体和转子向上拱曲变形。

调峰运行对除氧器产生的影响有哪些？

答： 调峰运行对除氧器产生的影响有：滑压运行的除氧器，两班制运行和大幅度改变负荷都会使壳体产生内外壁温差和热应力。在启停和负荷波动过程中，除氧器壳体和水箱都将承受交变应力，这种交变应力在腐蚀介质的作用下将会产生腐蚀疲劳，从而造成除氧器和水箱的寿命损耗。

21.

调峰运行机组为了减少除氧器的疲劳损伤，提高使用寿命，可采取什么措施？

答： 调峰运行机组为了减少除氧器的疲劳损伤，提高使用寿命，可采用如下一些技术措施：

(1) 注意停用保护，控制水温变化。在停机期间，利用除氧器水箱内的加热管（又称再沸腾）加热凝结水，并保持一定的压力和温度，同时控制水质的含氧量在合格的范围内。

(2) 控制水箱中水的pH值，并保持在8.5～9.6的范围内。

(3) 控制补给水的离子电导率，使其保持在规定的范围内。

（4）控制机组负荷变化率，尤其是降负荷过程，一般情况下要求机组的负荷变化速率不超过 3%/min。在启动过程中也要适当地控制水箱的温升速度。

（5）注意加强无损探伤检验。

（6）选用合适的材料和工艺进行内壁除铁，并防止在运行中脱落。

（7）选用可焊性较好的材质，改进除氧器的结构设计，减小水箱的内应力。

22. 调峰运行对高压加热器产生的影响有哪些？

答：调峰运行对高压加热器产生的影响有：高压加热器在启停和负荷变化时产生的热应力主要发生在管板上。在机组的启动和停机、大幅度负荷波动等过渡工况下，高压加热器管板的进水侧是温度突变的剧烈部位，并产生瞬态热应力。

23. 调峰运行机组降低高压加热器热应力有哪些措施？

答：为了保证高压加热器热应力及疲劳寿命损耗限定在允许的范围之内可采取如下一些技术措施：

（1）适当控制温度变化率。冷态启动或工况变化时，温度变化率一般应限制在 56℃/h，特殊情况下温度变化率可达到 120℃/h。

（2）保持加热器排气畅通。在加热器启动时，要保证排气畅通，将加热器内非凝结气体排出，是保证加热器正常工作的重要条件。加热器内如有非凝结气体聚集，不但会降低加热器效率，而且还会加快部件的腐蚀。

（3）避免加热器超负荷运行。加热器在超负荷工况运行时，蒸汽和给水都会加大加热器的工作应力。

（4）注意高压加热器停运后的保护。

第十三章 汽轮机的热力试验

第一节 热力特性试验

1. 为什么要进行汽轮机的热力特性试验？

答：汽轮机是火力发电厂的重要动力设备，汽轮机运行的好坏直接关系到发电厂的安全和经济，而且要影响整个电网，因此保证电厂的安全与经济运行是整个电厂运行人员的重要职责。由于汽轮发电机组技术上精密，系统和结构复杂，要保证安全经济运行，必须掌握它的热力特性，而热力特性必须通过热力试验来取得。因此，必须对其进行热力试验。

2. 什么情况下，应进行汽轮机的热力特性试验？

答：下列情况下，应进行汽轮机的热力特性试验：

（1）新型机组安装投运后。

（2）机组长期运行及大修前后。

（3）机组的结构、热力系统等进行较大改造前后。

3. 热力特性试验的目的是什么？

答：热力特性试验的目的是：测取机组在完好状态和规定的运行条件下的热力特性，即测定蒸汽流量、汽耗率、热耗率和电功率。根据试验结果可以进行下述分析：

（1）机组是否达到了制造厂设计或供货条件中保证的经济指标。

（2）检查机组运行是否正常，是否应更换零部件和对设备及热力系统进行必要的改造。

（3）绘制相应的曲线图表，为电网经济调度，合理启停机组提供选择依据。

（4）验证机组结构和热力系统改进效果。

（5）通过试验取得热力特性资料与制造厂数据进行比较，以验证设计和制造是否达到保证的经济指标，作为用户验收设备的依据。为制造厂改进设计及加工工艺提供有效的依据。

4. 热力试验的任务是什么？

答：热力试验的任务是：

（1）确定在额定条件下，各种运行工况时汽轮发电机组的热耗量、汽耗量、相对内效率与功率的关系。

（2）确定各调节汽阀后，各监视段的汽压与蒸汽流量的关系。

（3）确定各种工况下，各加热器的出水温度与蒸汽流量的关系。

（4）确定排汽压力与汽轮机微增出力的关系。

5. 热力试验前对设备有什么要求?

答： 热力试验前对设备的要求是：为了保证试验时设备的安全可靠，并使试验尽可能准确，试验前，应对系统进行全面认真地检查，消除缺陷，力求设备完好，并根据试验要求做好各种措施。

6. 试验期间的安全措施有哪些?

答： 试验期间的安全措施为：如在试验过程中发生事故，应由运行人员按照事故处理规程进行处理，这时试验人员要听从统一指挥，并不得妨碍运行人员处理事故。在制订试验计划时，应预先考虑设备可能发生的问题及处理措施，并提醒有关人员注意。

7. 什么是汽轮机的额定功率（TRL 工况)?

答： 额定功率（TRL 工况）也称铭牌功率，是指在额定的主蒸汽及再热蒸汽参数、额定背压，额定补给水率及回热系统正常投入条件下，考虑扣除非同轴励磁、润滑及密封油泵等所耗功率后，制造厂能保证在寿命期内任何时间都能安全连续地在额定功率因数、额定氢压（氢冷发电机）下发电机输出的功率。此时调节阀应仍有一定裕度，以保证满足一定调频等需要。在所述额定功率定义条件下的进汽量称为额定进汽量。

8. 什么是汽轮机的最大连续功率（T-MCR 工况)?

答： 最大连续功率（T-MCR）是指在额定功率条件下，但背压为考虑年平均水温等因素确定的背压（设计背压），补给水率为 0%的情况下，制造厂能保证在寿命期内安全连续在额定功率因数、额定氢压（氢冷发电机）下发电机输出的功率。该功率也可作为保证热耗率和汽耗率的功率。保证热耗率考核工况是指在上述条件下，将出力为额定功率时的热耗率和汽耗率作为保证，此工况称为保证热耗率的考核工况。

什么是汽轮机的阀门全开功率（VWO 工况)?

答： 阀门全开功率（VWO）是指汽轮机在调节阀全开时的进汽量及所述 T-MCR 定义条件下发电机端输出的功率。一般在 VWO 下的进汽量至少应为额定进汽量的 1.05 倍。

什么是汽轮机的阻塞背压工况?

答： 汽轮机进汽量等于铭牌进汽量，外界气温下降引起机组背压下降到某一个数值时，

再降低背压也不能增加机组出力时的工况，称为铭牌进汽量下的阻塞背压工况。

第二节　热力试验的测量装置和准备工作

1. 进行汽轮机热力特性试验前的准备工作主要内容有哪些？

答：进行汽轮机的热力特性试验前的准备工作的主要内容如下：

（1）全面了解并熟悉主、辅设备和热力系统。

（2）对机组和热力系统进行全面检查，消除各种泄漏和设备缺陷，使试验能安全可靠和较准确地进行。

（3）安装试验所需的测点与仪表，并进行全面校验，不符合试验要求的仪表应更换。

（4）拟定试验大纲。

2. 拟定热力特性试验的试验大纲，应包括哪些内容？

答：拟定热力特性试验的试验大纲，应包括以下内容：

（1）确定试验项目与试验目的。

（2）试验时的热力系统和运行方式。

（3）测点布置、测量方法和所用的测试设备。

（4）试验负荷点的选择和保持负荷稳定所采取的措施。

（5）试验时要求设备具有的条件，诸如要求设备处于完好状态、运行参数稳定、热力循环系统隔离严密等，达到这些要求需要采取的相应措施。

（6）根据试验要求，确定计算方法。

（7）试验中的组织与分工。

3. 热力试验对调速系统和配汽机构有什么要求？

答：热力试验对调速系统和配汽机构的要求为：

（1）机组在任何一种工况下运行，调速系统都能保持稳定，并能在部分或全部甩负荷后良好地工作。

（2）调速汽阀的开启重叠度正常。

（3）调速系统内各部分动作灵活，没有卡涩现象，并能均匀地升降负荷。

（4）自动保护装置动作正常。

检查方法如下：试验前将机组负荷由最小变化到最大，注意调速系统的工作情况，查阅调速系统试验记录，检查调速系统的速度变动率和迟缓率是否符合要求。

4. 热力试验对汽轮机通流部分有什么要求？

答：热力试验对汽轮机通流部分的要求如下：

（1）通流部分完整。

（2）主汽阀、调速汽阀、滤网、叶片、隔板清洁无盐垢。

（3）高低压轴封与隔板汽封状态正常。

检查方法如下：

（1）查阅缺陷记录和运行日志。

（2）查阅大修记录。

5. 热力试验对汽轮机凝汽设备有什么要求？

答：热力试验对汽轮机凝汽设备的要求如下：

（1）凝汽器铜管没有结垢，管板上无杂物堵塞。

（2）凝汽器铜管严密，没有泄漏。

（3）真空系统严密性良好。

（4）抽气器的喷嘴和扩散管清洁，冷却器工作正常，没有泄漏。

（5）循环水系统的运行情况良好。

检查方法如下：

（1）打开凝汽器人孔门，检查铜管和管板的污堵情况。

（2）检查凝汽器有无泄漏的方法很多，一般可用硝酸银法或导电度法；也可在空负荷运行时通过测量凝结水的硬度来检查，还可以在停机时直接测定漏入的生水量。

（3）通过真空系统严密性试验即可确定其严密性是否良好。

6. 热力试验对汽轮机回热系统有什么要求？

答：热力试验对汽轮机回热系统的要求如下：

（1）加热器的管束清洁，管束本身或管板胀口处应没有泄漏。

（2）抽汽管道上的截门严密。

（3）加热器的旁路阀严密。

（4）疏水器动作正常，疏水器关闭时没有泄漏。

（5）除氧器工作正常，除氧效果合格。给水泵工作正常，轴封漏流量不大并可测量。

检查方法如下：

（1）检查加热器是否泄漏时，可停用抽汽和加热器的疏水，仅使水侧通水，如果玻璃水位计的水位升高，则说明有泄漏存在。

（2）检查抽汽管道上的截门是否严密时，可将抽汽阀关闭切断抽汽，加热器进口抽汽温度如逐渐下降，说明抽汽阀关闭严密；也可关闭加热器疏水阀，如疏水水位未见升高，说明抽汽阀是严密的。

（3）检查加热器旁路阀是否严密时，可测量加热器水侧出口三通前后的温度。如果三通后的温度低于三通前的温度，说明旁路阀不严。

（4）疏水器的工作情况可通过检修或就地检查。

（5）除氧器工作情况通过水质化验检查，泵轴封泄漏流量通过测量漏水量确定。

7. 热力试验对测点的安装有什么要求？

答： 热力试验对测点安装的要求是：被测介质是沿着两根或几根并列运行的管道流动时，每根管路中的参数都应测量。被测介质的流通截面较大时，一个测点没有代表性，应在同一截面里的对称位置上选取几个测点。

8. 热力特性试验一般应设哪些测点？

答： 热力特性试验一般应设的测点为：

（1）主汽阀前蒸汽压力和温度。

（2）主蒸汽流量、凝结水流量和给水流量。

（3）各调节汽阀后压力。

（4）调节级后的压力和温度。

（5）各段抽汽压力和温度。

（6）各加热器进口、出口给水温度。

（7）各加热器的进汽压力和温度。

（8）排汽压力。

（9）各加热器的疏水温度。

（10）各段轴封漏汽压力和温度。

（11）再热热段蒸汽压力和温度。

（12）再热冷段蒸汽压力和温度。

（13）凝汽器循环水进、出口水温。

（14）再热器减温水流量、补水流量、阀杆漏汽流量。

9. 进行热力试验时，运行值班人员的职责是什么？

答： 进行热力试验时，运行值班人员的职责是：对机组运行方式进行必要的切换和调整，保证运行工况尽可能稳定，使试验顺利进行；对运行中设备异常情况应及时处理。

10. 试验记录人员的职责是什么？

答： 试验记录人员的职责是：

（1）试验前检查仪表的运行是否正常，熟悉每个仪表的量程及读数方法，并抄录自己所记录的仪表编号，对某些仪表还要记录仪表的初读数。

（2）试验期间，根据统一信号进行读取仪表指示，并准确记录在观测记录本上，当发现仪表的指示不正常或仪表损坏时，应立即报告试验领导人。

（3）试验期间要集中思想，不得做与试验无关的事，未经试验领导同意，不得离开工作岗位。试验结束后，应对观测记录进行检查并签名，将它交给试验领导人。

11. 试验负责人的职责是什么？

答：试验负责人的职责为：

（1）检查设备是否符合试验要求。

（2）负责试验测点的设计，检查测点和仪表的安装、校验情况，检查和绘制仪表的修正曲线和设备的特性曲线。

（3）确定试验时的运行方式，并会同有关部门制订试验的具体计划。

（4）对参加试验的人员进行明确分工，使他们明确自己的职责和工作方法。

（5）编制观测记录簿。

（6）试验过程中要保证记录人员的记录准确，并及时发现和解决试验中存在的问题。

（7）试验后组织试验人员进行数据整理、分析和计算，提出试验结果和对设备的意见。

12. 现场指挥的职责是什么？

答：现场指挥的职责为：按照试验计划和试验负责人的要求，负责指挥试验期间的运行试验工作，以保证机组工况符合试验要求。

13. 玻璃水银温度计的测试范围、测量原理是什么？

答：玻璃水银温度计在汽轮机热力试验中常用以测量 300℃以下的温度，它通常用作就地测量和监督仪表。玻璃水银温度计是一种接触测温仪表，同所有测温方式一样，测温的过程实际上是一个热交换的过程，即被测介质向温度计套管放热，当感受件与被测介质达到热平衡时，水银温度计所测知的温度就是被测介质的温度。

14. 玻璃水银温度计的安装及使用应遵守什么原则？

答：玻璃水银温度计的安装及使用应遵守下列原则：

（1）在试验前经过校验。

（2）不应把玻璃水银温度计用在温度可能超过最大刻度的地方。

（3）玻璃水银温度计浸入被测工质的深度应符合浸没长度的要求，应尽可能使用全浸式玻璃水银温度计。

（4）测量室温时，温度计应避免受阳光或周围物体辐射的影响。

（5）对于使用全浸式玻璃水银温度计，在读数时如要把温度计从介质中拔出一些，注意只能拔到水银顶端刚露头为止。

（6）读数时应考虑表计的热惰性，须在温度计达到稳定状态后再读数。

（7）不要将温度计很快地插入高温或由高温中抽出，否则可能使储液球及毛细管的容积变形而影响准确度，有时也会使水银发生中断。

（8）局部浸没的温度计部分液柱因露在保护管之外，其温度低于工质温度而引起读数偏低，必须加以修正。

（9）为测量温度计液柱露出部分的平均温度，应将一支辅助温度计用石棉绳绑在主温度计杆上，辅助温度计的储液球应位于主温度计液柱露出部分的1/3高度处，并用细石棉绳妥善缠绕以避免辐射热的影响，辅助温度计应选用直径较细的形式。

15. 热电偶温度计的测试范围、测量原理是什么？

答：在汽轮机热力试验中，热电偶温度计常用以测量主蒸汽、再热蒸汽及抽汽等温度较高而又不便就地记录和监视的工质温度。根据测量温度的范围，可选择不同的热电偶材料，其大致应用范围如下：

（1）当温度$t<600$℃时，采用镍铬-镍硅或镍铬考铜热电偶。

（2）当温度$t<300$℃时，采用铜-康铜或铁-康铜热电偶。

热电偶温度计一般由热电偶元件、补偿导线、冷端补偿器、多点切换开关、二次仪表等部件组成。为了提高测量的精确度，在进行试验时，应采用一些特殊的措施。

16. 热电偶元件的安装使用应注意什么？

答：为保证热电偶工作正常和测温准确，热电偶元件的安装使用应注意以下几点：

（1）工作端应接触牢固，无裂纹，避免松动。

（2）热电偶丝除工作端外，必须有可靠的绝缘，防止短路而影响测量准确性。

（3）热电偶丝与补偿导线相连接的过渡触点应牢固，保证接触良好，并注意相连接的线极性一致。

17. 铠装热电偶有什么优点？

答：铠装热电偶，是由金属套管、陶瓷绝缘材料和热电极拉伸加工而成的坚实组合体。铠装热电偶的主要优点是：测量工作端热容量小、动态响应快、机械强度高、挠性好、耐压高、耐强烈振动和耐冲击，可以安装在结构复杂的装置上。

18. 电阻温度计适用什么范围？

答：电阻温度计具有测量精度高，适宜测量低温的优点。在工业上它用于测量－200～＋500℃之间的温度。一些不便于使用玻璃水银温度计进行直接测量的低温测点可以使用电阻温度计。工业上定型生产的热电阻主要是铜电阻和铂电阻，铜电阻用于被测温度≤100℃的测量范围；铂电阻用于被测温度≤500℃的测量范围。

19. 试验时，使用温度计套管有什么要求？

答：试验时，使用温度计套管的一般要求为：

（1）温度计套管应迎着流体流动方向插入，至少也应垂直于流动方向插入，切不可顺着

流动方向插入。

（2）温度计套管应插入管道中心线附近，一般要求套管长度 $L_1=0.5D+5$mm，适用于管道内径 $D=200\sim500$mm。

（3）当管道直径 D 小于 200mm 时，介质如为水，套管长度 $L_1=100$mm；如为蒸汽，$L_1=150$mm。当直径大于 500mm 时，套管长度 $L_1=250$mm。

（4）温度计套管在管道内最小冲刷长度应大于 75mm，当管道内径小于 100mm 时，温度计套管装在管道弯头或三通处，将套管沿轴线方向插入管道内。

（5）在温度计套管的周围管道上，应有良好的保温层。

（6）温度计套管的材料根据被测温度选用，温度计套管的内径通常为 6～10mm，内径应尽可能小，壁厚应尽可能薄，套管内应清洁，无腐蚀或氧化物。

（7）温度计套管的安装位置应选择在它能够受到被测流体冲刷的地方，不可置于死角。与可能会使流体偏斜的阀门的距离应不小于管道内径的 18 倍。

（8）当管道截面较大时，应在同一截面上不同位置（每 0.2m² 管截面的测点不得少于 1 点）设置测点，且各温度计套管成 30°装在管子里，相互间隔 300～1000mm 进行测量。

（9）为使传热良好，当被测介质的温度低于 150℃时，则应在套管底部加少量油液；被测介质温度大于 150℃时，则加少量金属屑，并将感温元件压紧在套管内。

20. 进行热力特性时，如何选用压力测量表计？

答：在汽轮机热力特性试验中，根据被测压力的不同而选用不同的压力测量表计。一般要求绝对压力在 0.2MPa 以上的采用 0.3～0.5 级标准弹簧管压力计；低于 0.2MPa 的采用 U 形管式液柱式压力计；汽轮机排汽压力采用玻璃单管水银真空计或精密级真空表；大气压力采用幅延式大气压力计或盒式大气压力表测量。

在选择表计的量程时，为了保护压力计，一般不允许压力计的指针经常指在最大刻度附近。如果被测压力相当稳定，则被测压力的正常值应在压力表量程的 2/3 处，在进行汽轮机热力特性试验时，某些压力（例如抽汽压力）随负荷变动，在这种情况下，压力表量程的选择应使被测压力的变动范围在表计量程的 1/2～2/3 处。为了对压力进行自动采集，需采用压力变送器时，要求压力变送器精度达 0.25 级以上。

21. 进行热力特性试验时，为了获得精确的流量，应做哪些工作？

答：为了使试验中节流流量计获得较高的精确度，在试验的准备阶段应当做好以下工作：

（1）节流件的检查。节流件的开孔直径是重要尺寸，必须严格按照规程要求进行检查，不得以设计的数值代替实测值，其他尺寸和外观检查也要按照规程要求进行。

（2）管道的检查。主要对管道内径及直管段进行检查，管道内径的数值，对于测量精确度的影响也是至关重要的，必须按照规程要求进行实测，不能使用管道内径的公称值。

（3）测点的检查。使用节流流量计测量流量需要同时测知介质在节流件处的热力参数（压力和温度），通常压力测量元件应在节流件正取压孔处。温度测量元件则必须装在节流件前所要求直管段之外。

(4) 测量表计的检查。通常流量测量中所使用的二次仪表是液柱式双管压差计及单管永磁感应式压差计，后者用于超高压汽、水流量测量，试验之前均应进行水压试验。试验压力一般要求为工作压力的 1.5 倍。当换用玻璃管（尤其是单侧更换）时，要注意检查其内径应相同。

22. 进行试验时，流量出现波动，应如何处理？

答： 在试验过程中，与其他参数相比，压差波动的频率高、数值也较大。所以记录的时间间隔比其他参数要短，当发现压差波动很大时，应当从测量布置、运行工况及传压管路等方面寻找原因，不允许采用关小进口阀门的方法去减小波动。

23. 试验时，使用压差计应注意什么？

答： 试验时，使用压差计应注意：必须保证传压管与压差计管内无空气，所以在灌水银前应先将压差计管清洗后灌满水，然后将压差计下部的针形阀开启，使用注射器吸入水银，利用水银的静压将其压入管内，使水银面达到压差计的刻度 0 位，再将下部针形阀关死，并检查是否有漏水银现象。压差计未投入运行时，压差计的平衡阀必须保持开启状态。压差计使用期间内，应检查表计及传压管接头、阀门等处不发生泄漏，以免造成测量误差。长期停止使用时，须将水银放出，并经冲洗、压缩空气吹干。

24. 试验时，使用压差变送器应注意什么？

答： 试验时，使用压差变送器应注意：安装压差变送器时引压管尽量短，并具有足够的强度，在温度波动和温度梯度小的地方，压差变送器投运之前应排除引压管中的气体，并防止杂质在引压管内沉淀，输出电流可采用精密级直流毫安表测量。

第三节　热力试验结果的计算和分析

1. 现场进行汽轮机热力特性试验，有哪几种试验方法？

答： 现场进行汽轮机热力特性试验，目前通常采用的试验方法有以下几种：

(1) 维持电功率不变。

(2) 维持主蒸汽流量不变。

(3) 维持调节汽阀开度不变，是稳定机组工况的最合理方法，目前都采用这种方法。

2. 影响热力特性试验准确性的原因有哪些？

答： 影响热力特性试验准确性的原因有：

(1) 初压改变的影响。

(2) 初温改变的影响。

(3) 外界系统的影响。

(4) 稳定方法对计算误差的影响。

3. 进行热力特性试验时，如何选择试验负荷?

答：在一般情况下，试验负荷应选择在几个调节汽阀的全阀点。所谓全阀点是指下一个汽阀即将开启的那个点。为此，应在试验前的日常运行中注意各个调节汽阀全阀点的负荷值，做好记录。如果试验目的是将试验所得经济指标与制造厂的数据进行比较，可选用制造厂热力计算中提供的几个负荷点进行试验。如果试验目的是求取汽轮机热力特性曲线，从原则上讲，应当选择足够的，并且具有代表性的负荷点，通常应包括空负荷点、最小负荷点、经济负荷点、额定负荷点等。试验负荷点一般不应少于四个。如果试验目的是对比机组大修前后的情况以检验大修的效果，则大修前后的试验负荷点要相同，以便比较。

4. 进行热力特性试验时，运行方式如何制定?

答：进行热力特性试验时，运行方式的制定方法是：

(1) 试验的热力系统要力求简单，所有与试验有关系的设备或管道应当严密隔开。

(2) 经过流量测量仪表的流体，不应有重复流动的现象。

(3) 流经高压加热器的给水量直接和所用的抽汽量有关，试验期间，应使给水流量保持稳定，并使之尽量保持与主蒸汽流量相等。

(4) 试验系统中应尽量减少对试验可能有影响的不利因素。

(5) 在试验期间停止向系统内补水，停止锅炉排污。

5. 进行热力特性试验时，对试验参数的偏差有什么规定?

答：进行热力特性试验时，试验平均值偏离规定值的允许范围：主蒸汽压力为±5%；回热系统最终给水温度为±8℃；主蒸汽温度为±8℃；转速为±2%；再热蒸汽温度为±8℃；凝汽器压力为−10～+2.5%。

每个测量值偏离平均值的允许范围：主蒸汽压力为±2%；主蒸汽温度为±6℃；再热蒸汽温度为±6℃；凝汽器压力为±5%。转速为±1%。

6. 热力特性试验的步骤如何安排?

答：热力特性试验的步骤一般为流量平衡试验、空负荷试验和正式试验。

7. 热力特性试验前，为什么要进行流量平衡试验?

答：流量平衡试验是保证试验结果正确的重要环节，在进行正式试验以前，应当做一次

流量平衡试验，检查试验机组汽水流量是否平衡。如果发现汽、水流量不平衡，而且相差较大，应当从测试布置、测试设备和运行系统等方面寻找原因予以解决。流量平衡试验的另一个目的是检查主蒸汽流量和凝结水流量是否合理，观察测量装置的偏差，从而得出主蒸汽流量修正曲线。

热力特性试验前进行预备试验的目的是什么？

答：在进行热力特性正式试验前，应做一次预备性试验，它的目的是：检查机组的各个设备和运行情况是否符合要求，检查测量仪表的指示是否正确，试验用的信号是否清晰好用，检查试验记录人员是否已熟悉仪表和数据的读取。对试验进行实际练习。通过预备性试验，如确认所有的设备缺陷已经消除、机组的运行情况合乎要求、仪表的指示都正常后，就可进行正式试验。

进行热力特性试验时，参数的记录如何要求？

答：进行热力特性试验时，参数记录的要求是：每个试验点的持续记录时间一般为60min。如在试验进行过程中发现观测数值有明显不合理，工况变动或波动较大，应找出原因，待恢复正常后，再继续进行试验。此时记录时间可适当延长。在试验中，各种仪表的指示值应每隔一定的时间记录一次。压力表、温度表可每 2.5min 记录一次。功率表、流量表每分钟记录一次。水位、大气压力、周围环境温度在试验开始和终了各记录一次即可。每个试验点的记录次数一般在 25 次左右。

热力特性试验获得的数据为什么要进行修正？

答：热力特性试验获得的数据要进行修正的原因是：汽轮机在进行热力试验时，应力求汽轮机组的运行条件稳定在额定值和符合设计条件，以减少修正中产生的误差。实际上，试验数值与额定值总是有一定偏差，为了便于与同类机组进行性能比较，在编制机组的热力特性试验时，一般取机组设计计算时所选定的蒸汽参数和热力系统作为额定条件，因此在计算出试验条件的汽耗率和热耗率之后，必须将试验值修正到额定条件下的数值。

如何对热力特性试验获得的数据进行修正？

答：数据修正分为两组进行。第一组修正主要是对热力系统和发电机功率的修正，下列变量需修正：加热器的端差、抽汽管路的压力降、系统储水量的变动、经过给水泵时给水的焓增、凝结水的过冷度、给水补充水的流量、再热器减温水流量及发电机功率因数、电压、冷却气体压力和转速。第二组修正主要是对主蒸汽压力、温度、再热蒸汽温度、再热器压降、排汽压力或循环水温度及转速偏离额定值时，对热耗率和发电机功率的影响进行修正。

汽轮发电机组热耗率如何计算？

答：汽轮发电机组热耗率的计算公式为

$$汽轮发电机组热耗率=\frac{W_t(H_t-H_f)+W_r(\Delta H_r)}{kWg-\sum kW_i}\text{kJ/kWh} \tag{13-1}$$

式中 W_t——主蒸汽流量，kg/h；

W_r——再热蒸汽流量，kg/h；

H_t——主汽阀入口主蒸汽焓，kJ/kg；

ΔH_r——经再热器的蒸汽焓差，kJ/kg；

H_f——最终给水焓，kJ/kg；

kWg——发电机终端输出功率，kW；

$\sum kW_i$——当采用静态励磁、电动主油泵时各项所消耗的功率。

第十四章 汽轮发电机组异常振动的原因及处理

第一节 振动的基础知识

1. 汽轮发电机组发生振动对设备的危害主要表现在哪几个方面？

答：汽轮发电机组发生振动对设备的危害主要表现在以下几个方面：

(1) 动静部分摩擦。发生振动时，如处理不当，会引起大轴弯曲、设备损坏等重大事故。

(2) 加速一些零部件的磨损。发生振动时，引起一些零部件的磨损，不但降低了这些零部件的寿命，而且还容易引发其他故障。

(3) 造成部件的损坏，如轴承乌金的碎裂、脱胎。

(4) 造成紧固件的断裂和松脱。

(5) 损坏设备基础和建筑物。

(6) 直接或间接造成设备故障，如危急保安器的误动作、发电机冷却水管的破裂。

(7) 降低机组的经济性，如汽封间隙的扩大、漏汽量增加。

2. 大型汽轮发电机组的振动特征表现在哪几个方面？

答：大型汽轮发电机组的振动特征表现在以下几个方面：

(1) 临界转速降低，轴系临界转速分布复杂。高中低压转子及发电机转子的一阶临界转速均在额定转速以下。在升速过程中，需要通过多个临界转速，易诱发共振。

(2) 轴系的平衡工作更加复杂。由于大功率汽轮发电机组轴系及连接支承系统的复杂性，每个转子不平衡所引起的轴承和轴颈的振动又互相影响，再加上运行工况对支承状态的影响，致使转子质量不平衡所造成的机组振动问题更加突出，同时也给轴系的平衡工作增加了困难。

(3) 容易出现不稳定的振动现象。随着机组容量增加，临界转速的降低，轴瓦不稳定的因素增多，产生不稳定的振动。

(4) 容易发生轴系扭振。随着机组容量增加，汽轮机转子由一个刚性体转变为弹性体，具有各种低频的轴系扭转振动的固有频率。电力系统的扰动也会导致轴系扭转振动。

3. 汽轮机的不稳定振动，主要有哪几种类型？

答：汽轮机的不稳定振动，主要类型有：

（1）汽轮机支承系统复杂，当运行工况变化时，轴承的荷载重新分配，轻荷载的轴承容易产生不稳定振动。

（2）一阶临界转速在额定转速的1/2以下，容易激发轴瓦的油膜自激振荡。

（3）随着机组进汽参数的提高，转子单位面积的蒸汽通流量增加，这样，转子径向流量偏差所引起的不平衡力矩也随之增加，也会引起轴瓦的自激振荡。

（4）由于大功率汽轮机动静部分间隙较小，热变形较大，容易引起动静部分摩擦，从而引起摩擦自激振荡。

4. 汽轮发电机组转子的振动情况可用哪三个参数来描述？

答：汽轮发电机组转子的振动情况，可用转子的位移量（振幅）、位移速度和位移加速度三个参数来描述。

振幅是由于汽轮发电机组转子失稳、转子不平衡和轴系中心不准确等多种因素所造成的。

位移速度可用来评价转子在各种转速下的运转情况。

位移加速度中可能包含有设备疲劳损坏的早期征兆。

5. 转子找平衡有哪几种类型？其含义是什么？

答：转子找平衡通常有两种类型：动平衡和静平衡。

用静力来解决转子找静不平衡的方法称为静平衡。静平衡仅解决力不平衡问题，静平衡是用于安装在转动轴上的盘状零件，平衡后要求轮盘在水平导轨上的任何位置都能维持平衡状态。

动平衡，由于转子实际上不是一个平面盘状的零件和几个有一定厚度的圆盘所组成的圆柱，因此转子往往除了存在静不平衡外还存在动不平衡，即力偶不平衡。解决动不平衡的方法，只能用动平衡方法来解决，即转子在旋转的状态下，在专门的动平衡机上，使转子上各部分不平衡力产生的离心力平衡。除了静力平衡外，相对于转轴轴线的合力矩等于零，即力偶平衡。

动平衡既可解决动不平衡，又可解决静不平衡。一般是采取加平衡块或平衡螺塞的方法来校正平衡的。

6. 什么是李莎茹图？李莎茹图有什么用途？

答：一个质点同时参与两个互相垂直方向的振动，则合成振动的轨迹，一般不在一条直线上，振动轨迹将呈现各种形状的封闭曲线，其形状取决于两个分振动的频率和相位差，这种封闭曲线称为李莎茹图。

利用李莎茹图可以判定：

（1）转轴在轴承中运转是否稳定。

（2）汽轮机动静部分是否有摩擦。

（3）机组运行中，垂直、水平各方向上的振动大小。

（4）振动中是不是有分频振动。

（5）轴系的临界转速值。

7. 什么是波得（Bode）图？有什么作用？

答：所谓波得（Bode）图，实际是绘制在直角坐标上的两个独立曲线，即将振幅与转速的关系曲线和振动相位滞后角与转速的关系曲线，绘在直角坐标图上，它表示转速与振幅和振动相位之间的关系。

波得图有下列作用：

（1）确定转子临界转速及其范围。

（2）了解升（降）速过程中，除转子临界转速外是否还有其他部件（如基础、定子等）发生共振。

（3）作为评定柔性转子平衡位置和质量的依据。

（4）可以正确地求得机械滞后角，为加准试质量提供正确的依据。

（5）前后对比，可以判断机组启动中，转轴是否在动、静部分摩擦和冲动转子前，转子是否存在热弯曲等故障。将机组启、停所得波得图进行对比，可以确定运行中转子是否发生热弯曲。

8. 什么是临界转速？汽轮机转子为什么会有临界转速？

答：从振动的现象来看，在机组启、停中，当转速升高或降低到一定数值时，机组振动突然增大，当转速继续升高或降低后，振动又减小，这种使振动突然增大的转速称为临界转速。

汽轮机的转子是一个弹性体，具有一定的自由振动频率。转子在制造过程中，由于轴的中心和转子的重心不可能完全重合，总有一定偏心，当转子转动后就产生离心力，离心力就引起转子的强迫振动，当强迫振动频率和转子固有振动频率相同或成比例时，就会产生共振，使振幅突然增大，这时的转速即为转子的临界转速。

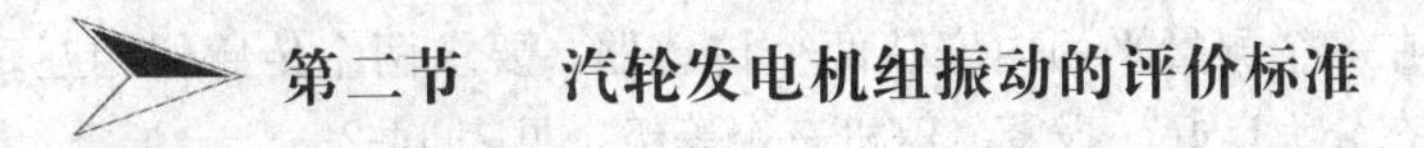

第二节　汽轮发电机组振动的评价标准

1. 我国现行汽轮机振动标准是如何规定的？

答：我国现行汽轮机振动标准的规定为：

（1）汽轮机转速在 1500r/min 时，振动双振幅 50μm 以下为良好，70μm 以下为合格；汽轮机转速在 3000r/min 时，振动双振幅 25μm 以下为良好，50μm 以下为合格。

（2）标准还规定新装机组的轴承振动不宜大于 30μm。

（3）标准规定的数值，适用于额定转速和任何负荷稳定工况。

（4）标准对轴承的垂直、水平和轴向三个方向的振动测量进行了规定。在进行振动测量时，每次测量的位置都应保持一致，否则将会带来很大的测量误差。

（5）在三个方向的任何一个方向上的振动幅值超过了规定的数值，则认为该机组的振动状态是不合格的，应当采取措施来消除振动。

（6）紧停措施还规定汽轮机运行中振动突然增加 50μm 应立即打闸停机。同时，还规定临界转速的振动最大不超过 100μm。

2. 以轴承振动来评定机组振动状况是否全面？

答：由于各种类型机组转子的质量和刚度、支承刚度、基础刚度、动静部分间隙等因素的不同，在同样的轴承振幅下，引起的危害是不同的。因此以轴承振动评定机组振动状态有明显的不足之处。随着振动测试技术的发展，对转轴振动的测量在现场得到了日益广泛的应用，直接测量轴颈在轴承中的振动能够更加真实地反映出机组的振动状态和危害程度，而且也更加灵敏可靠。

3. 国际电工委员会（IEC）1968 年推荐的振动标准是如何规定的？

答：国际电工委员会（IEC）1968 年推荐的振动标准见表 14-1。

表 14-1　　振 动 标 准

汽轮机转速 (r/min)	1000	1500	1800	3000
轴承双振幅（mm）	0.075	0.05	0.042	0.025
转轴双振幅（mm）	0.15	0.10	0.084	0.05

4. 德国工程师协会 1981 年颁布的《透平机组转轴振动测量及评价》（简称 VDI-2059）对汽轮发电机组振动标准如何规定？

答：采用涡流传感器或电感式传感器直接获得振动位移，为了确定转轴在径向测量平面内的运动，必须在一个测量平面内安装两个传感器，要求两个传感器相互垂直。VDI-2059 评价机组振动状态分为良好、报警、停机三个等级，见表 14-2。

表 14-2　　轴承振动幅值（均为单振幅）　　μm

等级	转速			
	1000	1500	1800	3000
良好	76	62	57	44
报警	142	116	106	82
停机	209	170	156	121

5. 评价汽轮发电机组振动大小的依据是什么？汽轮机组的振动类型有哪几种？如何测量与监视？

答：评定汽轮发电机组的振动以轴承垂直、水平、轴向三个方向振动中最大者作为评定的依据。

轴承垂直振动测点是在轴承座顶盖上正中位置。水平测点是在轴承盖中分面正中位置，平行于水平面，垂直于转子轴线。轴向测点是在轴承盖上方与转子轴线平行。

汽轮发电机组基本上是按照振动机理来划分振动的，振动可分为普通强迫振动、电磁激振、撞击振动、随机振动、轴瓦自激振动、参数振动、气流振动、摩擦涡动、高次谐波共振、分谐波共振等类型。

振动一般用振动检振仪测量，若加频谱分析则更为准确，有经验的一般凭手的感觉也能感觉到振动的大小。

第三节　现场常见的几种振动情况及原因分析

1. 临界转速时的振动有哪些特征？

答：临界转速时的振动主要有以下两个特征：

（1）振动与转速关系密切，当转子的转速接近临界转速时，振动迅速增大，转速达到临界转速时，振动达到一个最高的峰值，当转速越过临界转速时，振动又迅速减小。

（2）临界转速时振动的相位角ϕ（转子质量偏心方向与挠度高点之间的夹角）等于90°，转速低于临界转速时，ϕ低于90°；转速高于临界转速时，ϕ大于90°，而且临界转速附近相位角变化比较大。

根据以上两个特点，便可以准确地确定转子的临界转速。

2. 轴系临界转速与哪些因素有关？

答：轴系临界转速的大小与转子的粗细、质量、几何形状、主轴跨度、刚度、联轴器形式、轴承刚性及弹性等有关。

3. 转子的临界转速与轴系临界转速的关系如何？

答：由于汽轮发电机组的轴瓦、轴承座及轴瓦与大轴之间的油膜都是具有弹性的物体，因此单个转子临界转速接近弹性支承临界转速的计算数值。

汽轮机各转子与发电机转子连成轴系之后，由于各转子的转动惯量会相互影响、相互制约，加上轴承座支承刚度和联轴器刚度的影响，临界转速高的会低下来一些，低的会高上去一点，产生几个新的轴系临界转速。

一般来说，组成轴系各转子的临界转速都是轴系的临界转速，新产生的临界转速也是轴系的临界转速，习惯上按转速的高、低依次出现的轴系临界转速分别称为一阶临界转速、二阶临界转速、三阶临界转速等（轴承油膜振动与一阶临界转速有关）。

4. 如何降低临界转速的振动？

答：在现代技术条件下，在采取了一系列有效措施，如提高转子的平衡质量、增大振动阻尼、控制轴承动力影响等，就可以使转子在临界转速时的振动控制在很低的范围。

5. 什么是刚性轴？什么是挠性轴？

答：转子的工作转速低于第一阶临界转速的转轴称为刚性轴。

转子的工作转速高于第一阶临界转速的转轴则称为挠性轴。

6. 根据临界转速下转轴振动的特点，实际运行中应如何对待？

答：根据临界转速下转轴振动的特点，实际运行中：

（1）应避免长期在临界转速下或在临界转速附近停留，使机组振动逐渐增大，造成对设备的损坏。

（2）不要错误地认为临界转速下，转子的振动增大是不可避免的，而强行通过。对临界转速下的振动不予重视、处理，同样会造成设备的损坏。

（3）为了避免因振动过大造成设备损坏，汽轮发电机组临界转速下的振动同样应该严格控制。只要转子的平衡合理并符合技术要求，在临界转速下使转子的轴承振动控制在0.05mm左右是能够达到的。一般临界转速下的允许的振动幅值稍高于额定转速下对振动的要求。当机组在临界转速时的振动超过0.10mm时，则说明转子的工作状况处于异常状态，应及时进行检修处理。通过临界转速时轴承振动超过0.10mm时，应立即打闸停机。

（4）在机组启停过程中，不但要注意检查临界转速下振动的绝对幅值，还应注意每次启停振幅值的相对变化。一般来说，汽轮机转子通过临界转速时的振动比正常情况变化不应超过0.03～0.04mm，如果变化超过此范围，则应进行认真的检查分析，在未查清原因以前，不应盲目启动。

7. 在临界转速下，转子振动出现异常增大，说明什么？

答：转子振动的幅值主要取决于转子的平衡质量和轴承的工作稳定情况，在对轴系进行合理的动平衡后，转子在临界转速工况下的振动可以控制在一个较小的范围内。如果在临界转速时，出现较大的振动，则说明转子的平衡情况不合理或平衡遭到破坏。因此，必须在临界转速时，加强对振动幅值及振动变化情况的监视。

8. 停机过程中，观察临界转速下振动的目的是什么？

答：机组每次启动过程不尽相同，而停机过程中转子的惰走情况基本相同，所以，可以

在转子惰走时，观察转子的平衡质量和轴承的工作稳定情况。

9. 汽轮发电机组的振动如何分类？各自的振动特点是什么？

答：汽轮发电机组的振动按激振能源的不同，可分为强迫振动和自激振动两大类。

强迫振动是在外界干扰力的作用下产生的，这类振动现象比较普遍。振动的主要特征是：振动的主频率和转子的转速一致，振动的波形多是正弦波。

自激振动主要是由于轴瓦油膜振荡、间隙振荡、摩擦涡动等原因造成的，这类振动的主要特征是：振动的主频率与转子的转速不符而与临界转速基本相同，振动的波形比较紊乱并含有低频谐波。

10. 引发汽轮机发生强迫振动的因素有哪些？各自的特征是什么？

答：引发汽轮机发生强迫振动的因素及其各自的特征是：

（1）转子质量不平衡。其主要特征是振动频率和转子转速相一致。振动波形为正弦波，其振幅和转速的平方成正比。

（2）转子中心不正。指相邻转轴的同心度和倾斜度超标。其振动主频率是转速的两倍频，振幅的大小与负荷、不对正程度有关。

（3）汽轮机膨胀受阻。当汽轮机膨胀受阻时，将会引起轴承之间的标高变化，导致转子中心破坏，同时还会改变轴承座与台板之间的接触状态，从而减弱了轴承区的支承刚度，有时还会引起动静部分摩擦，造成转子新的不平衡。这类振动通常表现为振动随着负荷的增加而增大，但随运行时间延长振动有减小的趋势。振动的频率和转速一致，波形近似为正弦波。当遇到此类情况时，可适当延长暖机时间，减少负荷变化速度，以改善机组的振动情况。

（4）电磁干扰力引起的振动。主要是发电机转子与定子之间磁场分布不均造成的。这类振动的主要特点是转子在某一频率振动时，将引起定子的倍频振动。

（5）支承刚度不足和共振。因为有阻尼的强迫振动的振幅与激振力、动力放大系数成正比，与支承刚度成反比。所以在动力放大系数不变时，即使激振力的大小不变，当支承刚度降低时，振动也会增大。刚度下降又会使振动系统的共振频率降低，动力放大系数也随之发生变化，这样就有可能使系统的振动频率更加接近工作转速而发生共振。振动系统的支承刚度不足所引起的振动，其特点与转子质量不平衡所产生的振动相似，但有时会出现高次谐波。

（6）轴瓦松动。轴瓦因安装时紧力不足或经受长期的振动后，会产生在洼窝中松动的现象。这不仅造成轴承振动（尤其是轴振动）的增加，同时还伴有较高的噪声。

（7）热不平衡。有不少汽轮发电机组的振动随着转子的受热状态发生变化，即转子的温度升高时，振动增大。其原因是由于转子沿横截面方向受到了不均匀的加热和冷却，膨胀不均等，使转子产生了沿圆周方向的不规则变形。

（8）转子出现裂纹。当转子出现裂纹时，该裂纹就可能从转子的表面向纵深扩展，最终结果将带来灾难性的损坏。

(9) 随机振动。当汽轮发电机组的转子受到不规则冲击时，将会产生随机振动，即振动的频率、振幅都在不断地发生不规则的变化。在振动波形上找不到相同的形状，其间既包含冲击强迫振动又包含自由振动。

11. 如何判断转动机械振动是由于支承刚度下降造成的?

答：支承刚度下降通常是由于轴承座与台板，轴承座与汽缸，台板与基础之间的连接松动造成的。一般来说，基础、台板、轴承座振动的差值不应大于 3～5μm，如果振动的差值过大，则说明连接刚度不足。另外，振动增大主要表现在刚度降低的方向上，即通常表现为垂直方向振动增大。

12. 造成转子幅向不规则热变形的原因主要是什么?

答：造成转子幅向不规则热变形的原因主要是：

(1) 转子材质残余应力过大。受热后在一定的温度下，由于应力释放使大轴产生弯曲变形。

(2) 转子材质横断面上纤维组织不一。当转子温度升高后，由于膨胀不均匀，造成大轴热弯曲，而当转子冷却后，往往又会自然变直。

(3) 转子套装件失去紧力或紧力不足。如发电机套箍、汽轮机叶轮等与大轴产生温差时，就可能松动。这时，由于套装件与大轴的间隙不均匀使大轴受热不均产生热弯曲。

(4) 转子套装件之间的膨胀间隙不均匀且间隙不足时，转子受热膨胀就会出现很大的轴向力，从而使大轴产生热弯曲。

(5) 转子受热不均匀。当转子中心孔和旋转中心不重合时，油膜在圆周方向分布不均匀，使转子在圆周方向受热不均，从而造成大轴热弯曲。

(6) 发电机转子线包匝间短路、通风孔堵塞、线包在径向不对称热膨胀等，都会使转子产生热不平衡。

(7) 转轴局部摩擦。汽轮发电机组的动静部分摩擦是现场经常遇到的问题，转子在高速运转中，由于或多或少地存在着质量不平衡，而不平衡质量产生的离心力又必然会造成转子弯曲变形，因此一旦发生动静部分摩擦，总是首先发生在挠曲凸面的局部。这种转子局部摩擦受热膨胀，使转子产生热弯曲。局部动静部分摩擦引起的转子热弯曲，在不同的转速下，有着不同的表现形式。

13. 机组运行中，发生摩擦振动如何处理?

答：机组运行中，发生摩擦振动的处理方法为：

(1) 改善运行工况，通常能够控制碰磨的发展或避开摩擦。

(2) 振动值超标，严格执行紧停规定，并检查振动保护的动作情况。

(3) 因为动静部分摩擦被迫停机时，由于转子热弯曲的影响，临界转速的振动会明显增大。在惰走过程中，观察临界转速下的振动值。

(4) 控制转速、真空的下降速度，同时到零，关闭汽缸疏水，进行闷缸。

(5) 连续盘车，监视盘车电流，大轴弯曲值的变化。

14. 机组运行中发生的随机振动主要有哪几种情况？

答： 机组运行中发生的随机振动主要有以下几种情况：

(1) 停机后再启动时，振动幅值和相位都发生较大的变化，其原因通常是：

1) 平衡重块移动，转子上或中心孔内有活动的零件。

2) 套装件紧力不足。

(2) 在振动增加的同时有明显的冲击声，这时应注意检查转子的零部件。如动叶片及其连接件等是否飞脱。

(3) 运行中振动增大，但在1～2h后又恢复正常或维持在稍大于以前的振动水平上，这时应注意检查汽封磨损情况和转子受热部件是否有可能与水接触。

(4) 如在运行中振幅变化很大，在振幅变化的一个周期内，相位变化360°，这时应注意检查转轴与密封材料、整流子之间的磨损情况，这类现象多发生在励磁机上。

15. 什么是自激振动？

答： 自激振动又称为负阻尼振动，也就是说由振动本身运动所产生的阻尼力非但不阻止运动，反而将进一步加剧这种振动。因此一旦有一个初始振动，不需要外界向振动系统输送能量，振动即能保持下去。所以，这种振动与外界激励无关，完全是自己激励自己，故称为自激振动。

16. 自激振动可分为哪几种类型？

答： 根据激发自激振动的外界扰动力的性质不同，自激振动又表现为不同的形式，包括轴瓦自激振荡、摩擦自激振荡、间隙振荡（又称汽流振荡）和转轴截面不对称刚度引起的自激振荡。

17. 什么是轴瓦自激振动？

答： 所谓轴瓦自激振动，即轴颈和轴瓦润滑油膜之间发生的自激振动。

18. 滑动轴承的润滑油膜自激振动是如何产生和得以保持的？

答： 转子高速转动时，其轴颈中心由于外界扰动使得轴颈中心偏离轴承中心产生一个小的位移。由于轴颈的偏移，油流产生的压力分布发生了变化；在小间隙的上游侧，油流从大间隙进入小间隙，故形成高压；下游侧，油流从小间隙流向大间隙，故压力较低。这个压差的作用方向垂直于径向偏移线的切线方向，迫使转轴沿着垂直于径向偏移线方向（即切线方向）进行同向涡动，涡动方向和转动方向是一致的，一旦发生涡动以后，转轴围绕平衡位置涡旋而产生的离心力又将进一步加大轴颈在轴承内的偏移量，进一步减小这个间隙，使小间隙上游和下游的压差更大，从而使转轴涡动的切向力更大。如此周而复始，愈演愈烈，因而形成自激。

19. 常见的轴瓦自激振动主要有哪几种？

答：常见的轴瓦自激振动主要有半速涡动和油膜振荡两种。

20. 什么是半速涡动？

答：当转子第一临界转速高于1/2工作转速时所发生的轴瓦自激振动，其振动频率约等于工作转速相应频率之半，故称为半速涡动。

21. 半速涡动是怎样产生的？

答：半速涡动产生的原因是：轴颈在充满润滑油的圆筒轴承中以固定的角速度旋转，因受外界干扰，使轴颈中心偏离中心位置，油膜间隙通道不再是等截面的，并使流经轴承间隙最小截面和最大截面的流量产生偏差。这时为了容纳这个差额，油量增多的一侧就要推动轴颈向油量减少的一侧移动。移动的方向是垂直于偏心距的，从而迫使轴颈中心绕着平衡位置发生涡动。由于轴承两端存在漏流，减小了最大和最小间隙截面流量的差额，故要求轴颈涡动让出的空间减小，这样涡动速度就有所降低，略低于当时的转速之半。当转子的临界转速高于1/2工作转速时，在升速过程中，这种半速涡动不可能与转子的第一临界转速发生共振，因此涡动的振幅始终是不大的，这时半速涡动对机组安全一般不会造成严重威胁。

22. 什么是油膜振荡？

答：当汽轮发电机转速高于两倍转子第一临界转速时发生的轴瓦自激振动，通常称为油膜振荡。只有转子第一临界转速低于1/2工作转速时，才会发生油膜振荡现象。

23. 什么是失稳转速？

答：当转速升高到某一转速后，转轴会突然发生涡动运动，转轴开始产生涡动的转速称为失稳转速。

24. 油膜振荡是怎样产生的？

答：转子在失稳转速以前转动是平稳的，一旦达到失稳转速，随即发生半速涡动。以后继续升速，涡动速度也随之增加并总是保持着约等于转速之半的比例关系，当继续升速达到第一临界转速时，半速涡动会被更剧烈的临界转速的共振所掩盖，越过第一临界转速后又重表现为半速涡动，当转速升高到两倍于第一临界转速时，由于半涡动的涡动速度正好与转子的第一临界转速相重合，此时的半速涡动将被共振放大，从而表现为剧烈的振动，这就是油膜振荡。

25. 什么是油膜振荡的惯性效应？

答：油膜振荡的惯性效应是指油膜振荡一旦发生后，就始终保持着等于临界转速的涡动速度，而不再随转速的升高而升高，这一现象称为油膜振荡的惯性效应。所以油膜振荡发生时，不能像过临界转速那样借提高转速冲过去的办法来消除。

26. 油膜振荡的特征是什么？

答：油膜振荡的特征是：

（1）始终保持着等于临界转速的涡动速度，而不再随转速的升高而升高。

（2）升速时发生油膜振荡的转速要比降速时油膜振荡消失的转速要高些。

27. 摩擦自激振荡有哪几种形式？

答：由动静部分摩擦所产生的自激振动有两种表现形式：一种是摩擦涡动，另一种是摩擦抖动。

28. 什么是摩擦涡动？

答：当动静部分摩擦只是接触到叶轮、叶片（包括围带、铆钉头等）等转子的外围部件而没有接触到大轴本身时，不会使转子造成热弯曲从而形成强迫振动，但却会造成自激振动，这种摩擦自激振荡又称为摩擦涡动。

29. 摩擦涡动的特征是什么？

答：摩擦涡动的特征是：

（1）摩擦涡动的振动频率也等于转轴的第一临界转速。

（2）振动的波形为低频谐波。

（3）涡动方向和转动方向相反，即振动的相位是沿着与转动方向的反向移动的。

30. 什么是间隙激振？其特征是什么？

答：间隙激振又称为汽流激振，一般只发生在大容量汽轮机高压转子上。当转子由于受到外扰产生一个径向位移时，改变了叶片四周间隙的均匀性，间隙小的一侧漏汽量小，作用

在叶片上的作用力就大；反之，间隙大的一侧因漏汽量大，作用于该侧叶片上的力就小。当两侧作用力的差值大于阻力时，就能够使转子中心绕汽封中心做与转轴转动方向一致的涡动，这种涡动产生的离心力又使偏移扩散，加剧涡动，如此周而复始，形成自激振动。这种自激振动的频率、波形、振幅、相位都和油膜自激振动的特点相似，这种自激振动最突出的特点是与机组的负荷有关，即在某一负荷时振动突然发生，而把负荷减到某一值时，振动便突然消失。这类自激振荡不但会使轴承产生强烈的振动，同时还使轴瓦排油温度升高。

31. 为了防止和消除油膜振荡，应采取什么措施？

答：为了防止和消除油膜振荡，可以采取以下几项措施：

（1）增加轴承比压。增加轴承比压就是增加在轴瓦单位垂直投影面积上的轴承荷载，从而提高轴承工作的稳定性。增加轴承比压最方便的办法是调整联轴器中心。

（2）降低润滑油的黏度。润滑油的黏度越大，油分子间的凝聚力也越大，轴颈旋转时所带动的油分子也越多，油膜厚度就越大，稳定性也越差。所以降低润滑油的黏度对油膜的稳定性是有利的。最简单易行的办法是提高轴瓦进油温度。

（3）减小轴瓦顶部间隙，扩大两侧间隙，就是增加轴承的椭圆度。

（4）增大上瓦的乌金宽度，以便形成油膜，增加轴瓦稳定性。

（5）换用稳定性好的轴瓦，如使用可倾瓦，每个瓦块只形成收敛油楔，因而不会产生失稳分力。

（6）充分平衡同相的不平衡分量。因为发生油膜振荡时，转轴在轴瓦内呈弓状涡动，两端轴承振动的相位相同，若将转轴原有不平衡同相分量尽量减少，即可大大降低第一临界转速下的共振放大能力，使油膜振荡的振幅减小。

32. 什么是轴系扭振？

答：轴系扭振是指组成轴系的多个转子间产生的相对扭转振动。

33. 产生轴系扭振的原因有哪些？

答：产生轴系扭振的原因，归纳起来为两个方面：①电气或机械扰动使机组输入与输出功率（转矩）失去平衡，或者出现电气谐振与轴系机械固有扭振频率相互重合而导致机电共振；②大机组轴系自身所具有的扭振系统的特性不能满足电网运行的要求，大容量机组的转子轴系长度的加长和截面积相对下降，整个轴系成为一个两端自由的弹性系统，并存在着各种不同振型的固有的轴系扭转振动频率。

34. 轴系扭振可分为哪几类？

答：轴系扭振可分为短时间冲击性扭振和长时间机电耦合共振性扭振两种。

35. 电力系统的扰动产生轴系扭振有哪几个方面的原因？

答：电力系统出现的各种较严重的电气扰动和切合操作都会引起大型汽轮发电机组轴系扭振，从而产生交变应力并导致轴系疲劳或损坏，只是其影响程度随运行条件、电气扰动和切合操作方式、频率（次数）等不同而异。其中影响较大的可归纳为以下四个方面：

（1）电力系统故障与切合操作。通常的线路开关切合操作，特别是功率的突变和频繁的变化，手动、自动和非同期并网，输出线路上各种类型的短路和重合闸等都会激发轴系的扭振并造成疲劳损伤。

（2）发电厂近距离短路和切除。发电厂近距离（包括发电机端）两相或三相短路并切除及不同相位的并网，都会导致很高的轴系扭转机械应力。

（3）电力系统次同步振荡。在电力系统高压远距离输电线路上，当采用串联补偿电容用以提高输电能力时，该电容器同被补偿的输电线路的电感，将构成 L-C 回路并产生谐振。当电网频率与上述谐振频率的差值与轴系某一机械固有扭振频率相同或接近时，则上述的电气谐振与机械扭振合拍并相互激励，从而给机组轴系的安全运行造成严重的威胁。由于电气谐振频率低于电网频率，通常称为次同步振荡。

（4）电力系统负序电流。发电机定子绕组中的负序电流可由三相负荷不平衡、各种不对称短路、断线故障引起。负序电流相当于一个外力源，因此由负序电流产生的轴系扭振有别于上述的自激扭振，并称为强迫扭振。负序电流在电机中产生的旋转磁场与转子的励磁磁场相互作用，并产生交变转矩作用在轴系上，如果这一交变转矩的频率同机组轴系某一个固有的扭振频率重合，就会激发起轴系的扭振。

36. 如何预防和抑制轴系扭振？

答：预防和抑制轴系扭振的措施可以从设计制造、运行方式、机电配合、在线监测等几个方面针对不同的情况采取相应的措施。

设计制造：是指包括汽轮发电机轴系扭振频率、绕组的设计、选材工艺和机械加工，以及输电系统的线路的结构方式、继电保护、控制手段及串联电容补偿方式的设计与选择等。

运行方式：是指在满足输电的条件下，尽量避免采用可能导致高轴系扭振应力的运行方式。

在线监测：是利用机组扭振在线监测装置准确测量系统冲击所造成的轴系扭振的损伤。

实际运行中，当发生发电机短路、机组甩负荷等事故时，严格监视机组的振动变化，尤其是机组受到电力系统重大扰动时引起的振动变化，在一定程度上可以监督轴系扭振造成的轴系损坏。

37. 汽轮机叶片发生危险共振的条件有哪些？

答：汽轮机叶片发生危险共振的条件有：

（1）当叶片的自振频率与干扰力频率的比值成整数倍时，就会发生危险共振。

（2）叶片发生危险共振时，其振动频率等于叶片的自振频率，振型的自振频率越低，危险越大。

(3) 共振倍率为1时的共振最危险，倍率越大，危险性越小。

(4) 对于长叶片而言，其自振频率较低，应注意避免与干扰频率为 kn（其中 k 为小于7的整数倍，n 为汽轮机的工作转速，通常为50Hz）的低频干扰力发生危险共振。

(5) 对于短叶片而言，其自振频率较高，应当注意避免与干扰力频率为 zn（其中 z 为喷嘴数目）的高频干扰力引起的危险共振。

(6) 叶片的频率分散度不应超过8%，否则调开危险共振很难。

38. 什么是叶片的调频？发电厂中常用的叶片调频方法主要有哪些？

答：当汽轮机叶片（或叶片组）的振动特性不合格时，应对叶片（或叶片组）的自振频率或激振力频率进行调整，以避免共振，这种调整称为叶片的调频。

发电厂中常用的调频方法有：

(1) 改善叶根的研合质量或捻铆叶根，增加叶片安装紧力，以提高刚性。

(2) 改善围带或拉筋的连接质量。

(3) 改变叶片组的片数。

(4) 加强拉筋，以改变叶片组的频率。

(5) 在叶片顶部钻减荷孔。

(6) 改变拉筋位置，变更拉筋或围带的尺寸。

39. 什么是叶片的频率分散度？一般要求多少？

答：在汽轮机同一级中所测得叶片（叶片组）的最大静频率差与其平均值之比称为叶片的频率分散度，用 Δf_s 表示。一般要求 $\Delta f_s < 8\%$。

40. 转子为什么要进行平衡？

答：要避免和消除转子的强迫振动，就应该尽可能减少干扰力，由于转子材料的不均衡和装于同级轮槽内每只叶片质量的不均，因此会使转子产生不平衡的质量。这种不平衡在转子旋转时引起的偏心离心力是干扰力的主要因素，减少和消除不平衡质量是平衡要解决的任务。

41. 汽轮机找中心的目的是什么？

答：汽轮机找中心的目的主要有两点：①要使汽轮机的转动部件（转子）与静止部件（隔板、轴封等）在运行时，其中心偏差不超过规定的数值，以保证转动与静止部件在径向不发生触碰。②要使汽轮发电机组各转子的中心线能连接成为一根连续的曲线，以保证各转子通过联轴器连接成为一根连续的轴，从而在转动时，对轴承不致产生周期性不变的作用力，避免发生振动。

42. 汽轮发电机组发生振动对人的危害是什么？

答： 汽轮发电机组发生振动对人的危害也是显而易见的。过大的机械振动和由振动引发的噪声会给运行人员的健康带来不利的影响，在一般情况下，将会引起工作人员显著的疲劳感觉，降低工作效率。从承受振动和冲击的角度出发，人体作为一个简化的机械系统，在某些频率范围，将会使一些器官产生谐振效应，从而造成损伤。

43. 为什么说振动标准实际上是汽轮发电机组在一定时期内的制造和运行的经验总结？

答： 一台机组的振动水平关系到结构设计、原材料质量、制造工艺、安装、检修工艺及运行维护水平等各种因素，所以一台机组的振动状况是设计、制造、安装、检修和运行维护水平的综合表现，而且主要取决于设计和制造工艺水平。一个国家在制定振动标准时，不但要考虑需要，还要考虑技术上的可能性。因此，振动标准实际上是汽轮发电机组在一定时期内的制造和运行的经验总结。

44. 什么是双重挠度？什么是副临界转速？

答： 3000r/min 的发电机都是双极的，没有开槽的大齿面的刚度显然要大于嵌放线圈的开槽部分，这样转轴处于不同位置时，静挠度大小也不同。刚性大的部分挠度小，刚性小的部分挠度就大，通常称为双重挠度。

当转速为临界转速的一半时，由双重挠度产生的激振力的频率恰好与第一临界转速重合，从而引起共振，这个转速通常称为副临界转速。

45. 油膜自激振荡的特点有哪些？

答： 油膜自激振荡的特点为：振动的主频率约等于第一临界转速，而且总是出现于两倍于第一临界转速之后，振动波形有明显的低频分量，轴承的顶轴油压发生剧烈摆动，轴承能听到撞击声音等。

46. 预防和消除摩擦自激振动、间隙自激振动及其他原因引起的半速涡动的措施是什么？

答： 预防和消除摩擦自激振动、间隙自激振动及其他原因引起的半速涡动的措施，与消除油膜自激振荡所采取的措施基本上相类似，其基本原则都是围绕提高轴瓦的工作稳定性和减小转轴对轴承的扰动力这两个方面来采取措施的。但最简便有效的办法，还是针对引起自激振动的主要原因，采取相应的措施。例如：消除摩擦自激振动最有效的办法就是避免在运行中发生动静部分摩擦。消除间隙自激振动最有效的办法就是保持转子和汽缸的同心度，合理地调整动静部分间隙。此外，还可以在动叶片复环的固定齿封中间加装导流片，从而对间隙中汽体圆周运动起阻尼作用并减少涡流。改变调节汽阀的投入顺序或关闭引起振动的调节汽阀，从而改变蒸汽对转子圆周方向的作用力，通常对消除或改善间隙自激振动也会产生明显的效果。

47. 消除转子截面不对称刚度引起的参数自激振动的方法是什么？

答： 消除转子截面不对称刚度引起的参数自激振动的方法，对于发电机，可以在大齿上开一定数量和深度的横槽，使转子成为等刚度的。

48. 什么是信号谱？

答： 所谓信号谱是指机组在运行过程中对振动进行实测而得到的频谱，它反映了机组在特定条件下的振动特点。机组的信号谱可随运行条件（如转速）的变化而变化，并且在长时间的运行过程中，随着机组部件的磨损、缺陷等情况的发生而有所变化。

49. 什么是机组的振动烈度？

答： 机组的振动烈度为所测得的振动速度的最大有效值，即以振动速度的均方根值来表示，振动烈度通常用测振仪直接测量，也可以用振动的主频率和振幅 A 进行换算，即

$$v_{rms} = \frac{A\omega}{2\sqrt{2}} \quad \text{或} \quad A = \frac{2\sqrt{2}}{\omega}v_{rms}$$

$$\omega = 2\Pi f$$

式中 v_{rms}——振动烈度，mm/s；

A——振动的双振幅值，mm；

ω——转子转动角速度，1/s；

f——频率，1/s。

50. 大型汽轮发电机组所表现的不稳定振动类型有哪些？

答： 大型汽轮发电机组所表现的不稳定振动类型有：

（1）由于大功率汽轮发电机组支承系统复杂，在运行状态或工况变化时，每个轴承的热膨胀和变化量不同，使轴承的标高发生变化，将会引起每个轴瓦荷载的重新分配，一部分轴承荷载增大，另一部分荷载减小，轻荷载的轴瓦则更加容易产生不稳定的自激振动。

（2）随着转子临界转速降低，有的转子第一临界转速接近或低于工作转速的 1/2 以下，这样就容易激发轴瓦的油膜自激振荡。

（3）大功率汽轮机由于进汽压力高、蒸汽比体积小、高压转子的单位流通面积的通流量增大，转子上蒸汽通道径向流量偏差所引起的不平衡力矩也随之增加，这也会引起轴瓦的自激振荡，又称为间隙振荡。

（4）由于大功率汽轮机动静部分间隙，尤其是径向间隙较小，热变形较大，容易引起动静部分摩擦，从而引起摩擦自激振荡。

51. 什么是相位角？

答：转子质量偏心方向与动挠度高点之间的相位差称相位角。

52. 在汽轮发电机组启动和停机过程中，应注意避免哪两种错误倾向？

答：在汽轮发电机组启动和停机过程中，应注意避免以下两种错误倾向：①不注意轴系的临界转速，机组长期在临界转速下或临界转速附近停留，使机组的振动逐渐增大，以致造成设备损坏。②认为机组在临界转速下振动急剧增大是不可避免的正常现象，在启动升速时盲目地硬闯临界，对临界转速下的异常振动不予处理，以致造成设备的损坏。

第四节　汽轮发电机组的振动监督

1. 振动测量监视手段有哪些？

答：振动测量监视手段有：

（1）采用连续测量机组轴承和轴振动振幅的方法，并根据既定的振动幅值，通过热控和保护系统进行振动报警或自动控制停机，从而达到预防设备损坏的目的。

（2）采用实时频谱分析仪，提供了振动信号谱对机组进行监控。

（3）进行信号谱的分析，对振动进行实测而得到的频谱，反映机组在特定条件下的振动情况，机组的信号谱随运行条件的变化而变化，在长时间的运行过程中，随着机组部件的磨损、缺陷等情况的发生而有所变化。

2. 振动监测和诊断系统应具有什么功能？

答：振动监测和诊断系统应具有如下功能：

（1）实现在线采样。可以接受各类传感器如振动、胀差、轴向位移、轴弯曲及压力、温度、负荷等传感器发生的电压和电流信号。

（2）信息分析。利用快速傅里叶变换，对采集到的各种信息进行综合分析，根据振动变化趋势以帮助故障的早期诊断。

（3）数据的存储和查询。机组在启动、停机、带负荷阶段对振动等各种物理量进行存储，供分析、显示用，并可按照时间对硬盘存储的数据进行查询和再现。

（4）异常情况的识别和报警。按照振动的大小是否超限和存在危急进行报警，通知运行人员注意进行分析处理。

（5）报表输出。可根据需要，定期打印出各测点的振动值（包括通频、频谱、相位、振幅等），以及相关的压力、温度、负荷等物理量。

（6）振动特征分析。可以在计算机屏幕上显示或打印出各种振动的图形和表格。

（7）振动故障诊断。经过对所有的信号进行识别判断，根据振动的机理和实践经验，可以诊断出较常见的振动故障。

（8）转子动平衡。编制了多平面、多测点的动平衡程序，供动平衡人员使用。

（9）联网通信。通过联网通信可将机组测得的各种振动信号远距离传输到振动监测中心站，以便与专家及时地进行分析和处理。

3. 如何对汽轮发电机组振动监督开展有效的工作？

答： 要对汽轮发电机组振动监督开展有效的工作：

（1）首先要求运行人员比较熟悉地掌握有关机组振动的基本知识，能够及时地分析判断机组启动及运行和事故处理中发生异常振动的可能原因，并能够及时地采取有效的处理措施。运行人员应熟悉汽轮发电机组轴系的每个临界转速和每个轴承平时运行的振动情况。

（2）运行人员在巡回检查中，要注意检查机组的振动情况，注意积累经验。正常运行时，每班至少应测量一次各轴承三个方向的振动并记入专用的记录簿中；如发现振动有异常变化时，应采取必要的措施。振动记录簿应由车间技术负责人保管，并建立振动管理技术台账，定期地对每台机组的振动情况进行分析检查。

（3）运行现场应配备性能符合要求的携带式振动表计，并定期进行校检。对容量较大的机组，最好能配备一台专用的携带式测振表计，测量振动应按规定的部位进行。

（4）在机组启动时应做到：

1）一定要具备合乎要求的测振表计，否则汽轮机不应启动。

2）冲转前大轴晃动度、上下汽缸温差、相对胀差、蒸汽参数应符合要求，否则禁止冲动转子。

3）合理地选择稳定暖机转速，稳定暖机转速应在避开各阶临界转速的振动不灵敏转速区进行。

4）在机组升速过程中突然发生异常振动时，应注意检查叶片等转动部件有无损坏的象征，或有无水冲击、油膜振荡等象征。当机组振动突然增大到规定的数值时，要果断地采取相应的措施。

5）检修人员要严格执行各项检修工艺标准，对于有关机组振动的检测项目必须进行认真地检查测量，并做好记录。对于直接影响振动的设备缺陷，应及时地消除。振动不合格的机组不允许长期运行。

（5）建立健全机组振动技术台账，对振动的测量记录，处理机组振动所采取的技术措施详细地汇集存档，以便机组振动的分析诊断。

4. 机组振动故障分析时，一般需进行哪几项振动测试？

答： 机组振动故障分析时，一般需进行以下几项振动测试：

（1）测定基频振动或振动频谱。

（2）轴承座的刚度检测。

（3）振动与机组运行参数试验。

（4）故障诊断的验证试验。

5. 简述汽轮发电机组振动故障诊断的一般步骤。

答：汽轮发电机组振动故障诊断的步骤如下：

（1）测定振动频率，确定振动性质。若振动频率与转子的旋转转速不符合，说明可能发生了自激振动，进而可寻找具体的自激振动根源。若振动频率与转速相符，说明发生了强迫振动。

（2）查明发生过大振动的轴承座，其稳定性是否良好，如果轴承座的稳定性不良应加固，如果不是主要原因，则可认为振动增大是由于激振力过大所致。

（3）确定激振力的性质。

（4）寻找激振力的根源，即振动缺陷所发生的具体部件和内容。在进行振动故障诊断时，有一点要特别注意，即振动表现最大处为缺陷所在处，通常是这样的规律。但有时特别是多根转子（尤其是柔性转子）连在一起的轴系，有时某个转子轴承上的缺陷造成的振动，在其他转子轴承处的振动比在该转子轴承处还要大，这既有轴承刚度问题，还涉及多根轴连在一起的振型问题等，在分析具体原因时，必须考虑这一因素。

附录　汽轮机运行常用图表及标准

附录A　饱和水与饱和水蒸气的热力性质表
(按压力排列)

压力	温度	比体积		比焓		汽化潜热	比熵	
		液体	蒸汽	液体	蒸汽		液体	蒸汽
p (MPa)	t (℃)	v' (m^3/kg)	v'' (m^3/kg)	h' (kJ/kg)	h'' (kJ/kg)	r (kJ/kg)	s' [kJ/(kg·K)]	s'' [kJ/(kg·K)]
0.0010	6.982	0.0010001	129.208	29.33	2513.8	2484.5	0.1060	8.9756
0.0020	17.511	0.0010012	67.006	73.45	2533.2	2459.8	0.2606	8.7236
0.0030	24.098	0.0010027	45.668	101.00	2545.2	2444.2	0.3543	8.5776
0.0040	28.981	0.0010040	34.803	121.41	2554.1	2432.7	0.4224	8.4747
0.0050	32.90	0.0010052	28.196	137.77	2561.2	2423.4	0.4762	8.3952
0.0060	36.18	0.0010064	23.742	151.50	2567.1	2415.6	0.5209	8.3305
0.0070	39.02	0.0010074	20.532	163.38	2572.2	2408.8	0.5591	8.2760
0.0080	41.53	0.0010084	18.106	173.87	2576.7	2402.8	0.5926	8.2289
0.0090	43.79	0.0010094	16.206	183.28	2580.8	2397.5	0.6224	8.1875
0.010	45.83	0.0010102	14.676	191.84	2584.4	2392.6	0.6493	8.1505
0.015	54.00	0.0010140	10.025	225.98	2598.9	2372.9	0.7549	8.0089
0.020	60.09	0.0010172	7.6515	251.46	2609.6	2358.1	0.8321	7.9092
0.025	64.99	0.0010199	6.2060	271.99	2618.1	2346.1	0.8932	7.8321
0.030	69.12	0.0010223	5.2308	289.31	2625.3	2336.0	0.9441	7.7695
0.040	75.89	0.0010265	3.9949	317.65	2636.8	2319.2	1.0261	7.6711
0.050	81.35	0.0010301	3.2415	340.57	2645.0	2305.4	1.0912	7.5951
0.060	85.95	0.0010333	2.7329	359.93	2653.6	2293.7	1.1454	7.5332
0.070	89.96	0.0010361	2.3658	376.77	2660.2	2283.4	1.1921	7.4811
0.080	93.51	0.0010387	2.0879	391.72	2666.0	2274.3	1.2330	7.4360
0.090	96.71	0.0010412	1.8701	405.21	2671.1	2265.9	1.2696	7.3963

续表

压力	温度	比体积		比焓		汽化潜热	比熵	
		液体	蒸汽	液体	蒸汽		液体	蒸汽
p (MPa)	t (℃)	v' (m^3/kg)	v'' (m^3/kg)	h' (kJ/kg)	h'' (kJ/kg)	r (kJ/kg)	s' [kJ/(kg·K)]	s'' [kJ/(kg·K)]
0.10	99.63	0.0010434	1.6946	417.51	2675.7	2258.2	1.3027	7.3608
0.12	104.81	0.0010476	1.4289	439.36	2683.8	2244.4	1.3609	7.2996
0.14	109.32	0.0010513	1.2370	458.42	2690.8	2232.4	1.4109	7.2480
0.16	113.32	0.0010547	1.0917	475.38	2696.8	2221.4	1.4550	7.2032
0.18	116.93	0.0010579	0.97775	490.70	2702.1	2211.4	1.4944	7.1638
0.20	120.23	0.0010608	0.88592	504.7	2706.9	2202.2	1.5301	7.1286
0.25	127.43	0.0010675	0.71881	535.4	2717.2	2181.8	1.6072	7.0540
0.30	133.54	0.0010735	0.60586	561.4	2725.5	2164.1	1.6717	6.9930
0.35	138.88	0.0010789	0.52425	584.3	2732.5	2148.2	1.7273	6.9414
0.40	143.62	0.0010839	0.46242	604.7	2738.5	2133.8	1.7764	6.8966
0.45	147.92	0.0010885	0.41392	623.2	2743.8	2120.6	1.8204	6.8570
0.50	151.85	0.0010928	0.37481	640.1	2748.5	2108.4	1.8604	6.8515
0.60	158.84	0.0011009	0.31556	670.4	2756.4	2086.0	1.9308	6.7598
0.70	164.96	0.0011082	0.27274	697.1	2762.9	2065.8	1.9918	6.7074
0.80	170.42	0.0011150	0.24030	720.9	2768.4	2047.5	2.0457	6.6618
0.90	175.36	0.0011213	0.21484	742.6	2773.0	2030.4	2.0941	6.6212
1.00	179.88	0.0011274	0.19430	762.6	2777.0	2014.4	2.1382	6.5847
1.10	184.06	0.0011331	0.17739	781.1	2780.4	1999.3	2.1786	6.5515
1.20	187.96	0.0011386	0.16320	798.4	2783.4	1985.0	2.2160	6.5210
1.30	191.60	0.0011438	0.15112	814.7	2786.0	1971.3	2.2509	6.4927
1.40	195.04	0.0011489	0.14072	830.1	2788.4	1958.3	2.2836	6.4665
1.50	198.28	0.0011538	0.13165	844.7	2790.4	1945.7	2.3144	6.4418
1.60	201.37	0.0011586	0.12368	858.6	2792.2	1933.6	2.3436	6.4187
1.70	204.30	0.0011633	0.11661	871.8	2793.8	1922.0	2.3712	6.3967
1.80	207.10	0.0011678	0.11031	884.6	2795.1	1910.5	2.3976	6.3759
1.90	209.79	0.0011722	0.10464	896.8	2796.4	1899.6	2.4227	6.3561

续表

压力	温度	比体积		比焓		汽化潜热	比熵	
		液体	蒸汽	液体	蒸汽		液体	蒸汽
p (MPa)	t (℃)	v' (m³/kg)	v'' (m³/kg)	h' (kJ/kg)	h'' (kJ/kg)	r (kJ/kg)	s' [kJ/(kg·K)]	s'' [kJ/(kg·K)]
2.00	212.37	0.0011766	0.09953	908.6	2797.4	1888.8	2.4468	6.3373
2.20	217.24	0.0011850	0.09064	930.9	2799.1	1868.2	2.4922	6.3018
2.40	221.78	0.0011932	0.08319	951.9	2800.4	1848.5	2.5343	6.2691
2.60	226.03	0.0012011	0.07685	971.7	2801.2	1829.5	2.5736	6.2386
2.80	230.04	0.0012088	0.07138	990.5	2801.7	1811.2	2.6106	6.2101
3.00	233.84	0.0012163	0.06662	1008.4	2801.9	1793.5	2.6455	6.1832
3.50	242.54	0.0012345	0.05702	1049.8	2801.3	1751.5	2.7253	6.1218
4.00	250.33	0.0012521	0.04974	1087.5	2799.4	1711.9	2.7967	6.0670
5.00	263.92	0.0012858	0.03941	1154.6	2792.8	1638.2	2.9209	5.9712
6.00	275.56	0.0013187	0.03241	1213.9	2783.3	1569.4	3.0277	5.8878
7.00	285.80	0.0013514	0.02734	1267.7	2771.4	1503.7	3.1225	5.8126
8.00	294.98	0.0013843	0.02349	1317.5	2757.5	1440.0	3.2083	5.7430
9.00	303.31	0.0014179	0.02046	1364.2	2741.8	1377.6	3.2875	5.6773
10.0	310.96	0.0014526	0.01800	1408.6	2724.4	1315.8	3.3616	5.6143
11.0	318.04	0.0014887	0.01597	1451.2	2705.4	1254.2	3.4316	5.5531
12.0	324.64	0.0015267	0.01425	1492.6	2684.8	1192.2	3.4986	5.4930
13.0	330.81	0.0015670	0.01277	1533.0	2662.4	1129.4	3.5633	5.4333
14.0	336.63	0.0016104	0.01149	1572.8	2638.3	1065.5	3.6262	5.3737
15.0	342.12	0.0016580	0.01035	1612.2	2611.6	999.4	3.6877	5.3122
16.0	347.32	0.0017101	0.009330	1651.5	2582.7	931.2	3.7486	5.2496
17.0	352.26	0.0017690	0.008401	1691.6	2550.8	859.2	3.8103	5.1841
18.0	356.96	0.0018380	0.007534	1733.4	2514.4	781.0	3.8739	5.1135
19.0	361.44	0.0019231	0.006700	1778.2	2470.1	691.9	3.9417	5.0321
20.0	365.71	0.002038	0.005873	1828.8	2413.8	585.0	4.0181	4.9338
21.0	369.79	0.002218	0.005006	1892.2	2340.2	448.0	4.1137	4.8106
22.0	373.68	0.002675	0.003757	2007.7	2192.5	184.8	4.2891	4.5748

附录B 饱和水与饱和水蒸气的热力性质表（按温度排列）

温度	压力	比体积		比焓		汽化潜热	比熵	
		液体	蒸汽	液体	蒸汽		液体	蒸汽
t (℃)	p (MPa)	v' (m^3/kg)	v'' (m^3/kg)	h' (kJ/kg)	h'' (kJ/kg)	r (kJ/kg)	s' [kJ/(kg·K)]	s'' [kJ/(kg·K)]
0	0.0006108	0.0010002	206.321	−0.04	2501.0	2501.0	−0.0002	9.1565
0.01	0.0006112	0.00100022	206.175	0.000614	2501.0	2501.0	0.0000	9.1562
1	0.0006566	0.0010001	192.611	4.17	2502.8	2498.6	0.0152	9.1298
2	0.0007054	0.0010001	179.935	8.39	2504.7	2496.3	0.0306	9.1035
3	0.0007575	0.0010000	168.165	12.60	2506.5	2493.9	0.0459	9.0773
4	0.0008129	0.0010000	157.267	16.80	2508.3	2491.5	0.0611	9.0514
5	0.0008718	0.0010000	147.167	21.01	2510.2	2489.2	0.0762	9.0258
6	0.0009346	0.0010000	137.768	25.21	2512.0	2486.8	0.0913	9.0003
7	0.0010012	0.0010001	129.061	29.41	2513.9	2484.5	0.1063	8.9751
8	0.0010721	0.0010001	120.952	33.60	2515.7	2482.1	0.1213	8.9501
9	0.0011473	0.0010002	113.423	37.80	2517.5	2479.7	0.1362	8.9254
10	0.0012271	0.0010003	106.419	41.99	2519.4	2477.4	0.1510	8.9009
11	0.0013118	0.0010003	99.896	46.19	2521.2	2475.0	0.1658	8.8766
12	0.0014015	0.0010004	93.828	50.38	2523.0	2472.6	0.1805	8.8525
13	0.0014967	0.0010006	88.165	54.57	2524.9	2470.2	0.1952	8.8286
14	0.0015974	0.0010007	82.893	58.75	2526.7	2467.0	0.2098	8.8050
15	0.0017041	0.0010008	77.970	62.94	2528.6	2465.7	0.2243	8.7815
16	0.0018170	0.0010010	73.376	67.13	2530.4	2463.3	0.2388	8.7583
17	0.0019364	0.0010012	69.087	71.31	2532.2	2460.9	0.2533	8.7353
18	0.0020626	0.0010013	65.080	75.50	2534.0	2458.5	0.2677	8.7125
19	0.0021960	0.0010015	61.334	79.68	2535.9	2456.2	0.2820	8.6898
20	0.0023368	0.0010017	57.833	83.86	2537.7	2453.8	0.2963	8.6674
22	0.0026424	0.0010022	51.488	92.22	2541.4	2449.2	0.3247	8.6232
24	0.0029824	0.0010026	45.923	100.59	2545.0	2444.4	0.3530	8.5797
26	0.0033600	0.0010032	41.031	108.95	2543.6	2439.6	0.3810	8.5370
28	0.0037785	0.0010037	36.726	117.31	2552.3	2435.0	0.4088	8.4950
30	0.0042417	0.0010043	32.929	125.66	2555.9	2430.2	0.4365	8.4537
35	0.0056217	0.0010060	25.246	146.56	2565.0	2413.4	0.5049	8.3536
40	0.0073749	0.0010078	19.548	167.45	2574.0	2406.5	0.5721	8.2576
45	0.0095817	0.0010099	15.278	188.35	2582.9	2394.5	0.6383	8.1655
50	0.012335	0.0010121	12.048	209.26	2591.8	2382.5	0.7035	8.0771
55	0.015740	0.0010145	9.5812	230.17	2600.7	2370.5	0.7677	7.9922
60	0.019919	0.0010171	7.6807	251.09	2609.5	2358.4	0.8310	7.9106
65	0.025008	0.0010199	6.2042	272.02	2618.2	2346.2	0.8933	7.8320
70	0.031161	0.0010228	5.0479	292.97	2626.8	2333.8	0.9548	7.7565
75	0.038548	0.0010259	4.1356	313.94	2635.3	2321.4	1.0154	7.6837

续表

温度	压力	比体积		比焓		汽化潜热	比熵	
		液体	蒸汽	液体	蒸汽		液体	蒸汽
t	p	v'	v''	h'	h''	r	s'	s''
(℃)	(MPa)	(m^3/kg)	(m^3/kg)	(kJ/kg)	(kJ/kg)	(kJ/kg)	[kJ/(kg·K)]	[kJ/(kg·K)]
80	0.047359	0.0010292	3.4104	334.92	2643.8	2208.9	1.0752	7.6135
85	0.057803	0.0010326	2.8300	355.92	2652.1	2296.2	1.1343	7.5459
90	0.070108	0.0010361	2.3624	376.94	2660.3	2283.4	1.1925	7.4805
95	0.084525	0.0010398	1.9832	397.99	2668.4	2270.4	1.2500	7.4174
100	0.101325	0.0010437	1.6738	419.06	2676.3	2257.2	1.3069	7.3564
110	0.14326	0.0010519	1.2106	461.32	2691.8	2230.5	1.4185	7.2402
120	0.19854	0.0010606	0.89202	503.7	2706.6	2202.9	1.5276	7.1310
130	0.27012	0.0010700	0.66851	546.3	2720.7	2174.4	1.6344	7.0281
140	0.36136	0.0010801	0.50875	589.1	2734.0	2144.9	1.7390	6.9307
150	0.47597	0.0010908	0.39261	632.2	2746.3	2114.1	1.8416	6.8381
160	0.61804	0.0011012	0.30685	675.5	2757.7	2082.2	1.9425	6.7498
170	0.79202	0.0011145	0.24259	719.1	2768.0	2048.9	2.0416	6.6652
180	1.0027	0.0011275	0.19381	763.1	2777.1	2014.0	2.1393	6.5838
190	1.2552	0.0011415	0.15631	807.5	2784.9	1977.4	2.2356	6.5052
200	1.5551	0.0011565	0.12714	852.4	2791.4	1939.0	2.3307	6.4289
210	1.9079	0.0011726	0.10422	897.8	2796.4	1898.6	2.4247	6.3546
220	2.3201	0.0011900	0.08602	943.3	2799.9	1856.2	2.5178	6.2819
230	2.7979	0.0012087	0.07143	990.7	2801.7	1811.4	2.6102	6.2104
240	3.3480	0.0012291	0.05964	1037.6	2801.6	1764.0	2.7021	6.1397
250	3.9776	0.0012513	0.05002	1085.8	2799.5	1723.7	2.7936	6.0693
260	4.6940	0.0012756	0.04212	1135.0	2795.2	1660.2	2.8850	5.9989
270	5.5051	0.0013025	0.03557	1185.4	2788.3	1602.9	2.9766	5.9278
280	6.4191	0.0013324	0.03010	1237.0	2778.6	1541.6	3.0687	5.8555
290	7.4448	0.0013659	0.02551	1290.3	2765.4	1475.1	3.1616	5.7811
300	8.5917	0.0014041	0.02162	1345.4	2748.4	1403.0	3.2559	5.7038
310	9.8697	0.0014480	0.01829	1402.9	2726.8	1326.9	3.3522	5.6224
320	11.290	0.0014965	0.01544	1463.4	2699.6	1236.2	3.4513	5.5356
330	12.865	0.0015614	0.01296	1527.5	2665.5	1138.0	3.5546	5.4414
340	14.608	0.0016390	0.01078	1596.8	2622.3	1025.5	3.6638	5.3363
350	16.537	0.0017407	0.008822	1672.9	2566.1	893.2	3.7816	5.2149
360	18.674	0.0018930	0.006970	1763.1	2485.7	722.6	3.9189	5.0603
370	21.053	0.002231	0.004958	1896.2	2335.7	439.5	4.1198	4.8031
371	21.306	0.002298	0.004710	1916.5	2310.7	394.2	4.1503	4.7624
372	21.562	0.002392	0.004432	1942.0	2280.1	338.1	4.1891	4.7130
373	21.821	0.002525	0.004090	1974.5	2238.3	263.8	4.2385	4.6467
374	22.084	0.002834	0.003432	2039.2	2150.7	111.5	4.3374	4.5096

注 临界参数：

p_c=22.115 MPa，v_c=0.003147m^3/kg，t_c=374.12 ℃，h_c=2095.2 kJ/kg，s_c= 4.4237 kJ/（kg·K）。

附录C 单 位 换 算

一、长度的换算

米 (m)	厘 米 (cm)	英 尺 (ft)	英 寸 (in)	备 注
1	100	3.280840	39.37008	1ft=12in=30.48cm
10^{-2}	1	3.280840×10^{-2}	0.3937008	1m=100cm=39.37008in
0.304800	30.48000	1	12	1in=25.4mm=2.54cm
2.540000×10^{-2}	2.540000	8.333333×10^{-2}	1	

二、面积的换算

米² (m^2)	厘米² (cm^2)	毫米² (mm^2)	英尺² (ft^2)	英寸² (in^2)	备 注
1	10^4	10^6	10.76391	1550.003	$1m^2=10^4cm^2=10^6mm^2$
10^{-4}	1	100	1.076391×10^{-3}	0.1550003	$=1550.003in^2$
10^{-6}	10^{-2}	1	1.076391×10^{-5}	1.550003×10^{-3}	$1ft^2=144in^2$
9.290304×10^{-2}	929.0304	929.0304×10^2	1	144	$=929.0304cm^2$
6.451600×10^{-4}	6.451600	645.1600	6.944444×10^{-3}	1	$1in^2=6.4516cm^2$

三、容积（液量）的换算

米³ (m^3)	升（公制） (L)	厘米³ (cm^3)	英尺³ (ft^3)	加仑（英） (gal)	加仑（美） (gal)	备 注
1	10^3	10^6	35.31467	219.9694	264.1720	$1m^3=10^3L=10^6cm^3$ =219.9694gal(英)
10^{-3}	1	10^3	3.531467×10^{-2}	0.2199694	0.2641720	=264.1720gal(美)
10^{-6}	10^{-3}	1	3.531467×10^{-5}	2.199694×10^{-4}	2.641720×10^{-4}	$=35.31467ft^3$
2.831685×10^{-2}	28.31685	28.31685×10^3	1	6.228839	7.480517	$1ft^3=7.480517gal$
4.546087×10^{-3}	4.546087	4.546087×10^3	0.1605436	1	1.200949	(美)=6.228839gal
3.785412×10^{-3}	3.785412	3.785412×10^3	0.1336806	0.8326748	1	(英)$=2.831685\times10^{-2}m^3$

四、流量的换算

米³/秒 (m^3/s)	米³/时 (m^3/h)	英尺³/分 (ft^3/min)	英尺³/时 (ft^3/h)	（英）加仑/分 (gal/min)	（美）加仑/分 (gal/min)	（公制）升/秒 (L/s)
1	3600	2.118880×10^3	1.271328×10^5	1.319816×10^4	1.585032×10^4	1000
2.777778×10^{-4}	1	0.5885778	35.31467	3.666157	4.402867	0.2777778
4.719475×10^{-4}	1.699011	1	60	6.228839	7.480517	0.4719475
7.865792×10^{-6}	2.831685×10^{-2}	1.666667×10^{-2}	1	0.1038140	0.1246753	7.865792×10^{-3}
7.576812×10^{-5}	0.2727652	0.1605436	9.632614	1	1.200949	7.576812×10^{-2}
6.309020×10^{-5}	0.2271247	0.1336806	8.020836	0.8326748	1	6.309020×10^{-2}
10^{-3}	3.600000	2.118880	127.1328	13.19816	15.85032	1

五、重量或力的换算

牛（顿）(N)	达因 (dyn)	公斤（力）(kgf)	（公）吨 (t)	磅 (lb)	（英）吨 (long ton)	（美）吨 (short ton)
1	10^{5}	0.1019716	101.9716×10^{-6}	0.2248066	100.3616×10^{-6}	112.4050×10^{-6}
10^{-5}	1	1.019716×10^{-6}	1.019716×10^{-9}	2.248066×10^{-6}	1.003616×10^{-9}	1.124050×10^{-9}
9.80665	9.80665×10^{5}	1	10^{-3}	2.2046	984.211×10^{-6}	1.10232×10^{-3}
9.80665×10^{3}	980.665×10^{6}	10^{3}	1	2.2046×10^{3}	0.984211	1.10232
4.44822	444.822×10^{3}	0.453600	0.453600×10^{-3}	1	446.438×10^{-6}	500.011×10^{-6}
9.96397×10^{3}	996.397×10^{6}	1.01604×10^{3}	1.01604	2.23997×10^{3}	1	1.12000
8.89640×10^{3}	889.640×10^{6}	907.180	0.907180	2000	0.892857	1

六、压强的单位换算

帕 (Pa) (N/m²)	公斤力/厘米² (kgf/cm²)	吨力/米² (tf/m²)	标准大气压 (atm)	磅力/英寸² (1bf/in²)	巴 (bar)	p/γ 水银柱（0℃）		p/γ 水柱（15℃）	
						毫米 (mm)	英寸 (in)	米 (m)	英尺 (ft)
1	10.1972×10^{-6}	101.972×10^{-6}	9.86923×10^{-6}	145.036×10^{-6}	10×10^{-6}	7.50062×10^{-3}	295.300×10^{-6}	102.074×10^{-6}	334.887×10^{-6}
98.0665×10^{3}	1	10	0.967492	14.2230	0.980665	735.560	28.9592	10.0090	32.8380
9.80665×10^{3}	0.1	1	9.67492	1.42230	9.80665×10^{-2}	73.5560	2.89592	1.00090	3.28380
101.325×10^{3}	1.03320	10.3320	1	14.6958	1.01325	760.000	29.9213	10.3322	33.8983
6.89476×10^{3}	7.03077×10^{-2}	0.703077	6.80467×10^{-2}	1	6.89476×10^{-2}	51.7156	2.03604	0.703780	2.30899
10^{5}	1.01972	10.1972	0.986923	14.5036	1	750.062	29.5300	10.2074	33.4887
133.322	1.35951×10^{-3}	1.35951×10^{-2}	1.31579×10^{-3}	1.93366×10^{-2}	1.33322×10^{-3}	1	3.93700×10^{-2}	1.36087×10^{-2}	4.46480×10^{-2}
3.38639×10^{3}	3.45316×10^{-2}	0.345316	3.34211×10^{-2}	0.491149	3.38639×10^{-2}	25.4000	1	0.345661	1.13406
9.79685×10^{3}	9.99000×10^{-2}	0.999000	9.66874×10^{-2}	1.42090	9.79685×10^{-2}	73.4824	2.89301	1	3.28084
2.98608×10^{3}	3.04496×10^{-2}	0.304496	2.94703×10^{-2}	0.433090	2.98608×10^{-2}	22.3974	0.881789	0.304800	1

七、温度的换算

1. $t°F=32+1.8t℃$ 2. $tK=273.16+t℃=\frac{5}{9}(459.67+t°F)=\frac{9}{5}t°R$	℃——摄氏温标 °F——华氏温标 K——凯尔文温标 °R——郎肯温标

八、比转数 n 的换算

$\frac{3.65n\sqrt{Q}}{H^{0.75}}$	$\frac{n\sqrt{Q}}{H^{0.75}}$				
中国	日本			英国	美国
m²/s，m，r/min	m³/min，m，r/min	L/s，m，r/min	ft³/min，ft，r/min	gal/min，ft，r/min	gal/min，ft，r/min
1	2.12218	8.66377	5.17335	12.9115	14.1494
0.471213	1	4.08248	2.43775	6.08404	6.66737
0.115423	0.244949	1	0.597124	1.49028	1.63317
0.193299	0.410215	1.67470	1	2.49576	2.73505
0.077451	0.164364	0.671015	0.400679	1	1.09588
0.070675	0.149984	0.612308	0.365624	0.912510	1

九、汽蚀比转数 C 的换算

$\frac{5.62n\sqrt{Q}}{\Delta h^{0.75}}$	$\frac{n\sqrt{Q}}{\Delta h^{0.75}}$		
中国	日本	英国	美国
m^3/s，m，r/min	m^3/min，m，r/min	gal/min，ft，r/min	gal/min，ft，r/min
1	1.37829	8.38555	9.18954
0.725539	1	6.08404	6.66737
0.119253	0.164364	1	1.09588
0.108819	0.149984	0.912510	1

十、功的换算

焦耳（J）牛·米（N·m）	尔格（erg）	公斤（力）·米（kgf·m）	磅（力）·英尺［ft·lb（f）］	千瓦·小时（kW·h）	法马力·小时（PS·h）	英热单位（Btu）
1	10^7	0.101972	0.737562	2.77778×10^{-7}	3.77673×10^{-7}	947.817×10^{-6}
10^{-7}	1	10.1972×10^{-9}	73.7562×10^{-9}	27.7778×10^{-15}	37.7673×10^{-15}	94.7817×10^{-12}
9.80665	98.0665×10^6	1	7.23301	2.72407×10^{-6}	3.70370×10^{-6}	9.29491×10^{-3}
1.35582	13.5582×10^6	0.138255	1	376.616×10^{-9}	512.055×10^{-9}	1.28507×10^{-3}
3.60000×10^6	36.0000×10^{12}	367.098×10^3	2.65522×10^6	1	1.35962	3.41214×10^3
2.64780×10^6	26.4780×10^{12}	270.000×10^3	1.95291×10^6	0.735499	1	2.50963×10^3
1.05506×10^3	10.5506×10^9	107.586	778.169	293.071×10^{-6}	398.466×10^{-6}	1

十一、功率的换算

1000W（kW）	公斤（力）·米/秒（kgf·m/s）	磅（力）·英尺/秒（1b·ft/s）	法马力［PS］	千卡IT/时（kcalIT/h）	英热单位/时（Btu/h）
1	101.972	737.562	1.35962	860.000	3.41214×10^{-3}
9.80665×10^{-3}	1	7.23301	1.33333×10^{-2}	8.43372	33.4617×10^{-6}
1.35581×10^{-8}	0.138255	1	1.843398×10^{-3}	1.16600	4.62624×10^{-6}
0.735499	75.0000	542.477	1	632.530	2.50963×10^{-3}
1.16279×10^{-8}	0.118572	0.857630	1.58095×10^{-3}	1	3.96760×10^{-6}
293.071	29.8849×10^3	216.158×10^3	398.465	252.041×10^3	1

附录D 气体的物性参数表

气体名称	t (℃)	ρ (kg/m³)	c_p [kJ/(kg·℃)]	$\lambda\times10^2$ [W/(m·℃)]	$a\times10^2$ (m²/h)	$\mu\times10^6$ [kg/(m·s)]	$\gamma\times10^6$ (m²/s)	$\beta\times10^3$ (K⁻¹)	Pr
空气(压力 1.013×10^5Pa 时的干空气)	−50	1.534	1.005	2.06	4.824	14.651	9.55	4.51	0.715
	0	1.2930	1.005	2.43	6.732	17.201	13.30	3.67	0.711
	20	1.2045	1.005	2.57	7.644	18.201	15.11	3.43	0.713
	40	1.1267	1.009	2.71	8.604	19.123	16.97	3.20	0.712
	60	1.0595	1.009	2.85	9.612	20.025	18.90	3.00	0.709
	80	0.9998	1.009	2.99	10.66	20.937	20.94	2.83	0.707
	100	0.9458	1.013	3.14	11.80	21.810	23.06	2.68	0.704
	120	0.8980	1.013	3.28	13.00	22.653	25.23	2.55	0.700
	140	0.8535	1.013	3.43	14.29	23.516	27.55	2.43	0.694
	160	0.8150	1.017	3.58	15.48	24.330	29.85	2.32	0.691
	180	0.7785	1.021	3.72	16.81	25.134	32.29	2.21	0.690
	200	0.7457	1.020	3.86	18.18	25.821	34.63	2.11	0.686
	250	0.6745	1.034	4.21	21.71	27.772	41.17	1.91	0.682
	300	0.6157	1.047	4.54	25.31	29.459	47.85	1.75	0.680
	350	0.5662	1.055	4.85	29.20	31.166	55.05	1.61	0.678
	400	0.5242	1.068	5.16	33.08	32.774	62.53	1.49	0.678
	450	0.4875	1.080	5.43	37.12	34.392	70.54	1.38	0.684
	500	0.4564	1.093	5.70	41.11	35.814	78.48	1.29	0.687
	600	0.4041	1.114	6.21	49.75	38.619	95.57	1.15	0.693
	700	0.3625	1.135	6.68	58.39	41.217	113.7	1.03	0.701
	800	0.3287	1.156	7.06	66.89	43.649	132.8	0.93	0.715
	900	0.3010	1.172	7.41	75.60	45.905	152.5	0.85	0.726
	1000	0.2770	1.185	7.70	84.60	47.925	173.0	0.79	0.738

续表

气体名称	t (℃)	ρ (kg/m^3)	c_p [kJ/(kg·℃)]	$\lambda\times10^2$ [W/(m·℃)]	$a\times10^2$ (m^2/h)	$\mu\times10^6$ [kg/(m·s)]	$\gamma\times10^6$ (m^2/s)	$\beta\times10^3$ (K^{-1})	Pr
氢气 (H_2)	−50	0.1064	13.82	14.07	34.4	7.355	69.1		0.72
	0	0.0869	14.19	16.75	48.6	8.414	96.8		0.72
	50	0.0734	14.40	19.19	65.3	9.385	128		0.71
	100	0.0636	14.49	21.40	84.0	10.277	162		0.69
	150	0.0560	14.49	23.61	105	11.121	199		0.68
	200	0.0502	14.53	25.70	128	11.915	237		0.66
	250	0.0453	14.53	27.56	152	12.651	279		0.66
	300	0.0415	14.57	29.54	178	13.631	321		0.65
氮气 (N_2)	−50	1.485	1.043	2.000	4.65	14.122	9.5		0.74
	0	1.211	1.043	2.407	6.87	16.671	13.8		0.72
	50	1.023	1.043	2.791	9.42	18.927	18.5		0.71
	100	0.887	1.043	3.128	12.2	21.084	23.8		0.70
	150	0.782	1.047	3.477	15.3	23.046	29.5		0.69
	200	0.699	1.055	3.815	18.6	24.811	35.5		0.69
	250	0.631	1.059	4.129	22.1	26.674	42.3		0.69
	300	0.577	1.072	4.419	25.7	28.341	49.1		0.69
二氧化碳 (CO_2)	−50	2.373	0.766	1.105	2.2	11.28	4.8		0.78
	0	1.912	0.829	1.454	3.3	13.83	7.2		0.78
	50	1.616	0.875	1.830	4.7	16.18	10.0		0.77
	100	1.400	0.921	2.221	6.2	18.34	13.1		0.76
	150	1.235	0.959	2.628	8.0	20.40	16.5		0.74
	200	1.103	0.996	3.059	10.1	22.36	20.3		0.72
	250	0.996	1.030	3.512	12.3	24.22	24.3		0.71
	300	0.911	1.063	3.989	14.8	25.99	28.5		0.69
氧气 (O_2)	−100	2.192	0.917	1.465	2.7	12.94	5.9		0.80
	−50	1.694	0.917	1.884	4.4	16.18	9.6		0.79
	0	1.382	0.917	2.291	6.5	19.12	13.9		0.77
	50	1.168	0.925	2.687	8.9	21.97	18.8		0.76
	100	1.012	0.934	3.035	11.6	24.61	24.3		0.76

续表

气体名称	t (℃)	ρ (kg/m³)	c_p [kJ/(kg·℃)]	$\lambda \times 10^2$ [W/(m·℃)]	$a \times 10^2$ (m²/h)	$\mu \times 10^6$ [kg/(m·s)]	$\gamma \times 10^6$ (m²/s)	$\beta \times 10^3$ (K^{-1})	Pr
一氧化碳 (CO)	−100	1.920	1.047	1.523	2.7	10.40	5.4		0.72
	−50	1.482	1.043	1.931	4.5	13.24	8.9		0.71
	0	1.210	1.043	2.326	6.6	15.59	12.9		0.70
	50	1.022	1.043	2.721	9.2	18.33	17.9		0.70
	100	0.886	1.047	3.047	11.8	20.69	23.4		0.71
氨 (NH_3)	0	0.746	2.144	2.186	4.9	9.32	12.5		0.91
	50	0.626	2.181	2.733	7.2	11.08	17.7		0.89
	100	0.540	2.240	3.326	9.9	13.04	24.1		0.88
	150	0.476	2.324	4.036	13.1	15.00	31.5		0.86
	200	0.425	2.420	4.850	17.0	16.57	39.0		0.83
二氧化硫 (SO_2)	0	2.83	0.624	0.837	1.71	11.57	4.08		0.86
	100	2.06	0.674	1.198	3.10	16.28	8.06		0.94
氦 (He)	0	0.179	5.192	14.421	55.9	18.53	102		0.66
	100	0.172	5.192	16.631	67.0	22.65	134		0.72
氟利昂−12 (CF_2Cl_2)	30	5.02	0.615	0.837	0.98	12.65	2.43		0.89
氟利昂−21 ($CHFCl_2$)	30	4.57	0.586	0.989	1.33	11.57	2.53		0.68

附录E　油类的物性参数表

名　称	t (℃)	ρ (kg/m^3)	c [kJ/(kg·℃)]	λ [W/(m·℃)]	$a\times10^4$ (m^2/h)	$\mu\times10^4$ [kg/(m·s)]	$\gamma\times10^6$ (m^2/s)	Pr
汽　油	9	900	1.800	0.145	3.23			
	50		1.842	0.137	2.40			
柴油	20	908.4	1.838	0.128	3.41	5629	620	8000
	40	895.5	1.909	0.126	3.94	1209	135	1840
	60	882.4	1.980	0.124	4.45	397.2	45	630
	80	870	2.052	0.123	4.92	173.6	20	200
	100	857	2.123	0.122	5.42	92.48	108	162
润滑油	0	899	1.796	0.148	3.22	38442	4280	47100
	40	876	1.955	0.144	3.10	2118	242	2870
	80	852	2.131	0.138	2.90	319.7	37.5	490
	120	829	2.307	0.135	2.70	103	12.4	175
变压器油	20	866	1.892	0.124	2.73	315.8	36.5	481
	40	852	1.993	0.123	2.61	142.2	16.7	230
	60	842	2.093	0.122	2.49	73.16	8.7	126
	80	830	2.198	0.120	2.36	43.15	5.2	79.4
	100	818	2.294	0.119	2.28	30.99	3.8	60.3

附录F　一般电动机各部位允许温度及温升表

电动机各部名称		最高允许温度（℃）	最大允许温升（℃）	测定方法
静子线圈		100	65	
转子线圈	绕线	100	无标准	
	鼠笼式	无标准	无标准	
静子线圈、转芯		100	65	
滑环		105	70	
轴承	滑动	80	45	温度计法
	滚动	100	65	温度计法

附录G　发电厂常用管材钢号及其推荐使用温度表

钢　种	钢　　号	推荐使用温度（℃）	允许上限温度（℃）
普通碳素钢	I. A3F	0～200	250
	A3，A3g	−20～300	350
优质碳素钢	10	−20～400	450
	20	−20～450	450
普通低合金钢	16Mn	−40～450	475
	15MnV	−20～450	500
耐　热　钢	15CrMo	510	540
	12Cr1MoV	540～555	570
	12MoVWBSiRe（无铬8号）	540～555	580
	12Cr2MoWVB（钢102）	540～555	600
	12Cr3MoVSiTiB（Ⅱ11）	540～555	600

附录H 国产600MW超临界机组小指标对供电煤耗的影响数值表

序号	参数名称	单位	变化量	影响煤耗(g/kWh)	影响热耗率(%)	影响锅炉效率(%)
1	主蒸汽压力	MPa	1	0.33	−0.10	—
2	主蒸汽温度	℃	10	1.05	−0.33	—
3	再热温度	℃	10	0.8	−0.25	—
4	空冷背压	KPa	1	1.08	0.31	—
5	循环水温度	℃	1	0.6	0.19	—
6	凝结水过冷度	℃	10	0.51	0.16	—
7	给水温度	℃	10	0.9	0.28	—
8	高压缸效率	%	1	0.5	−0.16	—
9	中压缸效率	%	1	0.6	−0.19	—
10	低压缸效率	%	1	1.4	−0.44	—
11	补水率（补水至凝汽器）	%	1	0.54	0.17	—
12	主蒸汽管道处泄漏	t/h	1	0.28	0.09	—
13	再热冷段处泄漏	t/h	1	0.14	0.04	—
14	再热热段处泄漏	t/h	1	0.22	0.07	—
15	高压加热器组解列			7.5	2.36	—
16	飞灰可燃物	%	1	1.22	—	−0.36
17	排烟温度	℃	10	1.6	—	−0.47
18	排烟氧量	%	1	0.88	—	−0.26
19	厂用电率	%	1	3.2	—	—

附录Ⅰ 国产300MW亚临界机组小指标对供电煤耗的影响数值表

序号	参数名称	单位	变化量	影响煤耗 (g/kWh)	影响热耗率 (%)	影响锅炉效率 (%)
1	主蒸汽压力	MPa	1	1.77	−0.52	—
2	主蒸汽温度	℃	10	0.91	−0.27	—
3	再热温度	℃	10	0.8	−0.24	—
4	凝汽器背压	KPa	1	3.2	0.94	—
5	循环水温度	℃	1	0.8	0.24	—
6	凝结水过冷度	℃	10	0.42	0.12	—
7	给水温度	℃	10	0.44	−0.13	—
8	高压缸效率	%	1	0.55	−0.16	—
9	中压缸效率	%	1	0.64	−0.19	—
10	低压缸效率	%	1	1.41	−0.41	—
11	补水率（补水至凝汽器）	%	1	0.58	0.17	—
12	主蒸汽管道处泄漏	t/h	1	0.54	0.16	—
13	再热冷段管道处泄漏	t/h	1	0.28	0.08	—
14	再热热段管道处泄漏	t/h	1	0.43	0.13	—
15	高压加热器组解列			8.14	2.40	—
16	排污率（不回收）	%	1	1.29	0.38	−0.34
17	飞灰可燃物	%	1	1.02	—	−0.27
18	排烟温度	℃	10	1.7	—	−0.45
19	排烟氧量	%	1	0.93	—	−0.25
20	厂用电率	%	1	3.41	—	—

附录J　影响汽轮机效率的主要指标和因素

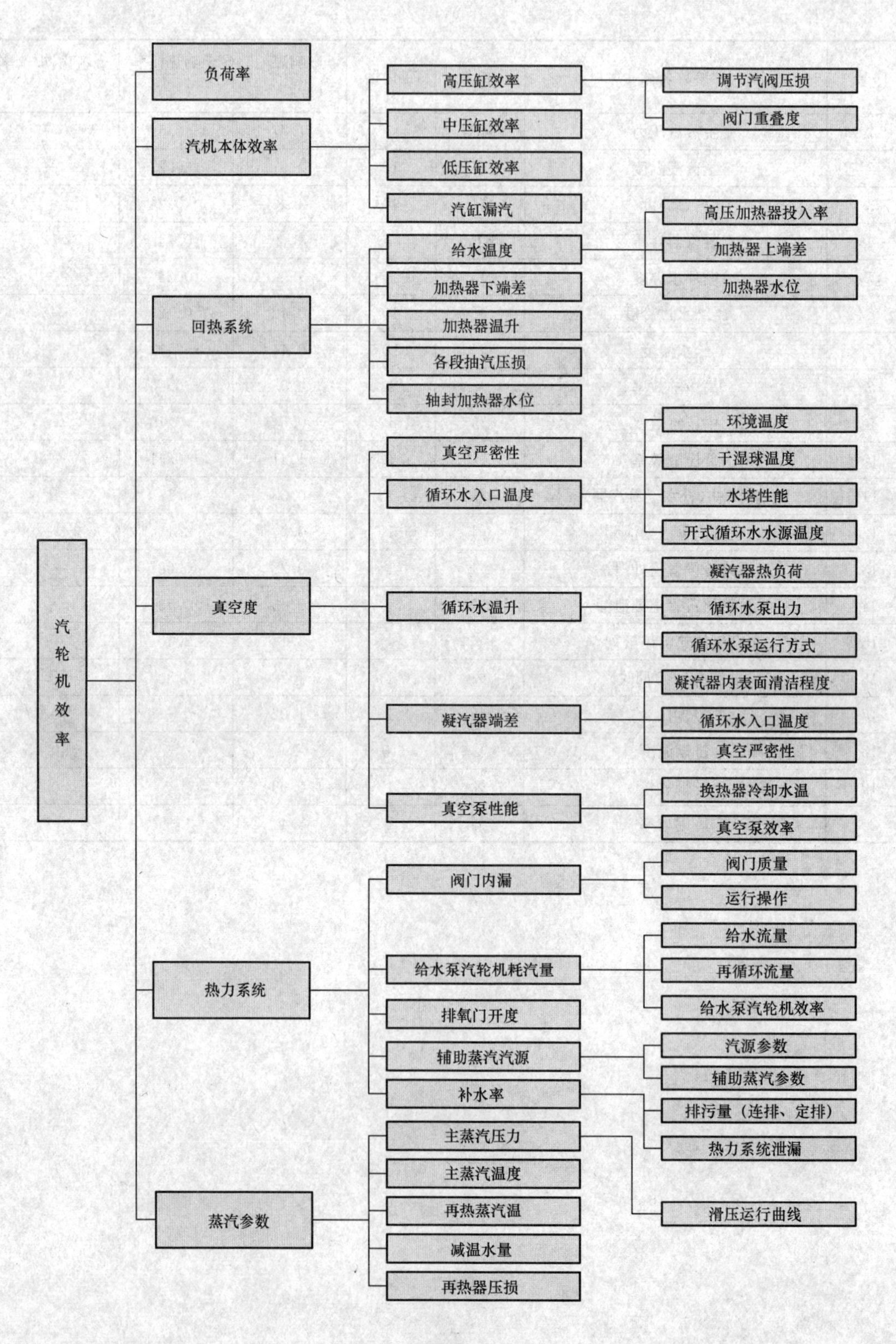

附录K 影响厂用电的主要指标和因素

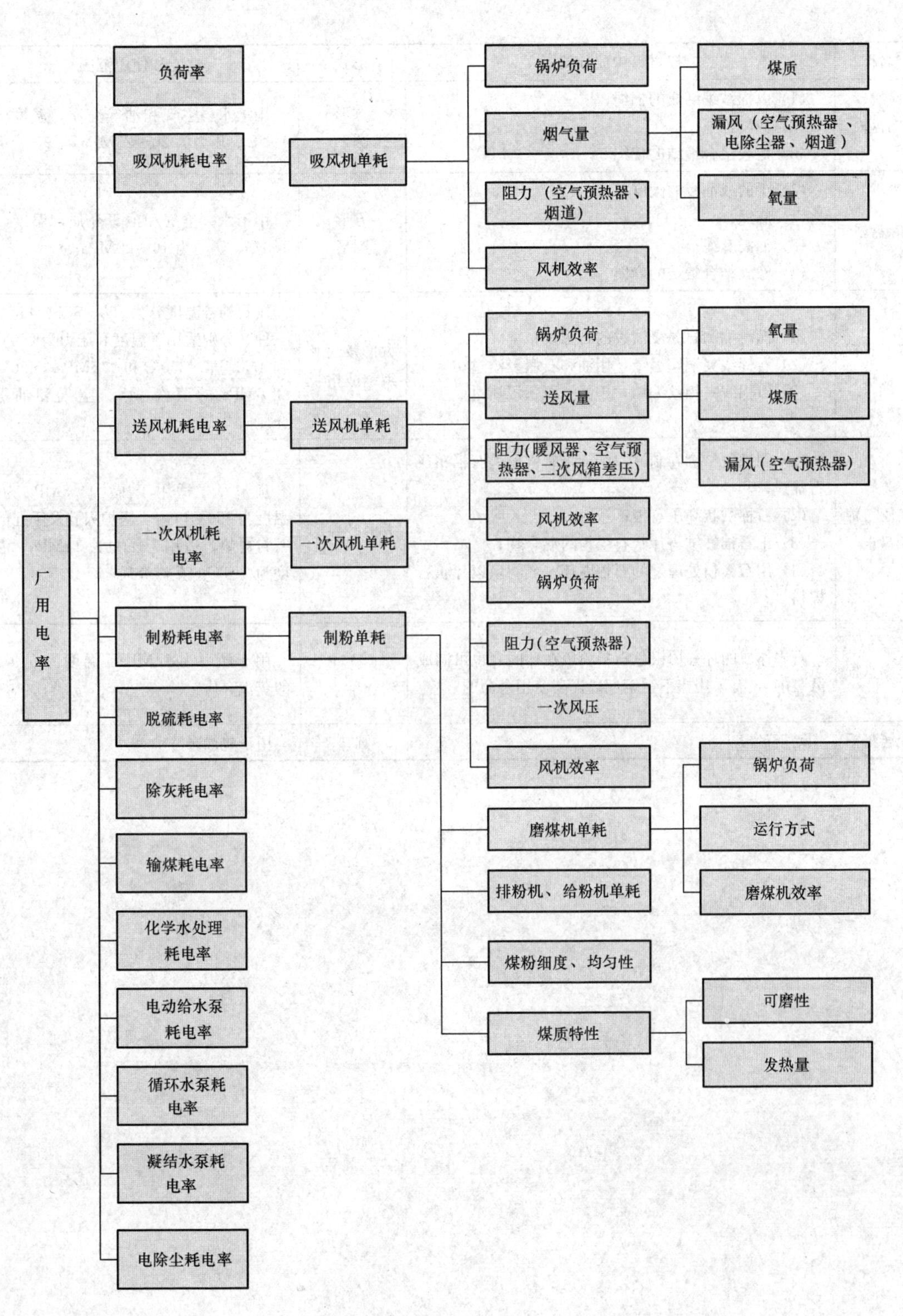

附录L　盘根的分类、性能和使用范围

名称	按材料构成分类	形式	性能和使用范围
棉盘根	(1) 以棉纱编结成的棉绳； (2) 油浸棉绳； (3) 橡胶结合编结的棉绳	方形 圆形	用于水、空气和油等介质，温度≤100℃、压力为20～25MPa处
麻盘根	(1) 干的或油浸的大麻； (2) 麻绳； (3) 油浸麻绳； (4) 橡胶结合编结的麻绳	方形 圆形	用于水、空气和油等介质，温度≤100℃、压力为16～20MPa处
普通石棉盘根	(1) 润滑油和石墨浸渍过的石棉线； (2) 石棉线夹铜丝编结，用油和石墨浸渍过； (3) 石棉线夹钼丝编结，用油和石墨浸渍过	方形及圆形编结或扭制	按石棉号温度分为250、350、450℃三种，分别适用于温度和压力为250℃和4.5MPa、350℃和4.5MPa、450℃和6MPa的蒸汽、水、空气和油等介质
高压石棉盘根	(1) 用橡胶结合卷制或编结，带有铝丝的石棉布或石棉线； (2) 石棉绒状高压盘根； (3) 细石棉纤维与片状石墨粉的混合物； (4) 用石墨粉处理过的石棉绳环，环间填以片状石棉粉	方形及扁形	扁形盘根适用于压力4.5MPa为，温度为350℃以内，锅炉人孔及手孔的密封衬垫，适用于压力为14MPa、温度为510℃的蒸汽介质
石墨盘根	石墨作成的环并用银色石墨粉填在环间（也可制成散装的），有采用掺不锈钢丝以提高使用寿命的		用于压力为14MPa、温度为540℃的蒸汽介质
金属盘根	铅箔盘根	圆垫	用于垫油泵

附录M 不同软垫片材料的适用范围

垫圈材料	适用介质	最高工作压力（MPa）	最高工作温度（℃）	特点
普通橡胶耐热橡胶夹布橡胶块	水、空气、惰性气体	0.59 0.59 0.98	60 120 60	弹性好 耐热
耐油橡胶	润滑油、燃料油、液压油	0.59	80	耐油
耐酸碱橡胶	低浓度硫酸、盐酸、氢氧化钠	0.59	60	耐酸碱
低压橡胶石棉板	水、空气、惰性气体、蒸汽、煤气	1.57	200	—
中压橡胶石棉板	水、空气、惰性气体、蒸汽、煤气、氯、氨、酸碱溶液	3.92	350	—
高压橡胶石棉板	蒸汽、空气、煤气、惰性气体	9.81	450	—
耐酸石棉板	浓无机酸、有机溶剂、盐溶液	0.59	300	—
耐油橡胶石棉板	油品、溶剂	3.92	350	—
聚氯乙烯板	水、空气、酸碱稀溶液等	0.59	50	—

附录N 新建发电厂管道漆色规定

管道内工作介质	涂漆颜色		管道内工作介质	涂漆颜色	
	底色	色环		底色	色环
过热蒸汽	银	无	盐水	橙黄	无
饱和蒸汽	银	黄	氯	深绿	白
中间过热蒸汽	银	无	氨	黄	黑
抽汽及背压蒸汽	银	绿	联氨	橙黄	红
凝结水	浅绿	蓝	酸溶液	红	白
化学净水	浅绿	白	碱溶液	黄	蓝
给水	浅绿	无	氢	绿	无
疏水和排水	浅绿	红	空气	天蓝	无
循环水和工业水	黑	无	磷酸三钠溶液	浅绿	红
消防水	橙黄	无	石灰浆	灰	无
油	浅黄	无	过滤水	浅蓝	无
热网水供水	绿	黄	天然气或高炉瓦斯	白	黑
热网水回水	绿	褐	氧气	蓝	红
硫酸亚铁和硫酸铝	褐	无	乙炔	白	红

附录O 附属机械轴承振动（双振幅）标准

转速（r/min）	振幅（mm）		
	优　等	良　好	合　格
$n \leqslant 1000$	0.05	0.07	0.10
$1000 < n \leqslant 2000$	0.04	0.06	0.08
$2000 < n \leqslant 3000$	0.03	0.04	0.05
$n > 3000$	0.02	0.03	0.04

附录P　高压加热器管子和管口泄漏数量的规定

高压加热器所配机组的容量（MW）	管子和管口的泄漏数量
≤100	不大于总数的2%，且不多于8根
100～300	不大于总数的1.5%，且不多于15根
>300	不大于总数的1.2%，且不多于28根

注　1. 双列高压加热器按机组容量的1/2计算。

2. 蒸汽冷却器和疏水冷却器的管子和管口的泄漏根数不多于8根。

附录Q　DL/T 607—1996 汽轮发电机漏水、漏氢的检验

1　范围

本标准适用于50MW及以上氢冷、水内冷汽轮发电机的交接验收及检修过程中的水冷绕组内部水系统和发电机氢冷系统的密封性检验。

2　引用标准

下列标准所包含的条文，通过在本标准中引用而构成为本标准的条文。在标准出版时，所示版本均为有效。所有标准都会修订，使用本标准的各方应探讨使用下列标准最新版本的可能性。

GB 7064　汽轮发电机通用技术条件

DL 5011　电力建设施工及验收技术规范（汽轮机机组篇）

JB/T 6227　氢冷电机密封性检验方法及评定

JB/T 6228　汽轮发电机绕组内部水系统检验方法及评定

IEC 842（1）　氢冷涡轮发电机的安装和运行导则

3　汽轮发电机绕组内部水系统密封性检验

3.1　水系统检验方法的选用

3.1.1　水系统检验方法分为水压检漏法和气体检漏法。

3.1.2　对于水内冷绕组，若水压试验时压力表的指示有明显下降而又找不到漏点，或对水压试验有异议，可用气体检漏法进行查漏和验证。

3.2　水系统水压检漏法

3.2.1　设备仪表

a）试压泵（0～35MPa）；

b）精密压力表0.4级；

c）接管、法兰及阀门等附件（所采用的密封结构、材料应与被检系统的结构、材料相一致）。

3.2.2　试验方法

3.2.2.1　在试压泵出口阀后（靠近被检系统侧）装高压阀和压力表各一只。其作用是，水压达到要求后，关紧高压阀，维持规定的时间。

3.2.2.2　用试压泵往冷却水系统内充入凝结水或除盐水，充水时应加装不小于200目的临时滤网，在冷却水路的高水位处排放空气。

3.2.2.3　在水压检漏过程中，须经过几次排放空气，消除水中气体，以免影响对水压检漏结果的判断。试验后应把水全部放掉并吹净。

3.2.3　检验要求

3.2.3.1　定子

a）定子水压试验的要求见表1。

表 1　　　　　　　　　　　　　**定子水压试验要求**

项　目　名　称	压力（表压）(MPa)	时间（h）
线棒	2.5	2
上下层线棒水接头并焊后	2	2
线圈装绝缘引水管后	1.5	4
机组交接	0.75	8
全部更换绝缘引水管	0.8	8
局部更换绝缘引水管及水系统局部检修后	0.5	8
机组大修	0.5	8

b）定子与内端盖装配完毕并连接好各部分的进出水管后，也应在 0.5MPa 的检漏压力下，试验 8h，检查有没有因安装过程而引起的渗漏。

3.2.3.2　转子

a）转子水压试验的要求见表 2。

表 2　　　　　　　　　　　　　**转子水压试验要求**

项目名称		试验压力（表压）(MPa)					时间（h）
		50/60MW	100MW	125MW	200MW	300MW	
嵌线（焊水接头后）烘压前		10	13.5	13.5	20	16	2
烘压后		9	12.5	12.5	20	15	2
绝缘引水管包绝缘前		6	6	9	20	11	2
机组交接		4	5	7	6	9	8
全部更换绝缘引水管或大修	未套小护环	3.5	4.5	6	6	8	2
	套小护环	3	4	5.5	5.5	7.5	8
局部更换绝缘引水管	未套小护环	3	4	5.5	6	7.5	2
	套小护环	2.5	3.5	5	5.5	7	8

b）进行水压试验时，压力应缓慢上升，避免突然升压。要仔细检查转子进水端的密封，避免因水渗入转轴与中心管之间的夹层造成误判断转子漏水。当采用丁腈橡胶类绝缘引水管时，在水压试验前应先充水 1h，并仔细检查绝缘引水管、接头和焊接部位有无渗水现象。

3.2.3.3　组件

a）定子绝缘引水管。采用冷热水压法：即在室温下，水压为 2.5MPa，持续时间 0.25h；然后水压降低至 0.6MPa，温升 90K，保温保压 2h。

b）转子绝缘引水管。采用水压检漏法，试验压力和时间如下：

功率 100MW 及以下，水压为 7MPa，时间 1h；

功率 125MW 及以上，水压为 12MPa，时间 1h。

c）总水管。采用水压检漏法，试验压力为 3MPa，时间 2h。

3.2.4　判断标准

水压试验过程中，压力表的指示无明显下降，手摸焊缝接头及法兰连接处无渗漏水现象。若由于环境温差影响引起压力波动、而不能准确判断时，则可延长试验时间至表压稳定。

3.3 水系统气体检漏法

本方法采用氟利昂（R12）作为示踪气体，用肥皂水和卤素检漏仪进行检漏，并进行气密试验。

3.3.1 设备仪表及材料

a）轻便的带报警装置的卤素检漏仪，灵敏度 1μL/L 或 $1\times10^{-6}cm^3/s$ 及以上；

b）U 形汞柱压差计或精密压力表 0.4 级及以上；

c）温度计 0～50℃，分度值 0.1℃；

d）大气压力表；

e）氟利昂 R12（优质）；

f）氮气或干燥、无油、清洁的压缩空气；

g）试验管道及阀门等附件；

h）十六烷基磺酸钠或肥皂水。

3.3.2 检验要求

3.3.2.1 安装试验充气管道及氟利昂管道接口，如图 1 所示。

3.3.2.2 系统排水

为排空水系统内残余的水分，先充入压缩空气，压力低于检漏压力，然后瞬间排气，带出系统中的残水，重复上述步骤直至确保系统内水分排空和吹干，防止发生死角积水。

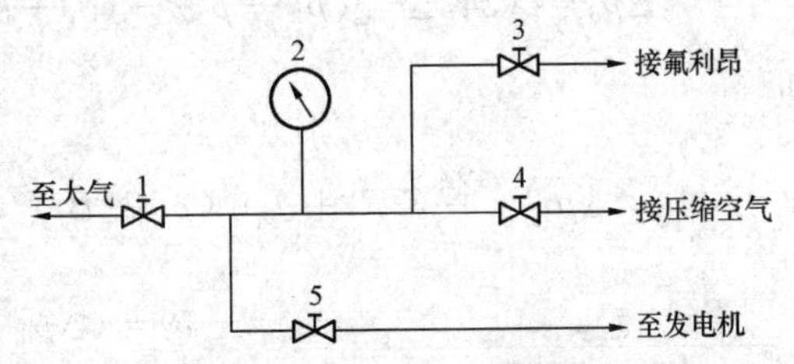

图 1 管道连接示意图

1—排气阀门；2—压力表；3—氟利昂气体瓶阀门；4—压缩空气阀门；5—充入被试气体进口阀门

3.3.2.3 充气

向被检部件充入氮气或压缩空气至 0.1MPa，再缓慢充入一定量氟利昂，氟利昂的用量按被检设备充气体积的 $33\sim50g/m^3$ 计算。最后充入氮气或压缩空气至规定压力（见表 3）。

表 3 水系统气体检漏的压力（表压） MPa

被检部件	双水内冷型		水氢氢型	
	交接	检修	交接	检修
定子线棒	1.5	1.5	$1.5P_N$	$1.5p_N$
定子绕组装绝缘引水管后	0.6	0.6	$1.3P_N$	$1.1p_N$
定子内部水系统	0.4	0.4	$1.3P_N$	$1.1p_N$
转子绕组	0.7	0.7	—	—

注 p_N 为额定运行氢压。

充氟利昂的过程应缓慢进行，并加接充气延长铜管防止线棒因聚四氟乙烯接头突然降温造成泄漏，充气过程中应多次停顿，让环境温度对充气管进行升温，防止管道结露并保证管

道入口温度无剧烈变化。整个充气过程要监视线棒温度，使线棒确无明显降温现象发生，以保证绕组的安全。

3.3.2.4 充气后静止1h再进行检漏。

3.3.3 检验方法

3.3.3.1 检漏

a）粗检。在被检部位外表面涂肥皂水，进行检测。

b）精检。用带报警的卤素检漏仪检漏，仪器量程放至最小挡。将仪器探头在被检部分外表面缓慢移动，逐个检漏。若有泄漏，仪器会发出报警声。必要时要剥开绝缘，用吸尘器吸干净积聚在表面和缝隙中的氟利昂气体，再检漏。直至检不出漏点为止。

3.3.3.2 水系统气密试验

a）水系统气密试验的压力为额定运行氢压。

b）试验方法。将被检容器内气压降至额定运行氢气压力，稳定2h后开始进行气密试验，试验进行24h以上，记录开始与结束时的有关数据于气密试验数据记录表格上（见表5），按下面公式计算24h泄漏压降和24h漏气率。

c）计算公式

$$\Delta p_d = (24/\Delta t)[(p_1 - p_2) - (\theta_1 - \theta_2)(p_1 + B_1)/(273 + \theta_1) + (B_1 - B_2)] \tag{1}$$

即

$$\Delta p_d = \frac{24}{\Delta t}(273 + \theta_2)[(p_1 + B_1)/(273 + \theta_1) - (p_2 + B_2)/(273 + \theta_2)]$$

$$\delta = (\Delta p_d / p_1) \times 100\% \tag{2}$$

式中 Δt——试验进行时间，h；

Δp_d——24h泄漏压降，MPa；

p_1、p_2——试验开始与结束时的被检部件压力（表压），MPa；

θ_1、θ_2——试验开始与结束时的被检部件平均温度，℃；

B_1、B_2——试验开始与结束时的大气压力，MPa；

δ——24h漏气率，%。

3.3.4 判断标准

3.3.4.1 检漏

a）粗检：在被检焊缝或接头处肥皂水无吹泡现象。

b）精检：氟利昂在大气中的泄漏量：

水氢氢型发电机不大于$3\times10^{-6}cm^3/s$或氟利昂的检出浓度不大于$3\mu L/L$。

双水内冷型发电机不大于$1\times10^{-4}cm^3/s$或氟利昂的检出浓度不大于$100\mu L/L$。

3.3.4.2 水系统气密试验：24h的泄漏压降$\Delta p_d \leqslant 0.2\% p_1$，即24h的泄漏率$\delta \leqslant 0.2\%$，式中$p_1$为起始试验压力。

4 氢冷发电机氢系统密封性检验

4.1 氢系统的密封性检验内容

4.1.1 氢系统的密封性检验包括气体检漏和气密性试验，在发电机交接验收、大修后和必要时进行。

4.1.2 发电机整套氢系统的密封性检验范围包括本机来氢管道总阀门后的全部氢冷系统。

4.2 氢系统密封性检验方法

为确认发电机氢冷系统的密封性，可用卤素检漏仪或肥皂水进行检漏。

在发电机充入氢气之前，将氟利昂气体（若只用肥皂水检漏可省去）与干燥空气一并充入发电机氢气系统内，用卤素检漏仪或肥皂水进行检漏，消缺。对分部部件的密封有怀疑或部件进行过检修，须先进行分部检漏。分部检漏的要求见表4。在未检出泄漏点后再用压力降低法进行静态气密性试验，检查整体泄漏，计算出氢冷系统的每天泄漏量。

表4 **零部件及管道等检漏的要求及最大允许压力降**

<table>
<tr><th>名　称</th><th>试验压力（MPa）</th><th>试验时间（h）</th><th>允许压力降（MPa）
（安装交接或大修验收）</th></tr>
<tr><td>转子</td><td>p_N+p_0</td><td>6</td><td>（p_N+p_0）×10%</td></tr>
<tr><td>出线绝缘套管</td><td rowspan="4">p_N+p_0</td><td rowspan="4">6</td><td rowspan="4">（p_N+p_0）×0.08%</td></tr>
<tr><td>测温元件接线柱板</td></tr>
<tr><td>氢气冷却器</td></tr>
<tr><td>管道</td></tr>
<tr><td>端盖</td><td rowspan="3">p_N+p_0</td><td rowspan="3">24</td><td rowspan="3">（p_N+p_0）×0.2%</td></tr>
<tr><td>机座加冷却器罩</td></tr>
<tr><td>出线罩</td></tr>
</table>

注　p_N为额定运行氢压；

p_0为给定状态下大气绝对压力为0.101 3MPa。

4.2.1 检验设备及材料工具

a）干燥、无油、清洁的压缩空气及连接管；

b）大气压力表；

c）温度计0～50℃，分度值0.1℃；

d）斜式压差计（也可用U形汞柱压差计或0.4级及以上精密压力表）；

e）氟利昂R12；

f）卤素检漏仪　最低检出量小于等于$1\times10^{-6}cm^3/s$（对R12）；

g）肥皂水；

h）台秤：最大称量100kg，感量0.5kg。

4.2.2 检验条件

4.2.2.1 发电机处于静止或盘车状态。

4.2.2.2 密封油系统正常运行。

4.2.2.3 发电机内水冷却系统和氢气冷却器不允许充水，且排空气阀必须打开。

4.2.3 卤素或肥皂水检漏法

4.2.3.1 关闭氢气排空阀，二氧化碳冲洗阀。

4.2.3.2 开动密封油系统，保证油气压力差在一定范围（根据制造厂要求）。

4.2.3.3 安装试验充气管道及氟利昂管道接口。

4.2.3.4 向发电机内充入氮气或压缩空气至0.1MPa，再缓慢充入一定量的氟利昂，氟利昂的用量按发电机内空腔体积的33～50g/m^3计算。最后充入氮气或压缩空气至额定氢压。

为确保发电机安全，充氟利昂的过程应缓慢进行，充气过程中多次停顿，让环境温度对充气管道进行升温，防止管道结露并保证管道入口温度无剧烈变化。整个充气过程要监视线棒温度，使线棒确无明显降温现象发生，以保证绕组的安全。

4.2.3.5 关闭充气阀门，静止1h后进行卤素或肥皂水检查。主要检查以下部位：

a）出线绝缘套管；

b）测温元件接线柱板；

c）氢气冷却器；

d）管道；

e）端盖；

f）机座加冷却器罩；

g）出线罩；

h）氢、油、水控制系统。

4.2.3.6 使用卤素检漏仪检查时，不可用风扇直接吹向被检查部位。仪器在被检查部位的移动速度应小于30mm/s。

4.2.3.7 使用肥皂水检漏时，应将肥皂水涂于各部位，细心检查是否有气泡。对绝缘电阻值有严格要求的部位，如转子导电螺栓，禁止用肥皂水检漏，允许用无水酒精检漏。

4.2.3.8 对检出的漏点进行处理，再反复检漏，直至未检出漏点为止。

4.2.4 氢系统气密试验

4.2.4.1 试验方法

将检漏中发现的漏点消除后，进行气密性试验，计算整体泄漏量。气密试验应在达到额定氢压2h后进行。试验进行24h及以上，按表5记录试验数据3次以上。

表5　　发电机氢（水）冷系统气密性试验数据记录表

电厂　　　　　　　　　　发电机编号　　　　　　　　试验日期

序号	时间	环境温度（℃）	大气压力（MPa）B	机内（部件）压力（MPa）p	机内（部件）温度（℃）θ	油气压力差（MPa）
1						
2						
3						

试验　　　　　　　　　　　　　　　　　　　　记录

4.2.4.2 计算公式

a）采用U形汞柱压差计或精密压力表时，在试验压力（额定氢压）下每昼夜空气泄漏量$\Delta V'_A$（折合到压力0.1013MPa，温度θ_2）的计算公式

$$\Delta V'_A = \frac{24V}{0.1013\Delta t}(273+\theta_2)[(p_1+B_1)/(273+\theta_1)-(p_2+B_2)/(273+\theta_2)] \quad (3)$$

为了便于书写和计算，采用下列形式

$$\Delta V'_A = (24V/0.1013\Delta t)[(p_1-p_2)-(\theta_1-\theta_2)(p_1+B_1)/(273+\theta_1)+(B_1-B_2)] \quad (4)$$

式中 $\Delta V'_A$——在试验压力（额定氢压）下每昼夜空气泄漏量（折合到压力 0.1013MPa，温度 θ_2），m^3/d；

V——发电机充气容积，m^3；

Δt——试验时间，h；

p_1、p_2——试验开始与结束时的机内压力（表压），MPa；

θ_1、θ_2——试验开始与结束时的机内平均温度，℃；

B_1、B_2——试验开始与结束时的大气压力，MPa。

b）采用斜式压差计时，按下式计算

$$\Delta V'_A = 0.000\,24\frac{V\Delta p}{\Delta t} \quad (5)$$

式中 Δp——试验开始至结束时斜式压差计的压降，Pa；

Δt——试验进行的时间，h。

c）在试验压力（额定氢压）下每昼夜的氢气泄漏量 $\Delta V'_H$（该泄漏气体的状态是压力 0.1013MPa，温度 θ_2）

$$\Delta V'_H = 3.8\Delta V'_A (m^3/d) \quad (6)$$

d）换算成给定状态（0.1013MPa，20℃）每昼夜空气泄漏量 ΔV_A

$$\Delta V_A = 293\Delta V'_A/(273+\theta_2)(m^3/d) \quad (7)$$

e）换算成给定状态（0.1013MPa，20℃）每昼夜氢气泄漏量 ΔV_H

$$\Delta V_H = 3.8\times 293\Delta V'_A/(273+\theta_2)(m^3/d) \quad (8)$$

4.3 氢系统密封性判断标准

4.3.1 发电机氢冷系统充氢前充入压缩空气或氟利昂与压缩空气混合体（其比例按 4.2.3.4 中规定），用肥皂水（无水酒精）或卤素检漏仪进行检漏，不应发现泄漏点。

4.3.2 发电机整套氢冷系统在转子静止（包括盘车）时，每昼夜最大允许空气泄漏量 ΔV_A 见表 6、表 7。

表 6　交接验收时氢冷系统每昼夜最大允许空气泄漏量 ΔV_A

（状态：0.1013MPa，20℃）

评定等级	额定氢压 p_N（MPa）					
	$p_N\geqslant 0.5$	$0.5>p_N\geqslant 0.4$	$0.4>p_N\geqslant 0.3$	$0.3>p_N\geqslant 0.2$	$0.2>p_N\geqslant 0.1$	$p_N<0.1$
	最大允许空气泄漏量 ΔV_A（m^3/d）					
合格	3.6	3.2	2.9	1.5	1.0	0.8
良	2.9	2.6	2.3	1.2	0.9	0.7
优	2.2	2.0	1.7	0.9	0.8	0.6

表 7　　**大修后氢冷系统每昼夜最大允许空气泄漏量 ΔV_A**

（状态：0.1013MPa，20℃）

评定等级	额定氢压 p_N（MPa）					
	$p_N \geqslant 0.5$	$0.5 > p_N \geqslant 0.4$	$0.4 > p_N \geqslant 0.3$	$0.3 > p_N \geqslant 0.2$	$0.2 > p_N \geqslant 0.1$	$p_N < 0.1$
	最大允许空气泄漏量 ΔV_A（m^3/d）					
合格	4.7	4.2	3.8	2.0	1.3	1.1
良	3.8	3.4	3.0	1.6	1.2	0.9
优	2.9	2.6	2.2	1.2	1.1	0.8

4.3.3　对于进口的大型汽轮发电机，氢冷系统在额定氢压下每昼夜的氢气泄漏量应符合厂家要求。